U0274449

航天科工出版基金资助出版

电磁屏蔽室设计技术
与工程应用手册

中国航天建设集团有限公司　编写

段震寰　主编

王　勇　徐国英　刘三九　主审

谢　昆　鞠克铮　参编

李守义　参审

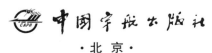

中国宇航出版社

·北京·

图书在版编目（CIP）数据

电磁屏蔽室设计技术与工程应用手册／中国航天建设集团有限公司编写；段震寰主编．--北京：中国宇航出版社，2018.8

　　ISBN 978 - 7 - 5159 - 1518 - 0

　　Ⅰ.①电…　Ⅱ.①中…　②段…　Ⅲ.①房屋－电磁屏蔽－结构设计－手册　Ⅳ.①TU234-62

中国版本图书馆 CIP 数据核字（2018）第 204794 号

责任编辑 彭晨光　　　　　　**封面设计** 宇星文化

出　版 发　行	**中国宇航出版社**
社　址	北京市阜成路 8 号　　　邮　编　100830
	（010）60286808　　　（010）68768548
网　址	www.caphbook.com
经　销	新华书店
发行部	（010）60286888　　　（010）68371900
	（010）60286887　　　（010）60286804（传真）
零售店	读者服务部
	（010）68371105
承　印	河北画中画印刷科技有限公司
版　次	2018 年 8 月第 1 版　　2018 年 8 月第 1 次印刷
规　格	880×1230　　　　　开　本　1/32
印　张	15.75
字　数	438 千字
书　号	ISBN 978 - 7 - 5159 - 1518 - 0
定　价	128.00 元

前　言

　　电磁屏蔽室设计涉及多学科相互交叉，相互渗透融合，特别是涉及一些边缘学科。随着现代广播电视、无线电通信、雷达、X 射线、激光器、网络信息技术的高速发展与增长，电磁辐射频率越来越高。加上高速铁路的崛起，产生了不同波长和强度的电磁辐射，使电磁干扰源充斥于人们的生活、工作环境，电子电气设备正常工作受到干扰。随着科学的发展、技术的进步，工业用电子电气设备运行灵敏度的提高，设备受到外部电磁环境损害的程度大幅提升。当代电磁干扰不仅对工业电子电气设备运行具有严重的破坏力，还对人类生存环境构成新的严重的污染与威胁。加上国际黑客和外部敌对势力对网络的攻击、信息窃取，迫切要求加强电子电气设备、信息网络的防护和安全，首要措施就是采取电磁屏蔽室，这是最有效的手段。

　　由于电磁波及其辐射具有无形无色无味看不见的特点，人们感觉不到它的存在而被忽视。在这种背景下，人们必须加强自身保护意识与科学管理，防患于未然。

　　我国从建国初期开始，相关部门和机构就开展了电磁屏蔽的理论研究和工程应用，先后制定了多部军用和民用电磁屏蔽设计相关规范和标准，已建成为数众多的卓有成效的军民用屏蔽室工程。

　　电磁屏蔽及其防护涉及的技术领域和服务对象几乎涵盖了强电、弱电、无线通信及电子电气设备及系统，其发展迅速，影响的领域极为广泛。本书详细介绍了电磁屏蔽设计所需参数、预测与评估，对各项计算公式的应用，没有或很少引用数学推导的过程，而仅导出实际应用结果，直接应用于工程。

　　编者长期从事电磁屏蔽室工程设计工作，参与了国标"电磁屏蔽室工程技术规范"的编制，编者抱着为工业企业及民用智能建筑设计行业、电子、电气设计工作者提供一些电磁屏蔽设计资料的愿望，结合工作中的经验和所掌握的国内外有关成熟的屏蔽设计技术及研究成果，汇集成了本书（手册）。在编撰过程中，借鉴了相关专家、学者的文献资料等，希望能对工业企业及民用智能建筑电磁屏蔽设计工作者有所帮助。

　　本书由中国航天建设集团有限公司（下简称集团公司）高级工程师段震寰任主编，参与编写工作的有集团公司高级工程师谢昆、工程师鞠克铮，担任主审的有集团公司电气总工程师王勇、航天科工集团有限公司第二研究院研究员徐国英、北京天海航天电子科技有限公司研究员刘三九，集团公司高级工程师李守义参与了审稿。

　　在本书编写过程中，得到了业内同仁的大力支持和帮助，在此向他们以及本书所引用文献资料的作者表示衷心的感谢。

　　电磁屏蔽设计这门学科内容丰富，牵涉到多学科技术领域，应用对象广泛，相关技术和应用材料的研究也在不断发展，加之编者调查面不是很广，经验水平不足，时间仓促，对于书中存在的不准确或错误之处，敬请专家、读者谅解，并不吝赐教。

目　录

第 1 章　屏蔽室设计总绪

1.1　屏蔽室设计概述

　　随着电子工业的飞跃发展，无线电发射、接收设备、某些电子设备和军需产品的生产试验，要求屏蔽的频率越来越高，甚至达到数万 MHz 或更高。另外，10 kHz 以下的甚低频，要求设置屏蔽室也日益广泛。因此，正确设计抑制电磁波干扰的各种类型的屏蔽室，是电气工程设计技术人员必须予以解决的课题。本书主要是总结以往国内屏蔽室设计的经验和存在的问题，介绍诸多工厂和研究单位为提高屏蔽室的抗电磁波干扰和泄漏进行的大量实践和创新所取得的成果。

1.2　屏蔽室设计要考虑的主要问题

1.2.1　确定屏蔽室位置的原则

　　（1）屏蔽室与工业干扰源的距离

　　屏蔽室的位置与屏蔽效能有直接关系，最好选择在远离干扰源的地方。因此设计前，必须对附近的干扰源及其强度进行深入了解。工业干扰场强值比较大，它是由工业干扰源电路中电流和电压的迅速变化所引起的，是一个干扰电压的幅度与频率成反比的连续频谱，其降低规律接近双曲函数。故知，在距离用电设备不远的地方，其低频干扰的场强比高频的要大些，这正是甚低频干扰较难抑制的一个重要原因。通常，一般的工业干扰传播不远，仅影响到 25～50 m 的范围，只有少数情况能达到 100 m 以外。因此，屏蔽室的位置应与大功率、大电流、高电压等电力设备保持 50 m 以上的距离。电磁屏蔽室的位置与高压架空电力线路、变电站（所）及工、科、医射频设备应满足如下要求：

1）电磁屏蔽室的工作频率范围在 10 kHz 以内（含 10 kHz）的，离高电压的电力线路及变电站（所），其相互最小距离宜满足表 1 - 1 所示的要求；

2）测试、试验用电磁屏蔽室应远离工业、科学和医疗射频设备，一般应不小于 50 m。

表 1 - 1　电磁屏蔽室与电力架空线路及变电站（所）的最小距离要求

电压/kV	500	220	110	35	10
距离/m	150	100	50	25	10

（2）甚低频屏蔽室的位置

甚低频屏蔽室属于磁屏蔽，其位置的选择还要考虑远离存放大量建筑钢材的地方。这是因为这些钢材会聚积磁力线，使周围的干扰场畸变，引起屏蔽体内场的大梯度，对屏蔽不利。根据测试，同一频率的磁场感应电压值随干扰场强的增大而增加，屏蔽室要远离大功率的电气设备，就是这个道理。距离相等时，频率越低，磁场感应电压越小，频率越低，传播不远。磁场感应电压随着与干扰源距离的增加而减弱，这可作为选择屏蔽室位置的依据。如果屏蔽室不是独立建筑，那么屏蔽室的位置要避开跨接伸缩缝、沉降缝和多水潮湿的房间，要尽可能选在周围管线通过最少的底层的端头部位，不宜高于二层，最理想的是地下室或半地下室。因为地面对电磁波有吸收作用，有利于降低干扰强度，缩短接地线的距离，对屏蔽有利。这一点对抑制向外界辐射干扰电磁波的屏蔽室来说尤其重要。

（3）敏感设备屏蔽室的位置

在建筑物内设置屏蔽室，安装敏感设备或系统，并且有几个位置可供选择时，则应尽量利用建筑结构固有的屏蔽性。房间原来存在的金属墙壁、装饰屏蔽网和其他导电物体都可以降低所需要的屏蔽。在实际中，设备往往只是对一两个方向上投射来的辐射信号较为敏感。因此，确定设备位置取向时，将敏感一侧背着入射信号，就能降低对屏蔽室的要求。

1.2.2 屏蔽的作用

电磁波是电磁能量传播的主要方式，高频电路工作时，会向外辐射电磁波，对邻近的其他设备产生干扰；另一方面，空间的各种电磁波也会感应到电路中，对设备造成干扰。电磁屏蔽的作用是切断电磁波的传播路径，从而消除干扰。在解决电磁干扰问题的诸多手段中，电磁屏蔽室是最基本和最有效的，最大的好处是不会影响设备的正常工作，因此不需要对电路做任何修改。

1.2.3 电磁波的场源及种类

所有的电磁波是由 2 种基本分向量组成的，即磁场和电场。这 2 种场相互垂直，波的传播方向与包含这 2 种分向量的平面成直角。磁场（H）和电场（E）之间的相对幅值取决于波距离发生源的远近和发生源本身的特性，E 与 H 之比称为波阻抗——Z_w。

由于同一个屏蔽体对于不同性质的电磁波，其屏蔽性能不同。因此，在考虑电磁屏蔽问题时，要对电磁波的干扰源类型加以区分，最基本的方法是根据电磁波的波阻抗划分为电场波、磁场波和平面波三种。

电磁波的波阻抗 Z_w 定义为电磁波中的电场分量 E 与磁场分量 H 的比值，$Z_w = E/H$，它与电磁波的辐射源性质、观测点到辐射源的距离以及电磁波所处的传播介质有关，分为下面三种情况：

1）距离辐射源较近时，波阻抗取决于辐射源的特性。若辐射源为大电流、低电压（辐射源电路的阻抗较低），则产生的电磁波的波阻抗小于 377 Ω，称为磁场波。

2）若辐射源为高电压、小电流（辐射源电路的阻抗较高），则波阻抗大于 377 Ω，称为电场波。

　　3）距离辐射源较远时，波阻抗仅与电场波传播介质有关，电场波的波阻抗随着传播距离的增加而降低，磁场波的波阻抗随着传播距离的增加而升高。当二者趋于接近并恒定，此时，空气波阻抗为 $120\pi = 377~\Omega$，为平面波，传播到远方。

　　从原理上讲，高电压、小电流的干扰源可认为具有高的波阻抗，为电场干扰。而低电压、大电流的干扰源可认为具有低的波阻抗，为磁场干扰。

　　这里需要注意：近场区和远场区的分界面随频率的不同而不同，不是一个定数，在近场区设计屏蔽时，要分别考虑电场屏蔽和磁场屏蔽。

1.2.4　要求的屏蔽效能指标

　　（1）屏蔽效能指标的计算

　　屏蔽室设计的第一步是确定采用什么样的屏蔽措施，首要的目标点是干扰源的类型、干扰源距离及干扰源大小，然后依据要求屏蔽的设备场强值的大小，二者之差就是屏蔽室要求达到的屏蔽效能。

　　屏蔽效能是确定屏蔽室的结构形式（网状或板状）、材料厚度、屏蔽室层数（单层、双层或多层）等参数的前提。它的定义是：空间任一点在未加屏蔽室时的干扰场强 E_0（或磁场 H_0）和在同一点建造屏蔽室后的剩余场强 E（或 H）的比值，即

$$S = \frac{E_0}{E} \text{ 或 } S = \frac{H_0}{H}$$

　　为了计算方便，通常不用绝对比值，而用分贝（dB）表示，即

$$B = 20\lg\frac{E_0}{E} \text{ 或 } B = 20\lg\frac{H_0}{H} \tag{1-1}$$

　　E 和 H 也可根据屏蔽室内使用仪表和样机所允许的干扰场强值或参考其工作灵敏度来确定。如果是抑制某种设备向外发射干扰场强时，此时，干扰源在室内，E 和 H 的数值则应根据室外允许干扰场强值来决定。

E_0 和 H_0 值最好结合选址实测，对于甚低频段尤须如此。对于高频段和超高频段如实测有困难，一般可根据附近工业干扰源的场强及当地广播电台的场强情况来确定，若缺少这方面的资料，可根据电台的发射功率用式（1-2）换算出干扰场强值（单位 $\mu V/m$）

$$E_0 = \frac{3 \times 10^5 \times \sqrt{P}}{d} \cdot k \qquad (1-2)$$

式中　P——发射机的功率，kW；

　　　d——发射机与屏蔽室间的距离，km；

　　　k——系数，表征电磁波能量的消耗。

k 值与波长及其传播媒介的性质有关。当无线电波在海面上传播，若距离不远，地面的弯曲可忽略，则 k 可认为等于1。

知道了场强绝对值，便可由式（1-1）求出屏蔽效能的 dB 值。dB 值越大，表示屏蔽效能指标越高。

（2）电磁屏蔽室的指标确定

设计之前，应根据设备和电路单元、部件未实施屏蔽时存在的干扰发射电平以及按电磁兼容性标准和规范允许的干扰发射电平极限值，或干扰辐射敏感度电平极限值综合考虑确定屏蔽效能指标的诸多因素，提出确保正常运行所必需的屏蔽效能值。特别是对一些干扰源场强较强的大中型设备或发射机等，可根据这类设备的辐射发射电平极限值或其自身的辐射场强来确定对屏蔽效能的要求。对于防护型电磁屏蔽室，应按下列原则确定屏蔽指标：

1）外界电磁波干扰场强，宜以实测值为设计依据。无实测数据时，可采用理论计算值加 10 dB 余量作为环境干扰场强电平数值，该数值与电磁屏蔽室内工作区允许的干扰电平（dB）之差作为屏蔽效能指标的最低要求。

2）电磁屏蔽室的工作频率范围，应根据需要防护的频段确定，并应计入多次谐波等因素造成的频带拓宽。

3）用于安全保密、防止信号外泄的电磁屏蔽室，屏蔽效能应满足保密规定的要求。

（3）屏蔽室类型的确定

根据屏蔽效能要求，并结合具体结构形式确定采用哪种屏蔽形式才适合，一般应遵循下列原则：

1）对屏蔽要求不高的设备，可以采用单层金属网来屏蔽；

2）当频率较高时，可采用在镀塑料基底或其他可镀材料上进行导电金属化薄膜喷涂或喷镀层，构成薄膜屏蔽；

3）当屏蔽要求高时，应当采用双层金属网或单层金属板来屏蔽；

4）当屏蔽要求更高，且采用单层金属板不能满足要求时，为获得更高的屏蔽效能，一般应采用双层金属板来屏蔽，设计得好的双层屏蔽，可获得 100 dB 以上甚至可达 120 dB 的屏蔽效能。

（4）经济与适用性

在保持屏蔽效能的情况下，需要考虑其他费用因素，过分地提高屏蔽效能指标将使屏蔽费用上升，有时甚至相当可观。

屏蔽室应有良好的耐腐蚀性能和足够的机械强度，同时要安装方便、造价低。

1.2.5　要求使用的屏蔽室体形和尺寸

屏蔽室所要求的屏蔽总面积或总体积涉及屏蔽室的体形和几何尺寸的大小，从而直接影响到使用、施工、投资等问题，若体形和尺寸大小选择不当将影响使用，甚至使屏蔽效能达不到要求。因此，必须根据使用要求、设备安装、操作维修等因素与工艺人员慎重商定，取得必需的实用空间体积。对于要求不高的屏蔽室，可将实用的空间体积作为屏蔽室的尺寸。如果屏蔽室要求很高，空间尺寸还应考虑内场的均匀度问题。由于门缝、屏蔽体焊缝和孔洞的泄漏，造成屏蔽体内部屏蔽效能有所降低，为补救此现象，可将实用空间体积的长宽高尺寸适当增大，例如各增大 1/8～1/6，以避开内场畸变较严重的区域。

要抑制电磁泄漏或防止外界电磁干扰，设置屏蔽室是必须的。

由于设备种类不同，工艺条件各有特点，以此作为设计一切电磁屏蔽室的条件，以便获得相应的屏蔽效果。

对屏蔽的设施所要屏蔽的总面积或总体积，以及屏蔽的结构外形与下列因素有关：

1）要求屏蔽的设备或系统的尺寸；

2）包括干扰源与感受器之间相对取向在内的结构布局；

3）各种干扰信号的幅度和频率；

4）材料的价格。

上述因素一般是相互制约的。但在给定情况下会有 1 个或 2 个起支配作用，但仍然必须综合考虑所有的因素。

如果一个非常灵敏的设备或小型系统安装在一个大型建筑物中，那么为了防护一个小单元而屏蔽整个建筑物是很不经济的。假定所有其他因素相等，则屏蔽的成本是与其所封闭的容积尺寸密切相关的。因此更经济的方案多半是只屏蔽安装设备的那个房间，仅仅给敏感（或干扰）设备建造一个较小的屏蔽室，甚至可能设置一个屏蔽箱柜。如果敏感单元是一个相当大的系统或是一台相当大的设备，那么就要建造一个相适用的六面体结构的屏蔽室。

屏蔽室的空间大小与设置部位应根据作业条件和现场环境而定，一般情况下屏蔽体与设备的间距不应小于 2～3 m。

1.2.6　屏蔽室的谐振

要注意的问题是要校核屏蔽体是否存在谐振。无论是用金属网屏蔽，还是用金属板屏蔽，都应当注意防止结构上产生谐振。这就要求：对于振荡部分要进行双层屏蔽；对于振荡、电源与输出耦合等部位，则要分别进行屏蔽。这是因为在射频范围内，一个屏蔽体可能成为具有一系列固有频率的谐振腔。当干扰波频率与屏蔽体某一固有频率一致时，屏蔽体就产生谐振现象，引起屏蔽效能大幅度下降。可根据屏蔽体谐频率计算公式来校核。通过校核保证所设计的屏蔽体在工作频段无谐振点，谐振计算参见 14.5 节。

1.2.7　材料的饱和特性

强磁场能引起铁磁材料的饱和，因此在很强的磁场条件下，屏蔽体衰减作用通常将减小。例如，在选择防御电磁脉冲（EMP）的屏蔽体时，这种现象应予以注意。凡可能存在饱和作用的场合，都得采用比较厚的屏蔽体，以保持防御强磁场所需的衰减值。

1.2.8　屏蔽层间的绝缘问题

2 层或 3 层屏蔽体的屏蔽室，各屏蔽体间均需作绝缘处理，绝缘电阻值要求最小在 10 kΩ 以上。屏蔽体对地也应绝缘，以保证一点接地。层间绝缘以求屏蔽体间去耦，提高屏蔽效能。

选择绝缘材料不仅要考虑绝缘效果，还要考虑施工方便和造价低廉等因素。许多材料的阻值，受气候和湿度的影响很大，干燥时阻值很高，湿气浸入后阻值大为降低。因此，选用材料的绝缘值，应力求使用绝缘性能较为稳定的材料，一般可用高阻值瓷质绝缘体、油毡、石棉、橡胶或沥青砂浆等。

在实践中，采用沥青砂浆作绝缘材料是可行的，它具有阻值大、强度高、施工易和造价低等优点。如果能将屏蔽体用绝缘支柱腾空架起，其绝缘效果更好，且有利于维修。

1.2.9　屏蔽室接地的确定

对于静电场屏蔽，屏蔽体是必须接地的。对于电磁屏蔽来说，屏蔽体的屏蔽效能却与屏蔽体接地与否无关，这是设计人员必须明确的。在很多场合将屏蔽体接地确实改变了电磁状态，但这是由于其他一些原因，而不是由于接地导致屏蔽体的屏蔽效能发生改变。

在实际中，屏蔽室屏蔽体的接地对屏蔽效能和工作人员的安全有着直接的影响。接地处理不好会引进干扰，导致内场畸变，降低屏蔽效能。因此，不良的接地是不允许的。此外，为了安全，凡工作人员能直接接触到金属屏蔽体的部位，均应铺设绝缘护板。

当屏蔽室采用一点接地（不容许多点接地）时，接地点选择在滤波器与屏蔽体贴合处，多层屏蔽体亦应共用一点接地，否则由于回流将引起干扰。接地点务需焊牢，接触电阻越小越好。接地电阻值应尽可能小，采取单独专用屏蔽接地，一般可用 4 Ω，对于防电磁干扰的实验室的屏蔽体一般取 1 Ω。接地极位置尽可能靠近屏蔽室，还要离其他接地体和水暖管道在 10 m 以上，以防射频感应。接地引出线应宽且薄以减少自感量。屏蔽室内仪表的工作接地可与屏蔽体接地共用接地装置。

1.3　场源与材料的选择

1.3.1　场源与反射损耗、吸收损耗的关系

在确定了主要干扰源的类型之后，再采取有针对性的屏蔽措施，达到所必需的屏蔽效能。

不同类型的干扰源在屏蔽体中所产生的损耗是不同的，即使是同一干扰源，在通过不同材料制作的屏蔽体时所造成的电磁波衰减也不同。吸收损耗是以电磁波通过屏蔽体所产生的涡流发热而使其能量得以消耗；而反射损耗则取决于干扰场的形式和其波阻抗，阻抗越低，反射损耗就越大。

一般来说，电场（高阻抗）干扰的反射损耗较大，而磁场（低阻抗）干扰的反射损耗较小。由此，对电场干扰的屏蔽应以反射损耗为主，而对磁场干扰的屏蔽则应以吸收损耗为主。一般情况下，在一定的频率范围内，在电场中，反射损耗应是构成屏蔽的主要因素。在低频磁场中，由于多次反射的关系，吸收损耗是构成屏蔽的主要因素，而电磁屏蔽应同时考虑吸收损耗和反射损耗。

电磁波在穿过屏蔽体时发生衰减是因为能量有了损耗，这种损耗就是上面所述的反射损耗和吸收损耗。

1）反射损耗。当电磁波入射到不同媒质的分界面时，就会发生反射，使穿过界面的电磁能量减弱。由于反射现象而造成的电磁能

量损失称为反射损耗。当电磁波穿过一层屏蔽体时要经过两个界面，而要发生两次反射。因此，电磁波穿过屏蔽体时的反射损耗等于两个界面上的反射损耗的总和，用 R 表示。

2）吸收损耗。电磁波在屏蔽材料中传播时，会有一部分能量转换成热量，导致电磁能量损失，损失的这部分能量称为屏蔽材料的吸收损耗，用 A 表示。

3）多次反射修正因子。电磁波在屏蔽体的第二个界面（穿出屏蔽体的界面）发生反射后，会再次传输到第一个界面，在第一个界面发射再次反射，而再次到达第二个界面，在这个界面会有一部分能量穿透界面，泄漏到空间。这部分是额外泄漏的，应该考虑进屏蔽效能的计算。这就是多次反射修正因子，用 B 表示。大部分场合，B 都可以忽略。

屏蔽体的屏蔽材料的屏蔽效能 SE 为

$$SE = R + A + B \qquad (1-3)$$

式中，R、A、B 的损耗计算参见第 7 章 7.2 节。

1.3.2　场源与材料的关系

高电导率的材料具有较大的反射损耗，而高磁导率的材料则具有较大的吸收损耗。

事实上，任何一种干扰源，并不是以纯粹的电场或磁场的形式存在的。在以电场干扰为主的干扰源中，同时必然存在着磁场形式的干扰；而在以磁场形式存在的干扰源中，也一定存在着少量的电场成分。即使是同一干扰源，在采用特定的屏蔽材料时，也会由于频率的变化而使反射损耗和吸收损耗的比例发生相对变化。通常情况下，在干扰场中，如反射损耗的比例大于吸收损耗，就认为该干扰场是以反射损耗为主的；反之，则是以吸收损耗为主。因此，在实施屏蔽时要注意利用最有效的屏蔽措施去抑制最主要的干扰，才能得到好的屏蔽效果。

1.3.3　影响屏蔽材料的屏蔽效能的因素

从上面给出的屏蔽效能计算公式（1－3）可以得出一些对工程有实际指导意义的结论，根据这些结论，我们可以决定使用什么屏蔽材料，注意什么问题。深入理解下面的几点结论对于屏蔽室结构设计是十分重要的：

1）材料的导电性和导磁性越好，屏蔽效能越高，但实际的金属材料不可能兼顾这两方面，例如铜的导电性很好，但是导磁性很差，铁的导磁性很好，但导电性较差。应该使用什么材料，根据具体屏蔽对象是主要依赖反射损耗还是吸收损耗来决定是侧重导电性还是导磁性。

2）频率较低的时候，吸收损耗很小，反射损耗是屏蔽效能的主要机理，要尽量提高反射损耗。

3）反射损耗与辐射源的特性有关，对于电场辐射源，反射损耗很大；对于磁场辐射源，反射损耗很小。因此，对于磁场辐射源的屏蔽主要依靠材料的吸收损耗，应该选用磁导率较高的材料做屏蔽材料。

4）反射损耗与屏蔽体到辐射源的距离有关。对于电场辐射源，距离越近，则反射损耗越大；对于磁场辐射源，距离越近，则反射损耗越小。正确判断辐射源的性质，决定它应该靠近屏蔽体还是远离屏蔽体是结构设计的一个重要内容。

5）频率较高时，吸收损耗是主要的屏蔽机理，这时与辐射源是电场辐射源还是磁场辐射源关系不大。

6）电场波是最容易屏蔽的，平面波次之，磁场波是最难屏蔽的。尤其是低频（1 kHz 以下）磁场，很难屏蔽。对于低频磁场，要采用高导磁性材料，甚至采用高导电性材料和高导磁性材料复合起来的材料。

1.3.4　屏蔽体材料连接的问题

在建造大型屏蔽室时，由于屏蔽材料加工困难，屏蔽体的不连续性是施工的主要问题，必须慎重加以处理。高频屏蔽体材料的连接方式，可根据所要抑制的最短波长和效能指标计算决定。甚低频屏蔽室不能按上述方法确定，而应侧重考虑其不连续性，即接合处的磁阻问题。这是因为甚低频屏蔽体的屏蔽效能是材料磁导率的函数，而磁导率又与接合处的磁阻系数（$\frac{RJ}{RC} \approx 1$）成正比。接合处的磁阻 RJ 与屏蔽体金属材料的磁阻 RC 之比是屏蔽效能的消耗部分。接合处的气隙必须很小。不然，由于材料的磁路不连续性，会在接合处附近产生某些局部场和干扰区。因此，应使接合处加工连续严密性好，使磁路尽可能通畅，即 RJ 尽量小。此时，磁阻系数接近于 1，不致降低原来材料所具有的磁导率。所以，确定甚低频屏蔽体的连接方法必须采用连续焊接的方式，焊缝厚度要大于钢板厚度，最好采取双面满焊并焊透。此时可不必对焊缝进行探伤，焊条必须采用 RC 很小的低碳钢焊条。

1.4　进行完整性的屏蔽结构设计

1.4.1　孔洞电磁泄漏的估算

如本书前面所述，屏蔽体上的孔洞是造成屏蔽体泄漏的主要因素之一。孔洞产生的电磁泄漏并不是一个固定的数，而是与电磁波的频率、电磁波的种类、辐射源与孔洞的距离等因素有关。

对屏蔽的要求往往与对系统或设备功能其他方面的要求有矛盾。譬如，通风散热需要有孔洞、加工时必然存在缝隙等，都会降低屏蔽效能。这就要应用非均匀性屏蔽理论，采取相应完整的措施来抑制因存在电气不连续性而导致的电磁泄漏，达到完善屏蔽设计的目的。为此，必须对屏蔽室实施六面体的全屏蔽，各屏蔽单元之间要求接触良好，严防漏场现象的发生，保证其电气性能符合规定。

1.4.2　屏蔽门、窗、洞孔和通风缝隙的处理

实用的大屏蔽室，由于内部有工作人员和仪表设备，所以必须设有门、窗等。门、窗形成缝隙，管道进出有孔洞，这些都会降低屏蔽效能。对于高频屏蔽室屏蔽体的门、窗缝隙和孔洞可按最短波长 λ_{min} 计算其容许度，作适当处理。但是，甚低频屏蔽室却不能按上述方法计算处理，而应从磁路角度加以考虑。由于孔洞、缝隙增大了磁阻，产生了局部干扰，设计时着眼点要放在降低孔缝的磁阻和减少干扰的耦合上面，其考虑原则与屏蔽体材料的连接相同。对于使用频带较宽的高低频屏蔽室，孔洞、缝隙的处理只要满足了高频的要求，对于低频来说是不会有问题的。

穿过屏蔽室的各种管道应尽量减少和集中在一处穿过屏蔽体，穿过的部位应选定在低感应区域和便于引出接地线的区域。对双层屏蔽来说，还要防止造成内外层多点连接，以保证屏蔽效能。另外穿过屏蔽体的管道应将管壁四周密焊在屏蔽体上，以增大磁路，补偿损失，且在距屏蔽体外侧 30 cm 前换一段 10 cm 的非金属管（如玻璃、陶瓷、橡胶、塑料管等），以防止引进干扰。

对于较大口径的通风管和空调用管，除采用蜂窝状的截止波导管组外，还要将其法兰盘密焊于屏蔽体上，并在进入屏蔽室前的外侧将风管换成一段 30～40 cm 的帆布管，这既可防振隔音，又可防止引进干扰。通风机最好远离屏蔽室，忌放在顶部。

1.4.3　进行完整性的屏蔽结构设计

一般除了低频磁场外，大部分金属材料可以提供 100 dB 以上的屏蔽效能。但在实际工程中，要达到 80 dB 以上的屏蔽效能也是十分困难的。这是因为屏蔽体的屏蔽效能不仅取决于构成屏蔽体的材料，而且也取决于屏蔽体的结构。屏蔽体要满足电磁屏蔽的基本原则，主要基于以下几点。

（1）屏蔽体的导电连续性

这指的是整个屏蔽体必须是一个完整的、连续的导电体。这一点实现起来十分困难。一个实用的屏蔽室上会有很多孔缝造成泄漏：通风口、采光窗、安装各种调节杆的开口、不同部分结合的缝隙等。如果设计人员在设计时没有考虑如何处理这些导致导电不连续的因素，屏蔽体的屏蔽效能往往很低，甚至没有屏蔽效能。

（2）不能有直接穿过屏蔽体的导体

一个屏蔽效能再高的屏蔽室，一旦有导线直接穿过屏蔽室，其屏蔽效能就会损失很大（60 dB 以上）。但是，实际的屏蔽室总是会有电缆穿出（入），至少会有一条电源电缆存在，如果没有对这些电缆进行妥善的处理（屏蔽和滤波），这些电缆会极大地损坏屏蔽室的屏蔽效能。妥善处理这些电缆是屏蔽设计的重要内容之一（穿过屏蔽体的导体的危害有时比孔缝的危害更大）。

（3）管线处理

屏蔽室的电源线、消防报警系统、安全防范系统、通信、信息系统和供水、供气、通风等设计要合理。为了防止射频能量通过电源线等传播与辐射，必须在线路上加低通滤波器、波导管、专用光端机等。这些部分要妥善处理，最大限度地减少电磁泄漏。

对于信号和控制电缆的干扰应多加注意，由于受感应的导线中感应电压（或电流）与其到干扰导线的距离成反比，与路径长度成正比，所以应尽量避免长距离平行走线。

（4）不同干扰源的泄漏处理

1）近场区，孔洞的泄漏与辐射源的特性有关。当辐射源是电场源时，孔洞的泄漏比远场时小（屏蔽效能高），而当辐射源是磁场源时，孔洞的泄漏比远场时要大（屏蔽效能低）。

2）对于近场、磁场辐射源的场合，屏蔽效能与电磁波的频率没有关系，因此，千万不要认为辐射源的频率较低（许多磁场辐射源的频率都较低）而掉以轻心。

3）这里对磁场辐射源（假设是纯磁场源），可以认为是一种最不利的设计条件。对于磁场源，屏蔽效能与孔洞到辐射源的距离有关，距离越近，则泄漏越大。这一点在设计时一定要注意，磁场辐射源一定要尽量远离或减少孔洞。

（5）多个孔洞的情况

当 N 个尺寸相同的孔洞排列在一起，并且相距很近时，造成的屏蔽效能下降为 $10\lg N$。

（6）处理缝隙电磁泄漏的措施

一般情况下，屏蔽体上不同部分的结合处不可能完全接触，缝隙是造成屏蔽体屏蔽效能降级的主要原因之一。在实际工程中，常常用缝隙的阻抗来衡量缝隙的屏蔽效能。缝隙的阻抗越小，则电磁泄漏越小，屏蔽效能越高。因此，屏蔽室施工时必须尽可能地降低接合处的阻抗。

1.5　屏蔽室设计要领

1.5.1　屏蔽室设计必须注意的事项

1）由于金属网的屏蔽效能主要取决于反射衰减，即使使用非常密的金属网，与金属板相比也相差悬殊，特别是在高频情况下两者之差更为显著。频率越高，网的衰减越弱，当达到超高频以上时，基本上没有屏蔽效能。所以，在高频（超高频）情况下用金属网屏蔽或用于通风口、窗户的屏蔽都是不合适的。

2）屏蔽室屏蔽体的效率计算，频率应该取整个屏蔽室的最低工作频率（$f_{\min}$），因为对一定材料厚度的屏蔽效能最高工作频率 $f_{\max}$ 恒大于极低频率 $f_{\min}$。所以，材料厚度的选择只要满足最低工作频率 $f_{\min}$ 的效能，就必能满足最高工作频率 $f_{\max}$ 的效能。

3）滤波器的设计和选择，要根据整个屏蔽室的最高工作频率（$f_{\max}$）。因为滤波器频率越高，衰减越低。特别是在厘米波、毫米波范围内，往往不能满足衰减要求。因此，只要在高频段能满足衰减要求，低频段就必能满足。

4) 通风截止波导管（包括蜂窝形窗户），供水、供气、供热等截止波导管的计算、设计要根据整个屏蔽室的最高工作频率 f_{max}，因为频率越高，波长越短。波导管的设计必须保证最小波长不能穿越。

5) 缝隙对屏蔽室的影响，高频段比低频段要突出些，所以频率越高，对缝隙要求越严密，频率越高对屏蔽效能的要求也越高。因而在微波频段（或超高频频段）时，对屏蔽体的缝隙要求更严密。

6) 对屏蔽室周围干扰源频率和场强进行了解是必不可少的。目前，我国工业干扰设备一般没有采取屏蔽措施，对工业设备所允许的干扰场强值也没有作具体的规定，而它的干扰场强有时会很大，严重影响屏蔽室正常工作。若建设单位某些实验室对外界干扰电磁波有严格屏蔽要求时，或大功率设备干扰源对附近电台工作有影响时（这可请求当地无线电管理处决定），针对这些附近存在的干扰源采取屏蔽措施是必要的。这样，在设计屏蔽室时必须对周围干扰源的频率和场强大小等进行了解。

7) 屏蔽室体积和结构的确定。

a. 屏蔽室体积的确定根据：

• 试验设备大小；

• 设备维修、工作时对空间的特殊要求；

• 试验人员多少；

• 躲开屏蔽室谐振频率。

屏蔽室大小选择不当，将使屏蔽室工作不便，或造价增加，严重时使屏蔽室内场强急剧增加，以致失去屏蔽作用，影响测试结果的正确性。

b. 屏蔽室结构的确定根据：

• 屏蔽室的频率范围和屏蔽衰减的要求；

• 有利于自然通风和照明，尽可能减少干扰电磁波泄漏的洞孔；

• 施工、测试、维修和使用方便。

8）屏蔽室具体位置的确定：

a. 屏蔽室应尽可能选择在底层，对于防止向外界辐射电磁波的屏蔽室尤其重要。因为地面层对电波有吸收作用，能够大大减少辐射电磁波的强度，选在底层在屏蔽体结构处理上也可简单一些。另外也可使接地引入线比较短，降低接地电阻和减少天线效应。

b. 电子、仪表、计量试验屏蔽室，以及对外界干扰电磁波有屏蔽要求的其他实验室，应尽可能远离工业干扰源。这样可以保证实验室正常工作，少受外界干扰电磁波影响，在减少屏蔽处理措施等方面都有很大的作用。

c. 10 kHz 以下的屏蔽室，对外界环境干扰源有严格要求。即在位置选择时应该远离大功率、大电流、高电压等电力设备，而且这些设备的导线不允许环绕屏蔽室敷设。

屏蔽室位置的确定应该认真对待，因为屏蔽室位置选择不恰当，会给屏蔽效能的实现带来很大困难，以致造成造价高、屏蔽效果差的严重后果。

1.5.2　设计屏蔽室必须收集的资料

不论设计何种类型的屏蔽室，都必须了解工艺要求、设计指标和收集有关资料，它们包括频率范围、效能指标、干扰源情况、体形、尺寸大小和供水、供电、采暖、空调、结构、荷重等。这些都是设计屏蔽室的依据。现分述如下。

（1）要求抑制的频率范围

频率范围是用以确定屏蔽室的类型，选用屏蔽材料和采用相应的计算公式最主要的依据。抑制的频段范围不同，设计中所考虑的问题也各不相同。

静电屏蔽主要考虑利用高电导率（低电阻）金属材料容器，静磁屏蔽则主要考虑选用高磁导率的材料和尽可能缩小屏蔽室尺寸，增加材料厚度。

10 kHz～30 MHz 的中高频段以及 30 MHz 以上的超高频段属于

电磁屏蔽，不仅要考虑屏蔽室的尺寸、材料和材料的厚度、孔缝的泄漏，特别是对高频段，还要考虑空腔谐振等问题。材料可用铁、铝、铜板（或铜网），选用的材料由计算确定。

10 kHz 以下的甚低频段也属电磁屏蔽，但主要是磁屏蔽。实践证明，只要能满足屏蔽磁场的要求，就一定能满足屏蔽电场的要求，工程中可用工业纯铁或磁导率较高的低碳钢板建造低频屏蔽室。

抑制频段的范围也可以根据该屏蔽中可能使用的仪器或样机的拟测频段来决定。对于抑制宽频段的屏蔽室，其上限值可以确定孔缝大小的允许度，下限值则为设计中选用材料的依据。

（2）对恒温、恒湿、防振、通风等的要求

若屏蔽室对恒温、恒湿、防振、通风等有要求的话，考虑屏蔽室结构时应与通风专业密切配合，不能因通风而影响屏蔽效果。若屏蔽室本身由于结构上需要考虑通风或恒温时，可向建设单位和通风专业提出要求，对各种控制导线和其他信号导线等都必须经滤波设备，滤波要求与电源导线处理相似。

（3）对地面负荷的要求

屏蔽室对地面负荷有要求时，屏蔽体的地面结构应作相应考虑。例如，高频电炉、高电压试验设备、电机噪声试验等屏蔽室对地面负荷要求比较高，且试验设备要有地面基础，才能承受机器本身的重量。这类屏蔽室地坪一般采用混凝土结构，地面屏蔽体敷设在混凝土中。电子仪表无线电计量实验室对地面负荷没有特殊要求，只要求清洁方便、工作安全，一般考虑使用木地板。

（4）对使用电源的要求

设计时要了解屏蔽室内使用电源的情况，包括电源频率、电压、电流、稳压和使用情况等。这些情况在电源滤波器设计中是必要的条件。其次对照明、电源插座的位置、种类、安装的要求也应了解清楚。

（5）对接地的要求

对于屏蔽室内使用的仪表、机器接地要求，以及室内仪器接地线柱的位置、数量和电阻值等的要求，这些对屏蔽室结构和接地都有一定关系，要综合全面考虑。

（6）其他管道使用情况

1）供水、供电、供暖、供气、空调等进入屏蔽室将直接影响屏蔽室的屏蔽效能。因此，应详细了解各种管道进入屏蔽室的情况。

2）屏蔽室内由于工作需要，设有其他管道如氧、氮、压缩空气管道等。这些管道的数量、位置、管径等应详细了解，以便在考虑屏蔽室结构时，统一采取措施。

第 2 章　电磁环境的基本概念

电磁环境的基本概念主要涉及电磁环境的内涵、构成要素、成因、基本特征及其表征度量等。

2.1　电磁环境的定义及电磁环境的构成要素

2.1.1　电磁环境的定义

我国军标对电磁环境的定义："存在于给定场所的所有电磁现象的总和"。给定场所即是自然空间。所有电磁现象包括所有电场、磁场和电磁场。

2.1.2　电磁干扰的构成要素

形成电磁干扰都是以下三个基本要素组合产生：电磁辐射源、电磁波传播途径及敏感设备。

（1）电磁辐射源

电磁辐射源分为两种类型：一类是自然辐射干扰源，另一类是人工型电磁辐射干扰源。自然辐射干扰源本书不作叙述，下面仅介绍人工型电磁辐射干扰源。

①人工型电磁辐射干扰源分类

人工型电磁辐射干扰源指人工制造的各种电子、电气系统、电子设备与电气装置形成的干扰源。人工型电磁辐射干扰源按频率不同又可分为工频场源与射频场源。工频杂频场源中，以大功率高电压输电线路所产生的电磁污染为主，同时也包括若干种放电型场源。射频场源主要指由于无线电设备或射频设备工作过程中所产生的电磁感应与电磁辐射，见表 2-1。

表 2 - 1　人工型电磁辐射干扰源的类型

干扰源 类别		设备名称	放电(干扰)类型	干扰源与部件
人工型电磁干扰源	无意发射干扰源	输电线路	电晕放电、工频感应场源	由高电压、大电流设备而引起静电感应、电磁感应、大地漏地电流造成
		电气化铁路	弧光放电、工频感应场源	点火系统、发动机以及整流装置等
		车辆	火花放电	点火系统、发动机、整流装置、放电管等
		开关等接触式系统	弧光放电	各种接触类电气设备
		家电、办公自动化电气设备	辐射场源	微波炉、电磁炉、电热毯、电脑等以功率源为主的电器
		工、科、医(ISM)设备	射频辐射场源	工、科、医用射频设备
	有意发射干扰源	高频加热设备	射频辐射场源	高频加热装置、热合机、微波加热(微波干燥设备)
		广播	射频辐射场源	广播发射机及其他振荡与发射系统
		电视	射频辐射场源	电视发射机及其他振荡与发射系统
		通信	射频辐射场源	移动通信基站设备等,以天线源为主
		雷达	辐射场源	发射系统与振荡系统,以天线源为主
		导航	辐射场源	发射系统与振荡系统,以天线源为主

②按干扰频率范围划分干扰源

当按频率范围划分可以细分为以下几种,见表 2 - 2。

表 2 - 2　按干扰频率范围分类

电磁干扰源的分类	频率范围	典型电磁干扰源
工频干扰源	50 Hz 及其谐波	输电线、电力牵引系统
甚低频干扰源	3～30 kHz	雷电、海潜、超远导航等
载频干扰源	10～300 kHz	高压直流输电高次谐波、交流输电及电气铁路高次谐波
音频干扰源	150 Hz～100 MHz	有线广播
射频、视频干扰源	几万 Hz～几十 GHz	工业、科学、医疗高频设备。电动机、照明电器、宇宙干扰
微波干扰源	300 MHz～3 GHz	微波炉
	300 MHz～100 GHz	微波接力通信、卫星通信
	30 MHz～3 GHz	移动通信（包括手机等）
工业干扰源	0.1 MHz～10 MHz	电晕放电等

③无线电波频段内的典型辐射源

几种分布于无线电波频段内的典型辐射源，见表 2 - 3。

表 2 - 3　几种分布于无线电波频段内的典型辐射源

频率	波长（λ）	干扰对象	典型辐射源
100 GHz	3 mm	微波	电子器件
10 GHz	3 cm	微波、雷达	电子器件
1 GHz	30 cm	雷达	电子器件、各种微粒
100 MHz	3 m	电视、调频无线电	电子器件、天电
10 MHz	30 m	短波无线电	电子器件、天电
1 MHz	300 m	中、短波无线电	电子器件、天电
100 kHz	3 km	长波、甚长波无线电	电子器件、天电
10 kHz	30 km	甚长波无线电、感应加热	电子器件、天电
1 kHz	300 km	特长波无线电、感应加热	电子器件、天电
100 Hz	3 000 km	电力	电机、天电
10 Hz	30 000 km	电力	电机、天电

注：凡能引起火花或电弧的一切设备都是干扰源。

（2）电磁波传播途径

电磁波传播途径的含义是指电磁波以某种传播方式所经历的传播路径。电磁波传播方式主要有地波、天波、空间波（或称视距波、直接波）、散射波等。电磁波传播途径的不同直接影响到电磁环境中电磁波的方向、能量空间分布、波形等。电磁波从电磁辐射源辐射出去后如何传播，如何分布随传播途径中的媒质不同而不同。电磁波传播特征与传播媒质特征参数（频率或波长和极化）有关。电磁波以何种方式传播取决于传播的电磁波的频率或波长。

（3）敏感设备

敏感设备是指受干扰设备。设备的抗干扰能力用电磁感应度（Susceptibility）来表示。设备的电磁干扰敏感性电平阈值越低，即对电磁干扰越灵敏，也可以说电磁敏感度越大，抗干扰能力越差，或称抗扰度（Immunity）性能越低。反之，电磁敏感度越低，抗干扰能力也越高。不同的设备和不同的元器件的抗干扰能力是不同的。设备的电磁敏感度（抗扰度指标）可以从《产品说明书》中查到或由工艺设计者提出要求。

2.2　电偶极子的电磁辐射场（源）

2.2.1　电偶极子的电磁辐射场（源）概念

当电荷、电流随时间变化时，在其周围会激发起电磁波。在电磁波向外传播的过程中，会有部分电磁能量输送出去，这种现象称为电磁能的辐射，简称电磁辐射。电磁辐射是一种客观存在的物理现象，叙述辐射问题时，往往从单元偶极子的辐射入手。单元偶极子是一种基本的辐射单元，单元偶极子分单元电偶极子和单元磁偶极子两种。所有的电磁辐射干扰源按它们的辐射形式都可以归纳成两大类：基本型和标准型。基本型又分成两种：电偶极子辐射（电流源）和磁偶极子辐射（磁流源）。这些理论对计算有意干扰场强都是非常重要的。

下面以电偶极子和磁偶极子来分析单元偶极子产生的电磁场及其辐射干扰场（源）。

2.2.2　电偶极子的电磁辐射场（源）及计算公式

（1）电偶极子的电磁辐射

电偶极子（又称电基本振子、赫兹偶极子、电流元）为一段带有高频电流，且是带有相距很近的两个量值相等而符号相反的电荷（$+q$、$-q$）的一段很短的导线，其直径 $d \ll L$，（长度 $L \ll$ 波长 λ），在此短而细的导线上电流的振幅和相位分布是均匀的。

根据电磁场理论，电偶极子产生在场中一点 P 的电位如图 2-1 所示。图中用球坐标（r、θ、ϕ）表示。

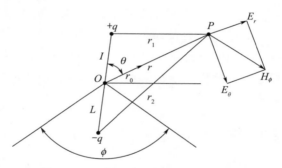

图 2-1　电偶极子辐射源（直导线源）

（2）电偶极子的辐射场（源）公式

电偶极子（直导线）产生的场分别由式（2-1）计算

$$E_\theta = \frac{IL\beta^3}{4\pi\omega\varepsilon_0}\left[\frac{-1}{\mathrm{j}(r\beta)} + \frac{1}{(r\beta)^2} + \frac{1}{\mathrm{j}(r\beta)^3}\right]\sin\theta$$

$$E_r = \frac{IL\beta^3}{2\pi\omega\varepsilon_0}\left[\frac{1}{(r\beta)^2} + \frac{1}{\mathrm{j}(r\beta)^3}\right]\cos\theta \qquad (2-1)$$

$$H_\phi = \frac{IL\beta^2}{4\pi}\left[\frac{1}{\mathrm{j}(r\beta)} + \frac{1}{(r\beta)^2}\right]\sin\theta$$

$$\omega = 2\pi f$$

式中 ω——角频率；

f——频率，Hz；

β——波数，即相移常数，电磁波传播单位长度所引起的相位变化；

ε_0——介电常数，F/m；

μ_0——磁导率，H/m；

I ——载流导线电流，A；

L ——载流导线长度（电偶极子长度），m；

r ——从坐标中心（O 点）到观察点 P 的距离，m；

j——$\sqrt{-1}$。

设电磁波的波长为 λ ，则有

$$\beta = \frac{2\pi}{\lambda} = \omega \sqrt{\mu\varepsilon}$$

在自由空间中

$$\varepsilon_0 = \frac{1}{36\pi} \times 10^{-9} = 8.854\ 2 \times 10^{-12}$$

$$\mu_0 = 4\pi \times 10^{-7}$$

$$\mu_0 \varepsilon_0 = 4\pi \times 10^{-7} \times \frac{1}{36\pi} \times 10^{-9} = \frac{1}{(3 \times 10^8)^2} = \frac{1}{C^2}$$

点电荷的电场决定于它的电荷 q（标量），而电偶极子的电场则决定于它的电矩 $\boldsymbol{p}$（矢量）。电偶极子的电场与坐标 ϕ 无关，所以它在各子午面上的电场图是一样的。

当 $L \ll \lambda$、$L \ll r$，此时 L 足够短，可以认为是点源，而且认为该点电流 I 是不变的，这就足够模拟观察点 P 是在自由空间，而不是靠近金属表面或处在电介质中，所以得出式（2-1）。由于电偶极子的电荷间距离 L 很小，所以在电偶极子所在范围内的外电场可以看作是均匀电场。

有如下关系：

1）根据前文

$$\beta = \frac{2\pi}{\lambda} = \omega \sqrt{\mu\varepsilon_e} = \omega \sqrt{\mu\left(\varepsilon - j\frac{\sigma}{\omega}\right)}$$

式中 ε_e——等效（复）介电常数。

$$\varepsilon_e = \varepsilon - j\frac{\sigma}{\omega}$$

$$\beta = \omega\sqrt{\frac{\mu\varepsilon}{2}\left[\sqrt{1+\left(\frac{\sigma}{\omega\varepsilon}\right)^2}+1\right]}$$

相位常数 β 表示波的相位，即每单位距离所滞后的弧度数（rad/m）。需要注意的是导电媒质中不同电介质的情况是不同的。由于 $\beta = \frac{2\pi}{\lambda}$，所以在导电媒质中平面波的波长为

$$\lambda = \frac{2\pi}{\beta} = \frac{2\pi}{\omega\sqrt{\frac{\mu\varepsilon}{2}\left[\sqrt{1+\left(\frac{\sigma}{\omega\varepsilon}\right)^2}+1\right]}}$$

可见，此时波长不仅与媒质特征有关，而且与频率的关系是非线性的。对一定的频率来说，它要比电介质中短得很多。

2）导电媒质中的波阻抗 Z_c 为

$$Z_c = \sqrt{\frac{\mu}{\varepsilon_e}} = \sqrt{\frac{\mu}{\varepsilon\left(1-j\frac{\sigma}{\omega\varepsilon}\right)}}$$

可见，波阻抗为复数。

3）波传播的速度

$$v = \frac{\omega}{\beta} = \frac{1}{\sqrt{\mu\varepsilon}}\frac{1}{\sqrt{\frac{1}{2}\left[\sqrt{1+\left(\frac{\sigma}{\omega\varepsilon}\right)^2}+1\right]}}$$

可见，v 不仅与媒质的 σ、ε 和 μ 有关，而且也和频率有关。

2.2.3 近场区（感应场区）

根据观察点到电偶极子的距离 r 的大小，将电偶极子场所的空间周围电磁场分为两个主要区域的表达形式，即近场区和远场区。

在 $r \ll \lambda/(2\pi)$ 的区域内，近场区随距离 r 的增大而迅速减小，近区场每周期平均辐射功率为零。即近场区没有能量向外辐射，能

量束缚在功能源（或天线）的周围，这种场称为感应场。感应场受场源距离的限制，在感应场内，电磁能量将随着离开场源距离的增大而比较快地衰减。

近场区特点：

1）在近场区内，电场强度 E 与磁场强度 H 的大小没有确定的比例关系。一般情况下，电场强度值比较大，而磁场强度值比较小，有时则相反，在槽路线圈等部位附近，磁场强度值很大，而电场强度值很小。总的来看，电压高电流小的场源（如天线、馈线等）电场强度比磁场强度大得多，电压低电流大的场源（如电流线圈）磁场强度又远大于电场强度。

2）近场区电磁场强度要比远场区电磁场强度大得多，而且近场区电磁场强度远比远场区电磁场强度衰减速度快。

3）近场区电磁场感应现象与场源密切相关，近场区不能脱离场源而独立存在。

2.2.4　远场区（辐射场区）

在 $r \gg \lambda / (2\pi)$ 的区域内，在远区的场是一沿着径向向外传播的横电磁波。电磁能量离开场源向空间辐射，不再返回，这种场称为辐射场。

远场区的特点：

1）远场区仅有 E_θ 和 H_ϕ 两个分量，两者在时间上同相，在空间上互相垂直，并与矢径 r 方向垂直。坡印亭矢量 $\boldsymbol{S} = \dfrac{1}{2}\boldsymbol{E} \times \boldsymbol{H}^*$ 是纯实数，方向为矢径 r 的方向；

2）E_θ 和 H_ϕ 两个分量均与 $\dfrac{1}{r}$ 成正比，是由扩散引起的，当距离增加时，场强相对于近场区减小得比较缓慢，因而可以传播到发射天线很远的地方；

3）E_θ 和 H_φ 的比值为

$$\frac{E_\theta}{H_\phi} = \sqrt{\frac{\mu}{\varepsilon}} = \eta\,(\Omega)$$

该比值是一个实数，它具有阻抗的量纲，称为波阻抗。在自由空间中，$\eta = \eta_0 = 120\pi\,(\Omega)$ 。由于电场与磁场成比例关系，在对天线的远场区进行研究时，一般只对电场进行研究，磁场的特点可通过电场的特点得到。

2.3　磁偶极子的电磁辐射场（源）

2.3.1　磁偶极子的电磁辐射场（源）概念

在物质的磁化理论中，磁偶极子的概念极为重要。所谓磁偶极子是指一个很小的圆形载流回路，如图 2 - 2 所示。场中一点到回路中心的距离都比回路的线度大很多，并且在磁偶极子所在范围内的外磁场可以认为是均匀的。显然，物质中的分子电流具有磁偶极子的性质，把这样的电流回路叫做磁偶极子，是因为这回路所限定的很小面积元 A 的正面上可以看成有许多北极（N 极），在它的负面上可以看成有等量的南极（S 极）。磁偶极子一方面在它的周围产生磁场，另一方面它在外磁场中受到力的作用。

2.3.2　磁偶极子的电磁辐射场（源）及计算公式

磁偶极子（又称磁基本振子、磁流元）是自由空间一半径远小于波长 λ、环上带有高频电流的小圆环。设该磁偶极子由假想的一对相距极小的正负磁荷 $+q_m$、$-q_m$ 组成。如图 2 - 2 所示，取圆环中心为坐标原点。设该小圆环的面积为 A，圆的周长为 L。由于 $L \ll \lambda$，可认为环上各点电流等幅同相。

对圆环形导线，当圆环直径比 r 小很多且也小于 λ 时，流过的电流也不变，下面计算磁偶极子产生的磁场

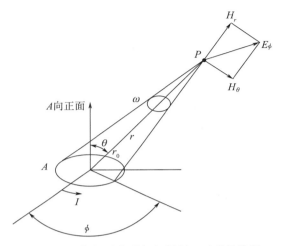

图 2 - 2　磁偶极子的磁场辐射源（环形导线源）

$$H_\theta = \frac{IA\beta^3}{4\pi}\left[\frac{-1}{r\beta} - \frac{1}{\mathrm{j}(r\beta)^2} + \frac{1}{(r\beta)^3}\right]\sin\theta$$

$$H_\gamma = \frac{IA\beta^3}{2\pi}\left[\frac{-1}{\mathrm{j}(r\beta)^2} + \frac{1}{(r\beta)^3}\right]\cos\theta \qquad (2-2)$$

$$E_\phi = \frac{IA\beta^4}{4\pi\omega\varepsilon_0}\left[\frac{-1}{(r\beta)} - \frac{1}{\mathrm{j}(r\beta)^2}\right]\sin\theta$$

式中　A——圆环面积，m^2；

　　　其他符号意义与本书前面相同。

2.3.3　近场区（感应场区）

在 $r \ll \dfrac{\lambda}{2\pi}$ 的区域内，$r\beta \ll 1$。由式（2-2）可见，磁偶极子产生的场分量主要取决于 $1/(r\beta)$ 的高次项。

对式（2-2）进行分析，可得磁基本振子所产生的电磁场具有以下特点：

1）磁场仅有 H_r 和 H_θ 两个分量，电场仅有 E_ϕ 分量，三个场分量互相垂直；

2）磁力场在子午面内，电力线在赤道面内。可见磁偶极子的电场、磁场与电基本振子的磁场、电场之间有对应关系。根据 r 的大小，与电偶极子类似可将磁偶极子的场所在空间周围电磁场表示为各分量的两个区域的表达式。

2.3.4 远场区（辐射场区）

在 $r \gg \dfrac{\lambda}{2\pi}$ 的区域内，$r\beta \gg 1$。该区域的场分量主要取决于式（2-2）中 $\dfrac{1}{r\beta}$ 的低次项，而且 H_r 与 H_θ 相比可忽略，因此在波的传播方向上的磁场分量近似为零。

远场区的特点：

1）磁偶极子的远场区，电磁场与空间的关系完全和电偶极子相仿。当 $\theta = 90°$ 时，即在线圈所在平面上，电场与磁场为最大值。远场区以辐射状态出现，所以也称辐射场。远场区已脱离了场源而按自己的规律运动。远场区电磁辐射强度衰减比近场区要缓慢。

2）远场区以辐射形式存在，电场强度与磁场强度之间具有固定关系，即

$$E = \sqrt{\frac{\mu_0}{\varepsilon_0}} H = 120\pi H \approx 377H$$

3）E 与 H 互相垂直，而且又都与传播方向垂直。

4）电磁波在真空中的传播速度为

$$C = \frac{1}{\sqrt{\varepsilon_0 \mu_0}} \approx 3 \times 10^8 \ \text{m/s}$$

2.3.5 大阵列电磁辐射源场区

对于大的阵列辐射源，或是其他方向性很强的辐射源，例如情报雷达天线一个孔径尺寸为 D 的抛物面天线，其增益远大于各向同性辐射体或偶极子辐射体的增益，此时只有当 $r > \dfrac{2D^2}{\lambda}$ 时才是远场，

$r < \dfrac{2D^2}{\lambda}$ 时才是近场（图 2-3 所示）。λ 为波长（m）；r 为到干扰源的距离（m）。如果偏离天线主射束方向，在天线的旁边或背面，其增益相对较低，此时场的特点就比较接近简单的偶极子场，这种场在 $r = \dfrac{\lambda}{2\pi}$ 处，远场和近场相等。

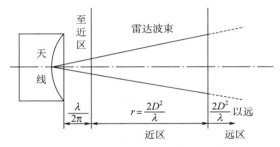

图 2-3　大阵列辐射源场区判据

从天线孔面至 $\dfrac{\lambda}{2\pi}$ 之间称为至近区，从 $\dfrac{\lambda}{2\pi}$ 至 $\dfrac{2D^2}{\lambda}$ 之间为近区，$\dfrac{2D^2}{\lambda}$ 以远称为远区。

要判定干扰场的性质，确定它是电场、磁场还是平面波。干扰源到屏蔽体之间距离与信号波长的比值决定了入射场的阻抗特征。要判断入射场是高阻抗电场或低阻抗磁场，先要确定产生场的干扰源类型。

2.4　电偶极子与磁偶极子的关系——波阻抗及其计算

2.4.1　电偶极子与磁偶极子的关系

从式（2-1）和式（2-2）可以得到如下启示：

1）场源为电偶极子时，电场 E 与 r 的三次方成反比，而磁场 H 与距离 r 的平方成反比；

2）如果场源为磁偶极子，磁场 H 与距离 r 的三次方成反比，

而电场 E 与距离的平方成反比；

　　3）在近场中由于波阻抗不是一个常数，所以计算屏蔽效能时，应对电场和磁场分开考虑。

　　（1）低阻抗

　　在实际工作中，如果场源是大电流低电压，其近场主要是磁场，特性阻抗一般小于 377 Ω，此种场又称低阻抗场。在频率很低情况下，一般均出现低阻抗的磁场。

　　（2）高阻抗

　　如果场源是小电流高电压，其近场主要是电场，特性阻抗一般大于 377 Ω，此种场又称为高阻抗场。

　　（3）平面波

　　如果 $r \geqslant \dfrac{\lambda}{2\pi}$，入射场是平面波。通常情况下，当离开场源距离大于几个波长之后，电磁场基本上就是平面波。它的波阻抗等于传播媒质的本征阻抗（空气为 377 Ω）。平面波兼有电场矢量 $\boldsymbol{E}$ 和磁场矢量 $\boldsymbol{H}$，$\boldsymbol{E}$ 和 $\boldsymbol{H}$ 不但相互垂直，而且都与传播方向垂直。

　　平面波场与磁偶极子近区的低阻抗场及电偶极子近区的高阻抗场都不相同，它的反射损耗与场源到屏蔽体的距离无关。

　　（4）非平面波

　　当 $r \leqslant \dfrac{\lambda}{2\pi}$ 时，电磁波已不能作为平面波处理了。对非平面波，空气的波阻抗已变成频率 f、距波源距离 r 的函数。而金属的波阻抗只要是同一材料在相同频率下，是和波的类型无关的。对于屏蔽室来说，非平面波一般是在 100 MHz 以下频段出现的。

2.4.2　电磁辐射周围的场

　　在电磁辐射周围的场，在该点总电场与总磁场之比为波阻抗。如果是偶极子的辐射源，它的波阻抗就是 $\boldsymbol{E}_\phi$、$\boldsymbol{H}_\theta$ 与 $\boldsymbol{H}_r$ 矢量和之比，或是 $\boldsymbol{E}_\theta$、$\boldsymbol{E}_r$ 的矢量和与 $\boldsymbol{H}_\phi$ 之比，如本书前面式（2−1）和式

（2－2）所示。

现在将偶极子的波阻抗与距离的关系绘制成波阻抗随 r 距离变化的函数曲线，如图 2－4 所示。当 $r \geqslant \dfrac{\lambda}{2\pi}$ 时，呈现平面波；当 $r < \dfrac{\lambda}{2\pi}$ 时，为近场。呈现高阻抗，为电场；低阻抗，为磁场。此关系式，在计算屏蔽效能时很有用处。

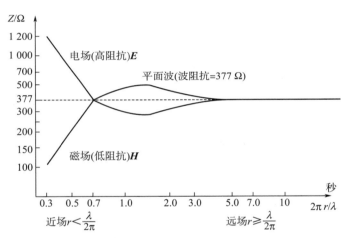

图 2－4 高阻抗性和低阻抗性场源的波阻抗随距离 r 变化的函数曲线

从图中可以看出，在远区，电偶极子的波阻抗和磁偶极子的波阻抗均趋于媒质的波阻抗，但在近区，电偶极子的波阻抗大于媒质的波阻抗，它产生的近区电磁场中电场占优势。因此，在电磁兼容研究中有时简单地称电偶极子的辐射源模型为电场源，磁偶极子的波阻抗小于媒质的波阻抗，它产生的近区电磁场中磁场占优势，在电磁兼容研究中常简单地将其称为磁场源。

波阻抗可由式（2－1）直接推出。当 $r \rightarrow \infty$ 时

$$E_\theta \approx \frac{-IL\beta^2}{\mathrm{j}4\pi\omega\varepsilon_0 r}$$

$$E_\gamma \approx 0 \qquad\qquad (2-3)$$

$$H_\phi = \frac{-IL\beta}{\mathrm{j}4\pi r}$$

波阻抗（平面波）

$$Z_\theta = \frac{E_\theta}{H_\phi} = 377 \ \Omega$$

2.4.3　单元偶极子的阻抗计算

（1）远场区的波阻抗

将空间某点的电场与磁场的横向分量之比值称为媒质中的波阻抗 Z，无论是电偶极子还是磁偶极子，在远场区的波阻抗都是

$$Z = \sqrt{\frac{\mu}{\varepsilon}}$$

但是近场区，此时的波阻抗 Z 与观察点的位置有关，不同偶极子的波阻抗是不同的，可用式（2-4）求得。

在自由空间中，单元偶极子的波阻抗为

$$Z_0 = \sqrt{\frac{\mu_0}{\varepsilon_0}} = 120\pi = 377 \ \Omega（平面波）$$

但是近场区的波阻抗表达式要比自由空间中单元偶极子复杂得多，且电偶极子和磁偶极子的近场区波阻抗表达式也不同，见式（2-4）～式（2-7）。

（2）电偶极子近场区的波阻抗

电偶极子的近场区波阻抗（Ω）的表达式

$$Z_{\mathrm{EW}} = \frac{E_\theta}{H_\phi} = -\mathrm{j}\,\frac{1}{\varepsilon\omega r} = -\mathrm{j}\,\frac{\beta}{\omega\varepsilon}\left(\frac{1}{\beta r}\right) = -\mathrm{j}Z_{\mathrm{w}}\,\frac{\lambda}{2\pi r} \qquad (2-4)$$

可见，电偶极子的近场区波阻抗在数值上大于远场区波阻抗。在自由空间，其近场区波阻抗还可以简化如下

$$Z_{EW} = -\mathrm{j}120\pi \frac{\lambda}{2\pi fr} = -\mathrm{j}\frac{1.8\times10^{10}}{fr} \text{（电场时）} \qquad (2-5)$$

（3）磁偶极子近场区的波阻抗

磁偶极子近场区波阻抗（Ω）的表达式

$$Z_{HW} = -\frac{E_{\phi}}{H_{\theta}} = \mathrm{j}Z_{w}\beta r = \mathrm{j}Z_{w}\frac{2\pi r}{\lambda} \qquad (2-6)$$

由此可见，磁偶极子的近场区波阻抗在数值上小于远场区波阻抗。在自由空间，其近场区波阻抗还可以简化如下

$$Z_{HW} \approx \mathrm{j}120\pi\left(\frac{2\pi r}{\lambda}\right) \approx \mathrm{j}7.9\times10^{-6}fr \text{（磁场时）} \qquad (2-7)$$

第 3 章　电磁屏蔽的基本理论

3.1　静电场

3.1.1　静电场的概念

　　按照近代观点，所有物体都是由大量的分立的微小粒子所组成。这些粒子有的带正电，有的带负电，也有的不带电。所有的正电粒子和负电粒子必须同时存在，且有等量的电荷。

　　所有粒子都具有质量、冲量等物理特征。带电粒子在这些特征之外，还有另一种重要的物理特性，这种特性是用电荷这一概念来表征的。带电粒子就是带有电荷的粒子，这种电荷就是表征它们与自身电磁场的联系及与外电磁场相互作用的一种物理特性。就这种表征的量的方面来说，电荷是以库仑（C）为单位，根据试验资料，一个电子带负电荷 1.602×10^{-19} C，是目前所能发现的最小电量。在自然界中所遇到的正的或负的电荷都是这最小电量的整倍数。

　　电荷守恒定律　　电荷既不能创造，也不能毁灭。电荷只能从一种分布变成另一种分布，而且在任何时候有正电荷存在，同时必定有等量的负电荷存在，这就是电荷守恒定律。

　　如果带电体所带的电荷在宏观上是不随时间改变的，同时带电体对于观察者没有相对的运动，则说明静止的物体带着静电。在这样的带电体的周围，观察者只观察到不随时间改变的电现象，而观察不到磁现象，就是只观察到与带电体电荷相联系的电磁场的一个特殊方面。所谓一个特殊的方面，是因为电磁场有电场与磁场两个方面，现在所观察到的只是电场。所谓特殊，就是说它是一个不随时间改变的电场，这种电场叫做静电场。

库仑定律 同号电荷相排斥，异号电荷相吸引。这种排斥或吸引的力是一个点电荷在另一个点电荷的场中所受到的作用力，叫做电场力或库仑力。

点电荷 在利用试体研究电场时，如所发现观察点与电场相联系的带电体（或如通常所说产生电场的带电体）之间距离比起带电体本身的线度大得多，则带电体的大小与形状都无关紧要，而它所带的电荷便可看成集中于它的作用中心点，这种电荷叫做点电荷。

观察结果，点电荷 q 在真空中产生在一点上的电场强度的量值与 q 的量值成正比，而与场点（观察点）到点电荷的距离 r 的平方成反比，其方向沿着点电荷与场点相连的直线上，由点电荷指向场点或由场点指向点电荷随电荷 q 为正或负而定。根据有理化实用单位制，点电荷的电场强度可以表示成

$$\boldsymbol{E} = \frac{q}{4\pi\varepsilon_0 r^2}\boldsymbol{r}^0 \qquad (3-1)$$

式（3-1）中单位矢量 $\boldsymbol{r}^0$ 是由点电荷指向场点，ε_0 是表征真空电特性的常数，叫做介电常数。在自由空间中，介电常数

$$\varepsilon_0 = \frac{1}{4\pi \times 10^{-7} \times (3 \times 10^8)^2}$$

$$= \frac{1}{36\pi} \times 10^{-9}$$

$$= 8.854\,2 \times 10^{-12}\ \text{F/m}$$

这里法（F）是电容单位法拉的简称。式（3-1）中引入 4π 而使 ε_0 有上述的值，其目的是为了使一般电磁公式能够有简单的形式。而且，让具有球对称性的一些公式内出现 4π 也是很常用的。

由式（3-1）与电常数的单位，可见电场强度的单位是

$$[\boldsymbol{E}] = \frac{库}{(法/米)\,米^2} = \frac{库}{法\cdot米} = \text{V/m}$$

伏（V）是电压的单位伏特的简称，伏/米（V/m）与牛/库（N/C）相当。下面采用 V/m 为电场强度的单位。

根据试验表明，点电荷产生的场中任一点上的电场强度与点电

荷的电量 q 成正比，就是说，有线性关系。一个点电荷产生在场中一点上的电场强度与场中有没有其他点电荷存在无关，就是说，有它的独立性。事实上，电荷 q 可以看做是 n 个点电荷 q_1，q_2，…，q_n 的合成，就是

$$q = q_1 + q_2 + \cdots + q_n$$

这样，式（3-1）就可以写成

$$E = \frac{q}{4\pi\varepsilon_0 r^2} r^0$$

$$= \frac{q_1}{4\pi\varepsilon_0 r^2} r^0 + \frac{q_2}{4\pi\varepsilon_0 r^2} r^0 + \cdots + \frac{q_n}{4\pi\varepsilon_0 r^2} r^0$$

$$= E_1 + E_2 + \cdots + E_k$$

$$E_k = \frac{q_k}{4\pi\varepsilon_0 r^2} r^0$$

式中　E_k ——点电荷 q_k 单独产生的电场。

既然各个电荷产生电场有它的独立性，因此，可以做出一般的论断：位于同一点上或不同点上的多个点电荷一同产生场，在场中一点上的电场强度是各个点电荷单独产生在这一点上的电场强度矢量之和。这就是静电场的迭加原理。

据此，k 个点电荷的合成电场

$$E = E_1 + E_2 + \cdots + E_n = \frac{1}{4\pi\varepsilon_0} \sum_{k=1}^{n} \frac{q_k}{r_k^2} r_k^0$$

式中　r_k ——点电荷 q_k 与场点之间的距离；

　　　r_k^0 ——由点电荷 q_k 指向场点的单位矢量。

3.1.2 静电场的基本特性，两种媒质分界面上的边界条件

静电场的基本特性可归结成下面三个方程：

$$\oint E \cdot \mathrm{d}l = 0 \qquad (3-2)$$

$$\oint D \cdot \mathrm{d}s = q \qquad (3-3)$$

$$D = \varepsilon_0 E + P \qquad (3-4)$$

式中 **P**、**D** 参见下面说明。

式（3-2）与式（3-3）是静电场的基本方程，它们具有普遍性，对于任何静电场都是正确的。

式（3-4）是电介质的性能方程，实际上随场中存在的电介质的种类而异。譬如说，在电介质是各向同性的时候，式（3-4）必须以 $D = \varepsilon E$ 代替。代替以后，就有它的局限性，所以式（3-4）不能叫做基本方程。

两种介质间分界面上 **D** 的法向分量连续和电场强度 **E** 的切向分量连续的基本公式为

$$D_{1n} = D_{2n} \qquad (3-5)$$

$$E_{1t} = E_{2t} \qquad (3-6)$$

$$D = \varepsilon E \qquad (3-7)$$

下面就上述三组公式（3-2）～式（3-7）展开叙述：

1）根据式（3-4），引入一个叫电位移并用 **D** 表示的矢量，单位是库/米^2（c/m^2）。式（3-4）是电位移矢量的一般定义式，其中矢量 **P** 与 **E** 的关系随电介质的不同而不同。对各向同性的电介质可以写成如下表达式

$$D = \varepsilon_0 E + \alpha E = (\varepsilon_0 + \alpha) E$$

或

$$D = \varepsilon E \qquad (3-8)$$

$$\varepsilon = \varepsilon_0 + \alpha$$

式中 ε——用来表征电介质（各向同性的）特性的一个参数，叫做电容率，单位是 F/m。

由于介电常数 ε_0 与极化率 α 总是正值，所以电容率 ε 也总是正值，并且 $\varepsilon > \varepsilon_0$。电容率 ε 与介电常数 ε_0 的比率 $\varepsilon_r = \dfrac{\varepsilon}{\varepsilon_0}$ 叫做相对电容率。它是没有量纲的纯数，其值总大于 1。空气的 $\varepsilon_r = 1.0006$，所以通常把空气的电容率认为与电常数相等，甚至往往把真空看做是具

有电容率 ε_0 的电介质。

2）需要指出的是，在自由电荷周围无限地充满着均匀而各向同性的电介质的情况下，电场每点上都存在着 $D=\varepsilon E$ 的关系。否则，在没有电介质区域的一些点上存在着 $D=\varepsilon_0 E$，而在有电介质区域一些点上存在着 $D=\varepsilon E$。并且，如果电介质不是均匀的，各点上的 ε 将有不同的值。

3）式（3-3）也就是，在任何电场中通过任何一个闭合面电位移矢量的通量等于该闭合面内存在的自由电荷的代数和。这就是高斯定理的一般形式，也是静电场另一个基本方程。

4）式（3-2）对于任何静电场都适用，现在应该看出这一陈述的正确性。因为有电介质存在的静电场不过是一个既有自由电荷又有束缚电荷的真空电场。

静电场的基本特性都归结在式（3-2）、式（3-3）这两个方程内，所以把它们叫做静电场的基本方程组。

在分界处两边的媒质无论是哪一种，静电场的两个基本方程必须满足。因此，先在媒质 1 与媒质 2 的分界处作一个长度为 $\mathrm{d}l$ 而宽度比 $\mathrm{d}l$ 更小一级的矩形闭合路径（如图 3-1 所示），它在两种媒质中的 $\mathrm{d}l$ 边都与分界面平行。把方程

$$\oint E \cdot \mathrm{d}l = 0$$

应用到这闭合路径上有

$$E_{1t}\mathrm{d}l - E_{2t}\mathrm{d}l = 0$$

或

$$E_{1t} = E_{2t} \qquad\qquad (3-9)$$

即在两种媒质的分界面处电场强度的切线分量 E_{1t} 与 E_{2t} 必须相等。

再在两种媒质的分界处作一个截面为 $\mathrm{d}s$ 且很扁平的闭合面（如图 3-2 所示），它在两种媒质中的 $\mathrm{d}s$ 面都与分界面平行。根据高斯定理

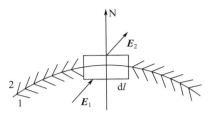

图 3-1　分界面上的矢量 E

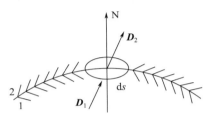

图 3-2　分界面上的矢量 D

$$\oint D \cdot \mathrm{d}s = q$$

应用到这闭合面上，有

$$D_{2n}\mathrm{d}s - D_{1n}\mathrm{d}s = \sigma \mathrm{d}s$$

或

$$D_{2n} - D_{1n} = \sigma \qquad (3-10)$$

式中 σ 为分界上自由电荷的面密度。

式（3-10）是说，在两种媒质的分界面处，由位移矢量的法线分量 D_{2n} 与 D_{1n} 之差（分界面的法线方向是由媒质 1 指向媒质 2）必须等于分界面上自由电荷的面密度。

如果分界面上不存在着自由电荷，则式（3-10）变为

$$D_{1n} = D_{2n} \qquad (3-11)$$

也就是，在面电荷不存在时，两种媒质分界处的电位移矢量的法线分量 D_{1n} 与 D_{2n} 必须相等。

条件式（3-9）、式（3-10）或式（3-11）就是静电场中两种媒质分界面上的边界条件。需要说明的是，电介质表面上的自由电

荷就是它的表面上由于起电（例如摩擦）所形成的过剩电荷。在分界面处，即使没有自由电荷存在，E_{1n} 也不等于 E_{2n}，这是因为分界面上有束缚电荷存在。至于 $D_{1t} \neq D_{2t}$，则是因为 $E_{1t} = E_{2t}$ 与两种媒质中的极化程度不同的缘故。

从以上分析可以看出静电场边值问题的唯一性定理表明，边界条件可将空间内电场的恒定分布唯一地确定下来。

静电屏蔽就是指在静电平衡状态的条件下，屏蔽的壳体（腔）内无其他带电导体的外壳和实心体一样内部没有电场。这样，壳体的表面就保护它所包围的区域，从而不使其受到导体外壳表面上的电荷或外界电场的干扰。静电屏蔽之所以能够实现，可以从唯一性定理得到解释。

3.2　稳定磁场

3.2.1　稳定磁场与磁感应

在 3.1 节叙述了稳定电流在电方面的特性，现在叙述稳定电流的稳定磁场。

在磁场（本章讲的磁场都是指稳定磁场）中有两个极其重要的现象：一个是电流（或运动电荷）在磁场中受到力的作用；另一个是对磁场作相对运动的导体上，有感应电动势产生。这两种现象都可以用来确定磁场的特性。为了使介绍磁场的方法和步骤与介绍静电场的方法和步骤相类似，下面采用电流在磁场受力的现象来确定磁场的特性。

为了作这种确定，就得采用孤立的、载有稳定电流而长度与截面都很小的一段导体。这样的载流导体带进磁场以后，才不会影响原有的磁场分布，并且导体所在的空间里的磁场可以认为是均匀的，因而由它确定出来的特性，才能代表场中一点的特性。这种载流导体叫做试验载流导体。试验载流导体可以用矢量 $i\Delta l$ 表示，Δl 的方向就是电流 i 的方向，如图 3-3 所示。

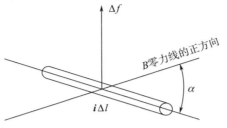

图 3 - 3　磁场对载流导体的作用力

下面引入一个矢量 **B**，使其量值等于 B 并指向零力线的正方向，则力 Δf 与 $i\Delta l$ 及 **B** 的关系，可用矢量表示

$$\Delta f = i\Delta l \times B \qquad (3-12)$$

矢量 **B** 叫做磁感应。根据实用单位制，磁感应的单位

$$[B] = \frac{\text{牛}}{\text{安} \cdot \text{米}} = \frac{\text{焦}}{\text{安} \cdot \text{米}^2} = \frac{\text{安} \cdot \text{伏} \cdot \text{秒}}{\text{安} \cdot \text{米}^2} = \frac{\text{伏} \cdot \text{秒}}{\text{米}^2} = \frac{\text{韦}}{\text{米}^2}$$

其中，韦（韦伯的简称）是伏·秒 的另一名称。在实际计算中，磁感应常采用较小的单位高斯（简称高）来度量

$$1 \text{ 高} = 10^{-4} \text{韦/米}^2$$

矢量 $i\Delta l$ 的极限形式 $i\,\mathrm{d}l$ 叫作电流元，取式（3 - 12）的极限形式便得

$$\mathrm{d}f = i\,\mathrm{d}l \times B \qquad (3-13)$$

这就是通称的安培定律的微分形式。

磁场作用于电流元的力，本质上就是磁场作用于运动电荷的力。这种力叫做磁场力或洛伦兹力。

如果用 $\mathrm{d}q$ 表示具有长度 $\mathrm{d}l$ 的导体内所有运动粒子的电荷，用 v 表示这些运动粒子的平均速度，则电流元

$$i\,\mathrm{d}l = \frac{\mathrm{d}q}{\mathrm{d}t}\mathrm{d}l = \mathrm{d}qv \qquad (3-14)$$

于是式（3 - 13）可以改写成

$$\mathrm{d}f = \mathrm{d}qv \times B \qquad (3-15)$$

在磁感应为 **B** 的磁场中，以速度 v 运动的点电荷 q 所受到的作

用力

$$\boldsymbol{f} = q\boldsymbol{v} \times \boldsymbol{B} \tag{3-16}$$

电流元在磁场中受到洛伦兹力的作用是它的一个方面，它的另一方面就是在它周围真空中出现的磁场。任何电流分布，在其周围真空中出现的磁场，可以归结为各电流元所出现的磁场的合成结果。

依照安培定律分析，电流元 $i\mathrm{d}l$ 在真空中离它 r 远的 P 点上产生的磁感应为

$$\mathrm{d}\boldsymbol{B} = \frac{\mu_0 i \mathrm{d}l \sin(\mathrm{d}l,\ \boldsymbol{r}^0)}{4\pi r^2} \tag{3-17}$$

其方向垂直于 $\mathrm{d}l$ 与 r 所构成的平面，并由右手螺旋定则决定，就是当螺钻柄由 $\mathrm{d}l$ 经过小于 π 的角度转到 $\boldsymbol{r}^0$，则螺旋前进的方向与 $\mathrm{d}B$ 的方向一致。用矢量表示为

$$\mathrm{d}\boldsymbol{B} = \frac{\mu_0 i \mathrm{d}l \times \boldsymbol{r}^0}{4\pi r^2} \tag{3-18}$$

式中　r——P 点离开电流元的距离；

　　　$\boldsymbol{r}^0$——由电流元指向 P 点的单位矢量，就是 $\boldsymbol{r} = r\boldsymbol{r}^0$；

　　　μ_0——表征真空磁特性的常数，叫做真空中的磁导率。

$$\mu_0 = 4\pi \times 10^{-7} \approx 1.257 \times 10^{-6} 亨/米$$

这里亨是电感单位亨利的简称。容易看出，单位亨利相当于

$$[\mu_0] = \frac{[B](米)^2}{安} = \frac{韦}{安} = \frac{伏\cdot秒}{安} = 欧\cdot秒$$

还须指出，磁导率 μ_0 与介电常数 ε_0 在量纲上与数值上的关系是

$$[\mu_0][\varepsilon_0] = \frac{亨}{米}\cdot\frac{法}{米} = \frac{欧\cdot秒\cdot(库/伏)}{(米)^2} = \frac{1}{(米/秒)^2} = \frac{1}{(速度)^2}$$

$$\mu_0\varepsilon_0 = 4\pi \times 10^{-7} \times \frac{1}{4\pi \times 9 \times 10^9} = \frac{1}{(3\times10^8)^2} = \frac{1}{c^2}$$

式中，c 为真空中的光速，就是电磁波在真空中传播的速度，数值为 3×10^8 m/s。

闭合电流在真空中产生在 P 点的磁感应

$$\boldsymbol{B} = \frac{\mu_0 i}{4\pi}\oint \frac{\mathrm{d}l \times \boldsymbol{r}^0}{r^2} \tag{3-19}$$

这积分是沿电流的闭合回路取的。

如果产生磁场的电流周围无限充满着均匀而各向同性的导磁物质（实际上就是除铁磁质以外），根据试验结果，磁场各点上磁感应的方向仍与这电流处于真空中所产生的一样，可是磁感应的量值有了改变。在这种情况下，磁感应矢量

$$\mathrm{d}\boldsymbol{B} = \frac{\mu \boldsymbol{i}\,\mathrm{d}l \times \boldsymbol{r}^{0}}{4\pi r^{2}}$$

或

$$\boldsymbol{B} = \frac{\mu \boldsymbol{i}}{4\pi} \oint \frac{\mathrm{d}l \times \boldsymbol{r}^{0}}{r^{2}} \tag{3-20}$$

式中，μ 为表征各向同性的导磁物质的基本特性所用的参数，叫做磁导率，单位是亨/米，与磁导率 μ_0 的单位相同。

导磁物质的磁导率 μ 与真空中磁导率 μ_0 的比值 μ_{r}，叫做导磁物质的相对磁导率，就是 $\mu_{\mathrm{r}} = \mu / \mu_0$。相对磁导率是一个没有量纲的纯数。其实，除去铁磁质以外，各物质的磁导率 μ 与磁导率 μ_0 相差都很小。因此，在实际计算中，对这些物质可以取 $\mu = \mu_0$ 或 $\mu_{\mathrm{r}} = 1$。

3.2.2　磁场强度

由于磁感应是一个矢量，所以也可以用磁感应线（$\boldsymbol{B}$ 线）的图形那样描述磁场的情况。下面引用一个叫磁场强度并用 $\boldsymbol{H}$ 代表的矢量（单位是 A/m，与磁化强度的单位相同），其式

$$\boldsymbol{H} = \frac{\boldsymbol{B}}{\mu_0} - \boldsymbol{J} \tag{3-21}$$

或

$$\oint \boldsymbol{H} \cdot \mathrm{d}l = \boldsymbol{i} \tag{3-22}$$

式中，J 为磁场内一点上磁化强度的量值。

在磁场中磁场强度矢量沿任一闭合路径的线积分等于穿过被这路径所限定的面的电流的代数和。公式（3-22）也是稳定磁场的基本方程之一，称为全电流定律。

磁场强度矢量 H 的定义式（3-21）中矢量 J 与 H 的关系随导磁物质不同而不同，于是矢量 H 与 B 的关系也随着导磁物质不同而不同。因此，式（3-21）叫做导磁物质的性能方程。

抗磁质与顺磁质的磁化强度与磁场强度成正比，就是

$$J = xH \qquad\qquad (3-23)$$

式中，x 为导磁物质的磁化率。

x 是没有量纲的纯数，这与电场中极化率有量纲不同。抗磁质的磁化率 $x < 0$，而且与温度无关。顺磁质的磁化率 $x > 0$，但与绝对温度成反比。

由式（3-21）与式（3-23），可有

$$\begin{aligned}
B &= \mu_0(H + J) \\
&= \mu_0(1 + x)H \\
&= \mu_0\mu_r H \\
&= \mu H
\end{aligned} \qquad\qquad (3-24)$$

式中　μ——磁导率，单位是亨/米；

　　　μ_r——相对磁导率，$\mu_r = 1 + x$ 。

抗磁质的磁导率 $\mu < \mu_0$，或相对磁导率 $\mu_r < 1$，而顺磁质的磁导率 $\mu > \mu_0$，或相对磁导率 $\mu_r > 1$。式（3-24）是各向同性的导磁物质的性能方程。

表 3-1 中列举了几种物质的相对磁导率。从表内可以看出，抗磁质和顺磁质的相对磁导率都与 1 相差无几，也就是说对这些物质可取 $\mu = \mu_0$。

表 3-1　在室温下一些物质的相对磁导率 μ_r

顺磁质		抗磁质	
物质	μ_r	物质	μ_r
氧	$1 + 13.34 \times 10^{-6}$	氢	$1 - 24.76 \times 10^{-6}$
铝	$1 + 8.16 \times 10^{-6}$	氮	$1 - 4.3 \times 10^{-6}$
铂	$1 + 13.82 \times 10^{-6}$	铜	$1 - 1.08 \times 10^{-6}$

续表

顺磁质		抗磁质	
钙	$1+13.82\times10^{-6}$	铋	$1-16.96\times10^{-6}$
镁	$1+6.92\times10^{-6}$	银	$1-2.51\times10^{-6}$
钽	$1+10.93\times10^{-6}$	锑	$1-10.93\times10^{-6}$
铬	$1+45.25\times10^{-6}$	水	$1-8.78\times10^{-6}$

3.2.3 稳定磁场的基本特性

稳定磁场的基本特性可以归纳成下面三组方程

$$\oint \boldsymbol{H} \cdot \mathrm{d}l = \boldsymbol{i} \qquad (3-25)$$

$$\oint \boldsymbol{B} \cdot \mathrm{d}s = 0 \qquad (3-26)$$

$$\boldsymbol{H} = \frac{\boldsymbol{B}}{\mu_0} - \boldsymbol{J}_0 \qquad (3-27)$$

式（3-25）及式（3-26）是稳定磁场的基本方程。式（3-27）是导磁物质的性能方程。该方程随导磁物质的种类不同而不同，比如说，对各向同性的物质，它必须以方程 $\boldsymbol{B}=\mu\boldsymbol{H}$ 代替。

3.3 场

场是物质的一种存在形式。物质存在有两种基本形式，一种是实体（由分子等粒子组成），另一种就是场，包括电场、磁场等。场是客观存在的，是一种特殊的物质。场的客观存在的证明是它具有力、能的特性，例如重力场对有质量的物体有力的作用，且可对物体做功，说明场具有能量。因此，场是一种客观存在，是物质存在的一种形式。

3.4　电场

3.4.1　电场的基本特性

（1）电场是电荷存在时周围空间的基本属性

电荷之间的相互作用是通过电场发生的。只要有电荷存在，电荷的周围就存在着电场。电场的基本特性是对静止或运动的电荷有作用力。人们规定正电荷受力方向与场强的方向相同，负电荷受力方向与场强的方向相反。

（2）电场分类：库仑电场和感生电场

库仑电场是电荷按库仑定律激发的电场，例如静电场是由静止的电荷按库仑定律激发的，就属于库仑电场。在各种带电体周围都可以发现这种电场。

感生电场是由变化磁场激发的电场，又称涡旋电场。按照麦克斯韦理论，电磁感应的实质是变化的磁场在其周围激发了电场。例如条形磁铁插入线圈时，运动的磁铁使周围的磁场发生变化，进而产生涡旋电场，涡旋电场使线圈中产生感生电动势，这种电场就是感生电场。

两种电场有其共同特点，但也存在着重要区别。两种电场的性质异同如下：

1）库仑电场是有源无旋场，无旋性是它的一个重要特性，无旋性的积分形式是电场沿任意闭合回路的环量等于零。感生电场是涡旋场，有旋无源，无源性决定了电场线的连续闭合性。所以静电场中的电场线起于正电荷，止于负电荷，是不闭合的；而磁场变化激发的电场的电场线是闭合的。

2）感生电场是涡旋场，在库仑电场中移动电荷时，电场力做的功与路径无关，这和重力场中重力做功与路径无关一样，所以可以引入电势的概念来描述静电场。由于感生电场是涡旋场、非电位场，电场力做功与路径有关，故不能引入电势的概念。

　　上面谈到带电物体是由于物体上呈现有电荷。那么物体上的电荷又是从哪里来的呢？电荷本来是存在于一切物体之中的，一般情况下只不过正、负电荷的作用正好互相抵消，人们察觉不到它们的存在。一旦用一个带电体靠近另一个物体时，带电体所产生的电场将迫使另一物体内的正、负电荷发生分离。也就是说，电荷是由于电场的作用才显示出来的。只要有电荷，就必然有电场。

　　（3）电场中的电介质

　　电介质分为无极分子电介质和有极分子电介质两类。当外电场不存在时，电介质分子的正、负电荷的中心重合，称为无极分子电介质。当外电场不存在时，电介质分子的正、负电荷中心不重合并形成电偶极子，由电偶极子组成的电介质称为有极分子电介质。

　　1）由无极分子组成的电介质，在外电场作用下，分子的正、负电荷中心发生位移，形成电偶极子。这些电偶极子沿着外电场的方向，排列起来，从而使电介质的表面上出现了正、负束缚电荷，这种现象称为无极分子的极化现象。

　　2）由有极分子组成的电介质中，虽然每个分子都有一定的等效电矩，但在没有外电场情况下，电矩排列杂乱无章，致使电介质呈电中性。当有外电场作用时，由于分子受到力矩的作用，使分子电矩沿外电场方向有规则排列起来。外电场越大，分子偶极子排列越整齐，电介质的表面所出现的束缚电荷就越多，电极化程度就越高。有极分子在外电场方向上有规则地排列起来的现象，称为有极分子的极化现象。

3.4.2　电场强度

　　描述电场基本特性的物理量，称为电场强度。电场的基本特性是能使其中的电荷受到作用力，放在电场中某一点的静止试验电荷所受的力与其电量的比值定义为该点的电场强度。

　　电场强度是单位电荷在电场中某点所受到的电场作用力。实际上在电场力的作用下电荷的运动过程，就是电场对电荷做功的过程。

它是一个矢量，具有方向性。工程设计中常用的单位为：V/m，mV/m，μV/m。

3.5　电磁场与电磁辐射干扰

3.5.1　磁场

（1）磁场的产生

有磁力作用的物质空间，就是磁场。它和电场一样，也是物质表现的一种特殊形态。人们发现，不仅磁铁能产生磁场，有电流通过的导体或导线附近，也存在磁场。一切磁现象都起源于电流或运动电荷。

如果导体中流过的是直流电流，那么磁场是恒定不变的。如果导体中流过的是交流电流，那么磁场就是变化的，电流的变化频率越高，所产生的磁场变化频率也就越高。而且，变化的电流会产生磁场，而变化的磁场又可以产生电场，这就是著名的电磁感应定律的最初内容，即电生磁与磁生电。

（2）磁场的定义

磁场的定义可以分为两种：

1）第一种是简易的定义，即对磁针或运动电荷具有磁力作用的空间称为磁场。磁场是一种特殊的物质，磁体周围存在磁场，磁体间的相互作用就是以磁场作为媒介的。

2）第二种是复杂的定义，即电流、运动电荷、磁体或变化电场周围空间存在的一种特殊形态的物质。

由于磁体的磁性来源于电流，电流是电荷的运动，因而概括地说，磁场是运动电荷或变化电场产生的。磁场的基本特征是能对其中的运动电荷施加作用力，磁场对电流、磁体的作用力或力矩皆源于此。

（3）磁感应强度

磁感应强度是描述磁场强弱和方向的基本物理量。与电场强度类似，磁场中通电导线要受到磁场力的作用。试验结果表明，在垂直磁场某一处放置的通电导线所受的磁场力与通过导线的电流和导线长度成正比。对于磁场中某一确定的位置来说，磁感应强度是由磁场自身决定的。磁感应强度是一个矢量，它的方向就是该点的磁场方向，它的单位是特斯拉（T）。

在磁场中，磁感应强度可以用磁力线来形象描述。磁力线的疏密表示磁感应强度的大小，磁力线密的地方磁感应强度大，磁力线疏的地方磁感应强度小。磁力线上某点的切线方向即该点的磁感应强度的方向。

（4）电场与磁场的关系

空间的电荷会在其周围产生一种看不见的物质，该物质对处于其中的任何其他电荷都有作用力，该物质称为电场，其强度、方向用电场强度矢量 E 表示。电场强度 E 是以电荷为中心点、呈发散状态分布的，电荷是电场的散度源。静态分布电荷产生不随时间变化的静电场，时变分布电荷产生时变电场。

空间的运动电荷形成空间的电流，它除了产生电场之外，还会在其周围产生另一种看不见的场，称为磁场，其强度、方向用磁场强度矢量 H 表示。磁场对处于其中的任何其他电流都有磁作用力。磁场强度 H 是以电流为中心轴、呈旋涡环绕状态分布的，电流是磁场的旋涡源。恒定分布电流产生不随时间变化的静磁场，时变分布电流产生时变磁场。变化的电场与变化的磁场的相位关系如图 3 - 4 所示。

静电场、静磁场可以分别独立地存在。试验及理论研究证明，时变电场可产生磁场，时变磁场可产生电场，二者相互关联，形成不可分割的时变电磁场。电场、磁场都是物质的一种形态，它们具有自己的运动规律，并且和实物（由原子、分子等组成的物质）一样具有能量、动量等属性。

静电场与恒磁场的性质颇为不同。静电场为有源无旋场，点电荷是场的源，其散度不为零，不存在闭合的电场线，总是始于正电

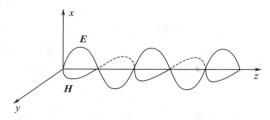

图 3 - 4　变化的电场与变化的磁场的相位关系图

荷而终止于负电荷。而恒磁场为有旋无源场、不存在磁荷，其散度为零，存在闭合的磁场线，没有发出磁场线的源，也不存在会汇聚磁场线的尾。

3.5.2　电磁场

由电磁感应定律可知：变化的电场会激起变化的磁场，而变化的磁场又可以产生变化的电场，而这种电现象与磁现象紧密地联系在一起。交替产生的具有电场与磁场作用的物质空间，称为电磁场。也就是说，如果电荷之间发生相对运动或电荷改变大小，则它们产生的电场就要改变，同时也产生了变化的磁场，这变化着的磁场将引起新的变化的电场，这两种变化的场——电场与磁场是相互关联的电磁现象，并在其周围产生各种效应。

任何交流电路都会向其周围的空间放射电磁能，形成交变电磁场。电磁场的频率与交流电的频率相同。电场 E 和磁场 H 是这样存在的：有了移动的变化磁场，同时就产生电场，而变化的电场也同时产生磁场，两者相互作用、互相垂直，并与自己的运动方向垂直。

一同存在于某一特定空间的静止电场和静止磁场，不能叫做电磁场。在这种情况下，电场与磁场各相独立地发生作用，两者之间没有关系。人们通常所称的电磁场，始终是交变的电场与交变的磁场的组合。彼此间相互作用，相互维持。这种相互联系，说明了电磁场能在空间里运动的原理。电场的变化，会在导体及电场周围的空间产生磁场。由于电场在不停地变化着，因而产生的磁场也必然不停地变化着。这样变化的磁场又在它自己的周围空间里，产生新的电场。

3.5.3　电磁辐射干扰

电磁辐射由空间共同移送的电能量和磁能量所组成，而该能量是由电荷移动所产生的。也可以说能量以电磁波形式由源发射到空间的现象，或解释为能量以电磁波形式在空间传播。

（1）电磁辐射

变化的电场与磁场交替地产生，由近及远，互相垂直，并与自己的运动方向垂直地以一定速度在空间内传播的过程，称为电磁辐射，亦称为电磁波。

无线电波是在空间里进行传播的电波。当人们利用发射机把高频率电流输送到发射天线上，电流就会在天线中振荡，从而在天线的周围产生高速变化的电磁波。这种电波可叫无线电波，它的传播速度为光速，即 3×10^8 m/s。

（2）辐射干扰

这里指的是辐射耦合干扰是指电磁能量以电磁波的形式在空间传播，然后通过接收体耦合到电路中形成干扰的一个能量传递过程，即通过电磁辐射途径造成的干扰耦合，称为耦合干扰。辐射耦合以电磁波的形式将能量从一个电路传输到另一个电路，这种传输路径距离小至系统内可想象的极小距离，而距离大到星际间的通信距离。极小距离可以看成是近场耦合模式。而对于大距离的两系统之间一般是远场耦合模式，这种的耦合除了直接的耦合外，甚至还可能包括通过电离层和对流层的传播及通过山峰及高大建筑传播的情况。

（3）磁场强度

磁场强度（单位 A/m）在本质上是磁场作用于运动电荷的力，其关系式如下

$$H = \frac{B}{\mu} \qquad\qquad (3-28)$$

式中　**B**——磁感应强度；

　　　μ——磁导常数（磁导率）。

磁场强度也是一个矢量，例如在屏蔽室设计和屏蔽测试中，也可不用磁场强度这个物理量，而用空间某点（此点与干扰源的距离很远时）的电场强度来标志该点的电磁场强度，而后推算出该点的磁场强度。

（4）射频电磁场

交流电的频率达到每秒钟 10 万次以上时，它的周围便形成了高频率的电场和磁场，这就是人们常说的射频电磁场。一般将每秒钟振荡 10 万次（10 万次/s）以上的交流电流称为高频电流或射频电流。

实践中，射频电磁场或射频电磁波的表示单位可用波长（λ）——毫米（mm）、厘米（cm）、米（m）；也可用振荡频率（f）——赫兹（Hz）、千赫兹（kHz）、兆赫兹（MHz）。

由电子、电气设备工作过程中所造成的电磁辐射为非电离辐射。非电离辐射的量子所携带的能量较小，如微波频段的量子能量也只有 $4 \times 10^{-4} \sim 1.2 \times 10^{-6}$ eV（电子伏特），不足以破坏分子使分子电离。因此，具有粒子性稳定、波动性显著等特点。

任何射频电磁场的发生源周围均有两个作用场存在着，即以感应为主的近场区（又称感应场）和以辐射为主的远场区（又称辐射场）。它们的相对划分界限参见第 2 章 2.2 节、2.3 节。

3.6　电磁波

3.6.1　电磁波的传播

如本书前面所，述当交变电流的频率达到很高时，它在其周围形成了高频的电场和磁场，也就是高频电磁场。每秒内振荡 10 万次以上的交流电流称为高频电流。高频电流在空间某区域中产生变化的磁场和变化的电场时，在邻近区域又感应产生变化的电场和变化的磁场，再在较近区域中又产生变化的磁场和变化的电场。这种循环变化的电场和磁场交替产生，由近及远以波的形式向前传播，这种现象称为电磁波。

电磁波不仅会在导体周围产生电磁场，而且会向空间辐射。从科学的角度来说，电磁波是能量的一种载体，凡是能够释放出能量的物体，都会释放出电磁波。

由麦克斯韦电磁理论可知，任何变化的电场都要在周围空间产生磁场。振荡电场在周围空间产生同样频率的振荡磁场，而振荡磁场在周围空间产生同样频率的振荡电场。

电磁波也是电磁场的一种运动形态。电与磁可说是物体的两面，变化的电场和变化的磁场构成了一个不可分离的统一的场，这个场就是电磁场，而变化的电磁场在空间的传播形成了电磁波，电磁波的变化就如同水面上丢下一个石头，水面出现后浪推前浪的波形一样，因此被称为电磁波，也常简称为电波。本书前面所述电场与磁场关联交互的存在，就是电磁波的传播。电磁波的传播如图 3-5 所示。

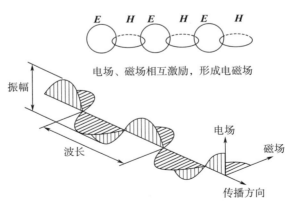

图 3-5　电磁波的传播

3.6.2　电磁波的分类及特性

（1）电磁波的类型

在电磁波的范围内以波阵面形状分类。所谓波阵面就是波在传播过程中，所能到达的各点在空间连成的面，称为波阵面，主要有以下 3 种波型。

①平面波

波阵面为平面的波，称为平面波，如图 3-6 所示。实际上任何一个点源发射的波都是球面波。因此，真正的平面波是没有的，但是，在离发射源较远的地方可以近似看作平面波。了解平面波的意义及传播规律对电磁兼容的设计极为重要。从发射天线的角度来看，电磁波是向四周辐射的，自然是一个球面波。但是，从离发射天线较远处的有限范围内（即半径极大的球面波的一小块），电磁波就近似平面波了，通常在离发射源较远处，电磁波可以看成平面波。这样，有利于简化电磁波防护效能的计算。

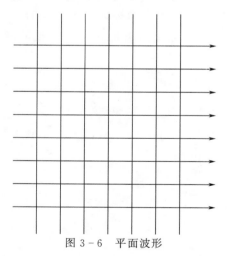

图 3-6　平面波形

②球面波

波阵面为球面的波，称为球面波，如图 3-7 所示。对发射源比较集中的局部电磁波，例如高频电炉附近的电磁波可视为球面波。

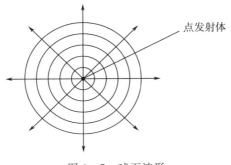

图 3 - 7　球面波形

③柱面波

波阵面为柱面的波，称为柱面波，如图 3 - 8 所示。一般线形发射体（如同轴电缆）中的电磁波则为柱面波。柱面波是一个很长的均匀的带电细线在其轴向振荡而产生的在垂直于轴方向所传播的波。在 $r \gg \lambda$（λ 代表波长，r 代表距离）的场合，柱面波也可近似地看成平面波。

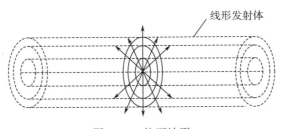

图 3 - 8　柱面波形

不论何种类型的波形，波的传播方向与波阵面均为互相垂直的。事实上由电偶极子及各种天线辐射出去的电磁波均为球面波，只是在远离辐射中心的一个小范围内，可以近似地看成平面波。这就是在本书后面叙述的相关的场的效能计算中运用平面波推导出计算公式的基本依据。

（2）电磁波的特性

电磁波的性质和光波的性质一样，波速接近于光速，即 $c = 3 \times 10^5$ km/s。设电磁波的波长为 λ(m)，周期为 T(s)，速度为 c(km/s)，则

$$\lambda = cT \qquad\qquad (3 - 29)$$

因为

$$T = \frac{1}{f}$$

所以

$$\lambda = \frac{c}{f}$$

式中　f——频率，Hz；

　　　　c——光速，m/s。

由于电磁波具有能量，所以随着电磁波的传播伴有能量的传播。以电磁波的形式辐射出来的能量称为辐射能。这样的能源通常称为干扰源。辐射能是电场强度和磁场强度的函数，辐射能量的传播方向就是电磁波传播的方向。

（3）微波的特性

微波是指波长范围从 1 mm～1 m 的电磁波（从 0.1～1 mm 为亚毫米波，是光波的下限值，除激光外尚未利用），但这个范围的界限还是不精确的。微波的反射、折射、绕射、散射、吸收等作用比短波显著得多，微波的性质介于普通无线电波和光波之间，而且更接近于光波，它有明显的方向性。

3.6.3　平面电磁波的传播与特性

（1）平面电磁波的传播

在自然界中，实际存在着电场和磁场，而电场和磁场是密切相关的。变化着的电场可以产生磁场，变化着的磁场又能产生电场，这种相互关联的电磁现象会在其周围产生各种效应。交变的电场产

生交变的磁场，而交变的磁场又产生交变的电场。以此类推，由近
及远向外传播的过程就是一切电磁波传播的过程。

电磁波传播的方式分为地波、天波和空间波三种。

地波　沿地球表面空间传播的无线电波。地波是长波、中波的
主要传播方式。

天波　靠电离层的反射来传播无线电波。天波是短波的主要传
播方式。

空间波　沿直线方向传播的无线电波。空间波是超短波（微波）
的主要传播方式。

（2）平面电磁波传播特性

如本书前面所述，无线电波（波长从 0.1 mm～30 km）自天线
辐射出来，沿特定方向扩散到相当远的距离之后，可以认为是平面
波形。了解平面波的传播对电磁兼容干扰场强的计算是极为重要的。

平面波是电磁波的波阵面是一个平面，沿 x 轴方向传播的平面
波如图 3 - 9（a）所示。电场和磁场的向量在平行于 yoz 的一个平面
上，各点电位相等，以光速沿着 x 轴向 x 轴正方向传播，此波充满
着整个空间。图中只画出了一个截面，电场和磁场是相互垂直的，
它在整个平面上的大小和方向都是一致的。图 3 - 9（b）、（c）表示
一正弦波的图形，此波沿 x 轴正方向前进，向量 **E**（电场）或 **H**
（磁场）的每一箭头代表它所在平面内的电场或磁场强度，每一个向
量长度代表场强大小，沿 x 轴作正弦变化。

（3）波阻抗

波阻抗的特性对电磁兼容场强的计算影响很大，了解波阻抗的
物理意义对电磁兼容场强的计算也是很重要的。波阻抗就是某点 **E**
（电场强度）的直波和 **H**（磁场强度）直波的比值，以及 **E** 的回波
和 **H** 的回波的比值，其绝对值 $Z = \sqrt{\dfrac{\mu}{\varepsilon}}$。在一般情况下 **E** 和 **H** 是
不同相位的，故波阻抗是一个复数，但在自由空间中平面电磁波的
波阻抗为一纯电阻，而且在其数值上永远等于

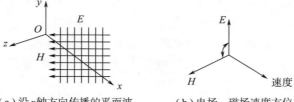

（a）沿 x 轴方向传播的平面波　　　（b）电场、磁场速度方位

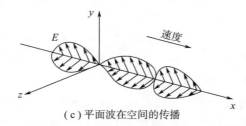

（c）平面波在空间的传播

图 3-9　电场、磁场、速度方位及平面波在空间的传播

$$Z_0 = \sqrt{\frac{\mu_0}{\varepsilon_0}} = \sqrt{\frac{4\pi \times 10^{-7}}{\frac{1}{36\pi} \times 10^{-9}}} = 120\pi\ \Omega \approx 377\ \Omega \qquad (3-30)$$

式中　Z_0——真空介质特性阻抗；

　　　μ_0——真空磁导率；

　　　ε_0——真空介电常数。

在远场区以辐射形式存在

$$E = \sqrt{\frac{\mu_0}{\varepsilon_0}}\ H = 120\pi H \approx 377H$$

即在远场区时 $\dfrac{E}{H} = Z_0$。在电场中时，电场分量很大，磁场分量很小，波阻抗则高于 377 Ω；在磁场中时，磁场分量很大，电场分量很小，波阻抗则低于 377 Ω。

3.7　电磁波的传播方式

电磁波的传播一般分为地波、空间波（也称视距波或直射波）、天波、外层空间和散射传播方式。外层空间传播、散射传播方式本书不作叙述。

3.7.1　地波传播

地波又称地表面波或地面波。无线电波沿地球表面的传播称地波传播，这种传播方式适用于长、中波、短波和超短波的低端部分传播，其频率范围在 30 kHz～30 MHz。

这种传播方式，实质上电磁波是绕着地面-空气的分界面传播的。在地面传播的电波要受地面乃至于地层内部介质的影响，随着地形、地貌的起伏或介质的不同（例如陆地和水面的变化），地表面一般不会是平整光滑的。但对于长波、中波和超长波而言，若电波的波长与地面粗糙度相比长得多，则将地面可近似为是光滑的。同样对于极长波和长波，电磁波的波长比地面的障碍物（如建筑物、山丘等）的尺寸大，电波可以绕射。当地面的电参数变化不是很大时，也可以认为均匀光滑的。另外，当发、收天线间不远（小于几十 km），可以视为地面是平面，当发、收天线间距离较远（例如 50 km 以上）则需考虑地球曲率的影响。

3.7.2　天波传播

天波传播通常是指安装在地面上的发射天线发出的电波，在高空被电离层反射后到达接收点处的这种传播方式。这种传播方式用于长波、中波和短波。例如频率范围在 30 kHz～30 MHz，都能利用天波传播方式。在高空被电离层反射后到达接收点处的这种传播方式，由于电离层是一种色散、方向各异、不均匀的有损耗的媒质，电磁波在其中传播时必然会产生衰减、反射、折射等，从而影响电波的传播。

电离层的反射特性与电波频率有关，并不是所有频率都能被电离层反射回来，频率过高，以至于电离层的最大电子浓度也不能使电波的射线转平，这时电波就穿越电离层而不再返回地面。另外，电波反射还与电波入射角大小有关，入射角越大，进入电离层后折射角也越大，因此，入射角越大，电波越容易反射。

短波天波传播在某些适当的传播条件下，即便传播距离很远也只有较小的传输损耗，电波可能连续地在电离层内多次反射或在电离层与地表面之间来回多次反射。

3.7.3 视距波传播

（1）视距波传播的概念

所谓视距波传播是指发射天线和接收天线间能够彼此相互看得见的距离内，电波直接从发射点传播到接收点（包括某些频段有时有地面反射的反射波）的一种传播方式。视距波又称直射波或称空间波。

视距波传播主要用于超短波和微波波段的无线电波。由于频率高的电波沿地面传播时衰减大，遇到障碍物时绕射能力低，因此，不能用地波传播方式，而在高空中由于电波穿越电离层而不能再返回地面上。因此，也不能使用天波传播方式。在超短波（频率 30～300 MHz）频段及微波（300 MHz～300 GHz）只能使用视距传播和对流层散射传播方式。

（2）视距波的类型

视距波按其接收天线所处的空间位置的不同，可以分为 3 类：

1）第一类是指地面视距波，例如，电视、广播、地面上的移动通信；

2）第二类是指地-空视距传播，例如各类雷达、卫星通信等；

3）第三类指空-空视距传播，例如飞行器间的传播。

（3）视距波的最大传播距离

由于地球是球形，凸起的地球表面会阻挡视线，由于发射与接收天线是架设在地面上，天线越高视距越远。假设地球的表面是光滑的，发射与接收天线的高度分别为 h_1 和 h_2，地球半径为 R_0，则发射与接收点间直射波所能达到的最大距离就是视线距离，把这个

距离记作为 d_0，如图 3 - 10 所示，则

$$d_0 = \sqrt{2R_0}\left(\sqrt{h_1} + \sqrt{h_2}\right) \qquad (3-31)$$

地球半径 $R_0 = 6\,370$ km，代入式（3 - 31），式中 h_1、h_2 的单位取米（m），则

$$d_0 = 3.57\left(\sqrt{h_1} + \sqrt{h_2}\right) \qquad (3-32)$$

由此可见视线距离的大小取决于发、收天线高度。

当考虑大气折射的影响，在标准大气折射的情况下，式（3 - 32）可修正为

$$d_0 = 4.12\left(\sqrt{h_1} + \sqrt{h_2}\right) \qquad (3-33)$$

视距传播的距离限于仅能看得到的距离以内，一般在 50 km 左右。

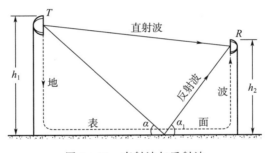

图 3 - 10　直射波与反射波

（4）视距传播中接收点处的场强

在视距传播中，发、收两点之间除有直射波，还经常存在地面反射波，接收点的总场强是直射波与地面反射波的矢量叠加，如图 3 - 10 所示。在视距传播中，距离 $d_0 \gg h_1$、h_2，电波投射到地面上的仰角非常小，可以认为直射波场强 E_1 和反射波场强 E_2 方向一致，并忽略发射天线在直射波方向和反射波方向的方向系数的差别。因此，接收点的场强是直射波和反射波的叠加，可表示为

$$E_R = E_1 + E_2 = E_1\left[1 + |R|\,\mathrm{e}^{-\mathrm{j}(\beta\Delta r + \varphi)}\right] \qquad (3-34)$$

$$\Delta r = r_2 - r_1$$

式中 r_1，r_2——直射波和反射波的路径长度；

    β——自由空间的相移常数；

    $|R|$——反射点处反射系数的幅度；

    φ——反射点处反射系数的相位。

在式（3-34）中，由于天线高架，忽略了地波成分。

3.7.4 电磁波传播媒质及性质

（1）电磁波传播媒质

电磁波可以在真空中传播，也可以在某些媒质中传播。按照电磁波在媒质中传播时的能量损耗的不同，可将媒质分为有损媒质和无损媒质。在真空中传播是理想介质就是无损媒质，其他介质都是有损媒质。当某种媒质中的损耗小，可以忽略不计，将它近似为无损媒质。凡是导电媒质、极化损耗媒质、磁化损耗媒质都是有损媒质，电磁波在其中传播时都会有能量损耗。

（2）电磁波传播性质

电磁波基本上是在地球表面上以及大气层中传播，除了高空中的电离层及局部云、雾、雨、冰雪等特殊区域之外，可以认为电磁波在均匀的干燥空气中传播。所谓无损媒质就是真空中的干燥空气近似于不导电的媒质。

任意固定时刻电磁波的相位随传播方向上空间的距离 γ 变化，γ 值相同的空间点组成的曲面上相位处处相等，称为电磁波的等相位面，它总是垂直于传播方向的。等相位面为平面的电磁波称为平面波。等相位面为柱面的电磁波称为柱面波。等相位面为球面的电磁波称为球面波，如图 3-6～图 3-8 所示。如果平面波的一个等相位面上的电场矢量处处相等，就称为均匀平面波。

平面波的传播方向单一，电场 E 的振幅 E_0 不随传播方向上的距离 γ 变化而变化。

（3）电磁波的反射、折射、散射及绕射

电磁波传播时，遇到媒质参数发生改变，在变化的交界面入射波的能量会分散并向其他方向传播，即电磁波会常常同时出现反射、折射、散射、绕射等现象。

反射、折射的物理意义与几何光学中的含义一样。电磁波在大气中传播时，遇到不同密度的大气分层面或电离层时，会发生反射、折射。

散射——指电磁波向各个方向发散传播。电磁波在大气中传播遇到不均匀的气团、雨、雪、雾、冰晶、尘埃等介质会发生散射。

绕射——指电磁波绕过障碍物继续向前进，只是前进的路径介质不同，能量的损耗不同。这些障碍物如建筑物、山体、树木，也包括移动物，如汽车、飞机等。

3.7.5 电磁波在不同媒质中传播的衰减和波阻抗

根据电磁场理论的分析，电磁波的传播常数为

$$T = a + j\beta = \frac{\omega}{v}\sqrt{\frac{1}{2}\left(\sqrt{1+m^2}-1\right)} + j\frac{\omega}{v}\sqrt{\frac{1}{2}\left(\sqrt{1+m^2}+1\right)}$$

波阻抗

$$Z_c = \frac{\sqrt{\dfrac{\mu}{\varepsilon}}}{\sqrt[4]{1+m^2}}\ e^{j\zeta}$$

其中

$$m = \frac{\sigma}{\omega\varepsilon}$$

$$\zeta = t_g^{-1}\frac{m}{\sqrt{1+m^2}+1}$$

式中，v 为传播相速度，在良介质中 $v \approx \dfrac{1}{\sqrt{\mu\varepsilon}}$。

因此，电磁波在不同的导电媒介质中的衰减和波阻抗是不同的。

（1）在理想不导电的媒介质中传播

此时 $\sigma = 0$（σ 代表介质的电导率），所以 $m = 0$，故波的衰减常数

$$a = 0$$

波的相移常数

$$\beta = \frac{2\pi}{\lambda}$$

波的阻抗

$$Z_c = \sqrt{\frac{\mu}{\varepsilon}}$$

（2）在导电不良的媒介质中传播

此时 m 很小，所以

$$\sqrt{1 + m^2} \approx 1 + \frac{m^2}{\beta}$$

故波的衰减常数

$$a \approx \frac{\sigma}{2\varepsilon v}$$

波的相移常数

$$\beta \approx \frac{\omega}{v}$$

波的阻抗

$$Z_c \approx \sqrt{\frac{\mu}{\varepsilon}}$$

（3）在导电较好的媒介质中传播

良导体的电导率 σ 很大（$\sigma \gg \omega\varepsilon$），如铜、铝等良导体的传播常数中 $a \approx \beta$，此时波的衰减常数

$$a = \sqrt{\frac{\omega\sigma\mu}{2}} = \sqrt{\pi f \sigma \mu}$$

波的相移常数

$$\beta = \sqrt{\frac{\omega\sigma\mu}{2}} = \sqrt{\pi f \sigma \mu}$$

故波的波阻抗

$$Z_c = \sqrt{\frac{\omega\mu}{\sigma}}$$

由此可见，电磁波在导电不良的空气中传播时电波的衰减是很小的，因此传播的距离很远，能利用无线电波进行远距离通信。

从电磁波在不同媒质中传播的衰减及波阻可以得到如下启示：

1）电波在良导体中传播时，电波的衰减是随着金属的导磁系数和电导率的增加而增加的，因此可以利用电导率较高的铜或导磁系数较大的钢来屏蔽电磁波；

2）电波在不良导体的半导体中传播时，电波的衰减与其电导率成正比，而与其介电常数和电波速度成反比，因此电波不能传播很远，故设在潮湿土壤中的屏蔽室在屏蔽的要求上可以低一些。

3.8 电磁屏蔽设计的理论依据

3.8.1 电磁屏蔽的基本理论

屏蔽的基本理论目前有三种：一种是传输线理论，一种是场论理论，另一种是电磁矢量分析。目前，实用性最广的是从传输线理论和场论理论的观点来考虑的。

（1）传输线理论

将屏蔽壳体比作为传输线，并认为辐射场通过金属体时，在外表面被反射一部分，部分在金属内传播被吸收而受到衰减。也就是说，传输线理论的观点认为是屏蔽局部的反射或吸收，由源传来的电磁波被削减的吸收部分穿过金属体屏蔽。这一理论与行波在传输线上传播的理论类似，而且计算也方便，精度也高，是当前广泛采用的一种分析方法。

（2）场论理论（即涡流效应）

场论理论的观点认为是由干扰源感应的电流在屏蔽体障内流动，建立反作用磁场，以抵消干扰磁场的作用。也就是说，电磁波在金属壳体上产生感应涡流，而这些涡流又产生了与原磁场反相的磁场，抵消了原磁场而达到屏蔽作用，如图 3-11 所示。

从图 3-11 可以看出，当某闭合导体有干扰电流 I_n 在其周围产

生干扰场 H_n，如果在其外加一屏蔽套，由于干扰场的作用在其屏蔽体产生反向的涡流 I_{BT} 及涡流场 H_{BT}。因为涡流场较干扰场场强小，且方向相反，因此合成后屏蔽套外的总场强将减少为 $H_n - H_{BT}$，从而达到屏蔽的目的。

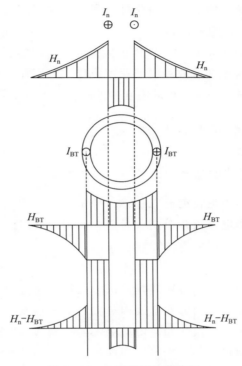

图 3 - 11　电磁涡流屏蔽作用

这种方法忽略磁导率 μ 的因子，而且与源的距离无关，特别对铁磁性材料误差大，故应用受到局限。

（3）电磁矢量分析

用电磁矢量方程来分析，这种分析方法计算精确度很高。由于计算复杂，一般都要预先编写程序由计算机运算，普遍运用也受到一定限制。

3.8.2　屏蔽的传输线模型

　　按照谢昆诺夫的平面波理论，当电磁波波前与电磁屏蔽体边界的形状一致时，在数学上可用双线传输线中传输的电流和电压模拟。假定有一功率为 P_{in} 的入射电磁波照射到屏蔽体上（如图 3 - 12 所示），当波入射到屏蔽体的第一分界面时，入射功率的一部分 P_{r_1} 向场源反射。剩余部分 P_{t_1} 进入屏蔽体继续传播。反射功率与入射功率的比值（P_{r_1}/P_{in}）取决于屏蔽材料的本征阻抗和入射波阻抗，正如两个特性阻抗不同的传输线接合处的情况一样，当波通过屏蔽体时，进入屏蔽体为 P_{t_1} 有一部分随着波在屏蔽体中传播会转换成热。这一能量损失与吸收损耗有关，它与有损耗传输线中的能量损耗类似。在屏蔽体内传播的功率到达第二分界面时，一部分功率（P_{r_2}）在屏蔽体内被反射回来，而剩余功率（P_{out}）则通过第二分界面穿出屏蔽体。如果屏蔽体内吸收损耗很小（小于 10 dB），则有很大一部分功率会在第二分界面上反射并传回第一分界面。由此可见，屏蔽效能由以下三个部分决定：1）反射损耗；2）吸收损耗；3）多次反射修正项（在吸收损耗很小时不能忽略）。

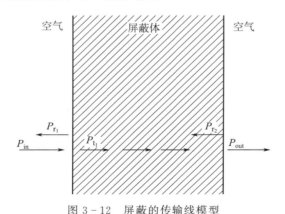

图 3 - 12　屏蔽的传输线模型

3.8.3　非均匀屏蔽理论

均匀屏蔽是理想情况。然而在实际的屏蔽设计中，屏蔽体不是无限平面，而是具有 6 个面的封闭体，并且在屏蔽体上不可避免地会存在洞孔和缝隙。另外，屏蔽的空间也不是孤立的，它必然要和外界有联系，如连接电源系统、通风空调系统、信号联络系统和控制系统等。诸如此类联系的通道也会影响屏蔽体的屏蔽效能。再如，当有空隙存在时，电磁波穿越屏蔽体有两种途径，即从屏蔽体中穿越和从孔隙中泄漏。由于电波在屏蔽体中的速度比孔隙中的传播速度小，在屏蔽体传播过程中的衰减比在孔隙中大，因此形成了不同传播途径所造成的电磁场幅度和相位的差异。

在处理电磁波通过各种屏蔽缺陷（缝隙、洞孔）的传输过程中，非均匀屏蔽理论已得到推广应用。该理论把缺陷部分作为与屏蔽材料自身相并列的传输通路来研究。任何一个实际屏蔽室的合成屏蔽效能应计算上述所有并列传输通路的结果，并认真考虑各传输通路相位的差异。不管采用什么理论，设备的屏蔽设计应包括下列过程：首先确定预期的屏蔽阻挡层一侧所存在的不希望的信号电平；再确定该屏蔽体另一侧所容许的信号电平；最后对各种屏蔽方案进行综合比较，以达到需要的屏蔽程度。

3.8.4　均匀屏蔽理论

在均匀屏蔽理论中是把屏蔽体金属板看成是无洞、无孔、无缝隙、地为无限大的均匀平面，屏蔽效能主要由屏蔽方式和屏蔽材料决定。

目前，供评定屏蔽材料用的屏蔽效能计算公式，常用的是谢昆诺夫（平面波理论）公式。它是利用传输线原理，在屏蔽体是很薄的无限大平面和入射波垂直入射的横电磁波条件下成立时，用一段长度为屏蔽体厚度 t、特性阻抗为屏蔽本征阻抗的有损耗传输线代替金属屏蔽体，金属板的屏蔽效能 SE(dB)，其计算公式参见第 7 章 7.2 节式（7-2）。

3.8.5　电磁屏蔽室设计的基础理论——穿透深度

（1）电磁屏蔽室设计最基础的理论是穿透深度

电磁波不能穿透金属导体的特性是屏蔽室设计的最基础的理论依据。在工程实际中应用良导体材料的厚度都远远大于电磁波穿透深度，采用金属外壳将电子设备包围起来，壳内外的电磁波均不能穿透壳体，壳体内的电子设备不受外界电磁环境的影响，内部的电子设备的电磁波也不会泄漏去影响外部设备，这就是用导体屏蔽电磁波干扰的基本原理和理论依据。

（2）电磁波穿透深度的概念

当入射电磁波传播方向垂直于介质的交界面时，反射波、折射波传播方向也垂直于交界面，折射波的振幅衰减到其在交界面处振幅的 $\dfrac{1}{e}$ 倍（即 0.368 倍）时所传播的距离，并产生相位移（滞后）$\pi/2$。这一距离就是该媒质对于该电磁波的穿透深度，用 δ 表示。

假定穿透深度 δ 比金属屏蔽体厚度 d 小时，在 B、C 面之间，当电磁波传播到穿透深度 δ 时，电场和磁场强度 $E_0 e^{-d/\delta}$ 和 $H_0 e^{-d/\delta}$，即衰减 8.68 dB。参见第 7 章 7.2 节（金属板电磁屏蔽室的作用）如图 7-1 所示。

穿透深度 δ（单位 mm）的计算式如下

$$\delta = \frac{1}{\sqrt{\pi f \mu_0 \mu_r \sigma}} \tag{3-35}$$

式中　f——频率，Hz；

　　　μ_0——自由空间的磁导率；

　　　μ_r——自由空间的相对磁导率（对铜＝1；对低频铁磁性材料＝1 000；对微波频率下铁磁性材料＝1）；

　　　σ——金属的电导率。

穿透深度与衰减常数 a 的关系可以简化为

$$a = \sqrt{\frac{\mu \sigma \omega}{2}} = \sqrt{\pi \mu f \sigma}, \quad \delta = \frac{1}{a}$$

或

$$\delta = \frac{1}{\sqrt{\pi\mu f\sigma}} \qquad (3-36)$$

$$\omega = 2\pi f$$

式中　a——电波在金属板中的衰减常数；

　　　μ——金属导体的磁导率。

金属等良导电媒质的电导率越大，电磁波的频率越高，穿透深度越小。下面以铜的电导率为例，其在不同频率下的穿透深度见表 3 - 2。

表 3 - 2　铜的电导率在不同频率下的穿透深度

电导率	铜的电导率 $\sigma = 5.8 \times 10^7$ S/m			
频率	1 MHz	1 GHz	10 GHz	50 Hz
铜的穿透深度/m	6.6×10^{-5}	2.10×10^{-6}	6.6×10^{-7}	9.33×10^{-3}

铜、银、金等良导体的电导率与铜的电导率数量级相同。

从式（3 - 35）穿透深度可以看出，在高频条件下，δ 值是很小的，这就说明电磁场在金属板（导体）中只能穿透很浅的深度（百分之几毫米到千分之几毫米）。所以在设计屏蔽室时使用材料厚度大于 δ 的金属板就可以进行电屏蔽，利用吸收衰减是可以将高频辐射场强抑制在允许范围之内的。

必须注意，交流电流密度沿各种不同导体截面表面分布时，一定也要涉及到穿透深度这个概念。实质上其物理过程与平面波一样，电磁能在介电介质中传播时部分地透入到导体里面。

场随着穿透导体深度而减弱。但在某段距离上场强和相应的电流密度减到 1/e 倍时，该段距离和式（3 - 35）求出的 δ 值不同。在使用圆形导体时，随着场由表面穿向轴心，因半径减小而产生了能量的集中，由于这种集中，场是在稍微超过 δ 的距离上才减弱到 1/e 倍。不过，由于导体半径比 δ 大很多，这种差别就可以忽略。可见，随着频率升高，穿透深度急剧地减小。因此，具有一定厚度的金属体即可屏蔽高频时变电磁场。

对应于比值 $\dfrac{\sigma}{\omega\varepsilon}=1$ 的频率称为界限频率，它是划分媒质属于低耗介质或导体的界限，比值的大小实际上反映了传导电流与位移电流的幅度之比。可见，非理想介质中以位移电流为主，良导体中以传导电流为主。

平面波在导电媒质中传播时，振幅不断衰减的物理原因是由于电导率 σ 引起的热损耗，所以导电媒质又称为有耗媒质，而电导率为零的理想介质又称为无耗媒质。一般来说，媒质的损耗除了包括由于电导率引起的热损耗以外，还包括媒质的极化和磁化现象产生的损耗。

（3）微波频段穿透深度

在微波频段良导体的穿透深度都非常小，进入良导体的电磁波及其引起的感应电流只能分布在良导体极薄的表面层中，这种现象称为趋肤效应。由于入射电磁波几乎都被金属体表面反射，在一般情况下可将金属近似于理想导体，认为入射电磁能量被全部反射，且反射波振幅等于入射波的振幅。因此，在微波频段的电磁屏蔽室的屏蔽体（屏蔽壳体）的金属体厚度可以很薄。

3.8.6 几种常用屏蔽材料的磁导率、电导率和穿透深度简易计算

（1）铜、钢、铝的磁导率、电导率

铜、钢、铝的磁导率、电导率的值参见表 3 - 3。

表 3 - 3 铜、钢、铝在一般情况下的 μ、σ 取值

材料类别	铜	钢	铝
磁导率 μ/（H/m）	$\mu=\mu_r\mu_0=1\times4\pi\times10^{-7}$ $=1.26\times10^{-6}$	$\mu=\mu_r\mu_0$ $=100\times4\pi\times10^{-7}$ $=100\times1.26\times10^{-6}$	$\mu=\mu_r\mu_0$ $=1\times4\pi\times10^{-7}$ $=1.26\times10^{-6}$
电导率 σ/（S/m）环境温度 20 ℃时	5.8×10^7	$1\times10^7\sim7\times10^6$	3.4×10^7

（2）屏蔽金属板平面波空间介质波阻抗 Z_M 和衰减常数 a 值的简易计算

当工作频率较高时，μ 等于 μ_0 乘以相对频率下的相对磁导率 μ_r，即

$$\mu = \mu_r \mu_0$$

依据屏蔽金属板对平面波空间介质波阻 $Z_M = \sqrt{\dfrac{\omega\mu}{\sigma}}$ 的计算可以简化如下：

1）Z_M 的计算数值如下

$$Z_{M钢} = 10.44 \times 10^{-6} \sqrt{f}$$
$$Z_{M铜} = 0.372 \times 10^{-6} \sqrt{f} \qquad (3-37)$$
$$Z_{M铝} = 0.483 \times 10^{-6} \sqrt{f}$$

2）屏蔽金属板的衰减常数 a（单位 m^{-1}）的计算数值如下

$$a = \sqrt{\frac{\omega\sigma\mu}{2}} = \sqrt{\pi f \mu \sigma}$$

式中

$$\omega = 2\pi f$$
$$a_{钢} = 54.5\sqrt{f}$$
$$a_{铜} = 14.9\sqrt{f} \qquad (3-38)$$
$$a_{铝} = 11.6\sqrt{f}$$

（3）几种常用屏蔽金属板材料穿透深度 δ 的简易计算

依据表 3-3 所示的 μ_0、μ_r、σ 的值由于频率和金属材料的不同，μ_0、μ_r、σ 的值也不同。现将铜、钢、铝三种不同金属材料的 μ_0、μ_r、σ 的数值代入式（3-35），可得到穿透深度（单位 mm）的简易计算式如下

$$\delta_{钢} = 18.7 \frac{1}{\sqrt{f}}$$

$$\delta_{铜} = 66.68 \frac{1}{\sqrt{f}} \qquad (3-39)$$

$$\delta_{\text{铝}} = 86.4 \frac{1}{\sqrt{f}}$$

根据公式（3-39）计算出电磁波在钢、铜、铝中不同频率下的穿透深度见表 3-4。

表 3-4　电磁波在钢、铜、铝中不同频率下的穿透深度（mm）

穿透深度/δ 　　　　　 频率/MHz	材料		
	钢	铜	铝
0.1	0.059 1	0.211	0.273
1	0.019	0.067	0.086 4
10	0.006	0.021	0.027 3
100	0.001 9	0.006 7	0.008 64
1 000	0.000 6	0.002 1	0.002 73
10 000	0.000 19	0.000 67	0.000 864

从表 3-4 中可以看出，频率越高，穿透深度越小。高频的电磁波几乎不能透入铜、铝、铁等金属内，所以这些材料常作电磁屏蔽之用。铁的电导率虽低于铜，但由于磁导率较高（表中假定为恒值 $\mu = 1\,000\mu_0$），所以仍是一个很好的电磁屏蔽材料。在工业上常利用高频来使钢的表面淬火。另一方面，由于高频的电磁波能透入非完全电介质的内部，在工业上利用高频使介质加热，如木材烘干或制造胶合板等。钢和铜的相对磁导率及电导率见表 3-5。

表 3-5　钢和铜的相对磁导率及电导率

材料 　　　系数 频率	铁（钢）		铜	
	μ_r	σ_r	μ_r	σ_r
0～150 kHz	1 000	0.17	1	1
1 MHz	700	0.17	1	1
3 MHz	600	0.17	1	1
10 MHz	500	0.17	1	1

续表

频率 \ 系数 材料	铁（钢）		铜	
	μ_r	σ_r	μ_r	σ_r
15 MHz	400	0.17	1	1
100 MHz	100	0.17	1	1
1 000 MHz	50	0.17	1	1
1 500 MHz	10	0.17	1	1
10 000 MHz 及以上	1	0.17	1	1

（4）常用金属材料的相对电导率和相对磁导率

常用金属材料的相对电导率和相对磁导率见表 3 - 6。

表 3 - 6 常用金属材料的相对电导率和相对磁导率

材料名称	相对电导率	相对磁导率		成分
		起始值	最大值	
铜、铝、塑料、木材	1.0	1.0		铜为退火的民品
钢	0.078～0.133	50	100～1 000 (0～150 kHz)	球铁、碳 0.4～0.5%
纯铁	0.178	25 000	350 000	退火
不锈钢(430)	0.019～0.02	500	1 000 (150 kHz)	碳 0.1%、铬 18%、镍 8%、铁 73.9%
镍铁高磁导率合金	0.034～0.69	20 000	100 000	镍 71%～78%、铜 4.3%～6%、铬、球铁 0～2%
铁钴磁合金	0.066	800	4 500	钴 50%、钒、球铁 1%～2%
镍铬硅铁磁合金	0.019	1 000	5 000	镍 36%、铁 64%
铝铁合金	0.011	3 450	116 000	
硅钢	0.034	500	7 000	硅 4%、铁(热轧)96%
坡莫合金	0.108	8 000	80 000 (150 kHz)	

第4章 屏蔽室的种类、屏蔽判别式及效能指标的确定

4.1 屏蔽室的种类

4.1.1 屏蔽的基本概念

屏蔽主要是抑制外来的或向外的电磁波干扰或电场和磁场干扰的措施。屏蔽室即为隔绝（或减弱）室内或室外电磁场和电磁波干扰的房间，使通信-电子设备、系统和子系统在特定的工作环境中正常工作。屏蔽室是电磁兼容（EMC）技术和电磁干扰（EMI）控制技术的综合应用。其作用大体上分为以下四类：

1）用来抑制屏蔽室内无线电设备、设施、系统等所产生的干扰，以削弱它们对其附近的其他无线电设备、设施、系统等的干扰危害，同时保证自由空间无线电干扰维持在允许的干扰水平以内，从而使其不能构成电磁骚扰，达到电磁兼容的目的；

2）防止屏蔽室内的无线电设备、设施、系统等受到外界电磁场的干扰，为这些设备、设施、系统等提供一个安全的电磁环境；

3）为了保守国家机密、军用信息系统安全，防止无线电信号泄漏或被敌人"窃听"必须采用屏蔽室来达到防止泄漏的目的；

4）由于现代工业的发展，射频、高电压、大功率和低电压、大电流设备的大量投入使用，射频近场区的防护显得尤为突出。屏蔽室作为抑制高强度电磁辐射、对作业人员的安全防护、防止环境电磁污染的有效措施，已成为当代防止电磁场对人体危害的一项重要举措。

4.1.2　屏蔽的分类

（1）按其使用目的分类

按其使用目的可分为主动屏蔽和被动屏蔽两种。

①主动屏蔽

干扰场源位于屏蔽室之内，主要是防止室内设备产生的电磁场干扰影响周围环境或将信息源泄漏出去，被外面灵敏度高的接收设备收录造成泄密。这类屏蔽室、屏蔽网必须接地，接地电阻值越低越好，一般可取 1～4 Ω。这类屏蔽常用在 ISM 设备、高压、超导电试验室、计算机房、有大功率振荡器的场所、微波辐射装置以及保密会议室等。

②被动屏蔽

干扰场源位于屏蔽室之外。主要是防止外界电磁场的干扰进入室内，避免干扰室内灵敏电子设备的工作。被动屏蔽常用在医疗设施的生理检查测量室、高频测试室、弱电及家电电器测定室、磁带保管室、发射与接收实验室。

主动屏蔽和被动屏蔽的特点如图 4-1 所示，S 为干扰场源，B 为被干扰设备。

（2）按屏蔽原理分类

按屏蔽原理分为静电屏蔽、磁屏蔽和电磁屏蔽三种。

①静电屏蔽

静电屏蔽室防止静电场的影响，主要抑制干扰源产生的静电荷电场。它的作用是消除两个电路之间由于分布电容耦合产生的干扰。屏蔽体是利用低电阻金属材料做成，静电屏蔽是把屏蔽空间用导电金属几何封闭，遮挡电力线通过，使屏蔽室内外电力线互不干扰。其屏蔽原理是导体周围的空间存在着静电场，导体的表面为等电位，而导体的内部空间不出现电力线，这个导体就是屏蔽体。利用这个原理把金属屏蔽壳视为这个导体，其内外互不干扰。静电屏蔽必须接地。

分项	主动场屏蔽	被动场屏蔽
干扰示意图	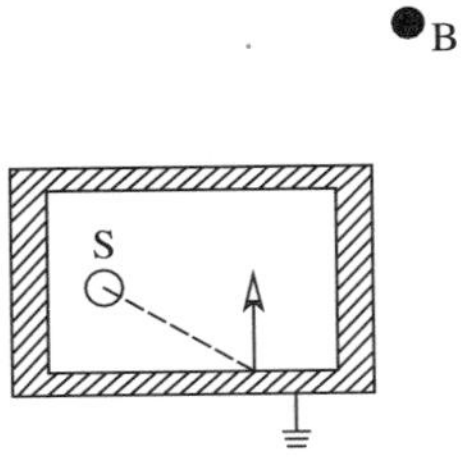	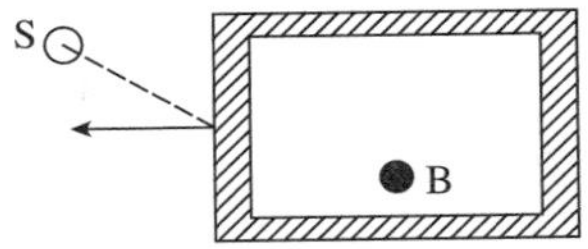
干扰场源（S）的位置	在屏蔽体的内部	在屏蔽体的外部
接地与否	屏蔽体必须接地	屏蔽体可不接地
当为电磁屏蔽采用双层结构时	外侧材料宜采用铁；内侧材料宜采用铜	外侧材料宜采用铜；内侧材料宜采用铁
特点	场源与屏蔽体间距很小	场源与屏蔽体间距很大

图 4 - 1　主动屏蔽和被动屏蔽的特点示意图

②磁屏蔽

磁屏蔽用以抑制磁场的影响，主要是防止低频磁场的干扰。屏蔽体要求磁阻小，主要是采用高导磁率的磁性材料制成，以吸收损耗为主达到屏蔽作用。其屏蔽机理是利用高磁导率屏蔽体置于磁场中，使磁场的磁力线遇有高磁性材料时，磁通在磁力体内高度集中，使得磁性材料内部的磁通量很少，达到屏蔽的目的。

要达到高的磁屏蔽效能，工程中多采用对低磁通密度具有高磁导率的坡莫合金，同时要保证高的磁屏蔽效能，屏蔽体材料要求有足够的厚度，且一定不要断开磁路。从这一点出发，采用多层屏蔽要比单层屏蔽的效果好。根据低磁场辐射不远的原理，使磁干扰源远离实验室区域是一项简便而有效的措施。

③电磁屏蔽

电磁屏蔽主要用来防止高频电磁场的影响，电磁屏蔽室利用电磁波穿过金属屏蔽体的反射损耗、吸收损耗和多次反射损耗将干扰场削弱，屏蔽体应是电磁封闭的。屏蔽体采用低电阻的金属材料制成，利用电磁场在屏蔽金属内产生吸收和反射的作用。一般所谓屏蔽，多数都指的是电磁屏蔽。如果将屏蔽体金属接地，则既起到静电屏蔽的作用，又可起到电磁屏蔽作用，一举两得。

（3）按其实现的功能分类

按其实现的功能分为单一功能屏蔽室和复合功能屏蔽室两种。

①单一功能屏蔽室

这种通常指的是屏蔽室单纯起屏蔽作用。一般室内有门、窗、照明、通风和墙体、地板等的装饰。

②复合功能屏蔽室

1）屏蔽＋恒温恒湿。房间不但屏蔽而且在屏蔽室内进行空调，使之恒温恒湿。

2）屏蔽＋消音。这种主要是演播室，室内防止受外界干扰，又要求消音无回声等。主要抑制的频率为外界干扰的音频。国外很多会议室、会议厅为了保密，避免安装窃听器，大多应用此类屏蔽室。

3）屏蔽＋电波无反射＋恒温恒湿。这类型屏蔽常称为电波无反射室或微波暗室，本书统称电波暗室。这三者可以任意组合，但单纯的恒温恒湿不属于我们讨论的范围。

（4）按其结构形状和采用材料分类

按其结构形状可分为板式、网式与薄膜式三种。

①板式

采用镀锌钢板、坡莫合金等制成，有单层、双层或多层之分，视屏蔽效能的需要决定。板式多为建筑式，即与建筑配合，同时建造。

②网式

网式屏蔽结构（室）是由若干金属网或板拉网嵌在骨架上所组成的屏蔽体。它又可以分为两种。

1）装配式网状屏蔽室。将金属网或板拉网分别固定在木制骨架上，然后再将固定有金属网的框式骨架用螺栓紧固连结好，金属网骨架之间用铜带等导体良好连结。这种结构型式的屏蔽室可以拆卸与组装，结构简单，造价低，一般称为装配式网状屏蔽室。在防止工业干扰场合多有应用。

2）焊接固定式网状屏蔽室。将金属网或板拉网固定在骨架上，然后将所有金属网焊接好，组成一焊接整体，即为焊接固定式网状屏蔽室。它不能装拆，但电气性能优于装配式网状屏蔽室，可用于固定场合。网式用在音频、高频等范围（100 kHz～30 MHz）。网式多由专业厂通过工业化生产形式制造，运到现场组装、调试而成。其特点是建设周期短，通风、采光良好，较经济，但永久性差，维修量大。

③薄膜式

指在塑料等制品上镀或喷涂一层金属，此类型在国外微波波段的应用日渐增多。

（5）按其施工方法分类

按其施工方法分为建筑式和装配式两种。

1）建筑式：把屏蔽体砌入墙体中，由建筑部门在现场施工而成。

2）装配式：由专业的生产厂家生产成产品在现场组装，可移动、可安装在适当的位置。

（6）按电磁场性质频率频段分类

按电磁场性质频率频段划分，可分为低频、甚低频、高频、平面波、微波等屏蔽室（目前实用情况仅作参考），见表 4-1。

表 4-1　按电磁场性质频段划分种类

名称	静电磁场	磁场(低频)	电场(高频)	平面波	微波		
频率	0 Hz	1～200 kHz	200 kHz～50 MHz	50 MHz～1 GHz	1～10 GHz	10～18 GHz	18～100 GHz

（7）按其电磁屏蔽室工作频段和屏蔽效能的高低分类

按其电磁屏蔽室工作频段和屏蔽效能的高低分类（GB 50179—2011 分类）及主要特征参见表 4 - 2。

表 4 - 2　电磁屏蔽室分类及主要特征指标

电磁屏蔽室分类		电磁屏蔽			特殊要求电磁屏蔽
		简单电磁屏蔽	一般电磁屏蔽	高性能电磁屏蔽	
频率范围		150 kHz～1 GHz	10 kHz～18 GHz	50 Hz～40 GHz	主频段、屏蔽指标、接地等根据设备要求等确定
屏蔽指标	磁场	以工程情况而定	依频段不同，要求不同	依频段不同，要求不同	
	电场	≤60 dB	>60 dB	≥100 dB	
屏蔽室结构形式		采用金属板、金属网、导电涂料等、单层结构	组装式或焊接式电磁屏蔽室		
主要用途		防止射频电磁场的影响	主要用于测试、保密、工程试验研究等		

上述几种类型可以组合使用。

4.1.3　军用涉密信息系统电磁屏蔽室屏蔽等级划分

军用涉密信息系统电磁屏蔽室根据其屏蔽效能，划分为 A、B、C、D 四级。设计时应根据屏蔽室的使用性质、管理要求及其在经济和社会中的重要性确定所属级别。A、B、C、D 四级的效能指标及要求如图 4 - 2～图 4 - 5 所示。

（1）A 级电磁屏蔽室屏蔽指标及要求

A 级电磁屏蔽效能指标及要求适用于满足图 4 - 2 要求而不满足图 4 - 3 要求的屏蔽室。

（2）B 级电磁屏蔽室屏蔽指标及要求

B 级电磁屏蔽室是指屏蔽效能满足图 4 - 3 要求而不满足图 4 - 4

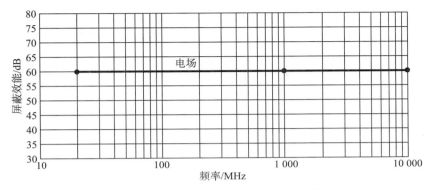

图 4 - 2 A 级屏蔽室屏蔽效能指标曲线

要求的电磁屏蔽室。图 4 - 3 中，10～18 GHz 频段的屏蔽效能要求可根据用户实际使用情况裁减（虚线段）。

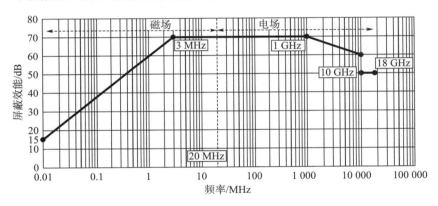

图 4 - 3 B 级屏蔽室屏蔽效能指标曲线

（3）C 级电磁屏蔽室屏蔽指标及要求

C 级电磁屏蔽室是指屏蔽效能满足图 4 - 4 要求而不满足图 4 - 5 要求的电磁屏蔽室。图 4 - 4 中，18～40 GHz 频段的屏蔽效能要求可根据用户实际使用情况裁减（虚线段）。

（4）D 级电磁屏蔽室屏蔽指标及要求

D 级电磁屏蔽室是指满足图 4 - 5 要求的电磁屏蔽室。

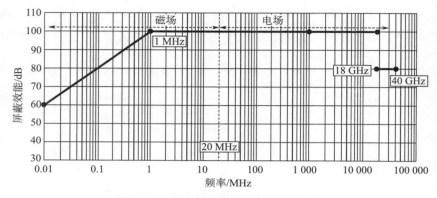

图 4 - 4　C 级屏蔽室屏蔽效能指标曲线

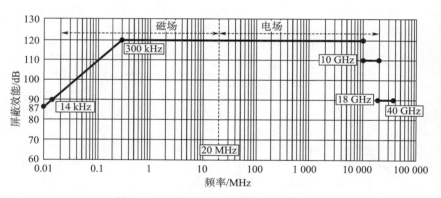

图 4 - 5　D 级屏蔽室屏蔽效能指标曲线

4.2　屏蔽室设置的判别

4.2.1　国际、国内标准要求设置屏蔽室

国际无线电干扰特别委员会（CISPR）和我国对工业、科学和医疗（ISM）射频设备的电磁干扰不同频段的允许值都有具体的规定。如果设备电磁辐射值超过国家标准规定的允许值，对设备的安装场所需要配备屏蔽室。我国《电磁屏蔽室工程技术规范》（GB/T

50719—2011）规定凡符合下列情况之一，应设置电磁屏蔽室：

1）室内的电气设备所产生的辐射干扰场强值超过国家相关规范或标准所规定的允许值；

2）室外的电磁干扰场强值超过室内灵敏电子设备的正常工作允许值；

3）不能满足电磁防护距离，可能影响其他灵敏电子设备的正常工作；

4）室外电磁环境对无线电参数测量的正常性造成不可允许误差时；

5）有保密要求的通信、信息或需要电磁屏蔽的特殊场所；

6）在电磁辐射范围内，有人身健康防护要求的；

7）外界突发电磁信号对设备有严重影响的；

8）用户有电磁环境特殊要求的。

4.2.2　工业干扰源设备或灵敏电子设备是否需要屏蔽判别标准

（1）灵敏电子设备离干扰源较近时的判别式

当干扰源电磁辐射已符合国家标准的规定，但灵敏电子设备距干扰源较近，可能影响灵敏电子设备的正常工作。

灵敏电子设备间是否屏蔽：当离干扰源距离大于 30 m 时，计及衰减影响的干扰场强可按式（4-1）计算

$$E_1 + R - 20A\lg\frac{d}{30} \leqslant E_s \qquad (4-1)$$

式中　E_1——干扰源信号场强或环境场强（dB）［凡是无参考量值相比之 dB 值均为 dB（μV/m）］，可从工业干扰源的特性、电子设备、线路及人体对电磁干扰的允许值或采取实测、计算或查表获得；

　　　R——防护率（dB），见表 4-3，按照我国现有的水平，一般防护率不得低于 27 dB，除有规定外，最好能达到 32～40 dB；

  A——衰减率或称为衰减系数，平均取 2.2；

  d——防护间距（m），从干扰源场强 E 测得处离灵敏电子设备的距离；

  E_s——灵敏电子设备的最低信号工作场强（灵敏度），dB。

  若式（4-1）左边计算出来的数值小于或等于 E_s，可以不设屏蔽室；若大于 E_s，则需要设置屏蔽室。屏蔽室可设在干扰源侧，或者是灵敏电子设备侧，或者两者都设，要看式（4-1）左边计算值大多少而定。有的灵敏电子设备虽然离干扰源较远符合间距要求，但所处的环境场强很高，也要根据式（4-1）计算值判断是否设屏蔽室，或按式（4-2）确定。

  （2）A 值的选定

  A 为衰减率，A 的取值范围为 1.3～2.8。在开阔的乡村地区，$A \approx 1.3 \sim 1.8$；在建筑物林立的城市地区，$A \approx 2.8$；对多种地形条件的测量结果表明，$A \approx 2.2$。A 值既可由有关标准给出，也可通过测试后确定，一般取 2.2。ISM 设备干扰衰减率中的衰减指数 A 值在 $0.150 \sim 0.535$ MHz 频段为 2.8。

  （3）灵敏电子设备离干扰源较远时的判别式

  屏蔽室可设在干扰源侧，或者是灵敏电子设备侧，或者是两者都设置，视式（4-2）左边之值大多少而定。但有的灵敏电子设备虽然离干扰源较远，符合间距要求，而所处的环境电平相当高。灵敏电子设备的正常工作可能受到干扰，灵敏电子设备间是否设屏蔽可按下式确定

$$E_n + R \leqslant E_s \qquad (4-2)$$

式中 E_s——灵敏电子设备正常工作的最小工作信号场强，dB；

   R——防护率（信噪比），dB，R 大小一般取 27～40 dB；

   E_n——灵敏电子设备间的环境电平值，dB。

  如果计算结果左边小于或等于右边值，灵敏电子设备、仪器间可不设屏蔽室；如果左边大于右边的值，需设屏蔽室。也就是说，灵敏电子设备所处干扰场强限值大于实际干扰场强值，可以不设屏

蔽室，否则应设屏蔽室。

判断灵敏设备对接收设备是否构成干扰影响，主要是根据在接收点的信号场强与干扰场强之比 E_s/E_n 是否满足干扰防护率 $R(\text{dB})$ 的要求。这里，$E_s[\text{dB}(\mu\text{V/m})]$ 是为保证在接收点的信号具有所要求的质量所需的最低信号场强。

（4）对工业、科学、医疗（ISM）设备干扰防护间距的计算

$$d = 30 \times 10^{\left(\frac{E_{30}-E_s+R}{20A}\right)} \qquad (4-3)$$

式中 d——防护距离，即 ISM 设备距地面或机载接收设备的距离，m；

E_{30}——ISM 设备干扰允许值，dB（$\mu\text{V/m}$）；

E_s——防护业务的信号场强，dB（$\mu\text{V/m}$）；

R——防护率，dB（$\mu\text{V/m}$），R 值参见表 4-3。

当工业、科学、医疗设备的干扰允许值和衰减率不能达到式（4-1）或式（4-2）时，应根据实际测量的干扰场强值和衰减率进行防护距离的计算。式中 A 见上面（2）A 值的选定。

表 4-3 可靠工作、收听、视看防护率等级 R

等级	听、视设备运行状况	$R/[\text{dB}(\mu\text{V/m})]$
1	满足舒适的听视设备可靠运行	40
2	满足一般的听视设备可靠运行	32
3	有适度的背景杂音	27
4	有明显的背景杂音	22
5	有很明显的背景杂音	16
6	很难听、视清楚,设备运行困难	10

注：一般接收设备处的干扰信号要小于最小工作场强的 R 值。

（5）计算示例

有一计算机房，10 MHz 时辐射出信号场强为 50 dB，达到规定允许值；距计算机房 300 m 处有一信号工作站，其接收设备防护率只要 10 dB 就可能收听，接收机灵敏度 5 dB 或更低，问这一计算机

房是否需要设置屏蔽室？

解：按式（4-1）计算

$$E + R - 20A\lg\frac{d}{30} \leqslant E_s$$

右边

$$E_s = 5 \text{ dB}$$

左边

$$E + R - 20A\lg\frac{d}{30} = 50 + 10 - 20 \times 2.2\lg\frac{300}{30} = 16 \text{ dB}$$

左边＞右边，应设置屏蔽室。由上述计算可以看出，是否要设屏蔽室与当地场强值、干扰源距离和接收设备的灵敏度相关。

4.3　屏蔽室屏蔽效能指标的确定

4.3.1　屏蔽室屏蔽效能的估算

为彻底解决屏蔽材料问题，合理设计屏蔽室，首先必须知道屏蔽室所要达到的屏蔽效能的概略数值，即要求屏蔽室能将电磁辐射场强衰减多少倍数。因此，必须在设备附近需要设置屏蔽室的位置预先测出电磁辐射的场强值是多少。若这个地方的场强值为 E_1，则屏蔽室所应具有屏蔽效能的估算公式可取式（4-4）。

（1）屏蔽效能表示方法

屏蔽效能定义：空间任一点未加屏蔽时电磁场场强或功率大小与屏蔽后电磁场场强或功率大小的比值函数称为屏蔽效能 SE（SE 在 0～120 dB 之间。）

$$SE = 20\lg\frac{H_1}{H_0} = 20\lg\frac{E_1}{E_0} = 20\lg\frac{V_1}{V_0} \qquad (4-4)$$

或

$$SE = 10\lg\frac{P_1}{P_0}$$

式中　H_0——屏蔽后磁场强度；

E_0——屏蔽后电场强度；

V_0——屏蔽后电压强度；

P_0——屏蔽后功率强度；

H_1——未屏蔽的磁场强度；

E_1——未屏蔽的电场强度；

P_1——未屏蔽的功率强度；

V_1——未屏蔽的电压强度。

屏蔽效能也可以用比值（即倍数）表示

$$B = \frac{H_1}{H_0} = \frac{E_1}{E_0} = \frac{V_1}{V_0} = \frac{P_1}{P_0} \qquad (4-5)$$

一般而言，屏蔽室的屏蔽效能可以根据其用途和辐射场强的大小酌定，屏蔽效能在 $10^2 \sim 10^5$ 倍的范围内，即 $40 \sim 100$ dB 的范围之内，高性能屏蔽可达 120 dB。

（2）理想化的评价

在一般情况下，屏蔽不仅使场强减弱，而且在不同程度上会使空间保护区中的有源场畸变。因此用上面的方法确定场的电分量和磁分量屏蔽效能的结果是不一样的，并且与测点的坐标有关。这种状况将极大地妨碍对屏蔽效能的定量评价。

在最简单的情况下，屏蔽效能仅有一个数值。属于这种情况的有：

1）用无限平面的均匀屏蔽对平面电磁波的半空间屏蔽；

2）用均匀球形屏蔽对位于其中心的点源屏蔽；

3）用均匀无限长圆柱形屏蔽对位于其轴线上的线源屏蔽。

在电磁屏蔽理论中，主要是将实际情况变为理想化的情况。但是，这种理想化在相当程度上会影响评价的精确性。

在特别复杂的情况下评价屏蔽效能时，需要采用一些假定，如防护空间区远离屏蔽，该区内的点以及场源的位置都按最不利的情况布置，这样导致评价的精确性将更加降低。在做计算的时候，只能确定屏蔽效能可能最低的数量级。

4.3.2　屏蔽效能与场源特性之间的关系

（1）电偶极子场源、磁偶极子场源

屏蔽效能极大地依赖于场源的特性。而源可能是多种多样的，任何实际的源都可用电偶极子和磁偶极子（载流）线圈（小框）的复杂组合形式来表示。对实际上不同场结构的源，屏蔽性能会因屏蔽电或磁偶极子而有差异。电偶极子和磁偶极子的介绍见第 2 章 2.2 节。

在自由空间，当

$$r \gg \frac{\lambda}{2\pi}（此种情况属于远场） \tag{4-6}$$

式中　r——距源的距离；

　　　λ——波长。

两种源的场结构没有差异，在空间的任一点 E 和 H 实际上是同相的。它们的比值几乎和在平面波的情况下一样，即

$$\frac{E}{H} = 120\pi(\Omega) \tag{4-7}$$

$$当 r \ll \frac{\lambda}{2\pi}（此种情况属于近场） \tag{4-8}$$

时，E 和 H 几乎是正交的，而它们的比值与测点的位置有关。在赤道平面（经过偶极子中心并垂直于它的轴线的平面）上，该比值近似地由式（4-9）和式（4-10）确定

$$\frac{E}{H} = 120\pi \frac{\lambda}{2\pi r}（对于电偶极子） \tag{4-9}$$

$$\frac{E}{H} = 120\pi \frac{2\pi r}{\lambda}（对于磁偶极子） \tag{4-10}$$

这样，随着 r 减小或是 λ 增大（随着频率 f 的增高而减小），其特征：

1）在电偶极子情况下，E 对 H 的比值增大，磁分量的作用减少，可以将场看作是准静电场。即当频率 $f=0$ 时，场是静电的。

2）在磁偶极子情况下，E 对 H 的比值减少，电分量的作用减少，可以将场看作是准静磁场。即当频率 $f=0$ 时，场是静磁的。

3）如果屏蔽能保证所要求的静电场（或准静电场）减弱，而实际静磁场（或准静磁场）不减弱，则称作静电屏蔽。这种屏蔽适用于如需要消除两个线圈之间的电容耦合，而保持它们之间的电感耦合时。

4）如果屏蔽是要减弱静磁场（或准静磁场）的作用，则称作静磁屏蔽。对于该屏蔽是否也能减弱静电场，则不必过多考虑。在很多场合下，这种屏蔽对静电场的屏蔽效能，大大地高于对静磁场的屏蔽效能。当将场作为准静态场进行探讨，在评价屏蔽效能可能导致不符合实际的情况下，人们仍称屏蔽为电磁屏蔽。

5）好的电磁屏蔽在大部分情况下是不好的静磁屏蔽，但是很好的静电屏蔽。换句话说，当频率趋近零时，电磁屏蔽效能对于磁偶极子场而言可能趋近于 1，而对于电偶极子场而言将无限增长。

（2）屏蔽的可逆性

电磁屏蔽是线性系统，因此，位移互易原理对于它是正确的。这意味着不管屏蔽体里面是场源，还是空间防护区，屏蔽体的效能将保持一样。这一结果具有重大的现实意义，在研究屏蔽效能时，可只研究场源位于屏蔽里面的情况。

4.4　屏蔽室的性能指标复核

在确定了需要设置屏蔽室后，其性能最后指标的确定也很重要。如果指标定得太高，造成不必要的浪费；如果太低，设置了屏蔽室也不起作用。下面是设置屏蔽室指标复核计算方式。

4.4.1　频率特性

屏蔽室随频率的不同，电、磁场强值衰减不一样，称之为频率特性。在没有设置屏蔽室的场所空间测试得到电场（E_1）、磁场

(H_1)、功率(P_1)，而需要设置的屏蔽室要求的电场(E_0)、磁场
(H_0)、功率(P_0)，两者之比值并取其对数，单位为 dB，就是该点
经屏蔽后的效能，以下式表示

电场时

$$SE_1 = 20\lg(\frac{E_1}{E_0}) \tag{4-11}$$

磁场时

$$SE_1 = 20\lg(\frac{H_1}{H_0}) \tag{4-12}$$

功率时

$$SE_1 = 10\lg(\frac{P_1}{P_0}) \tag{4-13}$$

式中，SE_1 为屏蔽室最低衰减的屏蔽效能。

而这个电场、磁场、功率的效能是随频率而变的，所以衰减屏
蔽效能 SE_1 是频率的函数。

4.4.2　屏蔽效能指标复核计算方式

要设置屏蔽室的性能指标中，屏蔽效能（单位 dB）应满足式
(4-14) 的要求

$$SE_1 \geqslant K(E - E_s + R - 20A\lg\frac{d}{30}) \tag{4-14}$$

式中　K——可靠系数，依据 E 的可靠程度而定，取值 1.2～2，如
　　　　　果 E 值可靠，K 取小一点，一般取 1.2，可靠性差一
　　　　　些，K 值取大一点；

　　　　E——干扰信号场强（或者是环境电平），dB，通过实测、计
　　　　　算获得；

　　　　R——防护率，dB，根据电子灵敏设备的要求，可从表 4-3
　　　　　查得；

　　　　A——衰减系数，平均取 2.2，参见 4.2.2 小节；

　　　　d——防护间距（即干扰源场强 E 测得处离灵敏电子设备的

间距），m；

　　E_s——灵敏电子设备的最低信号工作场强（可称之灵敏度），dB。

　　当按式（4-14）计算结果右边大于或等于左边的值，灵敏电子设备不能满足屏蔽指标要求。如果右边小于左边的值，灵敏电子设备能满足屏蔽指标要求。

　　按照我国现有的水平，一般防护率 R 不得低于 27 dB，除有规定者外，当然最好能达到 30～40 dB。

4.4.3　计算示例

　　下面列举一个实例加以说明：设屏蔽室设置位处距离干扰源 100 m，K 值取 1.2，$E = 76$ dB、$E_s = 20$ dB、$R = 32$ dB、A 值取 2.2，代入式（4-14）得

$$SE = 1.2(76 - 20 + 32 - 20 \times 2.2\lg\frac{100}{30}) = 1.2(65) = 78 \text{ dB}$$

　　由于 $SE > E_s$，故需要设屏蔽室。

　　屏蔽效能还要考虑干扰源与屏蔽体之间的距离，用 r 表示，若距离 $r \ll \dfrac{\lambda}{2\pi}$ 则为近场，$r \gg \dfrac{\lambda}{2\pi}$ 为远场。近场又分为高阻抗电场、低阻抗磁场，远场为平面波，所以根据频率特性，要确定磁场、电场、平面波衰减程度。

第 5 章　静电场屏蔽

5.1　静电屏蔽的概念

5.1.1　基本概念

静电屏蔽，实为电场屏蔽（即电屏蔽），电场屏蔽包含静电屏蔽和交变电场屏蔽。其实质是在保证良好的接地条件下，将干扰源发生的电力线中止在由良导体制成的屏蔽体内，以切断干扰源和被干扰设备之间的电力线交链，从而防止相互干扰。

为了消除两个设备、系统、装置以及电路之间由于分布电容耦合所产生的静电场干扰，被称之为静电屏蔽。

5.1.2　静电屏蔽的机理

静电屏蔽是利用静电场是一种有源场的基本特性，在静电场的条件下，电力线永远是有始有终的，它起始于正电荷，而终止于负电荷，利用这一原理把静电场终止于金属屏蔽体的表面上，以抑制静电场的干扰。在静电平衡条件下，所有金属导体内部电场强度均为零。

屏蔽的材料是利用低阻抗金属壳体，切断干扰源，达到使其内部的电力线传不到外部，同时外面的电力线也不影响内部。但是必须使屏蔽外壳有可靠的接地措施，通过地线中和导体表面上的感应电荷，从而防止由静电耦合产生的相互干扰。接地电阻越小越好，一般为 $1 \sim 2\ \Omega$。

对于电磁场来说，其电场与磁场分量总是同时存在的。只是在频率较低，且满足近场条件的情况下，当干扰源特性不同时，则电场和磁场分量差别才较大。对高电压、小电流干扰源，近场是以电场为主，其磁场分量可以忽略不计，这时只需要采用静电屏蔽。

5.2　静电屏蔽的作用、原理

5.2.1　静电屏蔽的作用

　　静电屏蔽是把电场终止在屏蔽金属壳体的表面，即屏蔽金属化。金属化就是把金属壳体与干扰源外壳相连接。对接地干扰源来说，屏蔽的金属化是依靠屏蔽接地来实现的，这样当干扰源为正电荷时，屏蔽金属壳体内表面就感应为负电荷。正电荷集结在金属壳体外表面，正电荷通过接地线与另一极的负电荷相中和。例如，无线电干扰源 A，经过屏蔽体切断了电力线，保护接收设备 B 不受到干扰源影响，如图 5-1 所示。在未经金属化的情况下，屏蔽中释放出来的正电荷移动到屏蔽的外壳表面，建立起电场干扰接收设备 B，如图 5-2 所示。

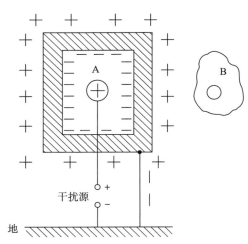

图 5-1　具有良好接地的静电屏蔽（已金属化）

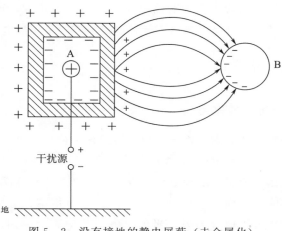

图 5-2　没有接地的静电屏蔽（未金属化）

5.2.2　静电屏蔽原理

根据电磁场理论可知，置于静电场中的导体在静电平衡的条件下，具有下述性质和特点：

1）导体内部任何一点的电场为零；

2）导体表面上任何一点的电场方向与该点的导体表面垂直；

3）整个导体是一个等位体；

4）导体内部没有静电荷存在，电荷只能分布在导体的表面上。

即使内部是空腔的导体，在静电场中也有上述性质和特点。因此，如果把有空腔的导体放在电场中，由于导体的内表面无静电荷，空腔空间中也无电场，所以该导体起了隔绝外电场的作用，使外电场对空腔空间并无影响。反之，如果把导体接地，即使空腔内有带电体产生电场，在腔体外面也无电场，这就是静电屏蔽的理论根据。

静电屏蔽分为主动静电屏蔽和被动静电屏蔽，如前所述，静电屏蔽是为了防止两个回路（或两个设备）间电容性耦合引起的干扰。静电屏蔽体由导体制成，并有良好的接地。这样静电屏蔽体既可防止屏蔽体内部干扰源产生的干扰泄漏到外部，即主动静电屏蔽；也可防止屏蔽体外部的干扰源侵入到内部，达到防止外界静电场的作用，即被动静电屏蔽。

主动或被动静电屏蔽是用来防止静电场的影响。它完全是利用了静电场是一有源场这一基本特性，在静电场内，电力线永远是有始有终的，即它起始于正电荷，而终止于负电荷。采取静电屏蔽，就是要把电力线（即电场强度）终止于屏蔽体的表面上，以达到抑制静电场的影响。在静电平衡条件下，所有金属良导体内部电场强度始终为零。

（1）主动静电屏蔽

主动静电屏蔽是将某设备或带电体所产生的静电屏蔽起来，如图 5-3 所示为主动屏蔽的静电屏蔽原理图。

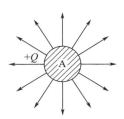

(a)在空间孤立存在的导体A上带有
电荷+Q的电力线

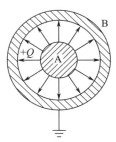

(b)用导体（屏蔽体）B将导体A
包起来的情况

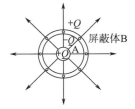

(c)用导体（屏蔽体）B将导体A的外部空间
包围起来的电力线

图 5-3　主动式静电屏蔽原理图

从图 5-3（a）可以看出，带有电荷 ＋Q 的静电场源 A 出发的电力线使整个空间都存在着电场。当用球形壳体 B 包围带电体 A

时，球形壳体内侧将感应出等量的电荷 $-Q$，外侧感应出等量的电荷 $+Q$，如图 5-3（b）所示。除了 B 的壁内不存在电场外，其他区域的电场与图 5-3（a）相同。因此，如仅用屏蔽体将静电场源包围起来，实际上起不到屏蔽作用。只有将屏蔽体接地，此时 B 外表面上的感应电荷流入了大地，此时导体 B 的电位为零，导体 B 外部的电力线消失，即带电荷导体 A 所产生的电力线被封闭在导体 B 包围的内部区域，因此导体 B 起到静电屏蔽作用，如图 5-3（c）所示。这种将场源屏蔽起来的屏蔽称为主动屏蔽。

在实际工程中由于因导体 B 和接地线均不是理想导体，在导体 B 上将存在残留电荷，使得导体 B 的外部实际上也残留静电场和感应电磁场。

（2）被动静电屏蔽

被动静电屏蔽是防止外界的静电场进入屏蔽室内干扰室内电子设备，如图 5-4 所示。

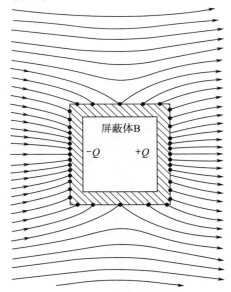

图 5-4 被动式静电屏蔽原理图

图 5-4 表示被动屏蔽的静电屏蔽原理。当屏蔽体外有静电场的干扰时，由于屏蔽体 B 导体表面的各处均处于等电位，其内部空间就不会出现电力线，即屏蔽体内部不存在电场。而屏蔽体之外有电力线存在并终止在屏蔽体上，实现了对外界场的屏蔽作用。

从图 5-4 可以看出，在电力线的端点有面电荷出现于屏蔽体的外表面，在屏蔽体的两侧出现等量符号相异的电荷，而屏蔽体内部没有电荷。当屏蔽体完全封闭时，不管该屏蔽体是否接地，屏蔽体内部的外电场均为零。这种将电场挡在屏蔽体外的屏蔽是一种被动屏蔽。但实际上屏蔽体是不可能完全封闭的，如果不接地，就会引起电力线侵入，造成直接或间接的静电耦合。为防止这种现象，必须将屏蔽体接地就出于这一原因。

5.3 静电屏蔽的方法及要求

5.3.1 静电屏蔽方法

从理论上讲，静电屏蔽可以使用任何一种金属作屏蔽体材料，但在实践应用中发现如果屏蔽体接地不良或屏蔽体的电阻值太大，则屏蔽体外壳上的感应电荷就不能全部入地，屏蔽效能显著降低。因此，静电屏蔽的屏蔽体材料应利用低电阻的金属材料。

主动场屏蔽，场源与屏蔽体的间距很小，屏蔽体要具有衰减量值很大的功能。因此，要求屏蔽体结构设计要合理、电气性能良好，并具有妥善的射频接地。

被动场屏蔽，场源与屏蔽体的间距很大，且往往呈现未知场的特点，其屏蔽室要求一点接地。

5.3.2 静电屏蔽要求

屏蔽效果主要决定于金属化的质量，要求屏蔽体接地电阻越低越好，一般设计在 $1\sim2$ Ω 或更低。导线接触电阻也应该越小越好，因为不可靠的接触点，其本身就可成为相当大的无线电干扰源。

从原理上说，被动屏蔽的屏蔽导体（屏蔽体）可不必接地。但现实应用中的屏蔽导体，内部空间的被屏蔽体同外部是不可能完全绝缘的，多少总会有直接或间接的静电耦合，即屏蔽是不完善的。因此仍应将屏蔽体接地，使其保持接地电位，以保证有效的屏蔽效能。

5.3.3 静电屏蔽效能计算

静电屏蔽效能仍可利用式（4-4）的屏蔽效能度量（以 dB 为单位）计算

1）电场

$$SE = 20\lg(\frac{E_1}{E_2}) \qquad (5-1)$$

2）磁场

$$SE = 20\lg(\frac{H_1}{H_2}) \qquad (5-2)$$

式中　E_1——屏蔽前的场强；

　　　E_2——屏蔽后的场强；

　　　H_1——屏蔽前的磁场强度；

　　　H_2——屏蔽后的磁场强度。

按屏蔽效能的定义，对电场屏蔽，常用

$$SE = 20\lg(\frac{E_1}{E_2})$$

在具体的静电屏蔽结构中，用场的方法来计算（或测量）电场强度是困难的。可利用线性系统中感应电压正比于干扰场强这一性质，用路的方法来计算屏蔽效能，表示为

$$SE = 20\lg(\frac{V_i}{V_{ip}}) \qquad (5-3)$$

式中　V_i——屏蔽前接收器上的感应电压；

　　　V_{ip}——屏蔽后接收器上的感应电压。

第6章 磁场屏蔽

6.1 基本概念

　　磁场屏蔽一直是人们关注的问题，随着电脑使用的普及，对电子系统的干扰变得越来越明显。通常，当电磁感应强度超过定值时，对电子系统就会产生干扰。另外，由于受低频磁场的影响导致人们可能存在的健康危害问题也引起人们高度关注。当前，对低频率磁场的屏蔽更是人们极为关注的问题。

　　磁场屏蔽简称磁屏蔽，分为低频磁屏蔽和高频磁屏蔽。低频磁屏蔽和高频磁屏蔽同样又分为主动屏蔽和被动屏蔽。主动屏蔽主要是防止屏蔽室内设备产生的电磁干扰，影响周围环境或将信号泄漏出去，造成外部设备受到干扰或泄密。被动屏蔽主要是防止外界电磁场进入屏蔽室内干扰屏蔽室内的设备。

6.2 低频磁场的屏蔽

6.2.1 低频磁场屏蔽作用原理

　　低频磁场屏蔽作用原理是利用高磁导率的材料对干扰磁场进行分路，且增大屏蔽体材料的厚度。高磁导率的低频磁场屏蔽材料主要是利用铁磁性物质的材料（如铁、硅钢片、坡莫合金等）。由于这类材料的磁导率高、磁阻小，对磁场有分路作用的特性来实现屏蔽的。图6-1表示磁导材料制成的屏蔽体对低频设备（图中为线圈）进行磁屏蔽的磁力线分布作用原理。

　　由于铁磁质材料的磁阻比空气磁阻小得多，磁力线被集中于屏

高磁导材料

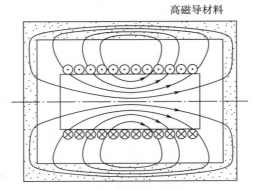

图 6-1　低频磁场屏蔽作用原理（主动屏蔽）

蔽体中，从而使低频线圈产生的磁场不超出屏蔽体，防止屏蔽室内设备产生的电磁场干扰周围环境，即主动屏蔽。同理，为了保护屏蔽室内对磁场反应敏感的设备和器件不受低频磁场的干扰，可以把这些设备和器件置于上述铁磁性材料制成的屏蔽室内。由于磁力线主要通过磁阻小的屏蔽体，从而保护置于屏蔽室内的设备、器件不受外界磁场的影响，防止外界电磁干扰场进入屏蔽室内，即被动屏蔽。

　　低频磁屏蔽技术适用于从恒定磁场到 30 kHz 的整个甚低频段以下频段。在电子设备的设计中，通常需要抑制 50 Hz 电源产生的磁场干扰。

　　需要指出的是，用铁磁材料做的屏蔽体，在垂直于磁力线方向上不应有开口或缝隙，因为这样的开口或缝隙会切断磁力线，使磁阻增大，磁屏蔽效果变差。

6.2.2　低频磁场屏蔽机理

　　低频磁场屏蔽通常取决于屏蔽室的几何结构以及辐射场源与频率。在低频率时，磁场的产生可能是各种几何构型导体中流过的电流导致的，也有可能是周围铁磁材料的磁化引起的。减少特定区域内准稳态磁场的一般策略，在于嵌入合适材料制成的屏蔽体，这个屏蔽体的特性被用来改变点源辐射的磁场的空间分布，屏蔽在实质上会导致场特性发生变化，将磁感应的线路从被屏蔽区域排斥开。图 6 - 2 为低频磁场屏蔽机理。

图 6 - 2 中是将一个设备（例如线圈）置于铁磁性材料制成的屏蔽体内。内部设备（线圈）产生的磁场主要沿屏蔽体壁通过，即磁场被限制在屏蔽体内，如图 6 - 2（a）所示，从而使线圈周围的电路或元器件不受线圈磁场的影响，即为主动屏蔽方式。同样，外界磁场也将很少能通过屏蔽体而进入屏蔽室内，如图 6 - 2（b）所示，从而使外部磁场不致影响到屏蔽室内的设备（线圈），即为被动屏蔽方式。

若铁磁材料的磁导率 μ 越高，屏蔽体越厚，则磁阻越小，磁屏蔽效果越好。

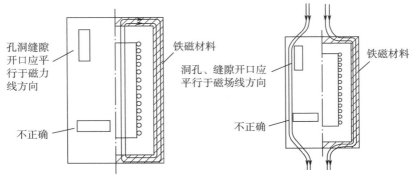

(a) 对内部磁场的屏蔽（主动屏蔽）　　　(b) 对外部磁场的屏蔽（被动屏蔽）

图 6 - 2　低频磁场屏蔽机理

6.2.3　低频磁场屏蔽的频率范围

从狭义角度低频磁场的屏蔽频率是指：30 Hz～30 kHz 频段，即甚低频段（VLF）频率为 3～30 kHz 至极低频段（ELF）频率为 30 Hz 以下的频段，包括从直流直至 50 Hz。

根据 GJB 1696 和 GJB/Z 25 的规定：低频电子和电气电路是指工作频率范围为从直流到 30 kHz 的电路，在某些情况下高至 300 kHz。上升和下降时间大于 1 μs 的脉冲和数字信号被认为是低频信号。

6.2.4 低频磁场的磁屏蔽效能计算

（1）低频磁场屏蔽的效能计算方法之一

低频磁场屏蔽的效能计算，可用式（6-1）求得

$$SE = \frac{H_1}{H_2} = 0.22\mu_i \left[1 - (1 - \frac{t}{R})^3 \right] \tag{6-1}$$

式中　SE ——低频磁场的屏蔽效能；

　　　H_1 ——没有屏蔽前的磁场强度，A/m；

　　　H_2 ——采用屏蔽后的磁场强度，A/m；

　　　μ_i ——初始磁导系数；

　　　t ——屏蔽体厚度，m；

　　　R ——与屏蔽体容积相等的等效球体半径，m。

从式（6-1）可以看出，屏蔽效果最佳值为 $0.22\mu_i$ 值。屏蔽层数越多，屏蔽效果越好。

（2）低频磁场屏蔽的效能计算方法之二

下面依据传输线理论介绍低频磁场屏蔽效能计算，见式（6-2）。该式适用于甚低频至极低频（VLF/ELF）金属板屏蔽效能计算

$$SE = 20\lg|e^{at}| + 20\lg\left| \frac{(1+k)^2}{4k} \left[1 - \frac{(k-1)^2}{(k+1)^2}e^{-2n} \right] \right| = A_1 + A_2 \tag{6-2}$$

在低频磁场情况下，式中

$$|k| = 21.42\sqrt{\frac{f\sigma_r}{\mu_r r}}$$

$$a = 1/\sqrt{2}\,|k|\frac{\mu_r}{r} = 15.131\sqrt{\mu_r\sigma_r f}$$

$$A_1 = 20\lg|e^{ar}| = 6.142\frac{\mu_r}{r}|k|t$$

当频率很低时，$ar \ll 1$，$|k|^2 \ll 1$，因此

$$e^{-2at} = e^{-2at} \times e^{-j2at} \approx 1 - (1+j)\sqrt{2}\frac{\mu_r}{r}|k|t\frac{(1+k^2)}{4k}\left[1 - \frac{(k-1)^2}{(k+1)^2}e^{-2\gamma t}\right]$$

$$\approx 1 + \frac{1}{2}\mu_r\frac{t}{r}(1-\sqrt{2}|k|) + j\frac{1}{2}\mu_r\frac{t}{r}(|k|^2 - \sqrt{2}|k|)$$

$$A_2 = 20\lg\left|\frac{(1+4k)^2}{4k}\left[1 - \frac{(k-1)^2}{(k+1)^2}e^{-2\gamma t}\right]\right|$$

$$= 20\lg\left[1 + \frac{1}{2}\mu_r\frac{t}{r}(1-\sqrt{2})|k|\right]$$

VLF/ELF 金属板屏蔽效能 SE 为 $A_1 + A_2$ 之和

$$SE = A_1 + A_2 = 6.142\mu_r\frac{t}{r}|k| + 20\lg\left[1 + \frac{1}{2}\mu_r\frac{t}{r}(1-\sqrt{2})|k|\right]$$

$$(6-3)$$

当 $f \to 0$ 时，$|k| \to 0$，圆柱形屏蔽体的准直流磁场屏蔽效能（单位为 dB）为

$$SE = 20\lg\left(1 + \frac{1}{2}\frac{\mu_r}{r}t\right) \qquad (6-4)$$

（3）低频磁场立方体屏蔽效能计算

低频磁场立方体屏蔽室屏蔽效能可按式（6-5）计算，该式适用于准直流磁场屏蔽效能的计算。

①单层立方体屏蔽体的效能计算

计算条件：屏蔽体材料 $\mu \gg 1$，$l \gg 1$，屏蔽系数为

$$A = 1 + \frac{\mu t}{l}$$

屏蔽效能

$$SE_{单} = 20\lg\left(1 + \frac{\mu t}{l}\right) \qquad (6-5)$$

②双层立方体屏蔽体的效能计算

计算条件：屏蔽体材料 $\mu \gg 1$，$l \gg 1$，屏蔽效能

$$SE_{双} = 20\lg\left[1 + \frac{\mu_1 t_1}{l_1} + \frac{\mu_2 t_2}{l_2} + \left(\frac{\mu_1 t_1}{l_1}\right)\left(\frac{\mu_2 t_2}{l_2}\right)\left(1 - \frac{l_1^2}{l_2^2}\right)\right]$$

$$(6-6)$$

式中　l ——立方形屏蔽体边长，m，下角标 1、2 表示第一层、第二层；

　　　t ——屏蔽体厚度，m，下角标 1、2 表示第一层、第二层；

　　　μ ——材料磁导率。

当 μ 很大时，式中的 1 可以忽略。

6.3　高频磁场屏蔽

6.3.1　高频磁场屏蔽作用原理

　　高频磁场屏蔽与低频磁屏蔽不同。高频磁屏蔽则是利用低电阻率的良导体材料，如铜、铝等在入射高频磁场作用下产生涡流，并由涡流的反磁通抑制入射磁场，如图 6-3 所示。其屏蔽原理是利用了涡流反磁场对于原干扰磁场的排斥作用，来抵消进入屏蔽体的磁场。涡流效应，就是电磁波在金属屏蔽壳体表面上所产生的感应涡流，而这些涡流又产生了与原来磁场反向的磁场，削弱了原来磁场来达到屏蔽的作用。

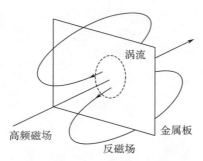

图 6-3　高频磁场屏蔽理论

6.3.2　高频磁场屏蔽机理

　　决定低频磁屏蔽还是高频磁屏蔽主要取决于屏蔽的源、几何构造、材料以及场源的频率。决定涡流消除机理的一个基本屏蔽参数是趋肤深度相关的屏蔽材料厚度值。趋肤深度计算参见第 3 章 3.8 节电磁屏蔽室设计的基础理论。图 6 - 4 所示为高频磁场屏蔽机理。

图 6 - 4 中是将一个设备（图中为一个线圈）置于良导体材料制成的屏蔽体内，则线圈所产生的磁场被限制在屏蔽体内，即是主动屏蔽方式，如图 6 - 4（a）所示。同理，外部磁场也将被屏蔽室的屏蔽体产生的涡流及磁场排斥而不能进入屏蔽体内，即为被动屏蔽方式，如图 6 - 4（b）所示，从而达到对高频磁场屏蔽的目的。

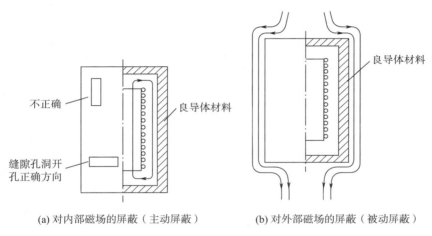

(a) 对内部磁场的屏蔽（主动屏蔽）　　　(b) 对外部磁场的屏蔽（被动屏蔽）

图 6 - 4　高频磁场屏蔽机理

6.3.3　高频磁场屏蔽的频率范围

根据 GJB 1696 和 GJB/Z 25 的规定：高频电子和电气电路是指工作频率范围大于 300 kHz 的电路（在某些情况下低至 30 kHz），上升和下降时间小于 1 μs 的脉冲和数字信号被认为是高频信号。

6.3.4　高频磁场的磁屏蔽效能计算

磁屏蔽的屏蔽效能不仅与屏蔽体材料有关，还与屏蔽体的结构形式有关。

（1）圆球形屏蔽体被动场磁屏蔽效能计算

磁屏蔽的屏蔽效能主要取决于屏蔽体所用的材料及材料的厚度和磁导率。下面依据图 6 - 5 所示的磁屏蔽作用原理计算被动场磁屏蔽而具有的效能。

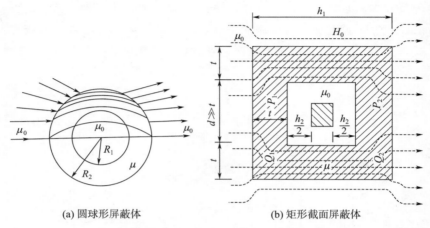

(a) 圆球形屏蔽体　　　　　　(b) 矩形截面屏蔽体

图 6 - 5　磁性材料的磁屏蔽作用原理（被动屏蔽）

根据相关理论，主要计算出磁屏蔽的磁感应强度 B，被动场静磁屏蔽的效能可用式（6 - 7）计算

$$B = \frac{B_0}{1 + \dfrac{2}{9}(1 - \dfrac{R_1^3}{R_2^3})(\dfrac{\mu_0}{\mu} + \dfrac{\mu}{\mu_0} - 2)} \qquad (6 - 7)$$

式中　R_1——屏蔽体内半径，m；

　　　R_2——屏蔽体外半径，m；

　　　μ_0——自由空间中的磁导率，H/m；

　　　μ——磁性材料磁导率，H/m；

　　　B_0——屏蔽体之外界磁感应强度，Wb/m^2。

所以屏蔽体的屏蔽效能 A 等于

$$A = \frac{B_0}{B}$$

$$= 1 + \frac{2}{9}(1 - \frac{R_1^3}{R_2^3})(\frac{\mu_0}{\mu} + \frac{\mu}{\mu_0} - 2) \qquad (6-8)$$

式中　μ_r——屏蔽材料的相对磁导率，$\mu_r = \frac{\mu}{\mu_0}$，H/m；

　　　t——屏蔽材料的厚度，$t = R_2 - R_1$。

　　基于 $\mu_r \gg 1$，即 $\mu \gg \mu_0$，$t \ll R_1$，则可将式（6-8）简化为

$$A = 1 + \frac{2}{3} \cdot \frac{\mu_r t}{R_1} \qquad (6-9)$$

　　式（6-9）为圆球形屏蔽体磁屏蔽效能的一般表达式，参照图 6-5（a）。

　　（2）矩形屏蔽体被动场磁屏蔽效能计算

　　根据圆球形屏蔽体屏蔽效能公式，可以推导出任意形状的屏蔽体屏蔽效能的计算公式，矩形屏蔽体如图 6-5（b）所示。这里要引入一个等效半径 R 的概念，而 R 由式（6-10）及式（6-11）决定

$$V = \frac{4}{3}\pi R^3 \qquad (6-10)$$

式中，V 为屏蔽体体积。

　　所以

$$R = \sqrt[3]{\frac{3V}{4\pi}} \approx \sqrt[3]{V} \times 0.62 \approx 0.62\sqrt[3]{V} \qquad (6-11)$$

屏蔽效能公式（6-9）可写成

$$A = 1 + \frac{2}{3} \cdot \frac{\mu_r t}{R} \qquad (6-12)$$

　　式（6-12）为磁屏蔽效能的实用公式。若以 dB 表示，则可以写成（单位 dB）

$$SE_B = 20\lg A = 20\lg(1 + \frac{2}{3} \cdot \frac{\mu_r t}{R}) \qquad (6-13)$$

　　以式（6-12）与式（6-13）分别运算，可以很方便地求出屏

蔽效能。但一般在实际工程应用中，为了经济实用、体积小型化又具有高效能的屏蔽作用，往往使用多层屏蔽。

6.4　磁屏蔽方法、要求、磁性材料性能、类型及设计注意点

6.4.1　磁屏蔽方法

磁屏蔽主要用于低频率情况下，防止低频磁场的干扰。低频磁场屏蔽体采用低磁阻、高磁导率的铁磁性材料构成低磁阻通路，把磁力线封闭在屏蔽体内，从而阻止内部磁场向外部扩散或外部干扰磁场进入屏蔽体内，达到有效抑制低频磁场的干扰。

高频磁场屏蔽的磁屏蔽体采用低电阻率的良导体逆磁性材料构成屏蔽通路，利用电磁感应现象在屏蔽体表面所产生的涡流产生反向磁场来达到屏蔽的目的。不论是低频磁屏蔽还是高频磁屏蔽材料需具有一定的厚度，而且不能断开磁路，要求磁阻小。采用高磁导率材料，μ_r 值越大，低频磁屏蔽的屏蔽效果越好。

6.4.2　磁屏蔽的特点

磁场在任何情况下均是一个无源场，磁力线永远是无头无尾自行闭合的连续曲线，因此磁屏蔽设计不可能像对待静电场屏蔽那样，企图利用任何一种磁性就能使磁力线终止于其表面，以求达到磁屏蔽的目的。但可以利用具有较高磁导率的磁性材料来进行磁屏蔽，以便将磁力线限制在磁阻很小的磁屏蔽体内部，防止磁力线扩散到所限定的空间之外。而且，在闭合的磁力线回路中不允许有空气间隙，否则将大大降低磁屏蔽效能。所以，磁屏蔽的构造往往是笨重的。

另外，由于磁场屏蔽的反射衰减极小，在频率低于 1 kHz 时，金属的反射衰减可忽略不计（主要是渗透衰减）。所以，目前要达到较高的磁屏蔽效能是很难的。

6.4.3　磁屏蔽要求

要求较高效能的磁屏蔽难度较大，而且又不容易彻底解决，因此，磁屏蔽室的周围环境很重要，应避开周围磁场干扰源。

6.4.4　磁屏蔽体材料性能及类型

（1）磁性材料的性能

①磁路的基本定律

由导磁材料所构成的磁通路径叫做磁路，磁路最基本的定律是磁路欧姆定律，即

$$\phi = \frac{F}{R_m}$$

$$F = IN$$

$$R_m = \frac{l}{\mu s} \tag{6-14}$$

式中　ϕ——磁通；

　　　F——磁通势；

　　　R_m——磁阻；

　　　I——电流强度；

　　　N——线圈匝数；

　　　l——磁路的平均长度；

　　　S——磁路的截面积。

对于均匀磁路来说，$F = IN = Hl$。如果说磁路是由不同磁阻材料组成的，则 $F = IN = \sum(Hl) = H_1 l_1 + H_2 l_2 + \cdots$，式中的 $H_1 l_1$、$H_2 l_2$、$\cdots$ 通常也称为磁路的磁压降。

②磁性材料的性能

磁性材料主要是指铁、镍、钴及其合金材料而言。它们具有下列磁性能：

1）高磁导性。磁性材料的磁导率很高，其数值可以到数百乃至

数万，它们具有被强烈磁化的特性。磁导率用 μ 表示；

2）磁饱和性。磁化物质由于磁化所产生的磁化磁场不会随着外磁场的增强而无限制地增强。当外磁场（或励磁电流）增大到一定值时，磁化磁场的感应强度即达饱和值。磁性物质的磁化曲线如图 6-6 所示，磁化曲线可分为三段：oa 段，B 与 H 差不多成正比增加；ab 段，B 的增加缓慢下来；b 以后一段，B 增加得很少，达到了磁饱和。从图中可看出 B 与 H 不成正比，所以磁性材料的磁导率 μ 不是常数，而随磁场强度 H 的不同而变化。

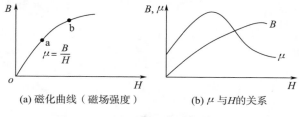

(a) 磁化曲线（磁场强度）　　　(b) μ 与H的关系

图 6-6　磁化曲线及 μ 与 H 的关系

3）磁滞性。当铁芯线圈中通有交变电流时，磁心受到交变磁化，其磁化的情况如图 6-7 所示。当电流开始增加时，是沿曲线 0～1 变化，电流从 1 点减少时，是沿 1～2 变化，当电流已减到零时（H 为零），而磁感应强度 B 不为零，这种磁感应强度滞后于磁场强度的变化称为磁滞性。起始磁导率 $\mu_{\text{in}} = \mu_0 (1 + X_{\text{in}})$，$X_{\text{in}}$ 为起始磁化率。

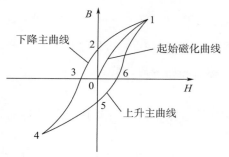

图 6-7　磁滞回路曲线

（2）铁磁性物质（材料）的磁性类型

按铁磁性物质（材料）的磁性能可以分为三种类型：

1）软磁材料。具有较小的矫顽磁力（低矫顽场强），磁滞回线较窄。常用的有铁心硅钢、坡莫合金等。

2）永磁材料。具有较大的矫顽磁力（高矫顽场强），磁滞回线较宽。常用的有碳钢、钴钢及铁钴合金等。

3）矩磁材料。具有较小的矫顽力和较大的剩磁，磁滞回线接近矩形，稳定性良好。常用镁锰铁氧体及 1J51 型铁镍合金等。

（3）磁屏蔽材料的应用及选择

铁磁性材料和逆磁性材料的性能及吸收损耗（衰减）参见第 7 章的表 7 - 1。

6. 4. 5　磁屏蔽设计应注意点

可通过以下方法提高磁屏蔽效能：

1）采用高磁导率材料，μ_r 值越大，低频磁屏蔽的屏蔽效果越好。

2）在高频情况下，采用高磁导性材料进行磁屏蔽，由于磁滞损耗与涡流损耗很大，因而会引起屏蔽的设备 Q 值下降。

3）磁性材料的屏蔽效能与磁导率成正比。在高频时，磁性材料的磁导率变低，所以与低频时屏蔽效能相比，屏蔽效能差。

4）增大屏蔽体的厚度 t 和屏蔽室的空间尺寸 d 或 l，如图 6 - 5（b），可以提高屏蔽效能 SE 值。要增大被屏蔽空间的尺寸，就必须相应增加屏蔽体厚度，势必使屏蔽体笨重。因此对大尺寸的磁敏感元件进行磁屏蔽，要获得很好的磁屏蔽效果是困难的。从加工工艺和经济性考虑，屏蔽体壁厚一般应小于 4 mm。

5）对于矩形截面屏蔽体，应使其长边平行于外磁场方向。屏蔽体的开口或缝隙处不应切断磁力线，一般洞孔、缝隙的长方向应顺着磁力线方向。

6）高磁导率材料，例如坡莫合金要比高电导率材料（铜、铝）价格要高得多。

第7章 电磁屏蔽室设计

7.1 电磁屏蔽室的作用原理及目的

通常情况下当干扰源频率较高，即干扰源超过 150 kHz 时，电子设备的元器件和导线的几何尺寸逐渐可与电磁波的波长相比拟，电磁辐射能力随频率的增高而增强。当干扰源与接收器之间的间距足够大时（$r \gg \lambda/2\pi$），电容性耦合和电感性耦合的作用很小，而辐射耦合成为传递干扰的主要方面，频率越高，作用越大。因而需要在传递干扰的途径上设置屏障以衰减干扰能量，这种防护电磁辐射干扰的措施称为电磁屏蔽。

7.1.1 电磁屏蔽的原理

当要求屏蔽的频率在 10 kHz 以上频段时，抑制无线电干扰可以采取电磁屏蔽。这是目前应用最广泛的一种屏蔽室。

电磁屏蔽是研究抑制交变电磁场辐射的一种屏蔽。电磁屏蔽衰减是由吸收衰减和反射衰减两部分组成。屏蔽效能取决于反射衰减值与吸收衰减值的大小。电磁屏蔽就是利用屏蔽的金属体对电磁辐射的反射效应和吸收效应来达到抑制电磁辐射，实现电磁屏蔽的目的。它的机理包括：

1）用电路理论方法进行分析（即屏蔽的平面波理论），当电磁波入射到金属体表面时所产生的损耗有两部分。入射波的一部分从表面反射回来；另一部分传播过去并通过介质而衰减，前者又可叫反射衰减，后者叫吸收衰减。无论近场或远场，电场或磁场都是一样，而反射损耗却取决于场的形式和波阻抗。屏蔽体与周围介质的波阻抗相差越大，则反射衰减也越大。所谓吸收衰减，实质上是金属导体的热损耗。它的产生完全是由于电磁场射入金属屏蔽体时，因电磁感应而在金属体的表面产生了感应电流，即在导体集肤效应作用下产生了涡流；而又由于金属导体为非理想导体，导体中特别是导体表面有一定电阻存在，这样必然在金属屏蔽体内，产生有 I^2R 的热损耗。工程实际中则将这一部分损耗称为屏蔽体的吸收衰减。所谓反射衰减，就是电磁场射入金属导体时，由电磁感应而产生感应电流。在这个感应电流的作用下，必然建立一个新的电磁场，当该电磁场的方向与入射场方向相反时，将发生感应电磁场抵消部分辐射电磁场的作用，从而将入射场能衰减，此为反射衰减。反射衰减的大小取决于屏蔽体与屏蔽体周围介质之间的阻抗匹配情况，若屏蔽体与其周围介质的阻抗相差越大，则反射衰减就越大。

2）用场论方法进行分析，首先研究场的特性，然后再了解波阻抗的概念。场的特性是根据源的特性来决定的，并且源周围的介质以及源与检测点之间的距离等，这些都能影响到场特性。一般把源附近的区域叫做近场或感应场；把距离大于 $\lambda/2\pi$ 的区域叫作远场或辐射场，围绕 $\lambda/2\pi$ 的附近区域称为过渡区域。近场的特性主要决定于源的特性，而远场的特性主要决定于电磁波传播时所通过的介质。

3）还可以用电磁矢量的方法进行分析，本书从略。

7.1.2　电磁屏蔽的作用

电磁屏蔽是阻止直接由源辐射干扰的唯一的方法，它可以把干扰电磁波降低到有限（最低）干扰程度，即防止外来电磁波的干扰。同时，它还可以把电磁波干扰局限在某一环境内，使它溢出的能量在允许值之内，即防止设备本身产生的电磁波传出去，以防止失密或对其外部设备产生电磁干扰。

为了实现设备或分系统的电磁兼容，可以借助下列 3 种基本手段或任意的组合：

　　1）降低干扰信号源的电平；

　　2）降低感受器的敏感性；

　　3）增加干扰源到感受器之间的距离、改变干扰传播途径以增大衰减。

　　无论是对干扰源还是对感受器进行电磁屏蔽，都可以有效地衰减由电磁场引起的辐射干扰信号。电磁屏蔽体可以减小电磁干扰源产生的电场和磁场强度。屏蔽体包封电磁干扰源时，屏蔽体外部的场强减小。屏蔽体包封一个置于电磁场源附近的灵敏（敏感）组件时，则可以大大地降低屏蔽体内部的场强。当干扰源与感受器相隔不远，又没有足够的自由空间衰减辐射时，正确设计和安装屏蔽体，则可提供足够的宽带保护，阻挡电磁辐射。

7.1.3　电磁屏蔽的目的

　　屏蔽的目的是将电磁辐射能量限制在一个特定的区域之内，限制内部设备辐射的电磁能量泄漏出去，或是阻止外部辐射能量进入一个特定的区域。由于电磁波的传播主要途径向空间辐射和沿导线传播，为了有效地抑制空间电磁波干扰，将上述区域封闭起来的壳体来实现，这种隔绝室内外电磁波传导的方法称之为屏蔽。屏蔽体的形式可以是金属板、金属网、金属编织带等导电的、导磁的材料，为了抑制沿导线传播的电磁干扰波可采用滤波的方法。

　　电磁屏蔽是用屏蔽体阻止高频电磁能量在空间传播的一种措施。用作屏蔽体的材料是金属导体或其他对电磁波有衰减作用的材料。屏蔽效能的大小与电磁波的性质及屏蔽体的材料性质有关。

7.2　单层金属板电磁屏蔽室的设计

7.2.1　金属板电磁屏蔽室的作用原理

　　当电磁波由空间介质射向屏蔽金属体时，在金属体的表面将产生反射和吸收现象。金属板电磁屏蔽就是利用金属板对电磁波的反射和吸收效应，也就是通常讲的反射衰减和吸收衰减。

吸收衰减　在电磁波射入金属屏蔽体时，由于电磁感应在金属板表面产生了感应电流（即涡流）。因为金属屏蔽体并不是理想导体，而是具有一定电阻，所以在金属屏蔽体上就有 I^2R 的热损耗，该部分损耗就是金属屏蔽体的吸收衰减，即由于金属屏蔽体在干扰场的作用下，发生了涡流的反作用电磁场与原干扰场相反，而将干扰场削弱。被削弱的这部分干扰场称之为吸收衰减。

反射衰减　由于感应电流除产生热损耗形成的吸收衰减外，还由于金属屏蔽体与四周介质的波阻抗特性的差异而引起电磁波在介质面上的反射衰减，这部分衰减称之为反射衰减。

反射衰减的大小主要取决于金属板和周围介质之间的波阻抗匹配情况，屏蔽体与周围介质的波阻抗相差越大，则反射屏蔽的作用也就越强。下面用图 7-1 来说明金属屏蔽板的反射衰减和吸收衰减的情况。

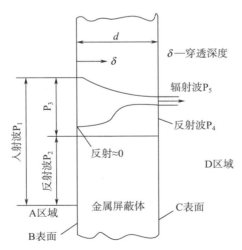

图 7-1　平面波在金属屏蔽体上反射与吸收

图中金属屏蔽体厚度为 B 表面到 C 表面的距离。平面电磁波 P_1 垂直射到屏蔽体表面 B 上，在 B 上由于自由空间波阻抗 Z 突然变成较小的金属内阻，因而反射出大部分入射能量（反射波 P_2）。一部分能量（P_3）透入金属内衰减，其衰减情况往往比图 7-1 所示更为明显。因此，就只有一小部分能量达到背面——C 表面了。在该表面上产生了第二次反射 P_4，因此只有极微量的能量（P_5）到达屏蔽的另一侧区域——D 区域。这样金属板的屏蔽衰减作用就取决于两种不同的过程——反射和吸收。

这些过程的定量分析能够用如图 7-2 所示的传输线来进行表达。图中 Z_m 代表金属表面的阻抗，如果内阻为 Z_0 的干扰源 E 表示传输线或朝向发射机方向的自由空间。总能量 $E^2/4Z_0$ 中有一部分能量从 A 区域穿越到 D 区域，如图 7-2（a）所示，并且进入低阻传输线 Z_m——金属层，如图 7-2（b）所示，这部分能量可用式（7-1）计算

$$4Z_0 Z_m/(Z_0 + Z_m)^2 \qquad (7-1)$$

这种反射衰减同样也发生在能量到达 C 表面上。

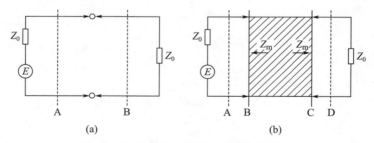

(a)　　　　　　　　　　(b)

图 7-2　以损耗传输线来等效整块金属板屏蔽

7.2.2　单层金属板电磁屏蔽室屏蔽体的效能计算（GJB/Z 25 方法）

（1）计算公式

屏蔽的平面波理论（或传输线理论）是最常用的屏蔽室设计基础理论，屏蔽效能为下列三部分之和：吸收损耗、反射损耗及屏蔽体内多次反射引起的修正项。

电磁波垂直投射到无穷大金属平板上时，其屏蔽效能可表示为

$$SE = 20 \lg e^{rt} - 20 \lg |p| + 20 \lg |1 - q e^{-2rt}| \qquad (7-2)$$

$$r = \sqrt{j\omega\mu\sigma} = (1+j)\sqrt{\pi\mu f\sigma}$$

式中　t——屏蔽体材料的厚度；

　　　r——电磁波在屏蔽体内的传播常数；

　　　p——传输系数；

　　　q——两界面间的多次反射系数。

屏蔽效能表达式常写成

$$SE = A_{吸} + R_{反} + B_{多} \qquad (7-3)$$

$$A_{吸} = 20 \lg e^{rt}$$

$$R_{反} = -20 \lg |p|$$

$$B_{多} = 20 \lg |1 - q e^{-2rt}|$$

式中　$A_{吸}$——单层金属体的吸收损耗，dB；

　　　$R_{反}$——单层金属体的界面反射损耗，dB；

　　　$B_{多}$——单层金属体的内部多次反射损耗，dB。

当 $A_{吸} > 10$ dB 时，$B_{多}$ 可以忽略，在实际工程中，一般可不考虑或很少考虑此项。其中，$A_{吸}$、$R_{反}$ 和 $B_{多}$ 三项在式（7-3）中已标出，分别表示前面所提到的吸收损耗、反射损耗和多次反射修正项。在计算实际屏蔽效能时，常数 r、q 和 p 的值由屏蔽体材料的电导率（σ）、磁导率（μ）和介电常数（ε）决定。q 和 p 的值还与投射到屏蔽体上的电磁波的波阻抗有关。

为了使屏蔽效能公式便于应用，分别把 $A_{吸}$、$R_{反}$ 和 $B_{多}$ 项表示为更易使用的形式，使它们是电磁波频率（f）、屏蔽体厚度（t）、相对磁导率（μ_r）及相对电导率（σ_r）的函数。反射损耗和修正项的简化近似表达式亦可推导得出。应根据波阻抗的低（$Z_w \ll 377$ Ω，磁场）、中（$Z_w = 377$ Ω，平面波）或高（$Z_w \gg 377$ Ω，电场）选择合适的近似表达式。低阻抗场出现在环形天线附近，高阻抗场出现在偶极子天线附近，而平面波场是存在于源天线近场区以外的区域。

（2）吸收损耗（$A_{吸}$）的计算

电磁波穿过屏蔽体厚为 t 时的吸收损耗表示为

$$A_{吸} = 131.43t \sqrt{f\mu_{\rm r}\sigma_{\rm r}} \qquad\qquad (7-4)$$

式中　$A_{吸}$——吸收损耗，dB；

　　　　t——屏蔽体的厚度，m；

　　　　f——被抑制的电磁波频率，Hz；

　　　　$\mu_{\rm r}$——屏蔽材料的相对磁导率（以铜为基准）；

　　　　$\sigma_{\rm r}$——屏蔽材料相对于铜的电导率。

吸收损耗与屏蔽材料的厚度成正比，随电磁场频率、屏蔽材料的相对磁导率，与相对电导率乘积的方根值上升而增加。

表 7-1 列出了典型屏蔽材料的电参数（$\sigma_{\rm r}$ 和 $\mu_{\rm r}$）值以及在 150 kHz、厚度为 1 mm 时，按照式（7-4）计算得出的吸收损耗值。其他厚度的吸收损耗可用表中值乘以屏蔽体厚度的毫米数得出。

理论分析与实践说明，电磁波在金属体中衰减得越快，则深入到金属内部的深度就越浅。为了说明吸收衰减的程度，一般引入穿透深度即渗入度这个概念。其定义为：电磁场在金属体中，其场强值衰减到起始值的 37%（或 1/e）时的穿透深度，其值

$$\delta = \frac{1}{\sqrt{\pi\mu\sigma f}}$$

从该式可以看出，在高频条件下 δ 值很小，一般在百分之几 mm 到千分之几 mm，说明电磁波在金属体中的穿透深度很浅。穿透深度的计算参见 3.8.5 小节。

表 7-1　铁磁性、逆磁性材料在材料厚 1 mm，在 150 kHz 时的电性能及吸收损耗

金属	相对电导率（$\sigma_{\rm r}$）	相对磁导率（$\mu_{\rm r}$）	吸收损耗/dB
银	1.05	1	51.96
铜（退火）	1.00	1	50.91
铜（冷拉）	0.97	1	49.61

续表

金属	相对电导率(σ_r)	相对磁导率(μ_r)	吸收损耗/dB
金	0.70	1	42.52
铝	0.61	1	39.76
镁	0.38	1	31.10
锌	0.29	1	27.56
黄铜	0.26	1	25.98
镉	0.23	1	24.41
镍	0.20	1	22.83
磷青铜	0.18	1	21.65
铁	0.17	1 000	665.40
锡	0.15	1	19.69
钢	0.10	1 000	509.10
铍	0.10	1	16.14
铅	0.08	1	14.17
高磁导率镍钢	0.06	80 000*	3 484.00*
蒙乃尔合金	0.04	1	10.24
μ-合金	0.03	80 000*	2 488.00*
坡莫合金	0.03	80 000*	2 488.00*
不锈钢	0.02	1 000	244.40

注：＊入射场未使金属磁饱和。

　　吸收损耗随频率的不同而变化，下面列举 3 种常用屏蔽材料在 1 mm 厚时吸收损耗的比较数据，以及铁在不同频率时的相对磁导率，见表 7 - 2。图 7 - 3 是根据表 7 - 2 中的数据绘制而成的曲线。

表 7 - 2　1 mm 厚金属板的吸收损耗 A

频率	铁		铜		铝	
	μ_r	A/dB	μ_r	A/dB	μ_r	A/dB
50 Hz	1 000	12	1	0.9	1	0.7
1.0 kHz	1 000	54	1	4	1	3

续表

频率	铁		铜		铝	
	μ_r	A /dB	μ_r	A /dB	μ_r	A /dB
10. 0 kHz	1 000	171	1	13	1	10
150. 0 kHz	1 000	663	1	56	1	40
1. 0 MHz	700	1 430	1	131	1	103
3. 0 MHz	600	2 300	1	228	1	178
10. 0 MHz	500	3 830	1	116	1	325
15. 0 MHz	400	4 200	1	509	1	397
100. 0 MHz	100	5 420	1	1 310	1	1 030
1. 0 GHz	50	12 110	1	4 160	1	3 250
1. 5 GHz	10	6 640	1	5 090	1	3 970
10. 0 GHz	1	5 420	1	13 140	1	10 300

注：相对电导率 σ_r 为铁 0. 17，铜 1. 0，铝 0. 61。

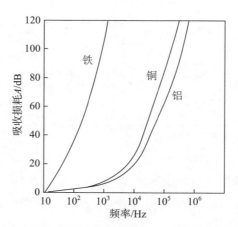

图 7 - 3　屏蔽体（厚 1 mm）的吸收损耗

（3）反射损耗（$R_反$）

反射损耗与表面阻抗、波阻抗、电磁波的频率、屏蔽体到源的距离有关，因此磁场、电场、平面波三种场型的反射损耗计算公式是不同的。

反射损耗为（单位 dB）

$$R = -20\lg|p| \qquad (7-5)$$

式中，p 为屏蔽体的传输系数。

反射损耗与入射电磁波波阻抗的大小、频率、屏蔽材料的电性能有关，而与屏蔽体的厚度无关。其中，波阻抗的大小与辐射源的类型（磁场、平面波或电场）有关。

仿照传输线中反射的经典公式，屏蔽体的反射损耗可以表示为

$$R = 20\lg\frac{|1+S|^2}{4|S|} \qquad (7-6)$$

式中，S 为传输线特性阻抗。

当 $|S| \ll 1$

$$R \approx 20\lg\frac{1}{4|S|}$$

当 $|S| \gg 1$

$$R \approx 20\lg\frac{|S|}{4}$$

$$S = \frac{Z_w}{n}$$

$$n = \sqrt{\frac{\mathrm{j}\omega\mu}{\sigma}} = (1+\mathrm{j})\sqrt{\frac{\pi\mu f}{\sigma}}$$

式中　Z_w ——自由空间的入射波阻抗，在不同类型场源和场区中是不同的，见 7.3 节式（7-14）；

$\quad\quad n$ ——材料的本征（特性）阻抗；

$\quad\quad \sigma，\mu，\varepsilon$ ——初始电导率、磁导率、介电常数。

当 $\sigma \approx 0$，故在自由空间中空气的特性阻抗

$$n_0 = \sqrt{\frac{\mu}{\varepsilon}}$$

S 的值是波阻抗与屏蔽体本征阻抗之比，它相当于传输线中的电压驻波比。屏蔽体的本征阻抗可由屏蔽材料的电性能确定。而波阻抗的大小主要取决于上述入射波的类型和相对位置（第 2 章 2.4

节图 2 - 4 所示）。

为便于确定反射损耗，可把辐射波分为独立的三种类型，分别给出反射损耗的关系式。由于波阻抗是电场强度与磁场强度之比，所以当电场占优势时为高阻抗场，磁场占优势时为低阻抗场。根据波阻抗的低、中、高将它们所对应的场分别作为磁场、平面波和电场。下面是不同辐射源在屏蔽体上产生的反射损耗的计算：

1）低阻抗场。对于环天线（或磁偶极子）产生的电磁场在近区场（$r \leqslant \lambda/2\pi$）以磁场占优势。屏蔽体反射损耗计算如下。

低阻抗场（磁场）R_m（单位为 dB）

$$R_m = 20 \lg \left(\frac{1.17 \times 10^{-2}}{r \sqrt{f\sigma_r/\mu_r}} + 0.354 + 5.35r \sqrt{f\sigma_r/\mu_r} \right) \quad (7-7)$$

式中　r——源到屏蔽体的距离，m；

　　　μ_r——屏蔽材料的相对磁导率（以铜为基准）；

　　　σ_r——屏蔽材料相对铜的电导率；

　　　f——被抑制的电磁波频率，Hz。

低阻抗场的反射损耗与屏蔽材料的厚度无关，只与屏蔽材料的电性能与场源到屏蔽体的距离有关。

反射损耗与频率的关系如图 7 - 4 所示。图中给出的有铁、铜、铝屏蔽材料。它们与低阻抗电磁场源的距离为 2.54 cm 和 25.4 cm。由图 7 - 4 可知，当给定的间距相同时，铜和铝的反射损耗大于铁的反射损耗，只有在低频时铁的反射损耗才较大。在这些间距上，图中曲线不能向高频段延伸。因为在推导式（7-7）时采用了近似方法，假定间距 $r < \lambda/2\pi$，当频率更高时，在这些距离上电磁场接近于平面波，而不是接近于低阻抗场。在图 7 - 5 中，以 $0.394r \sqrt{f\sigma_r/\mu_r}$ 为变量得出对低阻抗场反射损耗的通用曲线，在设计时可以直接查对此曲线。

2）高阻抗场（电场）。以电偶极子天线产生的电磁场来模拟，其电场强度与磁场强度比值（波阻抗）很高。屏蔽体对这种场的反射损耗

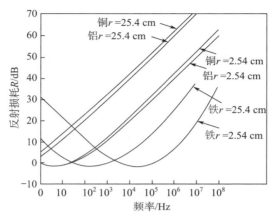

图 7 - 4　铁、铜、铝对阻抗场源的反射损耗

r —场源到屏蔽体的距离

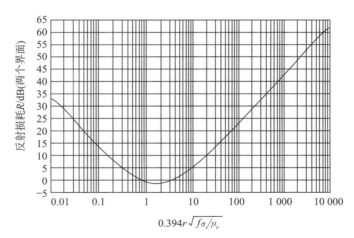

图 7 - 5　低阻抗场源反射损耗的通用曲线

μ_r —相对铜的磁导率；σ_r —相对铜的电导率；

f —频率（Hz）；r —场源到屏蔽体的距离（cm）

$$R_E = 322 - 10 \lg (f^3 r^2 \mu_r / \sigma_r) \qquad (7-8)$$

式中　r ——场源到屏蔽体的距离，m；

f，μ_r，σ_r 的含义同前。

由式（7-8）可知，高阻抗场电磁波的反射损耗与电磁场源到屏蔽的距离 r 有关。反射损耗随频率的升高而下降，而且（μ_r/σ_r）比值高的材料较好。高阻抗场反射损耗的通用计算曲线如图 7-6 所示。图中上面一条线的变量范围为

$$1 < 0.394r\sqrt{\mu_r f^3/\sigma_r} < 10^6 \qquad (7-9)$$

下面一条线的范围是

$$0.394r\sqrt{\mu_r f^3/\sigma_r} > 10^6 \qquad (7-10)$$

图 7-7 给出了场源到屏蔽体距离为 2.54 cm 和 25.4 cm 时，铁、铜、铝对高阻抗电磁波的反射损耗与频率的关系。铜和铝的反射损耗曲线并未分开画出，因为铝对高阻抗场的反射损耗比铜小 2 dB。铁、铜、铝在几个典型频率上对磁场、电场和平面波的反射损耗见表 7-3。表中场源到屏蔽体的距离对磁场波和电场波是取 30.5 cm。

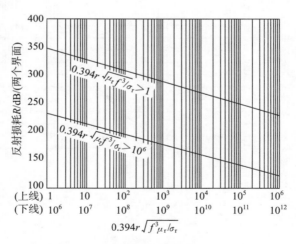

图 7-6　高阻抗场源反射损耗的通用曲线

μ_r—相对铜的磁导率；σ_r—相对铜的电导率；

f—频率（Hz）；r—场源到屏蔽体的距离（cm）

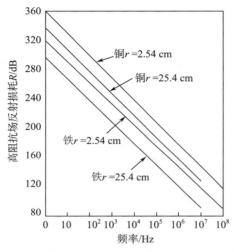

图 7 - 7　铁、铜、铝对高阻抗场源的反射损耗

r —场源到屏蔽体的距离；铝的反射损耗比铜小 2 dB

表 7 - 3　金属板两个表面反射损耗的计算值

频率	μ_r	反射损耗[①]							
		铁($\sigma_r = 0.17$)			铜($\mu_r = 1, \sigma_r = 1$)			铝($\mu_r = 1, \sigma_r = 0.61$)	
		磁场 $r = 30.5$ cm	电场 $r = 30.5$ cm	平面波场	磁场 $r = 30.5$ cm	电场 $r = 30.5$ cm	平面波场	磁场 $r = 30.5$ cm	电场 $r = 30.5$ cm
50.0 Hz	1 000	−0.7[②]	243	113	21	251	151		
1.0 kHz	1 000	0.9	204	101	34	242	138		
10.0 kHz	1 000	8.0	174	91	44	212	128		
150.0 kHz	1 000	10.0	139	79	56	177	117	54	175
1.0 MHz	700	28.0	116	72	64	152	108	62	150
15.0 MHz	400	42.0	83	63	76	117	96	74	115
100.0 MHz	100	57.0	64	61	84	92	88	82	90
1.5 GHz	10	56.0[③]	59[③]	59	76[③]	76[③]	76		

续表

频率	μ_r	反射损耗①							
		铁($\sigma_r=0.17$)			铜($\mu_r=1,\sigma_r=1$)			铝($\mu_r=1$, $\sigma_r=0.61$)	
		磁场 $r=$ 30.5 cm	电场 $r=$ 30.5 cm	平面波场	磁场 $r=$ 30.5 cm	电场 $r=$ 30.5 cm	平面波场	磁场 $r=$ 30.5 cm	电场 $r=$ 30.5 cm
10.0 GHz	1	61.0③	61③	61	69③	68③	68		

注：①如果吸收损耗小于 15 dB，考虑了多次反射修正项 B；

②铁的反射损耗在 620 Hz 时为 0，在 58 Hz 时为负值，在 31.5 Hz 时又为 0，到更低频率时又变成正值；

③在这些频率点上，对于原定的距离，电磁场已变成了平面波。

3）平面波场。当离开场源的距离大于几个波长（$r \geqslant \lambda/2\pi$）之后为远场，电磁场基本上就是平面波，它的波阻抗等于传播媒质的本征阻抗（377 Ω）。平面波兼有的电场与磁场矢量 **E**、**H**，两者不仅互相垂直，而且与传播方向正交。平面波场与磁偶极子近区的低阻抗场及电偶极子近区的高阻抗场不一样，它的反射损耗与场源到屏蔽体的距离无关。对均匀照射到屏蔽体的平面波，反射损耗为（单位 dB）

$$R_p = 168 - 20\lg\sqrt{f\mu_r/\sigma_r} \qquad (7-11)$$

从式（7-11）可知，平面波的反射损耗随频率的上升而下降，而且（μ_r/σ_r）比值小的屏蔽材料较好。图 7-8 给出了铁、铜、铝屏蔽体对平面波的反射损耗与频率之间的关系。铁的反射损耗曲线与铜、铝的曲线不一样，它不是一条直线，因为铁的相对磁导率与频率有关。图 7-9 以 $\sqrt{f\mu_r/\sigma_r}$ 为变量给出对平面波反射损耗的通用曲线。

（4）多次反射修正项

电磁波在传播中遇到阻抗突然发生变化时，一部分能量将从阻抗发生变化的界面反射回去，另一部分能量从界面进入屏蔽体内，在屏蔽材料内继续向前传播。在传播过程中能量要消耗衰减，该衰

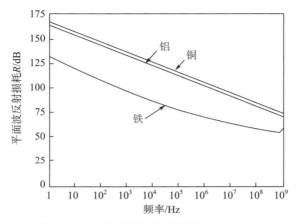

图 7 - 8　对平面波的反射损耗（当 $r > 2\lambda$）

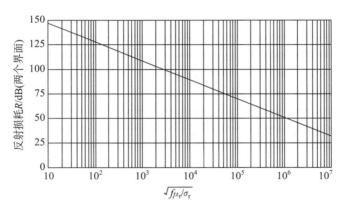

图 7 - 9　对平面波反射损耗的通用曲线

μ_r—相对铜的磁导率；σ_r—相对铜的电导率；f—频率（Hz）

减即前面讲到的吸收损耗 A，剩余的部分传播到材料的另一界面，一部分通过这个界面材料进入屏蔽体内，另一部分又在第二界面反射回来，重新折回到屏蔽体壳，形成多次反射。如果吸收损耗 A 大于 10 dB，这种多次反射损耗就很少，可以忽略不计。如果 A 较小，则需要取多次反射损耗进行修正，其计算公式（B 单位 dB）如下

$$B = 20\lg\{1 - X10^{-A/10}\left[\cos(0.23A) - j\sin(0.23A)\right]\}$$

$$(7-12)$$

式中　A——屏蔽体的吸收损耗，见式（7-4）；

　　　X——两界面间的多次反射系数。

X 与屏蔽体的特性阻抗和照射电磁波的波阻抗有关。在表 7-4 中按三类波阻抗分别给出了多次反射系数 X 的计算式，式中用到了参变量 m。多次反射修正项 B 所用到的系数 X、m 计算式见表7-4。

表 7-4　多次反射系数 X 的计算公式

场型	反射系数 X	参变量(参数)m,r,单位 m
磁场 (低阻抗)	$4\dfrac{(1-m^2)^2 - 2m^2 + j2\sqrt{2}\,m(1-m^2)}{[(1+\sqrt{2}\,m)^2 + 1]^2}$	$\dfrac{4.7\times10^{-2}}{r}\sqrt{\dfrac{\mu_r}{f\sigma_r}}$
平面波 ($Z_w = 377\ \Omega$)	$4\dfrac{(1-m^2)^2 - 2m^2 - j2\sqrt{2}\,m(1-m^2)}{[(1+\sqrt{2}\,m)^2 + 1]^2} \approx 1$	$9.77\times10^{-10}\sqrt{f\mu_r/\sigma_r}$
电场 (高阻抗)	$4\dfrac{(1-m^2)^2 - 2m^2 - j2\sqrt{2}\,m(1-m^2)}{[(1+\sqrt{2}\,m)^2 + 1]^2}$	$0.205\times10^{-16}r\sqrt{f^3\mu_r/\sigma_r}$

注：1. 对于平面波，由于 m 非常小，X 基本为 1；

　　2. 表中符号均同式（7-4）。

各种厚度的铁、铜板在一些典型频率上多次反射修正项的值计算见式（7-12）及表 7-4。当屏蔽体比较厚或频率较高时，多次反射修正项趋近于零，因为在这两种条件下屏蔽体的吸收损耗很大。在同样厚度和频率下，铁的吸收损耗比铜大，所以铁的多次反射修正项较小。图 7-10 给出了铜在低阻抗（磁）场中的修正项。图 7-11 给出吸收损耗式（7-4）的通用计算曲线。多次反射修正项[式（7-12）]取决于吸收损耗 A，而反射系数 X 上基本为 1，无论什么场合，如果近似式 $X\approx1$ 成立，则修正项就仅由吸收损耗决定。在这种情况下，吸收损耗和多次反射修正项的和如图 7-11 所示通用曲线中的虚线。

对于所有单层板屏蔽体在各种条件下的吸收损耗，反射损耗除用上述相关计算式求得外，也可从 7.2.3 小节诺模图表计算效能。诺模图可以对任一屏蔽材料和频率的组合来快速求出吸收损耗与反射损耗值，但通常不够精确，不过对原始估算来说，诺模图是一种简便的屏蔽效能估算工具。

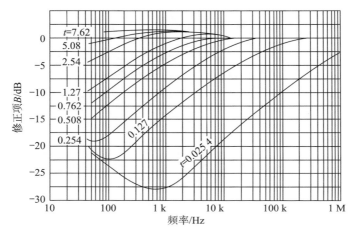

图 7 - 10　铜在磁场中的多次反射修正项 B

t—材料厚度，mm

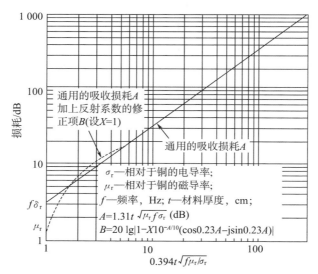

图 7 - 11　吸收损耗和 $X = 1$ 的多次反射修正项 B

7.2.3　利用诺模图表计算屏蔽效能

（1）诺模图表的应用

利用诺模图计算（估算）屏蔽效能，虽然不够精确，但是一种简便的屏蔽效能计算方式。图 7-12～图 7-15 给出的计算图表将有助于屏蔽室设计工作者直接确定屏蔽的吸收损耗和电场、磁场、平面波的反射损耗。这些计算图表是根据本节前面描述的相关公式绘制而成的。

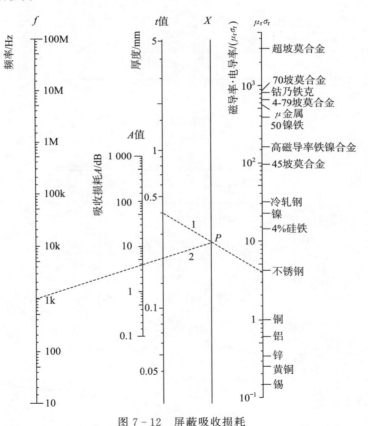

图 7-12　屏蔽吸收损耗

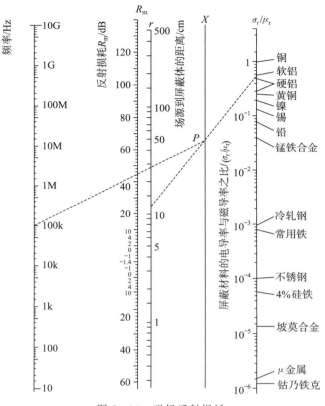

图 7 - 13　磁场反射损耗

（2）诺模图表使用说明

1）利用诺模图 7 - 12 得出材料对平面波的吸收损耗。该图使用
方法为：在右边垂直刻度线相应金属处选定一点，再在厚度刻度线
根据材料厚度选一点。在上述两点之间画一直线，与无标号轴线相
交得第三点。最后，在该点和左边刻度线上相应的频率点之间连一
直线，读出吸收损耗。图中示例频率为 1 kHz、材料为 0.4 mm 厚的
不锈钢。首先在右边刻度的"不锈钢"和厚度刻度上"0.4 mm"之
间连出直线 1；然后，在左边刻度线上"1 kHz"和交点 P 之间画直
线 2，得出吸收损耗约为 3 dB。

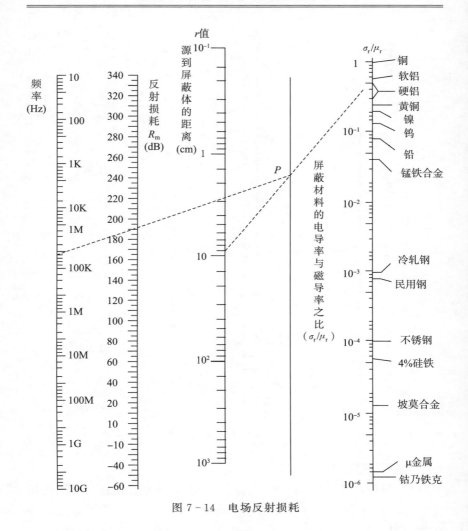

图 7 - 14　电场反射损耗

2）如果右边刻度线上没表出有关的特定金属，可从所要求的金属的相对导电率 σ_r 和相对磁导率 μ_r 判断。再根据 σ_r 与 μ_r 的乘积在右边直线上找出对应的位置。当给定频率和希望的吸收损耗时，可以利用图 7 - 12 确定所需要的金属种类和厚度。

3）总的屏蔽效能是吸收损耗和反射损耗的和。利用图 7 - 14 确

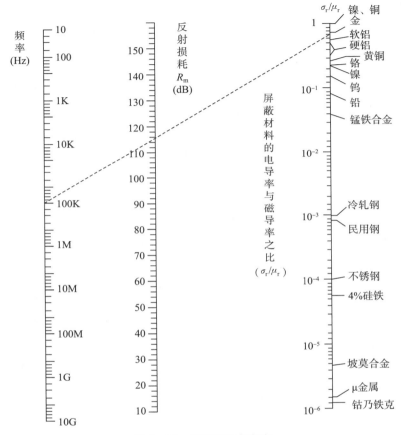

图 7 - 15　平面波反射损耗

定电场的反射损耗，方法与上述确定吸收损耗的方法相同。注意，右边的刻度是相对电导率与相对磁导率的比。用图 7 - 15 确定平面波的反射损耗。在右边金属刻度线（或正确的 σ_r/μ_r 比值）和左边频率刻度线上相应两点之间连一直线，就可在中间的刻度线得出反射损耗的值。

　　低吸收损耗的薄壁屏蔽层可能出现多次反射，从而导致对屏蔽效能的错误估算。如果吸收损耗小于 10 dB，应考虑多次反射修正项，方法见式（7 - 12）。

（3）利用诺模图表计算屏蔽效能示例

在使用图 7 - 12～图 7 - 15 用于含铁类材料必须注意，因为材料 μ 随磁化力而变化。

①依据图 7 - 12 确定吸收损耗

给出已知频率下希望的吸收损失量，确定一已知材料要求的厚度：

1）在 f 尺上找到频率，在 A 尺上找到希望的吸收损失，画一条直线穿过这些点并且在无标记的 X 尺上确定一个点（例如：$A = 4$ dB，$f = 1$ kHz）；

2）以无标记 X 尺上的点为轴转动直边对应标注在 $\sigma_r \times \mu_r$ 尺上的各种金属，连接 $\sigma_r \times \mu_r$ 和无标记尺上的点的直线将在 t 尺上给出要求的厚度（例如：对于不锈钢 $t = 0.4$ mm，对于铜 $t = 0.9$ mm）。

②根据图 7 - 13 确定磁场反射损耗 R_m

1）在 σ_r / μ_r 尺上找到一点对应所列金属的一种，如果金属没有列出，计算 σ_r / μ_r，并且找到在 r 尺上的一点；

2）确定在 r 尺上的距离，$r = 15$ cm；

3）在 r 和 σ_r / μ_r 之间画一条直线，并且在无标记的 X 尺上找到一点 P（例如：$r = 15$ cm，用于软铝）；

4）在 X 尺上的点和在 f 尺上所希望的频率 100 kHz 之间画一条直线；

从 R_m 尺上读出反射损失（对于 $f = 100$ kHz，$R_m = 42$ dB）。在计算反射损失时，厚度不是一个系数。

（4）结论

利用诺模图表，几乎对任何一种材料和频率的组合都可以从这些诺模图表图 7 - 12～图 7 - 15 中快速地计算出来，虽然结果不够精确，但对于初始设计而言是一种简便而有效的工具。利用这些图表可以初步选定屏蔽体的材料和厚度。之后，就可用式（7 - 4）～式（7 - 12）中相关公式进行精确计算。

7.2.4　单层金属板屏蔽体的屏蔽效能计算小结

（1）需要注意的问题

人们所关心的屏蔽体的总屏蔽效能，是吸收损耗（A）、反射损耗（R）及多次反射修正项（B）三者之和。A、R 和 B 三项的意义只是在于对屏蔽效能作出预测，并不包含孔洞、缝隙的损耗。

其中吸收损耗与屏蔽体到场源的距离无关，它取决于屏蔽体的厚度和材料的电导率、磁导率以及入射电磁波的频率。而反射损耗（类似于两种传输线连接处的反射）和电磁波的阻抗与屏蔽体阻抗的比值有关，即它与电磁场源的类型、场源到屏蔽体的距离、电磁场源的频率以及屏蔽材料的电导率和磁导率有关，但与屏蔽体的厚度无关。对于吸收损耗大于 10 dB 的屏蔽体来说，多次反射修正项基本为零。但对于吸收损耗较小的屏蔽体，则应计入修正项。修正项与电磁波波阻抗的种类、吸收损耗、频率以及屏蔽材料的电导率和磁导率有关。表 7 - 5 汇总了常用的屏蔽效能表达式。为了计算屏蔽效能的各分量，前面已给出了有关的表达式、表格和曲线。至于选用哪种形式和公式来解决具体的屏蔽问题，则由使用者根据工艺情况来确定。

屏蔽板内部的多次反射损耗修正（单位 dB）按下式计算

$$B = 20 \lg \{1 - X 10^{-A/10} \ [\cos(0.23A) - \mathrm{j} \sin(0.23A)] \}$$

（2）屏蔽效能计算公式的选择

任一种屏蔽材料的屏蔽效能（SE）等于吸收损耗（A）加上反射损耗（R）再加上一个在屏蔽体内多次反射的修正系数（B）的三者总和。即

$$SE = A + R + B$$

上式中各项单位均为分贝（dB），从实用观点出发，对电场和平面波的 B 值可忽略不计，而对磁场若吸收损耗大于 10 dB 时多次反射修正系数也可忽略不计。无论是电场、磁场或者是平面波，在三项损耗中吸收损耗都必须计算。

表 7 - 5　屏蔽效能的简表

场源	吸收损耗 A	反射损耗 R	修正项 B（$j=\sqrt{-1}$）
平面波 （$Z_w=377\ \Omega$）	$0.131t\sqrt{f\mu_r\sigma_r}$ t 的单位为 mm	$R_p = 168 - 20\lg\sqrt{\dfrac{f\mu_r}{\sigma_r}}$	$X = 4\dfrac{(1-m^2)^2 - 2m^2 - j2\sqrt{2}m(1-m^2)}{[(1+\sqrt{2}m)^2+1]^2} \approx 1$ $m = 9.77\times10^{-10}\sqrt{f\mu_r/\sigma_r}$
环天线（近场区） 磁场（低阻抗）	$0.131t\sqrt{f\mu_r\sigma_r}$ t 的单位为 mm	$R_m = 20\lg\left(\dfrac{1.17\times10^{-2}}{r\sqrt{\sigma_r/\mu_r}} + 5.35r\sqrt{\sigma_r/\mu_r} + 0.354\right)$	$X = 4\dfrac{(1-m^2)^2 - 2m^2 + j2\sqrt{2}m(1-m^2)}{[(1+\sqrt{2}m)^2+1]^2}$ $m = \dfrac{4.7\times10^{-2}}{r}\sqrt{\mu_r/f\sigma_r}$
电偶极子（近场区） 电场（高阻抗）	$0.131t\sqrt{f\mu_r\sigma_r}$ t 的单位为 mm	$R_E = 322 - 10\lg(f^3 r^2\mu_r/\sigma_r)$	$X = 4\dfrac{(1-m^2)^2 - 2m^2 - j2\sqrt{2}m(1-m^2)}{[(1+\sqrt{2}m)^2+1]^2}\sqrt{\mu_r/\sigma_r}$ $m = 0.205\times10^{-16}r\sqrt{f^3\mu_r/\sigma_r}$

但对低阻抗场来说，电场分量可忽略不计，而主要是磁场分量，对高阻抗场来说，电场分量是主要的，磁场分量可忽略，而平面电磁波两者均不能忽略。在低频时，如果不知道离源的距离，则设近场磁反射损耗等于零。

各种条件下计算屏蔽效能的公式总结如图 7 - 16 所示。

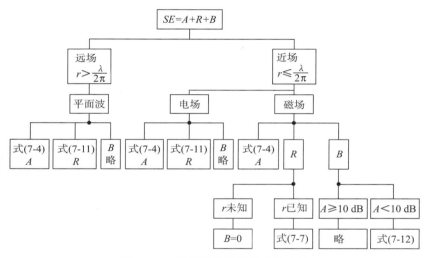

图 7 - 16　屏蔽效能计算公式的选择

7.3　双层及多层金属板电磁屏蔽室屏蔽体的效能计算

在电磁兼容性设计中，屏蔽是解决空间电磁场干扰的主要手段。屏蔽既可抑制电磁干扰向外直接辐射，也可用于电子设备避免外界辐射场的干扰，或者防止辐射场对人身的危害及机密信号的泄漏。

电磁屏蔽技术的发展，使屏蔽体的形式不再局限于单层金属平板模式，先后出现了两层甚至三层屏蔽材料做成屏蔽室。多层屏蔽主要用于对电场和磁场都有较高要求的场合。虽然 μ 合金和类似的高磁导率合金对低频弱磁场可提供良好的屏蔽，但在强磁场下的屏蔽效能会下降。例如：电导率高的金属材料，往往磁导率低，它们对高频电场有着很好的屏蔽，而在低频磁场中屏蔽效能就较低。而有些高磁导率的合金对低频磁场可以提供很好的屏蔽，但在高频电场中往往屏蔽效能却很低，由于这个缘故将两种材料做成双层蔽体就可得到高低频都兼顾的屏蔽特性。当需要在强磁场信号环境中进行磁屏蔽时，通常使用两层，个别用三层的多层屏蔽室。

7.3.1　双层或多层金属板屏蔽室屏蔽体效能计算公式的选择

双层或多层金属板屏蔽室屏蔽体效能计算与单层金属板屏蔽效能计算一样有多种方法，本书提供两种用得比较多的计算方法供设计者选用：一种按经典传输线理论的表达方法，另一种按GB/T 50719—2011 提出的表达方法。两种计算方法本质是相同的，只是计算的条件和方式有所不同而已。

（1）按经典传输线理论方法计算双层或多层金属板屏蔽体效能

用传输线理论分析即可推导出多层金属板或薄膜板屏蔽效能的计算式。由于两层屏蔽已见诸工程实际，故下面仅介绍两层金属板屏蔽效能计算式并讨论如下

$$A = 8.686(a_1 t_1 + a_3 t_3) \tag{7-13}$$

$$R = 20\lg \frac{\left|1 + \dfrac{\eta_1}{Z_w}\right|}{2} + 20\lg \frac{\left|1 + \dfrac{Z_w}{\eta_1}\right|}{2} + 20\lg \frac{\left|1 + \dfrac{x_3}{Z_w}\right|}{2} + 20\lg \frac{\left|1 + \dfrac{Z_w}{\eta_3}\right|}{2} \tag{7-14}$$

$$B = 20\lg\left|1 - q_1 e^{-2\gamma_1 t_1}\right| + 20\lg\left|1 - q_2 e^{-j2\beta_0 t_2}\right| + 20\lg\left|1 - q_3 e^{-2\gamma_3 t_3}\right| \tag{7-15}$$

式中　Z_w——自由空间的入射波阻抗；

　　　A——金属板内部吸收损耗，dB；

　　　η_1，η_3，η——屏蔽材料的特性阻抗；

　　　β_0——相位常数；

　　　α——衰减常数；

　　　γ——电磁波在屏蔽体内的传播常数；

t——屏蔽体的厚度；

q_1，q_2，q_3——屏蔽体材料的反射系数。

在实践中双层屏蔽内外两层金属材料厚度都一样，$\gamma_1 t_1 = \gamma_3 t_3 = \gamma t$，而此情形下式（7 - 13）至式（7 - 15）可以转化为如下表达形式

$$A = 2 \times 8.686 at \qquad (7 - 16)$$

$$R = 2 \times 20 \lg \frac{\left| 1 + \dfrac{\eta}{Z_w} \right|^2}{4 \left| \dfrac{\eta}{Z_w} \right|} \qquad (7 - 17)$$

$$B = 20 \lg \left| 1 - q_1 e^{-2\gamma t} \right| + 20 \lg \left| 1 - q_2 e^{-j2\beta_0 t_2} \right| + 20 \lg \left| 1 - q_3 e^{-2\gamma t} \right| \qquad (7 - 18)$$

当源为远场时

$$Z_w = \sqrt{\mu_0 / \varepsilon_0} = 377\ \Omega$$

当源为近场时，电场波阻抗为

$$Z_w = \frac{1}{2\pi f \varepsilon_0 \gamma}$$

磁场波阻抗为

$$Z_w = 2\pi f \mu_0 r$$

其中 f 单位为 Hz，r 单位为 m。

从这些式中看出双层屏蔽效能、吸收损耗和反射损耗均为单层的两倍，可按 7.2 节介绍的单层板式的吸收、反射损耗计算，而 B 项与单层的不一样，当两层吸收损耗 A 很大，B 的第一、第三项可以忽略不计，而只有中间项可以计算，此时 B 为 B_2，可写成

$$B_2 = 20 \lg \left| 1 - q_2 \left(\cos 4\pi \frac{t_2}{\lambda_0} - j \sin 4\pi \frac{t_2}{\lambda_0} \right) \right| \qquad (7 - 19)$$

此时第二层为空气层，波长为自由空间波长 λ_0，$Z(t_2)$ 波阻抗为自由空间波阻抗 $Z(t_2) = \eta$，此时

$$q_2 = \frac{(Z_w - \eta)^2}{(Z_w + \eta)^2} = \frac{\left(1 - \dfrac{\eta}{Z_w}\right)^2}{\left(1 + \dfrac{\eta}{Z_w}\right)^2} \tag{7-20}$$

一般 $\eta \ll Z_w$

$$q_2 = 1 - 4\frac{\eta}{Z_w} \tag{7-21}$$

B 的中间项还可以写成

$$B_2 = 20\lg\left| 1 - \left(1 - 4\frac{\eta}{Z_w}\right)\left(\cos 4\pi\frac{t_2}{\lambda_0} - j\sin 4\pi\frac{t_2}{\lambda_0}\right)\right| \tag{7-22}$$

在大多数频率范围内 $t_2/\lambda_0 \ll 1/8$

$$B_2 = 20\lg\left| 4\frac{\eta}{Z_w} + j4\pi\frac{t_2}{\lambda_0}\right| \tag{7-23}$$

设计举例　上述各式与频率有关，现举实例说明，有一双层铜屏蔽，空气间隔为 $t_2 = 10$ cm，入射波在自由空间波阻抗为 377 Ω，频率在 1 MHz 时求 B_2。

$$4\frac{\eta}{Z_w} = 4\frac{(1+j)2.61 \times 10^{-7}\sqrt{10^6}}{377} = (1+j)2.77 \times 10^{-6}$$

$$4\pi\frac{t_2}{\lambda_0} = 4\pi\frac{10 \times 10^{-2}}{300} = 4.2 \times 10^{-3}$$

$$B_2 = 20\lg\left| 2.77 \times 10^{-6} + j(2.76 \times 10^{-6} + 4.2 \times 10^{-3})\right|$$

$$= 20\lg\left| 4.3 \times 10^{-3}\right| \approx -67 \text{ dB}$$

在频率足够高时

$$t_2 = (2k - 1)\frac{\lambda_0}{4}, \ k = 1, \ 2, \ 3, \ \cdots$$

$$B_2 = 20\lg\left| 1 + q_2\right| = 20\lg 2 = 6 \text{ dB}$$

这里要注意双层屏蔽间隔的谐振，选择两层屏蔽体之间的间隔时，注意与抑制频率的关系，达到使双层的 B 优于单层屏蔽。

（2）按 GB/T 50719—2011 方法计算双层或多层金属板屏蔽体效能

依据 GB/T 50719—2011 提出的计算方法，双层金属板的屏蔽

效能应按式（7-24）计算

$$SE_{双} = A_{双} + R_{双} + B_{双} \qquad (7-24)$$

① 双层金属板的吸收损耗应按式（7-25）计算

$$A_{双} = A_{1双} + A_{2双} \qquad (7-25)$$

式中 $A_{双}$——两层金属板的吸收损耗，dB；

$A_{1双}$，$A_{2双}$——第一、第二层金属板的吸收损耗，dB。

$A_{1双}$、$A_{2双}$单层金属的吸收损耗（单位 dB）应按式（7-26）计算

$$A_{1双} = A_{2双} = 131.43t \sqrt{f\mu_r\sigma_r} \qquad (7-26)$$

式中 t——金属板的材料厚度，m；

μ_r——金属材料的相对磁导率（以铜为基准）；

σ_r——金属材料相对铜的电导率；

f——被抑制的频率，Hz。

式（7-26）仅适用于双层屏蔽体材料相同、厚度相同的屏蔽室。当材料不同、厚度不同时应分别计算 $A_{1双}$、$A_{2双}$值。

②双层金属板的反射损耗应按式（7-27）计算

$$R_{双} = R_{1双} + R_{2双} \qquad (7-27)$$

式中 $R_{双}$——两层金属板的反射损耗，dB；

$R_{1双}$，$R_{2双}$——第一层、第二层金属板的反射损耗，dB。

$R_{1双}$、$R_{2双}$单层金属板的界面反射损耗应按式（7-27）～式（7-30）计算：

1）磁场 $R_{1双}$、$R_{2双}$

$$R_{1双} = R_{2双} = 20\lg\left(\frac{1.17 \times 10^{-2}}{r\sqrt{f\sigma_r/\mu_r}} + 0.354 + 5.35r\sqrt{f\sigma_r/\mu_r} \right)$$

$$(7-28)$$

式中 r——场源到屏蔽体的距离，m。

2）平面波 $R_{1双}$、$R_{2双}$

$$R_{1双} = R_{2双} = 168 - 20\lg\sqrt{f\mu_r/\sigma_r} \qquad (7-29)$$

3）电场 $R_{1双}$、$R_{2双}$

$$R_{1双} = R_{2双} = 322 - 10\lg(\mu_r f^3 r^2/\sigma_r) \qquad (7-30)$$

式（7-27）～式（7-30）计算 $R_{1双}$、$R_{2双}$ 时，当一层和二层采用不同材料、不同厚度时应分别计算 $R_{1双}$、$R_{2双}$ 的值。

③双层金属板的多次反射损耗应按下式计算

$$B_{双} = B_{1双} + B_{2双} + B_{3双} \qquad (7-31)$$

式中　$B_{1双}$，$B_{2双}$——第一、第二层金属板内部多次反射损耗，dB；

　　　$B_{3双}$——两层金属板间空气层多次反射损耗，dB。

一般金属板的吸收损耗比较大，在工程设计中可以忽略 $B_{1双}$、$B_{2双}$，当不能忽略时，按式（7-34）计算 $B_{1双}$、$B_{2双}$ 值

$$B_{双} \approx B_{3双} = 20 \lg | 1 - (1 - 4Z_{m}/Z_{w}) (\cos 4\pi t_{空} /\lambda_0 - j\sin 4\pi t_{空} /\lambda_0) | \qquad (7-32)$$

$$Z_{m} = 2.61(1+j) \times 10^{-7} \sqrt{f\mu_r/\sigma_r} \qquad (7-33)$$

式中　Z_{m}——金属板的特性阻抗，Ω；

　　　Z_{w}——空气层波阻抗，Ω；

　　　$t_{空}$——两层金属板之间的空气厚度，m；

　　　λ_0——被抑制频率的波长，m。

磁场

$$Z_{w} = j8 \times 10^{-6} fr$$

电场

$$Z_{w} = -j1.8 \times 10^{10} / fr$$

平面波

$$Z_{w} = 377 \ \Omega$$

④$B_{1双}$、$B_{2双}$ 单层金属板的内部多次反射损耗应按下式计算

$$B_{1双} = B_{2双} = 20 \lg \{ 1 - X10^{-A/10} [\cos(0.23A) - j\sin(0.23A)] \} \qquad (7-34)$$

式中　X——多次反射系数，工程设计时可按表 7-6 的公式计算；

　　　A——屏蔽体的吸收损耗，见式（7-25）的 $A_{双}$ 值。

表 7 - 6　多次反射系数 X 的计算公式

场型	反射系数 X	参数 m
磁场 （低阻抗）	$4\dfrac{(1-m^2)^2-2m^2+\mathrm{j}2\sqrt{2}\,m(1-m^2)}{[(1+\sqrt{2}\,m)^2+1]^2}$	$\dfrac{4.7\times10^{-2}}{\gamma}\sqrt{\mu_{\mathrm{r}}/f\sigma_{\mathrm{r}}}$
平面波 （$Z_{\mathrm{w}}-377\ \Omega$）	$4\dfrac{(1-m^2)^2-2m^2-\mathrm{j}2\sqrt{2}\,m(1-m^2)}{[(1+\sqrt{2}\,m)^2+1]^2}\approx1$	$9.77\times10^{-10}\sqrt{f\mu_{\mathrm{r}}/\sigma_{\mathrm{r}}}$
电场 （高阻抗）	$4\dfrac{(1-m^2)^2-2m^2-\mathrm{j}2\sqrt{2}\,m(1-m^2)}{[(1+\sqrt{2}\,m)^2+1]^2}$	$0.205\times10^{-16}r\sqrt{f^3\mu_{\mathrm{r}}/\sigma_{\mathrm{r}}}$

7.3.2　双层方舱舱体的电磁屏蔽效能计算（示例）

　　方舱作为一种移动箱式屏蔽工作间。随着微波技术的发展，电子侦察、电子对抗等技术水平的不断提高，对方舱舱体的电磁屏蔽性能要求也越来越高。

　　影响方舱舱体电磁屏蔽性能的因素很多：要有一定的强度、刚度和使用寿命，还要有足够的承载能力，良好的运输性，严密的水、气密封性能等。本节不叙述方舱舱体本身的电磁屏蔽室的设计，仅介绍双层方舱舱体屏蔽体的计算，这种计算方法同样可以应用于其他用途的双层屏蔽室屏蔽体的效能计算。

　　（1）第一层方舱舱体屏蔽效能的计算

　　第一层方舱舱体屏蔽效能的计算同样可以运用于本章 7.2 节单层金属板屏蔽体的屏蔽效能计算，见式（7 - 2）。门窗、洞孔、缝隙的屏蔽效能的计算参见第 12 章。

　　（2）双层方舱舱体屏蔽效能计算

　　方舱是由内外屏蔽体及中间发泡材料构成的双层结构。一般情况下内外屏蔽体都是铝板，但有时为了保证低频时有较好的屏蔽效能，两层屏蔽体选择的材料一般是不一样的，即一层为铝板，一层为钢板或其他金属板。

$$SE = SE_1 + SE_2 + j8.68^{\frac{2\pi}{\lambda}h} + 20\lg\left[1 - \left(\frac{1-N_1}{1+N_1}\right)\left(\frac{1-N_2}{1+N_2}\right) \times e^{-\frac{4\pi}{\lambda}h}\right]$$

$$(7-35)$$

$$N_1 = \frac{Z_w}{Z_{m1}}, \quad N_2 = \frac{Z_w}{Z_{m2}}$$

$$Z_m = 3.69 \times 10^{-7}(1+j)\sqrt{\frac{\mu_r \cdot f}{2\sigma_r}}$$

式中 h——两层屏蔽体之间的距离；

Z_m——金属材料的波阻抗。

Z_w 为自由空间的波阻抗，在不同类型场源和场区中分别计算如下：

1）在远区电磁场情况下

$$Z_w = 377 \ \Omega$$

2）在近区电场情况下

$$|Z_w| = -j1.8 \times 10^{10}/f \cdot r$$

3）在近区磁场情况下

$$|Z_w| \approx j8 \times 10^{-6} f \cdot r$$

如果两层材料一样，厚度相等，即 $SE_1 = SE_2$，$N_1 = N_2 = N$，那么式（7-35）变为

$$SE = 2SE_1 + j8.68^{\frac{2\pi}{\lambda}h} + 20\lg\left[1 - \left(\frac{1-N}{1+N}\right)^2 \cdot e^{-\frac{4\pi}{\lambda}h}\right]$$

$$(7-36)$$

式（7-36）中，$j8.68^{\frac{2\pi}{\lambda}h} + 20\lg\left[1 - \left(\frac{1-N}{1+N}\right)^2 \cdot e^{-\frac{4\pi}{\lambda}h}\right]$ 项在很宽的频率范围内，其值为负数，说明双层总屏蔽效能小于两个单层屏蔽效能之和。

在频率很高时，电磁波在两层屏蔽之间会发生谐振，当 $h = (2n-1)\lambda/4$，双层屏蔽的屏效最大，约为 $(2SE_1+6)$ dB；当 $h = 2n\lambda/4$，屏效最小，约为 $(2SE_1-R)$ dB，其中 R 为单层反射损耗。

7.4　金属网电磁屏蔽室的设计

7.4.1　金属网电磁屏蔽室的作用

前面概述了金属板屏蔽衰减包括吸收衰减和反射衰减两部分，在高频时屏蔽的吸收衰减是最基本的部分，反射衰减可以忽略，但对金属网的屏蔽，情况正好相反，金属网的吸收衰减非常小，屏蔽的效能主要取决于反射衰减，特别是在高频时。因此，不能期望单层金属网屏蔽会取得很高的屏蔽效能。

由于金属网两侧面上具有相同的阻抗。当电磁波进入被屏蔽的空间时，并不一定要穿过金属网本身（而从网孔中穿入），所以吸收损耗不大，在计算时可以忽略。因此，金属网屏蔽造成的电磁场衰减主要靠反射，并与网孔的密度、网的材料、网的线径有关。网孔越密，线径越粗屏蔽效能越好。但是需要说明的是，从金属网状屏蔽效能计算公式中可以看出，金属网直径是在自然对数（ln）之中，所以其屏蔽作用并不很大。因此，不能指望增大金属网的直径来增大屏蔽效能。实践证明，即使使用相当粗的金属丝而且又编织得非常密的金属网，其屏蔽效能也比金属板差得很多。另外金属网的衰减还与频率关系极大，频率越高，这种衰减越弱，当达到超高频率时，金属网基本上没有屏蔽效能。

金属网屏蔽便于解决屏蔽室的通风和采光，因此在很多生产工艺要求通风透光，不能用封闭式实体材料而只能用网状或金属板穿孔的屏蔽材料作屏蔽体，于是网状和孔状屏蔽网应运而生。由于屏蔽网耐久性差和频率范围窄的缘故，使用上逐渐减少，这是发展的趋势。

7.4.2　单层金属网电磁屏蔽室屏蔽体效能计算

网式屏蔽的效能主要靠反射损耗。由于有孔眼，吸收损耗少到可以忽略不计。在频率低于 50 MHz 时，由于波长 $\lambda > 6$ m 比网眼大很多，可以把网看成很薄的板，同样，可以用传输线理论进行分析计算，另一种计算方法利用电磁感应原理进行分析。

为得到适用于屏蔽网和穿孔金属板的屏蔽效能的表达式需要进行下列各项计算。

（1）应用判别的方法

封闭式实体的计算公式用在网状时需要进行修正，因为网状屏蔽材料的阻抗总是大于封闭式实体屏蔽材料的特性阻抗（主要因小孔泄漏作用）。一般可以作如下近似计算：

1）大于 60 股金属丝/每波长，金属丝网屏蔽效能，用封闭式实体金属屏蔽效能的理论和计算公式可用来求网状屏蔽材料的选择。

2）小于 60 股金属丝/每波长，金属丝网屏蔽效能将失效，必须用封闭式实体金属材料。

3）若金属网的屏蔽体上没有大于一个网眼尺寸的孔洞，则其效能计算同样可以用金属板的公式来表示（它的物理意义与实体整块屏蔽的作用相同），参见本章 7.2 节。

（2）单层金属网屏蔽室的屏蔽体效能计算

由网状材料制成的屏蔽体，在通风、采光照明等方面的结构可以比板状屏蔽体简单得多。因此对最高工作频率较低和要求屏蔽效能不高的屏蔽室广泛采用网状屏蔽体，同时在板状屏蔽室的局部（如窗户、通风孔等）也有采用网状材料的，网状屏蔽体的屏蔽效能主要由金属网的反射作用形成，当屏蔽室的几何尺寸与工作波长可以比拟时，金属网的反射作用消失，因此网状屏蔽室不能工作于较高的频率，即工作波长应满足

$$\lambda \gg 4R_s$$

式中　R_s——屏蔽室等效半径，m，见式（7-52）。

网状屏蔽体效能计算有多种，下面提供两种常用的方法。

①传输线理论分析法计算单层金属网屏蔽体屏蔽效能

1）单层金属网屏蔽效能计算公式

$$SE = A_a + R_a + B_a + k_1 + k_2 + k_3 \qquad (7-37)$$

式中　A_a——吸收损耗，dB；

　　　R_a——反射损耗，dB；

　　　B_a——多次反射修正项，dB；

　　　K_1——与某种形式孔眼个数有关的修正项，dB；

　　　K_2——由于趋肤深度不同而引入的低频修正项，dB；

　　　K_3——相邻孔之间相互耦合修正项，dB。

式（7-37）前三项 A_a、B_a、R_a 的含义与 7.2 节单层金属板屏蔽效能计算相同，当 $A_a > 10$ dB 时，B_a 可忽略不计。后三项 K_1、K_2、K_3 针对网孔进行修正，现将网式屏蔽效能各参数详细表达的计算列在下面。

2）金属网的吸收损耗 A_a（单位 dB）按式（7-38）和式（7-39）计算：

矩形孔眼

$$A_a = 27.3D/W \qquad (7-38)$$

圆形孔眼

$$A_a = 32D/b \qquad (7-39)$$

式中　D——孔深，cm；

　　　W——矩形孔的边长，cm；

　　　b——圆形孔直径，cm。

3）金属网的反射损耗 R_a（单位 dB）应按式（7-40）计算

$$R_a = 20\lg \left| \frac{(1+K)^2}{4K} \right| \qquad (7-40)$$

式中　K——不同孔的计算系数，dB。

适用于矩形孔，磁场

$$K = W/\pi r \qquad (7-41)$$

适用于圆形孔，磁场

$$K = b/3.682r \qquad (7-42)$$

适用于矩形孔，平面波

$$K = \mathrm{j}fW \times 6.69 \times 10^{-5} \qquad (7-43)$$

适用于圆形孔，平面波

$$K = \mathrm{j}fb \times 5.79 \times 10^{-5} \qquad (7-44)$$

式中　r——辐射源到屏蔽体距离，cm；

　　　f——抑制频率，MHz。

4）金属网屏蔽效能的多次反射修正项 B_a（单位 dB）应按式（7-45）计算。当 $A_a > 10$ dB 时可忽略不计，需要计算时按式（7-45）计算

$$B_a = 20\lg \left| 1 - \frac{(K-1)^2}{(K+1)^2} \times 10^{-A_a/10} \right| \qquad (7-45)$$

式（7-40）、式（7-45）中

$$K = \frac{\text{网的特性阻抗}}{\text{场源波阻抗}}$$

K 值的计算见式（7-41）到式（7-44）。

5）金属网屏蔽效能的修正项 K_1、K_2、K_3 应按下面关系式计算：

当干扰源到屏蔽体的距离比屏蔽网上网孔间距大很多时，其每单位平方开孔数的修正项如下（单位 dB）

$$K_1 = 10\lg \frac{1}{an} \qquad (7-46)$$

式中　a——每一网孔的表面积，cm^2；

　　　n——每 cm^2 内的孔眼数。

若干扰源非常靠近屏蔽体，则 K_1 可以忽略。

当趋肤深度接近于屏蔽网金属丝直径或孔眼间距时，金属网的屏蔽效果将下降，受这种影响的修正系数（K_2 单位 dB，δ 单位 cm）为

$$K_2 = -20\lg \left(\frac{1+35}{p^{2.3}} \right) \qquad (7-47)$$

$$p = \frac{d}{\delta}$$

式中　d——线直径，cm；

　　　δ——趋肤深度。

$$\delta = 6.61/\sqrt{f} \qquad (7-48)$$

式中　f——工作频率，Hz。

当屏蔽网各孔眼相距很近且孔深比孔径小很多时，相邻孔之间的耦合作用很大，此时屏蔽网有较高的屏蔽效果。如果孔眼直径很小，则相互耦合作用就更为重要，其修正值 K_3（单位 dB）由下式确定

$$K_3 = 20\lg \frac{1}{\tanh(A_a/8.686)} \qquad (7-49)$$

表 7 - 7 为不同网对磁场及平面波的屏蔽效能。表 7 - 8 为不同网对电场的屏蔽效能。图 7 - 17 为各种铜网的屏蔽性能。图 7 - 18 为各种镀锌钢网的屏蔽性能。表 7 - 9 为网的规格及材料。

②电磁感应原理分析法，计算单层金属网屏蔽体屏蔽效能

网状屏蔽室的屏蔽效能与频率有关，在低频段金属网上的涡流布满了整个导线截面，而在高频段由于集肤效应的作用，涡流只能在导线的表面流通。因此，屏蔽效能也就相应降低，所以，网状屏蔽室的屏蔽效能要分波段进行计算。

1）单层金属网屏蔽体屏蔽效能计算公式的选择：

低频段，当 $\dfrac{r_0}{2\delta} < 1$ 时（或当 $\dfrac{\widetilde{R}}{R_0} = \dfrac{k \cdot r_0}{2\sqrt{2}} < 1$ 时）

$$SE_{网} = 1 + \frac{2\pi R_s}{3s} \cdot \frac{1}{\ln \dfrac{s}{r_0} - 1.25 + \dfrac{\delta^2}{jr_0^2}} \qquad (7-50)$$

高频段，当 $\dfrac{r_0}{2\delta} \gg 1$ 时（或当 $\dfrac{\widetilde{R}}{R_0} = \dfrac{k \cdot r_0}{2\sqrt{2}} \gg 1$ 时）

$$SE_{网} = 1 + \frac{2\pi R_s}{3s} \cdot \frac{1}{\ln \dfrac{s}{r_0} - 1.5 + \dfrac{\delta}{2r_0}(1-j)} \qquad (7-51)$$

表 7－7　金属网对磁场及平面波场的屏蔽效能参考值

电磁场类型	网类型	规格	材料	厚度/mm	标称屏蔽效能/dB
磁场（低阻抗场）	屏蔽层金属网目数	二层网 层间距 2.54 cm	铜网（氧化）		0.1 kHz：2；1 kHz：6；10 kHz：18
		22 目	铜网		85 kHz：31；1 MHz：43；10 MHz：43
		16 目	青铜网		85 kHz：18；1 MHz：17；10 MHz：21
		4 目	镀锌钢网		85 kHz：10
	金属板冲孔	直径 1.1 mm 35 孔/cm²	铝	0.5	3 040 MHz：60；9 380 MHz：62
平面波场	屏蔽金属网目数	16 目	铝网	直径 0.33 mm	3 040 MHz：34；9 380 MHz：36
		22 目	铜网	直径 0.38 mm	200 kHz：118；1 MHz：106；5 MHz：100；100 MHz：80

表 7 - 8　不同金属板冲孔网和金属丝网材料规格

屏蔽网型		材料	厚度或直径/mm	开孔有效面积/%	额定屏蔽效能/dB (14 kHz～1 GHz)
金属板冲孔网规格	孔直径 3.2 mm 孔间距 4.76 mm	钢	厚度 1.5		58
	孔直径 6.35 mm 孔间距 7.94 mm	钢	厚度 1.5	46	48
	孔直径 11.1 mm 孔间距 15.87 mm	铝	厚度 0.94	45	35
不同材料的金属网（目数）	16 目	铝	直径 0.51	36	目:1 平方英寸 (in) 内的孔数
	16 目	青铜	直径 0.51	50	
	22 目	铜	直径 0.51	50	
	60 目		直径 0.178		
	12 目	铜	直径 0.51	50	
	40 目		直径 0.254		
	10 目	蒙乃尔合金	直径 0.46		
	4 目	镀锌钢	直径 0.76	76	

表 7 - 9　金属丝网网孔及线径尺寸

网型	线直径/mm	网孔尺寸/mm	网	线直径/mm	网孔尺寸/mm
8×8	0.71	2.46	12×12	0.46	1.65
				0.58	1.52
	0.31	2.36		0.71	1.4
	0.89	2.29		0.89	1.22
	1.19	1.98		1.04	1.07
	1.6	1.57	14×14	0.82	0.99

续表

网型	线直径/mm	网孔 尺寸/mm	网	线直径/mm	网孔 尺寸/mm
10×10	0.64	1.91	16×16	0.71	0.88
	0.81	1.73	18×18	0.64	0.78
	0.89	1.65	20×20	0.51	0.78
	1.04	1.5	22×22	0.38	0.77
铜 12×12	0.46	1.65	蒙乃尔 10×10	0.45	
	0.5		镀锌钢网 6.35×6.35	0.74	
铝 16×16	0.5		镀锌钢网 12.7×12.7	0.74	

式中　$SE_网$——屏蔽效能（倍数）；

δ——材料穿透深度，见第 3 章 3.8.5 节式（3-35）；

r_0——金属丝的半径，mm；

s——金属丝之间的网距（网孔之距离），mm；

$\widetilde{R}$——导体的交流电阻；

R_0——导体的直流电阻；

K——涡流系数的模。

式（7-50）及式（7-51）适用于非铁磁性材料

$$铜 = 25.2 \times 10^{-3} \sqrt{f}$$

$$钢 = 75.8 \times 10^{-3} \sqrt{f}$$

$$铝 = 16.35 \times 10^{-3} \sqrt{f}$$

$$R_s = \sqrt[3]{\frac{3v}{4\pi}} = 0.62 \sqrt[3]{v} \qquad (7-52)$$

R_s——屏蔽室的等效半径，mm；

v——屏蔽室的体积，mm^3。

从式（7-50）及式（7-51）可以得出如下结论：

a. 当 s 固定时，r_0 减小，则 $SE_网$ 相对有所提高，故用细金属丝编制的网状屏蔽室效能最好，但也应适当考虑金属丝的机械强度；

b. 当 $\dfrac{s}{r_0}$ 的比值不变时，则减小 s 的尺寸，$SE_{网}$ 就能相应提高，故密网的屏蔽效能比疏网的屏蔽效能要好一些；

c. 在上两式中只有 K 值与工作频率 f 有关，但低频段与 K 的平方有关，而高频段只与 K 的一次方有关，故网状材料的屏蔽效能随频率的变化是不大的。

图 7 - 17 表示了不同网孔和不同金属丝半径的网状屏蔽体在不同频率上的屏蔽效能。

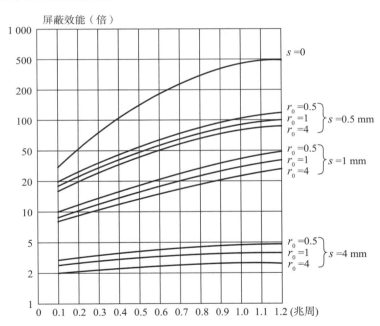

图 7 - 17　具有不同宽度 s 和不同半径 r_0 的导体制成的圆柱形屏蔽体的屏蔽效能

2）简化公式。当用导电性能良好的金属网时，以上计算比较费时，工程上可简化利用近似公式，其误差不大于 10%。简化公式如下

$$SE_{网} = \frac{2\pi R_s}{3s} \cdot \frac{1}{\ln\dfrac{s}{r_0} - 1.5} \qquad (7-53)$$

3）在工程设计上通常取 $\dfrac{s}{r_0}$ 为 10，则式（7-53）可以进一步简化成

$$SE_{网} = 2.62\frac{R_s}{s} \qquad (7-54)$$

不同 R_s 的屏蔽室和采用了不同 s 网孔金属材料的屏蔽效能概数见表 7-10。

表 7-10　$\dfrac{s}{r_0} = 10^3$ 时网状屏蔽室概要的屏蔽效能

屏蔽室的大小		$SE_{网}(10^3$ 倍)				$B_{SE_{网}}$ (dB)			
体积 R_s/m^3	等效半径/m	s/mm							
		2	4	6	10	2	4	6	10
10	1.34	1.75	0.9	0.6	0.3	64	59	55	49
20	1.69	2.2	1.1	0.7	0.4	67	61	57	52
30	1.94	2.6	1.3	0.9	0.5	68	62	59	54
40	2.04	2.7	1.4	0.9	0.5	68	63	59	54
50	2.3	3	1.5	1	0.6	69	63	60	55
60	2.44	3.2	1.6	1.1	0.6	70	64	61	55
80	2.69	3.5	1.8	1.2	0.7	71	65	62	57
100	2.9	3.8	1.9	1.3	0.8	72	65	62	58
150	3.31	4.3	2.1	1.4	0.9	73	66	63	59
200	3.64	4.8	2.4	1.6	1	74	67	64	60
300	4.18	5.5	2.7	1.8	1.1	75	68	65	61

7.4.3　金属网屏蔽室屏蔽体效能计算公式分析及应用

网状屏蔽室用于工作频率较低和要求屏蔽效能不高的场合，由于网状的屏蔽效能主要由金属网的反射作用形成，当屏蔽室的几何尺寸与工作波长可以比拟时，金属网的反射作用消失，因此，网状

屏蔽室不能用于较高的频率,即工作波长应满足

$$\lambda \gg 4R_s$$

$$\lambda = \frac{3 \times 10^8}{f}$$

式中 R_s——屏蔽室的等效半径,m,见式(7-52);

λ——屏蔽室工作波长,m;

f——屏蔽室的最低工作频率。

7.4.4 单层金属网屏蔽效能计算示例

设金属网为 22 目、线径 0.038 cm 的铜网,工作频率为 1 MHz,离环形源 4.45 cm,主要受磁场的作用,试确定该铜网的屏蔽效能。22 目的铜网相邻导线中心间距为 0.115 cm,孔的宽度是相对导线中心间距减去导线直径。假定孔眼深度为导线直径,由式(7-38)可得

$$A_a = 27.3D/w = 27.3(0.038)/(0.115-0.038) = 13.5 \text{ dB}$$

矩形孔眼对磁场的波阻抗比值由下式给出

$$K = w/\pi r = (0.115-0.038)/(4.45 \times 3.142) = 0.005\,5$$

反射项为

$$R_a = 20\lg \left| \frac{(1+K)^2}{4K} \right| = 33.2 \text{ dB}$$

多次反射修正项为

$$B_a = 20\lg \left| 1 - \frac{(K-1)^2}{(K+1)^2} \times 10^{-A_a/10} \right| = -0.4 \text{ dB}$$

孔眼数的修正项为

$$K_1 = 10\lg \left(\frac{1}{an} \right) = 3.5 \text{ dB}$$

集肤深度修正项为

$$K_2 = -20\lg \left[\frac{1+35}{(d/\delta)^{2.3}} \right]$$

其中

$$\delta = 6.61 \times 10^{-3} = 0.006\ 61\ \text{cm}$$

$$K_2 = -20 \lg \left[\frac{1+35}{(0.038/0.006\ 61)^{2.3}} \right] = -4.2\ \text{dB}$$

最后，孔间耦合修正项为

$$K_3 = 20 \lg \frac{1}{\tanh (A_a/8.686)} = 0.8\ \text{dB}$$

代入式（7-37），网的屏蔽效能 SE 就可由上面 6 个系数相加得出

$$SE = A_a + R_a + B_a + K_1 + K_2 + K_3$$
$$= 13.5 + 33.2 - 0.4 + 3.5 - 4.2 + 0.8 = 46.4\ \text{dB}$$

离环形天线 4.45 cm 的几种类型的铜网屏蔽效能的计算值和测量值如图 7-18 所示。典型的非实心薄板屏蔽效能的测试值见表 7-7、表 7-8，此表提供了几种屏蔽材料（包括网、穿孔薄板和蜂窝状通风窗）对低阻抗、高阻抗和平面波场的屏蔽效能。冲孔薄板材料的屏蔽效能随孔洞尺寸及孔洞间距变化的关系如图 7-19、图 7-20 所示。

网状屏蔽体应采用单层或双层的铜网或黄铜网制成，其导线直径为 0.64~1.3 mm，孔径不得大于 1.6 mm。不应使用少于 18 目的金属网，金属网线直径至少应为 0.64 mm。如果要求衰减的标称值大于 50 dB，则网孔孔径的尺寸应用不大于 0.38 mm 铜线制成的 22 目铜网的孔径。金属网对电磁波的衰减作用比实心金属屏蔽所提供的衰减作用要小得多。由于金属网的屏蔽作用主要依靠反射。测试表明，当金属网的开孔率占 50%，而且每波长内有 60 或更多股金属线时，它所引起的反射损耗非常接近于同种材料实心薄板的反射损耗。

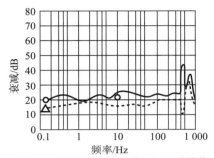

注：2目1 mm金属线：- - - 测量值；（△）计算值；
　　2目1.6 mm金属线：—— 测量值；（〇）计算值。

（a）2目铜网

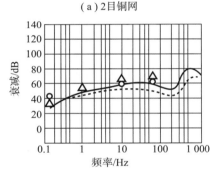

注：60目0.18 mm金属线：—— 测量值；（△）计算值；
　　40目0.25 mm金属线：- - - 测量值；（〇）计算值。

（b）60目、40目铜网

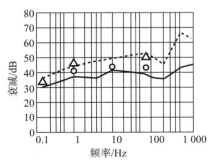

注：16目0.45 mm金属线：- - - 测量值；（△）计算值；
　　22目0.38 mm金属线：—— 测量值；（〇）计算值。

（c）16目、22目铜网

图 7 - 18　铜网屏蔽体对低阻抗屏蔽效能的测量值和计算值

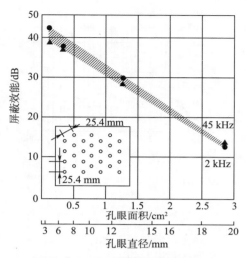

图 7 - 19　冲孔薄金属板的屏蔽效能与孔眼尺寸的关系

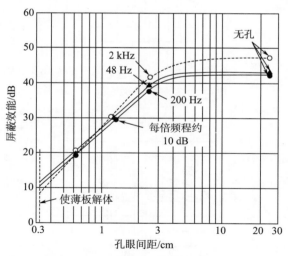

图 7 - 20　冲孔金属板的屏蔽效能与孔眼间距的关系

7.5　双层金属网电磁屏蔽室屏蔽体效能计算

如前所述，网状屏蔽体的屏蔽效能主要由金属与空气的反射作用形成。当单层屏蔽达不到要求时，可采用双层屏蔽的方法。因此，提高网状结构的屏蔽效能主要是增加金属网与空气的反射次数，一般当两层金属网相互间隔距离在 $50\sim100$ mm 时屏蔽效能将大为增加。双层屏蔽室的屏蔽效能用式（7-55）计算

$$SE_{双} = SE_1 \times SE_2 \frac{1}{1-\left(1-\dfrac{1}{SE_1}\right)\left(1-\dfrac{1}{SE_2}\right)} \qquad (7-55)$$

式中　$SE_{双}$——双层屏蔽室的总屏蔽效能，倍；

　　　SE_1——第一层屏蔽体的屏蔽效能，倍；

　　　SE_2——第二层屏蔽体的屏蔽效能，倍。

当用 dB 表示时，公式变换如下

$$B_{SE_{双}} = 20\lg SE_{双} = 20\lg\left[SE_1 \times SE_2 \frac{1}{1-\left(1-\dfrac{1}{SE_1}\right)\left(1-\dfrac{1}{SE_2}\right)}\right]$$

$$(7-56)$$

当计算的双层屏蔽体的屏蔽效能每层相等时，即 $SE_1 = SE_2 = SE$ 时，则双层屏蔽室的屏蔽效能计算公式可改为简化式

$$SE_{双} = \left|\frac{SE^3}{2-\dfrac{1}{SE}}\right| \approx \frac{SE^3}{2}(倍) \qquad (7-57)$$

7.6　电磁屏蔽室的屏蔽总效能计算

一个设备或组件的电磁屏蔽室的屏蔽壳体屏蔽效能由众多的参数决定，其中最重要的是入射波的频率和阻抗、屏蔽体材料的固有

特性及屏蔽体不连续性的形式和数量等。屏蔽体的屏蔽效能由该屏蔽体对电磁场强度的减弱程度确定。

7.6.1 屏蔽效能定义

在特定频率下屏蔽体的屏蔽性能指标的定量描述是屏蔽效能（SE）。SE 是指没有屏蔽体时接收到的信号值与在屏蔽体内接收到的信号值的比值，即发射天线与接收天线之间存在屏蔽体以后所造成的插入损耗。这个比值的范围很大，它可以用倍数表示，在实际应用中通常都用分贝（dB）对数单位来表示屏蔽效能。屏蔽效能可用磁场强度、电场强度、电压、功率表示。

设置一点的原来场强为 E_0，经过屏蔽之后该点的场强衰减为 E_1，则屏蔽室的屏蔽效能（SE，单位为倍）为

$$SE = \frac{E_0}{E_1} \tag{7-58}$$

由于 SE 的数值很大，用 dB 表示的屏蔽效能为

$$B_{SE} = 20\lg \frac{E_0}{E_1} \tag{7-59}$$

1）使用非线性单位的计算：

磁场

$$SE = H_0 - H_1$$

式中　SE——屏蔽效能，dB；

　　　H_0——磁场强度，参考测量值，dB（$\mu A/m$）；

　　　H_1——磁场强度，屏蔽测量值，dB（$\mu A/m$）。

电场

$$SE = E_0 - E_1$$

式中　E_0——电场强度，参考测量值，dB（$\mu V/m$）；

　　　E_1——电场强度，屏蔽测量值，dB（$\mu V/m$）。

电压

$$SE = U_0 - U_1$$

式中　U_0——电压，参考测量值，dB（μV）；

　　　U_1——电压，屏蔽测量值，dB（μV）。

　功率

$$SE = P_0 - P_1$$

式中　P_0——功率，参考测量值，dBm；

　　　P_1——功率，屏蔽测量值，dBm。

　2）使用对数单位时的计算：

　磁场

$$SE = 20\lg(H_0/H_1)$$

式中　SE——屏蔽效能，dB；

　　　H_0——磁场强度，参考测量值，A/m；

　　　H_1——磁场强度，屏蔽测量值，A/m。

　电场

$$SE = 20\lg(E_0/E_1)$$

式中　SE——屏蔽效能，dB；

　　　E_0——电场强度，参考测量值，V/m；

　　　E_1——电场强度，屏蔽测量值，V/m。

　电压

$$SE = 20\lg(U_0/U_1)$$

式中　SE——屏蔽效能，dB；

　　　U_0——电压，参考测量值，V；

　　　U_1——电压，屏蔽测量值，V。

　功率

$$SE = 10\lg(P_0/P_1)$$

式中　SE——屏蔽效能，dB；

　　　P_0——功率，参考测量值，W；

　　　P_1——功率，屏蔽测量值，W。

7.6.2　电磁屏蔽室屏蔽总效能计算

从前面几节中式（7-2）、式（7-13）～式（7-15）、式（7-

24）及式（7-37）等式计算出的金属板和金属网的屏蔽效能是应用均匀屏蔽理论，把金属屏蔽板当成是无洞孔、无缝隙、地为无限大的均匀平面，屏蔽效能取决于屏蔽方式和采用的材料。而实际中的屏蔽室是有门窗、金属板之间的缝隙、洞孔及各种业务所需管道的，每一个洞孔、缝隙、管道都对屏蔽效能有影响，所以屏蔽室的总的屏蔽效能是按这两部分的每一因素向量叠加原理计算出的总效能。这两部分的叠加有两种方法，分别见式（7-60）～式（7-65）。需要说明的是，这两种方法其本质是一样的，只是方法不同而已，后者便于洞孔、缝隙、管道增减的修正。

（1）电磁屏蔽室的屏蔽总效能计算方法一

$$SE = 20\lg\left[\cfrac{1}{\left(\cfrac{1}{B_1}\right)^2 + \left(\cfrac{1}{B_2}\right)^2 + \left(\cfrac{1}{B_3}\right)^2 + \cdots + \left(\cfrac{1}{B_n}\right)^2}\right]^{\frac{1}{2}}$$

$$(7-60)$$

$$B_1 = 10^{SE_1/20}, \ B_2 = 10^{SE_2/20}, \ B_3 = 10^{SE_3/20}, \ \cdots, \ B_n = 10^{SE_n/20}$$

式中　SE_1——屏蔽金属板或屏蔽金属网的屏蔽效能，dB，即屏蔽体没有门窗、孔洞、缝隙等的效能，参见本章7.2节至7.4节；

　　　　SE_2——电源滤波器的插入损耗，dB；

　　　　SE_3——信号滤波器的插入损耗，dB；

　　　　SE_4——通风截止波导的屏蔽效能，dB；

　　　　SE_5——缝隙的屏蔽效能，dB；

　　　　SE_6——门的屏蔽效能，dB；

　　　　SE_n——其他进入屏蔽室管道的屏蔽效能，dB。

$SE_2 \sim SE_5$损耗、效能计算见第12章，门窗、孔洞、缝隙、滤波器等的计算。

（2）电磁屏蔽室的屏蔽总效能计算方法二

电磁场出入屏蔽室有两种途径，一种是穿过金属板或金属网的屏蔽体，另一种是通过屏蔽体的孔隙（例：屏蔽体间的连接缝、门、窗等缝隙）。因此可以将实际屏蔽效能分成两部分：一是假定在屏蔽体中没有孔隙计算屏蔽效能；二是假定屏蔽体的电导率为无穷大，电磁场仅通过洞孔引起的屏蔽衰减，这两种电磁场矢量在空间的相位是相同的。因此总的屏蔽效能可根据能量均方根值来求得。这种计算方法机理明确，易于表达，计算方便。

　　本章所列屏蔽室的所有孔洞缝隙，包括焊缝、门、窗缝隙、通风波导及其他各种波导管、水管等屏蔽泄漏的屏蔽效能计算公式是以倍数计算的。屏蔽室总的屏蔽效能应按下列步骤进行：

　　1）首先计算理想条件下的屏蔽效能，即屏蔽室没有孔洞、缝隙时的屏蔽效能以 SE 表示；

　　2）计算各种孔洞、缝隙的屏蔽效能分别以 SE_{01}、SE_{02}、SE_{03}、…、SE_{0n} 表示；

　　3）所有孔洞、缝隙总的屏蔽效能是各孔洞、缝隙穿入屏蔽室内（穿出屏蔽室外）漏泄场强总强度的均方根之和，用 SE_0（单位：倍）表示其计算

$$SE_0 = \cfrac{1}{\sqrt{\cfrac{1}{SE_{01}^2} + \cfrac{1}{SE_{02}^2} + \cfrac{1}{SE_{03}^2} + \cfrac{1}{SE_{04}^2} + \cdots + \cfrac{1}{SE_{0n}^2}}} \qquad (7-61)$$

式中，SE_{01}、SE_{02}、…、SE_{0n} 各孔洞的屏蔽效能含义及计算公式见第 12 章式（12-9）～式（12-54）；

　　4）屏蔽室的实际总屏蔽效能 $SE_{总}$ 计算。

　　理想条件下（屏蔽室无孔、缝隙、…）的屏蔽效能 SE 与各种孔洞、缝隙的衰减后的场强值总和 SE_0，是各量的均方根值之和。考虑了孔洞、缝隙漏泄场强影响后的实际屏蔽总效能，可用式（7-62）求得

$$SE_{总} = \cfrac{1}{\sqrt{\cfrac{1}{SE^2} + \cfrac{1}{SE_0^2}}} \qquad (7-62)$$

　　也可采用如下方式计算屏蔽室的总效能。在近似计算中假设透过屏蔽体及通过洞孔的场的矢量在空间同向且相位相同，它们可算

术相加，这时效能 $SE_总$ 与并联分路电阻相似，即

$$SE_总 = \frac{SE \times SE_0}{SE + SE_0} = \frac{1}{\frac{1}{SE} + \frac{1}{SE_0}}（倍） \qquad (7-63)$$

或

$$B_{SE_总} = 20 \lg SE_总 \qquad (7-64)$$

$SE_总$ 与 $B_{SE_总}$ 的关系式

$$SE_总 = \lg^{-1} \frac{B_{SE_总}}{20} \qquad (7-65)$$

式中　　$B_{SE_总}$——以 dB 表示的总屏蔽效能；

　　　　SE——屏蔽室的屏蔽层是封闭的，即在没有任何洞孔、缝隙
　　　　　　　的情况下计算的屏蔽效能（倍）；

　　　　ES_0——屏蔽室的金属屏蔽层所有的洞孔缝隙、波导管等总
　　　　　　　的屏蔽效能（倍）。

7.7　建筑物墙体对外界电波辐射阻挡衰减效应的计算

　　电磁屏蔽室依据结构形式分为简易型电磁屏蔽室、组装式电磁
屏蔽室、焊接式电磁屏蔽室。不论采取何种结构形式的屏蔽室都需
以建筑物主体房间墙体支撑。这些主体房间墙体即便由一般普通材
料建造也能获得一定程度的屏蔽效能，从而利用建筑物结构墙体来
衰减外部电磁干扰的强度，减低屏蔽室外部电磁环境威胁。

　　屏蔽室内工艺要求的敏感设备或系统应尽量利用建筑物墙体结
构固有的屏蔽特性（如墙内装饰金属网），将敏感设备或系统设置在
干扰信号较强的背侧或有屏蔽特性墙体的一侧，这样就可以降低屏
蔽室的要求。

7.7.1　建筑物对电磁辐射的反射干扰作用

　　城市里高楼大厦林立，这些建筑物使各种电磁波产生反射、折
射，对于无用的干扰信号起了一定的衰减作用，对降低干扰值是有

好处的，但对有用的信号，如通信、广播、电视等又将起有害的作用。无线电电波穿越墙体阻挡电波传播损耗参考值见表 7 - 11。

表 7 - 11　无线电电波穿越混凝土墙体阻挡电波传播衰减损耗参考值

墙体类别	频率范围	衰减损耗
砖体墙	1～10 GHz	～30 dB
混凝土墙		
含炭混凝土墙	大于 20 MHz	～30 dB
	大于 300 MHz 以上	≥100 dB
含炭混凝土墙柱	3～9 GHz	～30 dB
轻型墙	≤2 500 MHz	≤5～8 dB
玻璃墙	≤2 500 MHz	≤3～5 dB

建筑结构墙体所能获得的屏蔽效果主要表现在以下几个方面：

（1）混凝土

图 7 - 21 表明，普通混凝土屏蔽效能是很低的，可以假定砖的特性类似于混凝土，其屏蔽效能参考值见表 7 - 11。

（2）钢筋

在混凝土中加入钢筋或金属丝网能对低频磁场提供有限的屏蔽。为了获得大的屏蔽效能，所有导体接点和交叉点都必须予以焊接，以便形成许多围绕待屏蔽空间的连续导电回路或通路。钢筋的屏蔽程度取决于下列参数：

1）待屏蔽空间的形状和尺寸；

2）钢筋的直径和间距（两钢筋的中心距）；

3）钢筋材料的电磁特性（电导率和相对磁导率）；

4）入射波的频率。

图 7 - 22 给出了一组封闭建筑对于干扰场的衰减曲线。建筑物高 4.5 m，钢筋直径为 4.3 cm，钢筋中心间隔为 35 cm，外界干扰约为 10 kHz。建筑物的长宽比变化范围大于 5：1。图 7 - 22 所示房间的尺寸、钢筋的直径和间隔较为典型，它包括了实践中会遇到的大多数情况。图 7 - 22 中所给出的衰减值是在房间中央得出的，在

靠近房间的边缘处屏蔽效能将减小。

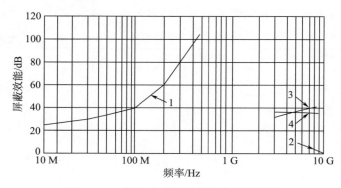

图 7 - 21　几种建筑材料的墙柱屏蔽效能

1—用掺有焦炭的混凝土制成的圆柱体，直径 15 cm（60 天后）；

2—2.5 cm 厚的混凝土板；3—掺有炭的 2.5 cm 厚的混凝土板；

4—以注有碳质乳胶的混凝土制成的砌块（370 mm 砖、混凝土墙）

　　把焊接式金属丝编织网嵌入房间或建筑物的墙壁内，如果这些编织网的各根金属线又连接起来构成一个包围待屏蔽区域周界的连续电环路，它们就能提供有效的屏蔽。

　　单层钢筋混凝土墙体建筑屏蔽衰减效能如图 7 - 22 所示。

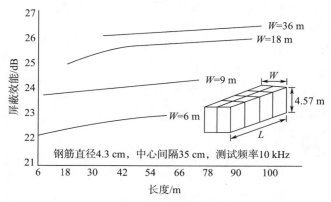

图 7 - 22　单层钢筋混凝土墙体建筑屏蔽效能

从图 7-23 中可以看出其屏蔽板、网、薄膜等建在建筑物的墙壁上安装骨架，在骨架上贴屏蔽层（板、网均可），当金属网与墙壁绝缘，并多点接地，则效果更好。在屏蔽网相交的每一接缝处，每根金属线都必须与相应的金属线进行熔焊或铜纤焊，或者用连接的带条将相交的编织网连接起来。以常规墙壁作为隔离物，在其两侧分别装上焊接的金属丝编织网，可获得进一步的衰减。

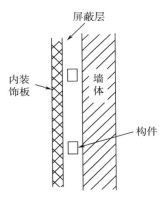

图 7-23　建筑式屏蔽室墙的结构

在运用图 7-22 所示的曲线，可估算单层钢筋对低频磁场的屏蔽效能。当建筑物钢筋的规格尺寸和布置间距与图 7-22 不同时，可以利用表 7-12 所列的衰减修正系数进行修正。

表 7-12　加强钢筋的衰减修正系数

钢筋直径/mm	钢筋间距/mm	钢筋层数	修正系数/dB
57	305	单	+5
43	355	单	0
25	457	单	-6
57	508	双	+8.5
43	355	双	+13
25	406	双	+5

7.7.2 钢筋网眼（网格）尺寸与高频电场或平面波的相对衰减值

利用图 7 - 24 确定钢筋网眼（或网格）可计算出对高频电场或平面波的相对衰减量。为了利用该图，首先应计算导线（或钢筋）直径 d 与该导线间距 a 的比值，然后确定在重要频率点 f（单位为 Hz）处 a 与波长 λ 之比。

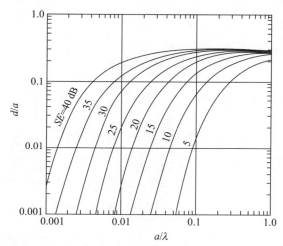

图 7 - 24　网眼屏蔽效能与钢筋直径（d）、钢筋间距及波长（λ）的关系曲线

计算示例：根据图 7 - 24 所示，例如，用直径 2.6 mm 导线（钢筋）制的 25 mm×50 mm 网格，在 100 MHz 时的屏蔽效能可作如下计算

$$\lambda = \frac{3 \times 10^8}{1 \times 10^8} = 3 \text{ m} = 3\ 000 \text{ mm}$$

$$\frac{a}{\lambda}_{a=25} = \frac{25}{3\ 000} = 0.008\ 3$$

或

$$\frac{a}{\lambda}_{a=50} = \frac{50}{3\ 000} = 0.017$$

根据入射波的极化特性，应该取相应的比值

$$\left.\frac{d}{a}\right|_{a=25}=\frac{2.6}{25}\approx 0.1$$

或

$$\left.\frac{d}{a}\right|_{a=50}=\frac{2.6}{50}\approx 0.05$$

根据图 7 - 24，屏蔽效能（SE，取决于场的极化）为

$$SE_{a=25}=35\ \text{dB}$$

或

$$SE_{a=50}=25\ \text{dB}$$

采用最低的屏蔽效能（25 dB）作设计用。

结论：根据上述计算或估算表明需要另行设置屏蔽室。

7.7.3　建筑物墙体对电波辐射阻挡衰减计算

（1）电场强度衰减值计算（图示法）

前面几章介绍了电磁屏蔽室屏蔽体的屏蔽效能计算。但这些计算仅是屏蔽室所设位置（场所）的电磁环境，如果屏蔽室设置在建筑物内还需考虑建筑物墙体对电磁波的衰减影响。为了决定产品和设备，通常需要知道安装在建筑物内部的电磁环境。

从上述所知，建筑物墙体对电磁波信号具有衰减效应，由此可知建筑物内部的电场强度比建筑物外要小，但其衰减量按其建筑物墙体材料的类型和离墙体的间距不同而有差异。图 7 - 25 所示建筑物墙体为一般钢筋混凝土建筑物墙体的衰减量分布参考图。从图中可以看出从 30～300 MHz 部分的衰减量较低，这是因为建筑物表面的厚度相当接近 $\lambda/2$ 的等级。此外，低频处的衰减量相当高，其斜率为 20 dB/10 倍频（dB/decade）。

图中 X 轴上频率是从 10 kHz～10 GHz，Y 轴是结构墙体提供的衰减，参数值相当于从立面处到需要屏蔽的设备位置的距离。例如，对 AM 广播站，在 1 MHz 时希望建筑物衰减在立面内 2 m 处为大约 50 dB。FM 发射机在 100 MHz 时的相应衰减是 7 dB，而 L 频

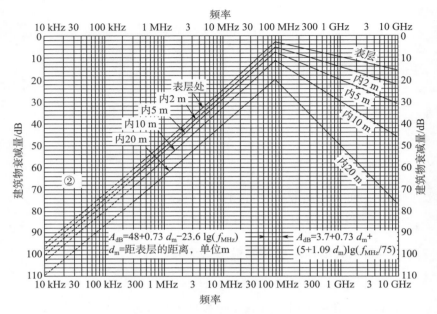

图 7 - 25　建筑物对外界辐射电波的衰减量与频率和表层处的距离的关系曲线

段机场雷达在 1 300 MHz 时的衰减是 13 dB。图 7 - 25 所示为一般建筑物中电场衰减参考数据，电场 E 及磁场 H 在 1 MHz 以下的频率时衰减很快。使用时，可按实际距离及工作频率找出相对应的衰减量，再由求得的空间电场强度值减去衰减量，即为建筑物内该距离处的电场强度值。

　　（2）电波在建筑物墙体表面吸收损耗的计算

　　在城市中无线电超短波的发射和接收由于存在不同类型的建筑物对电波传播产生的衰减是不同的。城市中众多建筑物、构筑物有大有小，有高有低，构造所用材料各异，影响各不相同。下面以超短波的传播为例分成 3 种类型：

　　类型 1：建筑物比干扰和被干扰天线高的场所。

　　类型 2：建筑物比干扰和被干扰天线低的场所。

　　类型 3：干扰发射和被干扰接收天线之间没有或很少或很低建筑

物或天线主瓣轴方向是开阔地带电波无阻碍的场所。

下面仅叙述干扰天线和被干扰天线高于或低于建筑物的情况。但需要说明的是，采取下面的计算方法未考虑电波在建筑物上的绕射和反射的影响，只考虑建筑物对电波的吸收损耗并作粗略的修正：

1) 天线高度比建筑物低（建筑物高度取电波主瓣轴向平均值）的计算，这类情况可按式（7-66）计算

$$E = \frac{2.18 \times \sqrt{P \times D_1 \times D_2}}{d^2 \times \lambda} \times h_1 \times h_2 \times F(\theta) \qquad (7-66)$$

2) 天线高度比建筑物高的情况可按式（7-67）计算

$$E = \frac{2.18 \times \sqrt{P \times D_1 \times D_2}}{d^2 \times \lambda} \times h_1 \times h_2 \qquad (7-67)$$

式中　E——干扰场强，$\mu V/m$；

P——干扰发射天线辐射的功率，kW；

d——被干扰接收天线到干扰发射天线的距离，km；

λ——波长，m；

h_1——干扰发射天线的高度，m；

h_2——被干扰接收天线的高度，m；

D_1——干扰发射天线的方位方向性系数；

D_2——被干扰接收天线的方位方向性系数；

$F(\theta)$——修正因子，为 $0.25 \sim 0.4$。

3) 第三种情况依据实际情况参照类型 1 或类型 2 进行计算，也可按超短波干扰场强的一般公式计算。

第 8 章　金属薄膜镀层屏蔽室的设计

8.1　金属薄膜屏蔽室设计的理论

8.1.1　金属薄膜屏蔽室的原理

在微波屏蔽室中，由于工作频率极高，根据微波屏蔽原理屏蔽有两种表现形式，吸收屏蔽和反射屏蔽。虽然这两种屏蔽同时存在，但在一定条件下哪一种起主要作用则取决于屏蔽的结构形式。在微波屏蔽室中，由于频率很高，电磁波穿透损耗就很大，只要选择合适的材料和厚度就能满足要求。为了说明这个问题，在表 8-1 中列出了钢与铜在不同频率下的穿透深度。频率越高，穿透深度就越小。

表 8-1　不同材料、不同频率下的穿透深度

材料 \ 频率 / Hz	穿透深度/mm					
	10^5	10^6	10^7	10^8	10^9	10^{10}
钢	0.059	0.019	0.006	0.001 9	0.000 6	0.000 19
铜	0.211	0.067	0.021	0.006 7	0.002 1	0.000 67

很明显，只要很薄的金属膜就能满足吸收屏蔽要求，问题的关键在于反射屏蔽。金属薄膜屏蔽室是指在屏蔽室的屏蔽体衬体底的材料（如 ABS 可镀塑料基体或其他板材料）上，喷、涂覆、镀或粘贴一层金属薄膜。设该导电薄膜的厚度为 t，电磁波在导电薄膜中传播时的波长为 λ_t，若满足 $t < \lambda_t/4$ 的要求，则称这种屏蔽为薄膜屏蔽。

8.1.2　金属薄膜屏蔽的理论

薄膜屏蔽体仍然按照实心材料（金属平板）屏蔽理论分析计算屏蔽效能，但是这种屏蔽效能由于导电薄膜屏蔽体 t 很薄，且远小于 $\lambda_t/4$ 的屏蔽体，屏蔽效能中吸收损耗变得极其微小，主要靠反射损耗起屏蔽作用。多次反射损耗不能因 A＜15 dB 而忽略，它常为负值。这表明多次反射起着减弱界面反射损耗的作用，因而抵消了一部分反射损耗。

负数项的含义是因为各种反射有附加的相位关系，从而降低了屏蔽效能。此时屏蔽效能基本上已与频率无关。当屏蔽体的厚度超过 $\lambda_t/4$ 时，多次反射项可忽略，对其他损耗不再起抵消作用，因而材料的屏蔽效能增加，并且与频率相关。不同厚度铜薄膜屏蔽效能随频率变化的计算值见表 8 - 2。表中列出了不同厚度的铜薄膜在频率为 1 MHz 和 1 GHz 时屏蔽效能计算值。实测值与其计算误差小于或等于 10 dB，这是由于在试验时很难准确测出薄膜的有效厚度以及很均匀的薄膜层不易实现的缘故。

表 8 - 2　铜薄膜对平面波场的屏蔽效能计算值

薄铜膜厚度/nm	0.1 105.0 nm		1.2 1 250.0 nm		2.2 2 196.0 nm		22 21 960.0 nm	
频率	1 MHz	1 GHz	1 MHz	1 GHz	1 MHz	1 GHz	1 MHz	1 GHz
吸收损耗 A/dB	0.014	0.44	0.16	5.2	0.29	9.2	2.9	92
单层反射损耗 R/dB	109	79	109	79	109	79	109	79
多次反射修正项 B/dB	−47	−17	−26	−6	−21	−0.6	−3.5	0
总屏蔽效能 SE/dB	62	62	83	78	88	90	108	171

8.2　金属薄膜屏蔽室屏蔽体的导电材料选择

8.2.1　金属薄膜屏蔽的类型及工艺

金属薄膜又可称为导电薄膜，通常可分为金属化薄膜和导电涂料膜。金属化薄膜主要有铜、铝、银、金等，它们的屏蔽效能与厚度、频率相关。

金属薄膜技术还广泛应用在光学玻璃、有机玻璃基片上喷涂导电屏蔽层。这种既透光又能导电的玻璃称为导电玻璃，常用它来制作各种观察窗口的屏蔽材料，在航空航天领域应用较广。

金属薄膜屏蔽可在可镀塑料基底或其他材料的基底上进行导电金属化，即采取金属喷涂工艺。目前，主要有如下几种不同技术：化学镀、金属喷涂、真空镀膜和电镀，使其对电磁波具有反射和吸收作用。

（1）化学镀

化学镀层和包括真空沉积电离子镀及浸渍等方法得到。

化学镀通常以双底物的形式沉积在塑料外壳或腔体上。通常情况下，第一层（附着在屏蔽结构上）是铜，第二层（外部）是镍，其基本功能是防止铜层氧化和提供机械保护。对于铜层来说，其厚度变化范围为 $1\sim 5\ \mu m$。对于镍层来说，其厚度小于 $1\ \mu m$。此项技术的主要优点是质量较轻，且镀膜较为连续、均匀。同时，在应用前，不需要对表面进行任何特殊处理。在木质刨花板的生产过程中，可以应用化学镀镍。

（2）金属喷涂

对于微波屏蔽室来说，金属喷涂是最常用的渗镀技术。金属喷涂法利用特制气喷枪将所要喷的金属体以一定速度自动投入溶解炉使其溶化。然后在压缩空气作用下，将金属熔液压成雾状喷射到喷涂物底板表面，并在其表面上结晶，以后金属不断累积形成无缝金属薄膜。虽然金属在喷枪出口处温度有几百度（不同金属有不同温度），但是金属雾点到达基底板表面温度已降到 50 ℃左右，因此对底板表面没有损伤危险。

金属喷涂技术可以应用在粗糙的底板表面，例如：直纹布、纤维板、水泥墙或在光滑的玻璃钢或塑料、陶瓷、金属物等表面经喷砂糙化处理后均能喷涂不同金属，如银、铜、钢、镍、锌等。

金属喷涂优点：

1）施工方便、速度快，只要提供无缝的粗糙工作物表面，就能利用喷涂设备进行加工；

2）大大节约金属材料，由于喷涂金属薄膜很薄，而金属板结构屏蔽室为了保证其一定强度往往采用厚度为 0.5 mm 左右（或者更薄）的金属板；

3）屏蔽室造价，与金属板结构比较，有所降低；

4）避免了金属焊接，不易满足屏蔽效果的困难；

5）喷涂层成粒状结晶，吸收屏蔽效能比板状大。

金属喷涂根据实际施工、测试情况来看，在微波波段应用有很多优点，是一种应用较广的屏蔽措施，能够以低成本实现比较理想的屏蔽性能。

（3）真空镀膜

真空镀膜通常使用铝或铜（在后一种情况下，通常使用铬铜、镀镍铜和镀锡铜），该技术充分考虑到厚度只有几 μm 量级的薄层。使用时，真空镀膜的主要局限性表现在深凹口处的渗透问题，如典型的情况包括通风管道和小孔。

（4）电镀

电镀通常应用于铜金属中，它适合于那些厚度要求达 25 μm 的屏蔽应用。与上述 3 种技术相比，电镀能够提供较好的屏蔽性能。各种可用的饰面增加了电镀的自由度，并扩大了电解沉积的应用范围。

8.2.2　金属薄膜屏蔽室屏蔽效能

金属喷涂薄膜屏蔽室由于成本低、质量轻、易施工，又有多种导电薄膜、导电材料和多种可供选择的工艺方法，可以应用喷涂导电漆、电镀、化学镀、导电热喷涂等工艺方法形成一层导电薄膜，以实现电磁屏蔽和防静电放电。表 8-3 介绍了几种喷涂工艺导电薄膜典型厚度和屏蔽效能。

表 8-3　几种喷涂工艺所能达到的薄膜典型厚度和屏蔽效能

喷涂工艺	厚度/μm	表面电阻/(Ω/mm²)	屏蔽效能/dB
锌电弧喷涂	2～25	0.03	50～60
锌热喷涂	25	4.0	50～60
镍基涂层	50	0.05～0.2	30～75
钢基涂层	25	0.5	60～70
石墨基涂层(用于吸收室)	25	7.5～20	20～40
阴极喷射	0.75	1.5	70～90
电镀	0.75	0.1	85
化学镀	1.25	0.03	60～70
电离镀	1.0	0.01	50
真空沉积	1.25	5～10	50～70

8.2.3　薄膜类导电层的屏蔽性能指标

（1）导电层的表面电阻率

薄膜类屏蔽材料可能采用的一种形式是导电喷涂，可根据预期的源位置，以多种方式应用于外壳内部和外部。研究屏蔽时的一种重要参数是导电层的表面电阻率 R_s（计量单位为 Ω），通常定义为

$$R_s = \frac{1}{\sigma t} \qquad (8-1)$$

式中　t——屏蔽材料层的厚度；

　　　σ——电导率。

通常情况下，为了清晰地描述导电层具有表面电阻率，R_s 参数的单位一般为 Ω/sq。

（2）金属喷涂薄膜的厚度

关于金属喷涂薄膜的厚度，一般导电薄膜层的厚度应小于电磁波波长的 $\lambda_t/4$。λ_t 为屏蔽室要求屏蔽的电磁波的波长。

8.2.4　其他适合于电磁屏蔽应用的材料

用来作为电磁屏蔽的其他材料最常用的类型有如下几种：结构性材料［如：混凝土、热塑性矩阵（塑料）等］导电高分子材料、导电玻璃和透明材料、导电（铁磁和亚铁磁）纸等。

（1）结构型材料

在不改变水泥化学特性的前提下，将各类碳纤维或金属（一般是钢或镍）纤维或长丝加到水泥中，会大大提高其屏蔽性能，尤其是当频率高于 1 GHz 时。

另外，在各类热塑性矩阵中加入长丝或纤维，能够有效地屏蔽电磁波。在上述两种情况（即水泥和热塑性矩阵）中，纤维或长丝的长度量级为几毫米，加到基本组成中的材料体积所占比率为：在水泥浆体中变化范围为 1％～4％，在塑性浆体中比值可达 20％。

（2）导电高分子材料

导电高分子材料可以当作屏蔽电磁辐射的材料。由于导电高分子材料的电导率和介电常数较高，且易于通过化学处理的方法对这些参数进行控制，因而它们可以降低或消除电磁干扰（EMI）。与铜相比，高导电物掺杂聚苯胺、聚吡略、聚乙炔的屏蔽效能要高得多。薄膜类导电高分子材料具有非常高的屏蔽效能，且与温度的关联度不高。由于通过化学处理很容易改变导电高分子材料的本征特征，因而一些高分子材料（尤其是聚苯胺）是很好的低频屏蔽应用备选材料。电导率主要与高分子材料的掺杂特性和几何特性有关。

（3）导电玻璃和透明材料

导电玻璃一般使用普通玻璃或塑料制成，在其内部镶嵌在电介质中的导电形状因子的金属阵列，它适合于电磁屏蔽室视窗屏蔽。可选方案包括透明介质上的金属薄膜或半导体薄膜，以及能够保持透光率，为入射电磁场提供一定程度的衰减效能。

光谱的透明性也可以通过使用金属薄膜来实现。薄膜可以由各种金属或半导体制成，导电玻璃的屏蔽效能可以达到 80～100 dB，它随频率升高而下降，在 1 MHz 以上每增加 10 倍频屏蔽效能将下降 20 dB，对高于 30 MHz 的电磁波屏蔽效能很低。在 1 GHz 以上，几乎失去屏蔽作用。导电玻璃的屏蔽效能与透光率相互制约，涂层越薄，其导电微粒越松散且不连续，表面电阻就越大，屏蔽效能较差，而透光率却因涂层薄而比较高。相反，涂层越厚，表面越平整光滑，表面电阻越小，屏蔽效能增大，而透光率却下降。导电玻璃的应用和选择参见第 16 章。

（4）导电涂料

导电涂料有银清漆涂料、银填充合成橡胶涂料、导电聚乙烯涂料、石墨导电涂料等。由于导电涂层中的导电微粒不像金属化薄膜那样均匀且连续，使得表面电阻比较大，因此，屏蔽效能相对于铜薄膜有所下降。导电漆涂层对近区磁场的屏蔽效能明显地低于相同条件下的平面波场。

（5）纳米材料

纳米材料是一种由纳米粒子或纤维构成的材料，其三维空间尺度一般小于 100 nm。纳米作为屏蔽材料的前景非常乐观。

目前，人们正在通过使用纳米材料可调的结构参数和/或选择性，对纳米材料应用于电磁屏蔽领域的可能性进行研究。

（6）高温超导体材料

高温超导体（High Temperature Superconductor，HTSC），其临界温度（30 K）是目前已知导体中最高的。该发现引起大家的广泛兴趣，并研究了 135 K 高温下的超导性能。与上述传统材料相比，HTSC 的屏蔽效能更高，尤其是应用在低频直流电路中的屏蔽。

（7）复合材料

这里讲的复合材料指叠合式金属屏蔽板，而非指纤维增强复合材料，参见第 18 章 18.5.8 小节。

8.3　金属薄膜及镀层屏蔽室屏蔽体的效能计算

8.3.1　仿照传输线中反射的经典公式计算薄膜及镀层屏蔽效能

　　薄膜及镀层屏蔽体的屏蔽效能计算仍然可以按照金属板的屏蔽理论计算，但由于导电层很薄，屏蔽效能中的吸收损耗非常小，金属板屏蔽体效能计算公式中的吸收损耗 A 值非常小，因而第 7 章 7.2 节式（7-4）的计算或者忽略不计，而主要取决于反射损耗 R。多次反射校正因子 B，由于多次反射，在薄膜相位接近，其能量是直接叠加。多次反射损耗不能因为 B 值较小（$B<10$ dB）而忽略，它为负值，将抵消反射衰减的效果。

　　下面仿照传输线中反射的经典公式计算金属薄膜及镀层屏蔽体的屏蔽效能，这种计算方法相当于传输线中电压驻波比的形式。这个公式的应用要点在于：

　　1）首先应注意到，在导电涂层的工艺处理中，除了在高频时，屏蔽效能首先是靠反射损耗得到的，而吸收损耗仅起最小的作用。因此，屏蔽效能的性能量值为

$$SE_{box} = R_{dB} + A_{dB} \qquad (8-2)$$

式中　R_{dB}——由反射损耗产生的屏蔽效能，dB；

　　　　A_{dB}——由吸收损耗产生的屏蔽效能，dB。

　　反射损耗的计算见式（8-3）。

　　2）仿照传输线中反射的经典公式，屏蔽体反射损耗计算如下

$$R_{dB} = 20\lg\left[\frac{(1+K)^2}{4K}\right] \qquad (8-3)$$

式中　K——波阻抗与屏蔽体本征阻抗之比。

$$K = Z_w/Z_b \text{（驻波比）} \qquad (8-4)$$

式中　Z_w——波阻抗，为 120π（在远场）；

　　　　Z_b——淀积金属表面阻抗，Ω/每 100 ft^2（ft^2 见下面 8.3.2 小节），由金属化工艺处理人员控制（屏蔽室所要的屏

蔽指标）。

K 相当于传输线中电压驻波比，屏蔽体本征阻抗由屏蔽材料的电性能决定。

波阻抗的大小主要决定于上述入射波的类型和相对相位位置。

3）当式（8-4）代入式（8-3）中，而且 $K \gg 1$ 时，$R_{dB} \approx 20\lg \dfrac{|K|}{4}$，反射损耗则有

$$R_{dB} = 20\lg\left(\frac{K}{4}\right) = 20\lg\left(\frac{120\pi}{4Z_b}\right) \\ = 20\lg\left(\frac{94}{Z_b}\right) \tag{8-5}$$

吸收损耗的计算如下

$$A_{dB} = 8.7 t_{\mu m}/d \tag{8-6}$$

$$A_{dB} = 0.13 q t_{\mu m} \sqrt{f \cdot \mu_r \cdot \sigma_r} \tag{8-7}$$

式中　$t_{\mu m}$——金属淀积厚度，μm；

d——外壳厚度，μm；

q——变量[①]；

μ_r——淀积金属相对于铜的磁导率，$\mu_0 = 4\pi \times 10^{-7}$ H/m（真空磁导率）；

σ_r——淀积金属相对于铜的电导率，$\sigma_0 = 5.8 \times 10^7$ S/m（真空电导率）；

f——频率，Hz。

由式（8-7）可见，吸收损耗与屏蔽材料的厚度、电导率、磁导率、工作频率等有关。表 8-4 列出了常用金属材料的相对磁导率 μ_r 和相对电导率 σ_r。

---

① 淀积厚度用等效纯金属来表示。然而，必须考虑到淀积中会有俘获空气，与实际单一金属相比较的金属淀积厚度的典型值的范围为从电弧喷涂（$q=2$）近似的 $5=1$ 到真空淀积（$q=1$）的 $1=1$。

表 8 - 4　常用金属的相对磁导率 μ_r 和相对电导率 σ_r

材料	μ_r	σ_r	材料	μ_r	σ_r
铜	1	1	镍铁高磁导率合金	$2\times10^4\sim1\times10^5$	$0.034\sim0.69$
镉	1	0.23	透磁合金	$2\,500\sim25\,000$	0.038
镍	1	0.20	镍铬硅铁磁合金	$1\,000\sim5\,000$	0.019
铝	1	0.61	铁硅铝磁合金	$3\times10^4\sim12\times10^4$	$0.022\sim0.029$
锌	1	0.29	超透磁合金	$1\times10^5\sim1\times10^6$	0.029
黄铜	1	0.26	铝铁合金	$3\,450\sim116\,000$	0.011
锡	1	0.15	不锈钢	500	0.02
铅	1	0.08	4%硅钢	500	0.029
钼	1	0.04	热轧硅钢	1 500	0.038
钽	1	0.12	高导磁硅钢	80×10^3	0.06
铁	$50\sim1\,000$	0.17	坡莫合金	$80\times10^3\sim12\times10^3$	0.04
冷轧钢	180	0.17	铁镍钼合金	105	0.023

8.3.2　计算示例

（1）示例 1——计算电弧喷涂导电涂层的屏蔽效能（SE）

制造商建议用厚度为 0.5 mils（1 mil＝0.001 吋或 25.4 μm）的电弧喷涂锌层可达到 0.7 Ω/100 ft^2（ft^2 代表平方英尺，1 ft^2＝0.092 9 m^2）的表面阻抗。计算在 10 kHz～10 GHz 范围内该导电涂层的屏蔽效能。

根据式（8-5）和式（8-7），计算出在 100 MHz 时的下列值

$$R_{dB}＝20\lg(94/0.7)＝43 \text{ dB}$$

$$A_{dB}＝0.13\times0.2\times0.5\times25.4\sqrt{100\times1\times1}$$
$$＝4 \text{ dB}$$

因此，在 100 MHz 时，吸收损耗稍微明显一些（10 MHz 以下时，吸收损耗可忽略不计），但反射损耗更重要一些，即 $SE＝R_{dB}＋A_{dB}$。得到的总屏蔽效能为 47 dB。

从导电观点来说，薄的材料（厚度≪表层厚度），在自由空间的

屏蔽效能不是频率的函数，只是表面阻抗（电阻率）的函数，因为在 $t/d \ll 1$ 时，吸收损耗是可忽略的。

式（8-3）和（8-5）提供了相当于远场环境（距离 $R > \lambda/2\pi$）的最小反射损耗，这里波阻抗为 $120\pi = 377\ \Omega$。存在于干扰源至屏蔽室屏蔽层的距离为 R 的相当于电场环境的附加反射损耗是在近场内。这种现象的产生是因为波阻抗 Z_w 大于 120π。因此，对于近场环境，式（8-5）变为

$$R_{dB} = 20 \lg \left[\frac{120\pi}{4Z_b} \cdot \left(\frac{\lambda/2\pi}{R_m} \right) \right] \tag{8-8}$$

此方程式用于 $R_m \leqslant \lambda/2\pi$ 的条件。

$$R_{dB} = 20 \lg \left[4\ 500 / (Z_b R_m f_{MHz}) \right] \tag{8-9}$$

此方程式用于 $R_m \leqslant 48/f_{MHz}$ 的条件。

$$R_{dB} = 20 \lg \left(\frac{94}{Z_b} \right)$$

此方程式也用于 $R_m \leqslant 48/f_{MHz}$ 的条件。

（2）示例 2——计算电弧喷涂异电层的屏蔽效能（SE）

按照 $R_m = 1\ m$ 的条件再次计算示例（1）。

近一远场交界面的距离为 $R_m = 48/f_{MHz}$ 或 $f_{MHz} = 48/R_m = 48$ MHz。因此，在 48 MHz 以上时，可应用式（8-5），而 $R_{dB} = 43$ dB。例如：在 1 MHz 时，方程式（8-9）得出的 SE 为

$$R_{dB} = 20\ \lg \left[4\ 500 / (0.7 \times 1 \times 1) \right] = 77\ dB$$

如果电磁环境威胁距离是未知的，而且变化范围宽，则应用保守的关系式（8-5）计算 SE。

第 9 章　甚低频段屏蔽室的设计

随着我国社会主义建设事业的飞跃式发展，抑制电磁波干扰的各类屏蔽室的应用日益广泛，正确设计符合使用要求的屏蔽室是电气工程技术人员必须予以解决的课题。目前抑制高频和超高频电磁波干扰的屏蔽室的设计和建造，已经积累了相当多的经验，而甚低频段屏蔽室，国内较为少见。根据工艺的要求，我们在设计某工程甚低频段屏蔽室时所遇到的一些问题和参与施工、效能测试、验收等几个方面的情况将在本章进行介绍，甚低频段屏蔽室的设计可供相关技术人员借鉴。

9.1　甚低频段屏蔽室设计必须明确的问题

不论设计何种类型的屏蔽室都必须明确要求，特别是甚低频段必须包括屏蔽室效能指标、干扰源性质、防内部设备干扰，或防内部设备泄漏、频率范围、屏蔽室体形要求、尺寸、内部设备性质、荷载，以及对内水、电、采暖空调、信息通信、信息安全等方面的要求。这些要求是屏蔽室设计所必须的依据。

9.1.1　要求抑制的频率范围

甚低频段（VLF）屏蔽室的频率范围，是指频率从 3～30 kHz，波长 100～10 km。频率范围是用以确定屏蔽室的类型、选用屏蔽材料和采用相应的计算公式最主要的依据。抑制的频段范围不同，设计中所考虑的问题也各不相同：

1）静电屏蔽主要考虑利用低电阻金属材料；静磁屏蔽则主要考虑利用高磁导率的材料和尽可能缩小屏蔽室尺寸，增加材料厚度。

2) 10 kHz～30 MHz 的中高频段以及 30 MHz 以上的超高频段，属于电磁屏蔽，不仅要考虑屏蔽室的尺寸、材料厚度、孔缝的泄漏，而且特别是高频段，还要考虑空腔谐振等问题。材料可用钢（铁）板、铝板、铜板（或网），根据具体情况通过计算确定。对于中高频率段屏蔽室设计参见第 7 章。

3) 10 kHz 以下的屏蔽也属电磁屏蔽，但主要是磁屏蔽，实践证明，只要能满足屏蔽磁场的要求，就一定能屏蔽电场。工程设计中可用工业纯铁或磁导率较高的低碳钢板建造低频屏蔽室。

抑制频段的范围，也可以根据屏蔽室可能使用的仪器或样机的拟测频段来决定。对于抑制宽频段的屏蔽室，其上限用以确定孔缝大小的允许度，下限则为设计中选用的材料依据。

9.1.2　要求屏蔽的效能指标

屏蔽效能是确定屏蔽室的结构形式（网状或板状）、材料厚度、屏蔽室层数（单层，双层或多层）等参数的前提条件。它的定义是：空间任一点在未加屏蔽室时的干扰场强 E_0（或磁场 H_0）和同一点建造屏蔽室后屏蔽空间场强 E（或磁场 H）的比值，即

$$SE = \frac{E_0}{E} \text{ 或 } SE = \frac{H_0}{H}$$

由于这个比值的数值很大，为了计算的方便，常不采用这个绝对比值，而是用分贝（dB）表示，即

$$B = 20\lg \frac{E_0}{E} \text{ 或 } B = 20\lg \frac{H_0}{H} \tag{9-1}$$

E 和 H 也可根据屏蔽室内使用设备或测试样机允许的干扰场强值或参考其工作所需要设备灵敏度来确定。当屏蔽室是为抑制某种设备向外发射干扰场强或为防止内部设备电磁波外泄而失密时，此时干扰源在屏蔽室内，E 或 H 的数值则要根据屏蔽室内设备允许外泄值和外部允许干扰场强值来决定。

E_0 和 H_0 的值最好结合选址实测，对于甚低频频段，更应如

此。对于高频频段和超高频频段如实测有困难，一般可以根据附近工业干扰源的场强以及当地广播电视的场强情况来决定。若缺少这方面资料时，可将干扰源的发射功率用下式换算出干扰场强值（单位 $\mu V/m$）来

$$E_0 = \frac{3 \times 10^5 \times \sqrt{P}}{d} K \qquad (9-2)$$

式中　P——发射机的功率，kW；

　　　d——发射机与屏蔽室间的距离，km；

　　　K——系数，表征电磁波能量的消耗，其值与波长及其传播媒介的性质有关。

当无线电波是在海面上传播，其距离不远，地面的弯曲可忽略，则 K 可以认为是等于 1。知道了场强绝对值，便可由式（9-1）求出屏蔽效能的分贝（dB）数值，B 值越大，表示屏蔽效能指标要求越高。

9.1.3　要求使用的屏蔽室体形和尺寸

屏蔽室的体型和大小直接影响到使用、施工、投资等问题，若体形和尺寸大小选择不当，将影响使用，甚至使屏蔽效能达不到要求，因此，必须根据使用要求、设备安装、操作维修等因素与工艺人员慎重商定，获得必须的使用空间体积。对于要求不高的屏蔽室，便可将实用的空间体积作为屏蔽室的尺寸。如果屏蔽室要求很高，空间尺寸还应考虑内场均匀度的问题。由于门缝、屏蔽室焊缝和孔洞的泄漏，造成屏蔽体内部屏蔽效能有所降低，为补救此现象可将实用空间体积的长宽高尺寸适当增大，例如各增大 1/6～1/8，以避开内场畸变较严重的区域。

9.1.4　供水、供电、供暖、供气、空调、地面负荷等方面的要求

供水、供电、供暖、供气、空调等进入屏蔽室将直接影响屏蔽室的屏蔽效能。因此，应详细了解管道进入屏蔽室的情况，并向相

关专业提出管路的进出口位置，以确保屏蔽室的屏蔽效能。

9.2　甚低频段屏蔽室的屏蔽原理

9.2.1　甚低频段的屏蔽原理

建造甚低频段屏蔽室的屏蔽材料应具有较高磁导率，把磁场封闭在它的厚壁之内。如图 9-1 所示为甚低频屏蔽原理。由于磁性材料磁导率 μ 比空气的磁导率 μ_0 要大几百倍，甚至更多，因而它的磁阻要比空气小得多。由磁场的边界条件来看，当磁场由空气进入磁性材料时，因为磁阻突然减小，磁场将发生畸变。磁力线将在磁性材料中发生强烈的收缩，将空气中的磁力线吸收过来，有时只有极少数磁通量通过，大部分磁力线集中在磁性材料内部，磁性材料就是依据了磁场的这一特性而具有屏蔽效能的。因此，甚低频磁屏蔽的设计只能采用有较高磁导率的磁性板式材料来制造屏蔽室。

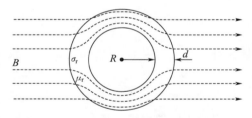

图 9-1　甚低频屏蔽原理（矩形体壳 R 为等效半径）

通常情况下，金属板式屏蔽室的屏蔽效能由两部分组成，即吸收衰减和反射衰减。其中，吸收衰减被视为屏蔽效能的基本组成部分，在甚低频情况下，特别是在频率低于 1 kHz，金属板对于磁场的反射损耗极小，可忽略不计，这就不难看出吸收衰减是决定其屏蔽效能的主要因素。吸收衰减与材料的磁导率和电导率乘积的平方根成正比，还与材料的厚度成正比。但一般金属材料的电导率差别不太大，参见 9.4 节表 9-2。

9.2.2 甚低频段屏蔽材料的确定

通过材料的选择可以得出这样一个结论：材料的 μ 值越大，则该材料对电磁波的吸收衰减就越大。对甚低频的磁屏蔽来说，磁阻越低，磁路越畅通。磁力线易于被抑制在屏蔽层中，不至于被穿透屏蔽体。从磁导率来说，通常铁磁材料具有这一优点，由于铁的磁导率高，而电导率也不太低，价格比铜和铝都便宜，货源也广，所以在设计甚低频屏蔽室时，铁磁材料应是优先考虑选用的屏蔽材料。

在通常情况下，铁磁材料的磁导率可由几百到数千。铁磁材料的磁导率与磁场强度和频率有关，如图 9-2 所示。

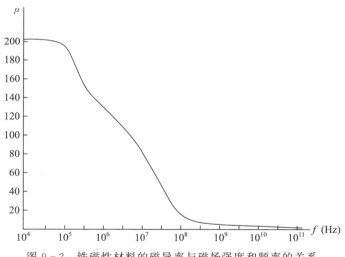

图 9-2 铁磁性材料的磁导率与磁场强度和频率的关系

在较低频率时，特别是在 10^5 Hz 以内，即磁化曲线的起始段，μ 仅是 H 的函数 $\mu = f(H)$，不过 μ 和 H 之间是非线性关系。通常用磁化曲线来表示 μ 和 H 的关系，参见第 6 章图 6-6。

在一般情况下，屏蔽室受到的电磁干扰均是其工作磁化曲线的起始部分，所以在设计甚低频率屏蔽室进行屏蔽效能计算时，应取它的起始磁导率，这一点必须十分注意。因为材料的起始磁导率一般都比材料工作在较高磁通密度下的磁导率小得多。一般在建筑工程中建造屏蔽室多使用的低碳钢板，它的磁导率（起始磁导率）在 100～300 之间，这可以作为计算的参考数据。

在有条件的地区，为了准确，最好对用于建造甚低频屏蔽室的屏蔽钢板事先将它的磁化曲线测定出来，或由生产商提出，然后根据磁化曲线来确定它的起始磁导率。这样的数据更为准确和符合实际。

另外，还有一个在设计和施工中应十分注意的问题：钢板的磁导率经过机械加工、焊接后，特别是拼装时的敲击后，它的磁导率要下降。依据相关资料介绍，下降的幅度对于普通低碳钢来说在 20% 左右。设计者在考虑材料的磁导率时应该注意这一点。

9.3　甚低频段屏蔽室屏蔽效能计算公式的选用

在屏蔽室设计过程中，要确定屏蔽体的厚度尺寸，首先应选用合理的计算公式。目前所见的资料中较多阐述了电磁屏蔽效能计算公式，有关 10 kHz 以下的甚低频段屏蔽效能计算公式刊载相对较少，本书选用常用于直流和甚低频段磁屏蔽设计中采用的计算公式。设计人员也可以选用 GB/T 50719—2011 提出的磁场屏蔽计算公式。

9.3.1　直流和甚低频段单层屏蔽室屏蔽效能计算

在均匀的低频干扰场 H_0（它垂直于圆柱体的轴线）中，一个材料厚度不变、完全封闭的和具有均衡增量磁导率 $\Delta\mu$ 的单层屏蔽室的屏蔽效能值在下面给出。

对于单层薄球体，且 $\Delta\mu$ 值高时

$$S_{A球} = \left| \cosh(x + \mathrm{j}x) + \left[\frac{2}{3}\frac{1}{y + \mathrm{j}y} + \frac{1}{3}(y + \mathrm{j}y) \right] \times \sinh(x + \mathrm{j}x) \right|$$

$$(9-3)$$

对于单层圆柱体，且 H_0 为横向均匀场时

$$S_{A柱} = \left| \cosh(x + \mathrm{j}x) + \left[\frac{1}{2} \frac{1}{y + \mathrm{j}y} + \frac{1}{4}(y + \mathrm{j}y) \right] \times \sinh(x + \mathrm{j}x) \right|$$

$$\text{(9-4)}$$

$$x = 0.505t \sqrt{\frac{\Delta\mu f}{p}}$$

$$y = 6.05R \sqrt{\frac{f}{\Delta\mu p}} \qquad \text{(9-5)}$$

式中　t——屏蔽层厚度，in，1 in＝25.4 mm；

　　　R——屏蔽室等效半径，ft，1 ft＝304.8 mm；

　　　$\Delta\mu$——材料的增量磁导率，μH/cm，$\Delta\mu = \mu_r \mu_0$；

　　　p——材料的电阻率，$\mu\Omega$/cm；

　　　f——频率（要求屏蔽频段的下限），s^{-1}。

　　　$\mathrm{j} = \sqrt{-1}$

9.3.2　甚低频段多层屏蔽室的屏蔽效能计算

多层屏蔽室的总效能为

$$S_{总} = 1 + S_1 + S_2 + \cdots + S_n + S_1 S_2 \left(1 - \frac{V_1}{V_2}\right) \cdot$$

$$S_3 \left(1 - \frac{V_2}{V_3}\right) \cdots S_n \left(1 - \frac{V_{n-1}}{V_n}\right) \qquad \text{(9-6)}$$

式中　S_1，$\cdots$，S_n——由内层至外层的各单层的屏蔽效能减 1 的值。

即

$$S_i = (\Delta S - 1) \qquad \text{(9-7)}$$

式中　i——由内层至外层的各单层序号，如 1，2，3，$\cdots$，n；

　　　V_1，$\cdots$，V_n——由内层至外层的各层体积。

对于圆柱体来说，可用于圆柱轴相垂直的切面积代替。式（9-7）表示各个屏蔽体的屏蔽效应，耦合系数 $\left(1 - \dfrac{V_{n-1}}{V_n}\right)$ 的值较小时（两层屏蔽体间距很小），耦合相加，其他情况相乘。

另外，式（9-6）亦可用于多层直流屏蔽，即当 $x < 1$ 时，式

（9-3）和式（9-4）的解便与直流静磁屏蔽相同，此时，增量导磁率 $\Delta\mu$ 便为直流磁导率 μ_0 了，即可按式（9-8）和式（9-9）计算。

单层薄球体时

$$S_{球} = 1 + \frac{2}{3}\frac{x}{y} = 1 + \frac{2}{3}\frac{\mu_0 t}{R} \quad (x < 1) \qquad (9-8)$$

单层圆柱体时

$$S_{柱} = 1 + \frac{1}{2}\frac{x}{y} = 1 + \frac{1}{2}\frac{\mu_0 t}{R} \quad (x < 1) \qquad (9-9)$$

图 9-3 是不同的 x 和 y 值的 ΔB 曲线图。图中实线是高 μ 值和 $x \geqslant y$ 的情况，它显示 $x > 1$ 的指数涡流屏蔽和 $x < 1$ 的磁分流屏蔽。图中虚线是某工程设计的计算曲线，它表示了 μ 值低和 $x \ll y$ 的情况。在实际工程中由于屏蔽层体形较大，且多用 μ 值不高的低碳钢板作材料，故以虚线所示情况多。从图中还可以看出，x/y 值越小，曲线便越向左移动，以至当 $x < 1$ 时，仍处于指数涡流屏蔽状态，这是由于大的 y 值成了效能的主要成分的缘故。

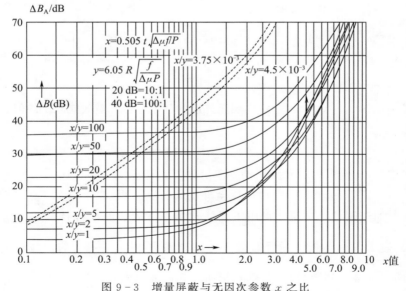

图 9-3　增量屏蔽与无因次参数 x 之比

需要注意的是，用式（9-3）、式（9-4）、式（9-6）、式（9-7）计算的屏蔽效能是按完全封闭的理想条件考虑的。实际的屏蔽室往往有门窗孔洞存在，但不能按高频屏蔽室的计算方法求其总的效能，而只能将缝隙等部位做适当处理。其屏蔽效能就按式（9-3）、式（9-4）、式（9-6）、式（9-7）计算的结果为准。若用 dB 数表示，则

$$B = 20 \lg s \qquad\qquad (9-10)$$

从式（9-3）和式（9-7）可以看出，设计甚低频屏蔽室的主要变量是：屏蔽室的形状和大小，屏蔽层的层数，每层屏蔽层的材料、厚度，以及屏蔽层间的间距大小。

9.3.3　甚低频段双层屏蔽室的屏蔽效能计算——双曲函数公式计算法

双层板式屏蔽效能计算还可以采用下面的双曲函数公式来计算

$$S = \mathrm{ch}\frac{\sqrt{\mathrm{j}}\,d_1}{\delta_1}\mathrm{ch}\frac{\sqrt{\mathrm{j}}\,d_2}{\delta_2}\Big[1 + \frac{1}{2}\Big(\frac{Z_0}{Z_{\mathrm{M}_1}} + \frac{Z_{\mathrm{M}_1}}{Z_0}\Big)\mathrm{th}\frac{\sqrt{\mathrm{j}}\,d_1}{\delta_1} +$$

$$\frac{1}{2}\Big(\frac{Z_0}{Z_{\mathrm{M}_2}} + \frac{Z_{\mathrm{M}_2}}{Z_0}\Big)\mathrm{th}\frac{\sqrt{\mathrm{j}}\,d_2}{\delta_2} + \frac{1}{2}\Big(\frac{Z_{\mathrm{M}_1}}{Z_{\mathrm{M}_2}} + \frac{Z_{\mathrm{M}_2}}{Z_{\mathrm{M}_1}}\Big)\mathrm{th}\frac{\sqrt{\mathrm{j}}\,d_1}{\delta_1}\mathrm{th}\frac{\sqrt{\mathrm{j}}\,d_2}{\delta_2}\Big]\cdots$$

$$(9-11)$$

$$\frac{\sqrt{\mathrm{j}}}{\delta_1} = \sqrt{\mathrm{j}\pi f \mu \sigma_1}$$

$$\frac{\sqrt{\mathrm{j}}}{\delta_2} = \sqrt{\mathrm{j}\pi f \mu \sigma_2}$$

式中　　d_1——第一层屏蔽厚度，m；

　　　　d_2——第二层屏蔽厚度，m；

　　　　δ_1——第一层屏蔽的涡流系数；

　　　　δ_2——第二层屏蔽的涡流系数；

　　　　Z_{M_1}——第一层金属波阻抗；

　　　　Z_{M_2}——第二层金属波阻抗；

σ_1，σ_2——第一层、第二层金属材料的电导率，见表 9 - 2；

$ch\dfrac{\sqrt{j}d_1}{\delta_1}$，$ch\dfrac{\sqrt{j}d_2}{\delta_2}$——吸收衰减效能。

在式（9 - 11）中，方括号内的式子表示反射衰减效能。

9.4　用于建造甚低频段屏蔽室的屏蔽材料的类型

9.4.1　磁性材料的分类

现代磁性材料可以分为硬磁材料和软磁材料两大类。硬磁材料主要要求是矫顽力高、剩余磁化强度大，它一般用作永久性磁铁，本书不作详细介绍。屏蔽室使用的软磁材料是磁性材料中应用最广泛的一类。对这种材料的基本特点，是具有狭窄的磁滞回线、小的矫顽力、高的饱和磁感应、很高的磁导率和较高的电导率。根据工作条件可对材料提出不同的要求。常用金属软磁材料包括电工用纯铁、电工用硅钢、铁镍软磁合金、铁钴钒软磁合金、铁铝系磁性合金、恒导磁合金、磁温度补偿合金及磁致伸缩合金等。

软磁材料的主要特性和用途按照物质的磁性，可以把物质分为抗磁性物质、顺磁性物质和铁磁性物质，参见表 9 - 1。在甚低频情况下反射衰减极小，吸收衰减与材料的磁导率和电导率的乘积的平方根成正比，一般金属材料的电导率差别不太大，参见表 9 - 2，该表是在 20 ℃时电导率。表 9 - 1 和表 9 - 2 这些数据供设计时参考用。

表 9 - 1　几种材料的磁效应

材料名称	材料类别	相对磁导率 μ_r
铜	抗磁性物质	0.999
铝	顺磁性物质	1.000 02
2 - 81 坡莫合金粉 （ZMO.81Ni）*	铁磁性物质	130.0
78 坡莫合金 （78·5Ni）	铁磁性物质	100 000

续表

材料名称	材料类别	相对磁导率 μ_r
软钢（0·2C）	铁磁性物质	2 000
铁 0·2 杂质	铁磁性物质	5 000
导磁合金 5M079Ni	铁磁性物质	1 000 000

注：* 百分比成分，其余的是铁和杂质。

9.4.2　磁导率、相对磁导率的概念

磁导率　表示磁路中材料的磁导性能。在相同的磁路中 μ 值越大，磁阻越小。而在工程设计中用得更多的是相对磁导率这个概念。

相对磁导率　某一材料磁导率 μ 与真空磁导率 μ_0 的比值，称为该材料的相对磁导率，用 μ_r 表示。其计算按式（9－12）

$$\mu_r = \frac{\mu}{\mu_0} \qquad (9-12)$$

式中　μ_r——相对磁导率，亨/米；

　　　μ——磁导率，亨/米；

　　　μ_0——真空磁导率，$4\pi \times 10^{-7}$ 亨/米。

空气、木材、纸张、玻璃、铜、银、铝等非磁性材料的磁导率与真空磁导率非常接近；要注意相对磁导率是一个没有纲量的比值，参见表 9－1。

增量磁导率

$$\Delta\mu = \mu_r \times \mu_0$$

抗磁性物质的相对磁导率稍小于 1，顺磁性物质的相对磁导率稍大于 1，非磁性材料的相对磁导率 $\mu_r \approx 1$。

铁磁材料如铁、镍、钴及其合金的磁导率很高。铁磁性材料的相对磁导率一般比 1 大得多。有一些合金的相对磁导率可达 1 百万左右。

这里还必须注意的一点是，前面提到的顺磁性物质和抗磁性物质的相对磁导率比较稳定，和外施场波有关系。然而铁磁性物质的

相对磁导率则在比较大的范围内随外施磁场变化，虽然各种不同物质的最大相对磁导率根据外施场会有不同的数值，但对具体的各个铁磁性物质来说，其最大相对磁导率大致是一个定值，但它不会是一个常数。在设计甚低频段屏蔽室进行屏蔽效能计算时，应取所选材料的起始磁导率，对这一点须注意。

表 9-2　几种材料的电导率 σ（20 ℃）

材料名称	类型	电导率 σ /（S/m）
硬橡胶	绝缘体	10～15（近似）
玻璃	绝缘体	10～12（近似）
胶木	绝缘体	10～9（近似）
黄铜	导体	1.1×10^7
锌	导体	1.7×10^7
硬铝	导体	3×10^7
冷拉铝	导体	3.5×10^7
铜	导体	5.7×10^7
银	导体	6.1×10^7
镍	导体	10^6
康铜	导体	2×10^6
硅钢	导体	2×10^6
磷铜	导体	10^7
铅	导体	5×10^6
锡	导体	9×10^6

9.4.3　双层甚低频段屏蔽室屏蔽材料的组合形式及选择

（1）干扰源位于屏蔽室外侧，即被动屏蔽方式材料的组合方式及选择

这种方式主要目的是为了防止外界电磁波干扰屏蔽室内的工作或测试仪表。有资料认为：双层屏蔽通常均是使用两种不同性质的材料，即磁性材料（铁）和非磁性材料（铜、铝）。而把非磁性材料

放在靠近干扰源一边，这样有利于增加屏蔽体的反射衰减，如图 9 - 4 所示。

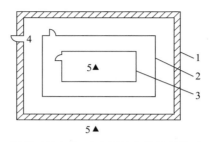

图 9 - 4　根据干扰源位置选择屏蔽体材料的平面布置图

1—屏蔽室的外围结构，即主体建筑物的墙体；

2—屏蔽室的外层屏蔽体材料（用铜或铝）；

3—屏蔽室的内层屏蔽体材料（用铁磁性材料）；

4—进入屏蔽室主体建筑物的门；5—干扰源位置

（2）干扰源位于屏蔽之内，即主动屏蔽方式材料的组合形式及选择

这种方式主要目的是为了防止电磁波对外界干扰，或防止泄漏机密信息。在图 9 - 4 中，1 为屏蔽室的外围结构，即主体建筑物的墙体；2 为屏蔽室的外层屏蔽体材料（用铁磁性材料）；3 为屏蔽室的内层屏蔽体材料（用铜或铝）；4 为进入屏蔽去主体建筑物的门。2 与 3 所用材料与（1）中不同。

（3）超低频（SLF）与甚低频（VLF）兼顾的屏蔽室材料选择

在超低频频率下（例如是在 10^2 Hz 以下）可采用两层均是磁性材料的铁组成的屏蔽体。这时主要是考虑将甚低频屏蔽室设计材料改为双层铁磁材料，这是由于铁磁性材料的吸收衰减远比铜和铝高，采用两层均是铁磁材料来制作屏蔽室是十分有益的。它不但将大大降低屏蔽室的造价，获得明显的经济效益，而且屏蔽效能也相当高，又能满足甚频段屏蔽设计指标。

9.4.4　影响甚低频段屏蔽效能的主要因素

甚低频段屏蔽效能主要由如下因素来保证：

1）要具有高的磁导率的材料，即材料的 μ 值要高，通常由铁磁材料来满足这一要求。

2）屏蔽体的厚度以及层间间距的大小，都直接影响到屏蔽室的屏蔽效能，这要通过计算来决定。在一般情况下频率越低，屏蔽体越厚，反之越薄。当材料用量不变时，可以选择最佳间距来获得较高的屏蔽效能（最佳间距的计算参见 9.5.3 小节）。

3）屏蔽体的层数也是影响甚低频段屏蔽效能的主要因素。一般情况下，层数越多越好。在甚低频段，采用单层屏蔽仅能满足最低的衰减效能指标。如频率在 50 Hz 时，即使采用 10 mm 厚的钢板，所能达到的屏蔽效能也只在 30 dB 左右，从这一点就不难看出，不能单纯通过增加屏蔽体厚度来满足屏蔽效能的要求。从这个角度出发，采用双层甚至多层屏蔽来满足需要的屏蔽效能指标要求仍是目前常用的技术。

4）屏蔽室的半径越小，屏蔽效果越好（在等量材料下），不要追求高大屏蔽室。

5）屏蔽体的孔洞、缝隙将直接影响其屏蔽效能，甚低频段要求预留洞口不应切断预期的磁力线方向（即所有洞口窄向顺着磁力线方向）。

9.5　甚低频段屏蔽室的结构设计

9.5.1　甚低频段屏蔽室体积大小的确定

确定一个屏蔽室体积的大小，主要以满足工艺使用要求为准。当材料总用量不变时，在满足工艺要求的前提下，体积越小，屏蔽效能越高。这是因为体积越小，屏蔽层的厚度可以加厚的缘故。

对于双层屏蔽来说，9.4 节已有介绍。当内壳等效半径 R_0 不变，材料总用量控制不变，这时当外壳的等效半径 $R = 1.26\,R_0$ 时效能最高（即是外壳厚度可以减薄，还可通过增加层间间距取得较好的效果）。

当材料磁导率和厚度保持不变时，屏蔽效能将随着屏蔽室体积的增大而增加。这就是说屏蔽室的体积越大，磁屏蔽效果越好。表 9-5 列出了不同频率不同间距的屏蔽效能，从表中可以看出，虽然屏蔽效能随着体积增大而增加，但增加的幅度很小，钢材的用量却增加得很多。所以在一般情况下，屏蔽室的体积在满足工艺要求的前提下，体积能做小就尽量做小，而不采用增大体积来提高效能的做法。表 9-5 有关数值可供研究人员在设计类似屏蔽室时参考选用。

9.5.2　甚低频段屏蔽室的几何形状及尺寸的选择

对于屏蔽效果从理论上来分析，屏蔽室的几何形状以球体和圆柱体为好。但在实际中仍是以长方体或正方体居多，原因在于建造球体和圆柱体屏蔽室费时费工，而增加的效能很有限，不到一个数量级，反之长方体或正方体在施工时相对简单。但采用长方体或正方体可能引起两种衰减效应：其一是同等数量的材料的屏蔽效能降低；其二是屏蔽室内场产生梯度和畸变，从而降低了增量磁导率 $\Delta\mu$ 的缘故。已有研究工作者提出改用削斜棱角的方法来弥补上述缺陷。所谓削斜棱角就是如图 9-5 所示的形状。

当然削斜棱角后虽然增加了一些施工复杂性，但比球体和圆柱体要简单得多，且其屏蔽效能可按本书前面式（9-3）计算。当长方形长度大于宽度的 3 倍时，其屏蔽效能可按式（9-4）计算。在运算过程中，方形体或长形体用等效半径 R 来代替，即

$$R = 0.62\sqrt[3]{L \times W \times H} \qquad\qquad (9-13)$$

式中　L，W，H——长方形的长、宽、高，m。

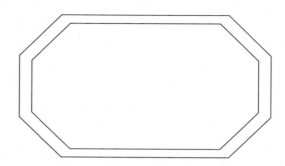

图 9 - 5　削斜棱角型屏蔽室示意图

9.5.3　甚低频段多层屏蔽室层间距离大小的选择及计算方法

从式（9-6）可以看出，当两层屏蔽体间的间距适当（$V_1 V_2 \ll$ 1），而每层屏蔽体又由高磁导率的材料构成，若再行简化最后一项，此时屏蔽相乘；当间距很小时（$V_1 V_2 \approx 1$），则屏蔽相加。图 9 - 6 中，每一屏蔽体的固定量屏蔽材料的层间效应或屏蔽效能 B、内层的半径 R_0 是固定不变的，屏蔽体的厚度为 t_0、$2t_0$、$3t_0$ 分别对应于曲线 1、2、3。因此，该内层的 $\dfrac{V_1}{V_2} \ll 1 \sim \dfrac{V_1}{V_2} \approx 1$ 的 B_1 分别为 10、20、30。当外层用相等量的材料，且外层半径 R 为 R_0，厚度亦分别为 t_0、$2t_0$ 和 $3t_0$，各层的 B 分别为 20、40、60，若外层半径增大，并保证金属量不变（这是最佳的）时，外层的厚度可成比例地减少，但是，总的屏蔽效能却增加，直到 $R = 1.26 R_0$（$\dfrac{V_1}{V_2} \approx \dfrac{1}{2}$）时达到最大值。若继续增大间距，效能又再次降低。当然，总的材料量增加，效能便显著增加。

上述间距的选择方法仅适用于甚低频段屏蔽室。其他频段屏蔽层之间的间距还必须考虑避开层间的空腔谐振。

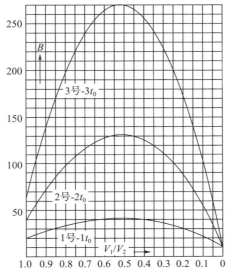

图 9 - 6　屏蔽室屏蔽效能 B 与间距参数 $\dfrac{V_1}{V_2}$ 的关系曲线

内层的半径和厚度不变的两个球形屏蔽层中相等间距的金属屏蔽效
能 B 为 1、2、3 号的曲线图形

9.5.4　屏蔽室的绝缘

　　屏蔽室的绝缘处理是为了保证一点接地，防止二次干扰电流的影响，从而保证其屏蔽效能。因此屏蔽室 6 个面与大地的绝缘，以及多层屏蔽室的层间绝缘处理都是必要的，但不同的屏蔽室对绝缘的要求是有区别的。

　　（1）静电屏蔽室与磁屏蔽室的绝缘

　　1）静电屏蔽及磁屏蔽的绝缘必须安全可靠，否则对屏蔽效能有严重影响。对大地的绝缘，可以保证有良好的一点接地。层间绝缘，以求屏蔽层间去耦，从而提高其屏蔽效能。

　　2）对于单层屏蔽来说，通常在屏蔽室的屏蔽层与主体结构之间铺贴一毡二油，在地面以下作沥青砂浆或沥青砼绝缘层来绝缘。

3）对于多层屏蔽的屏蔽室，有的将屏蔽室结构四壁凌空，底板用沥青砂浆或油毡与大地绝缘。实践证明，用沥青砂浆或油毡来做绝缘材料，效果并不理想，特别是随着期限的延长，效能下降明显。

4）一个正在运行的双层屏蔽室，将整个立体空间全部凌空，这样不论是屏蔽层和大地的绝缘，或层间绝缘都将取得良好的效果。这个方案在下面作详细介绍。

（2）电磁屏蔽的绝缘处理

电磁屏蔽对绝缘的要求较低，对它来说，主要是解决好防潮问题，以防止金属屏蔽体锈蚀，而在解决防潮问题所采用的防潮层，同时应兼做绝缘层。

（3）构造处理

合理的构造处理是屏蔽室绝缘的重要保证，通常有以下几种处理方案。

①屏蔽室构架靠主体建筑物的方案

屏蔽材料靠墙布置，这是一种常见的用在电磁屏蔽中的布置形式，如图 9-7 所示。

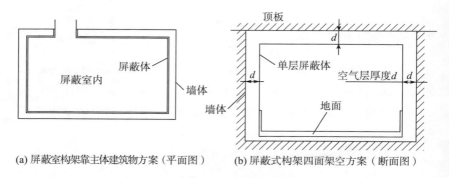

(a) 屏蔽室构架靠主体建筑物方案（平面图）　(b) 屏蔽式构架四面架空方案（断面图）

图 9-7　单层屏蔽室绝缘构造处理方案

它的主要构造是在墙上架设木框架（木材要严格控制其含水率，一般要求小于 16%），需要做好防潮处理，如图 9-7（a）所示，可将屏蔽薄钢板直接安装在木框架上，其绝缘主要靠木框架来完成。

而屏蔽钢板和地面的绝缘靠沥青砂浆或油毡来解决，这种方式只用在绝缘性能要求不高的电磁屏蔽室中。

②用于甚低频屏蔽室构架的独立方案

它是一种单层屏蔽室，它和墙面、顶棚都留有了一个空气间层（厚度 d），如图 9 - 7（b）所示。这样屏蔽体和墙面绝缘可靠，地面绝缘做法参考图 9 - 10。

③双层屏蔽室四面壁绝缘构造处理方案之一

双层屏蔽室四面壁绝缘构造处理如图 9 - 8 所示，它的特点基本上和图 9 - 7（b）相同，层间绝缘也完全靠空气层来解决，因此这种层间绝缘也十分可靠。地面绝缘做法如图 9 - 10 所示。

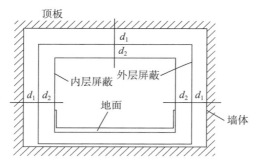

图 9 - 8　双层屏蔽室四面壁绝缘构造处理方案之一断面图

④双层屏蔽室四壁绝缘构造处理方案之二

这个方案的特点同样解决屏蔽室和大地绝缘问题，图 9 - 9 的构造做法不仅层间绝缘利用空气层来解决，而且外层屏蔽层和大地的绝缘也是利用空气层来解决。内外层屏蔽钢板靠几个支点支撑起来，绝缘处理重点放在这几个支撑点上。由于内外层完全架空，便于施工和测试，也便于检查其绝缘效果。此种做法绝缘性能可靠，能有效地保证甚低频屏蔽室的一点接地。

图 9 - 9 中 1 ～ 7 为双屏蔽室绝缘构造处理方案说明，参见表 9 - 3。

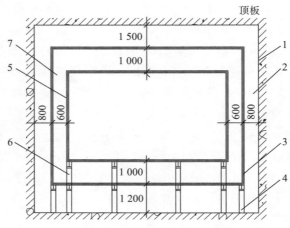

图 9 - 9　双层屏蔽室绝缘构造处理方案之二断面图

表 9 - 3　双层屏蔽式绝缘构造说明表

1. 地下室钢筋砼侧壁；	5. 内层屏蔽体(钢板)；
2. 地下室和外侧屏蔽之间的空间(走道)；	6. 内层屏蔽体绝缘支撑柱；
3. 外层屏蔽体(钢板)；	7. 内外层屏蔽体的层间距离
4. 外层屏蔽体底板绝缘支撑柱；	

⑤双层屏蔽室地面的绝缘处理方案

从图 9 - 10 构造可以看出这个用于甚低频段屏蔽室的地面做法，为了达到屏蔽和绝缘的目的，构造做法是十分复杂的，它们的层间绝缘依靠 20 厚的磁砖、10 厚沥青砂浆以及一层油毡来达到绝缘目的。这种隐蔽工程施工的可靠性很难检查出来（焊缝如有缺陷也很难补救），并且层间要求绝对不能混杂钢筋和其他影响绝缘的杂物，也是不易做到的。外层屏蔽钢板与大地的绝缘都是靠 20 厚瓷砖和二毡三油防水层（兼做绝缘层）来达到绝缘的目的。总的来说它的缺点是构造复杂、施工繁琐，一旦发生问题难以补救。本书推荐采用图 9 - 9 的方案。

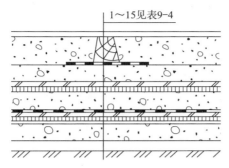

1～15见表9-4

图 9 - 10　双层屏蔽室地面的绝缘构造处理方案断面图

图 9 - 10 中 1～15 双层屏蔽室地面的绝缘构造处理方案说明参见表 9 - 4。

表 9 - 4　双层屏蔽室地面的绝缘构造说明表

1.双厚企口板(板底涂沥青漆);	8.220 厚 100 号砼;
2.60×50 木楞 500 中～中用铅丝绑紧(空隙填沥青砼);	9.4 厚钢板上铺油毡一层;
3.木楞下铺油毡一层宽 200;	10.150×150×20 瓷砖满铺用沥青玛瑞脂胶结;
4.80 厚 100 号砼上刷冷底子油一道,预留 12 号铅丝中距 500×1 000;	11.二毡三油防水层(绝缘层);
5.4 厚钢板上铺油毡一层;	12.20 厚 1∶3 水泥砂浆找平,层上刷冷底子油一道;
6.150×150×20 瓷砖满铺,双面用沥青玛瑞脂胶结;	13.80 厚 100 号砼垫层;
7.10 厚沥青砂浆找平;	14.50 厚碎石夯实;
	15.素土夯实

9.6　双层甚低频段屏蔽室设计图表及计算示例

9.6.1　设计依据

（1）计算图表

表 9 - 5 是依据前面式（9 - 4）进行计算获得的。计算的条件为：

1）双层铁磁性材料建造的屏蔽室；

2) 内层屏蔽体的尺寸为 5 m×4 m×3 m；

3) 铁磁性钢板的相对磁导率 μ_r 取 200；

4) 层间间距为 0.1～1 m。

（2）结论

1) 当屏蔽体钢板厚度不变时，随着频率的升高，屏蔽效能增大，同时屏蔽室的屏蔽效能随着屏蔽室的等效半径（层间距离）的增大而增加，但增加的幅度是有限的。所以在满足工艺使用要求的前提下，屏蔽室的体积应尽量缩小，而它的屏蔽效能主要由屏蔽体的厚度来决定。在同等屏蔽材料下随着材料厚度的增加，屏蔽效能显著增加。

2) 当频率一定时，钢板厚度越厚，屏蔽效能越高。在频率为 50 Hz 时，0.5 mm 厚的钢板只有 8.6 dB 的屏蔽效能；而 7.0 mm 厚的钢板能达到 47.9 dB 的屏蔽效能。

3) 当钢板的厚度保持不变时，屏蔽效能随着频率的增加而增加。如在频率为 50 Hz 时，0.5 mm 厚的钢板只有 8.6 dB 的屏蔽效能；当频率为 1 000 Hz 时，同样是 0.5 mm 厚度的钢板就能提供 53.8 dB 的屏蔽效能；当频率升高到 10 000 Hz 时，同样采用 0.5 mm 厚度的钢板就能提供 93.5 dB 的屏蔽效能。以上证明频率越低，是越难屏蔽的。

4) 如同样是 0.5 mm 厚的钢板，频率同样是 5 000 Hz 的条件下，双层屏蔽室的屏蔽效能为 81.5 dB。

下面利用表 9－5 进行计算。

9.6.2　计算示例

（1）基本数据

1) 屏蔽室的屏蔽体内层尺寸按 5 m(长)×4 m(宽)×3 m(高)；

2) 屏蔽室的屏蔽体为铁磁性材料钢板，磁导率 μ_r 取 200；

3) 双层屏蔽室层间间距为 800 mm；

4) 要求屏蔽的最低频率为 200 Hz；

5) 要求屏蔽的效能不小于 50 dB。

表 9 - 5　双层甚低频屏蔽室设计计算图表

频率/Hz	层间距离/m	钢板厚度/mm					
		0.5	1.0	2.0	3.0	5.0	7.0
50	0.1	6.50	12.9	20.5	25.3	31.8	36.3
100		12.9	20.4	28.8	34.2	41.4	46.4
200		20.4	28.8	38.0	44.0	51.8	57.3
400		28.2	38.1	48.3	54.7	63.1	69.2
500		31.7	41.2	51.8	58.2	66.9	73.3
750		37.2	47.31	58.2	64.9	74.0	81.3
1 000		41.3	51.8	62.9	69.7	79.3	87.7
3 000		58.2	69.6	81.5	89.5	104.3	120.2
5 000		66.5	78.2	90.7	100.2	120.3	140.9
10 000		78.1	90.1	104.6	118.5	146.2	176.8
50	0.15	6.7	13.3	21.3	26.4	33.4	38.2
100		13.3	21.3	30.3	35.9	43.6	48.8
200		21.5	30.2	40.0	46.3	54.5	60.1
400		30.2	40.1	50.8	57.4	66.0	72.2
500		33.3	43.4	54.4	61.0	69.9	76.4
750		39.2	49.8	61.0	67.9	77.1	84.5
1 000		43.6	54.9	65.8	72.8	82.5	90.9
3 000		61.0	72.6	84.7	92.7	107.6	123.5
5 000		69.5	81.3	93.4	103.5	/	144.2
10 000		81.3	93.4	107.8	121.8	150.9	180.0
50	0.2	6.8	13.7	22.0	27.4	34.7	39.8
100		13.7	22.0	31.4	37.4	45.2	50.7
200		22.0	31.4	41.6	48.1	56.4	62.2
400		31.3	41.7	52.7	59.4	68.1	74.4
500		33.0	43.5	54.6	61.4	70.2	76.6
750		40.7	51.6	63.1	70.0	79.3	86.1
1 000		45.2	56.3	67.9	75.0	84.7	93.1
3 000		63.0	74.8	86.9	95.0	109.8	125.8
5 000		71.7	83.6	96.2	105.8	125.8	146.5
10 000		83.5	95.6	110.1	124.0	153.2	182.4
50	0.25	7.0	14.0	22.7	28.2	35.8	41.0
100		14.0	26.7	32.4	38.5	46.6	52.1
200		26.7	32.4	43.0	49.5	58.0	63.8
400		32.4	43.0	54.2	61.0	70.0	76.1
500		32.7	46.5	57.9	64.7	73.7	80.3
750		42.0	53.1	64.7	71.7	81.0	88.4
1 000		46.5	57.9	69.6	76.6	86.4	94.9
3 000		64.7	76.5	88.5	96.7	/	127.5
5 000		73.3	85.3	97.9	107.5	127.6	148.2
10 000		85.2	97.4	111.9	125.8	155.0	184.1

续表

频率/Hz	层间距离/m	钢板厚度/mm					
		0.5	1.0	2.0	3.0	5.0	7.0
50	0.4	7.5	15.0	24.3	30.2	38.3	43.7
100		15.0	24.3	34.7	41.2	49.5	55.2
200		24.3	34.7	45.7	52.5	61.2	67.1
400		34.6	45.8	57.3	64.2	73.2	79.5
500		38.2	49.4	61.1	68.0	77.1	83.7
750		44.7	56.2	68.0	75.1	84.3	91.9
1 000		49.4	61.1	73.0	80.1	89.9	98.4
3 000		68.0	80.0	92.1	100.2	114.4	131.1
5 000		76.7	88.7	101.4	111.0	131.1	151.8
10 000		88.7	100.9	115.4	129.3	158.5	187.7
50	0.5	7.8	15.6	25.2	31.4	39.5	45.1
100		15.6	25.2	35.9	42.5	51.0	56.7
200		25.0	35.9	47.1	54.0	62.7	68.2
400		35.9	47.2	58.8	65.8	74.7	81.1
500		39.5	50.8	62.6	69.6	78.7	85.3
750		46.1	57.7	69.6	76.6	86.0	91.5
1 000		50.9	62.6	74.5	81.6	91.5	100.0
3 000		69.5	81.5	93.7	101.8	116.7	132.7
5 000		78.3	90.3	103.0	112.6	132.7	153.4
10 000		90.3	102.5	117.0	131.0	160.1	189.3

频率/Hz	层间距离/m	钢板厚度/mm					
		0.5	1.0	2.0	3.0	5.0	7.0
50	0.8	8.6	17.0	27.3	33.8	42.2	47.9
100		17.0	27.3	38.5	45.2	53.9	59.7
200		27.3	38.4	50.0	57	65.8	71.6
400		38.4	50.0	61.9	68.9	77.9	84.3
500		42.1	53.8	65.7	72.7	81.6	88.5
750		48.9	60.8	72.7	79.8	89.2	96.7
1 000		53.8	65.7	77.7	84.9	94.7	103.2
3 000		72.7	84.7	97.0	105.0	120.0	135.9
5 000		81.5	93.6	106.2	115.9	136.0	156.6
10 000		93.5	105.7	120.2	134.2	163.4	192.5
50	1.0	9.1	17.8	28.4	34.9	43.5	49.1
100		17.8	28.3	39.7	46.5	55.3	61.1
200		28.3	39.7	51.3	58.3	67.2	73.2
400		39.7	51.4	63.3	70.3	79.3	85.7
500		43.4	55.2	67.1	74.2	83.3	89.9
750		50.3	62.2	74.1	81.2	90.7	98.2
1 000		55.2	67.1	79.1	86.3	96.1	104.7
3 000		74.1	86.1	98.4	106.5	121.4	137.4
5 000		82.9	95.0	107.4	117.3	137.5	158.1
10 000		95.0	107.2	121.7	135.7	164.9	194.0

（2）试计算屏蔽体钢板的厚度

①求解步骤

1）根据已知的层间间距为 800 mm，可查附表 9 - 5，可以看出只要用两层 2.0 mm 厚的钢板就能获得 50 dB 的屏蔽效能，为保险留足裕量，选用两层 3.0 mm 厚的钢板可获得 57 dB 的效能。可以看出，当选用两层 3.0 mm 后的钢板制成了屏蔽室，可满足不小于 50 dB的屏蔽效能要求。

2）如果层间距由 800 mm 降为 200 mm 时，同样要求在 200 Hz 的条件下屏蔽效能仍不低于 50 dB，试查看需要钢板的厚度。根据已知层间距离为 200 mm，从表 9 - 5 可查得需要两层 5.0 mm 厚度的钢板才能获得不低于 50 dB 的屏蔽效能（实际可达 56.4 dB）。

②表 9 - 5 图表应用

表 9 - 5 的各项参数可供设计人员在设计类似的屏蔽室工程时选用。

第 10 章　高频加热装置电磁屏蔽室的设计

10.1　高频加热装置无线电干扰波的传播

10.1.1　概述

工业、科学和医疗射频设备（简称 ISM 设备），包括工业用的感应和电介质加热设备、高频电炉、高频淬火等。这类设备可能对 0.15 MHz～18 GHz 频段内无线电接收设备及其他电子设备造成干扰，特别是频率为 0.15～60 kHz 范围内的设备。

所有高频设备的元件上都有高频电流通过或带有交流电荷者，这些电流及电荷将在周围的空气中产生电磁场，由于电磁场的产生，而妨碍了无线电设备的收发和其他电子设备的正常工作，这种现象被称为无线电干扰。

所有高频加热设备几乎都有射频振荡器。通过射频振荡器将 50 Hz 交流电变为射频的变频装置，例如工业用射频加热装置就是如此。虽然所有高频加热设备的射频振荡器及其他射频组件都安装在设备的屏蔽外壳内被屏蔽，但屏蔽外壳不可避免地存在缝隙、孔洞、管线引入引出及不良接触，或接地存在缺陷等，从而不可避免地会有向外泄漏电磁能量，造成对外界的电磁干扰。

10.1.2　高频加热装置产生干扰的传播途径

由高频加热装置产生的无线电干扰有下列两类：

1）直接辐射场；

2）二次辐射场，即由高频加热装置引出引入或在设备附近的导线及其他各种金属管道传播而产生的电磁场。

10.2 高频加热装置屏蔽室屏蔽效能计算

10.2.1 高频加热装置电磁干扰场强及防护间距计算

根据高频装置商品参数情况可以有两种计算方法:一种是按高频加热装置的工作频率和感应器的工作电流计算;另一种是将高频加热装置的工作线圈等效成环状天线计算。下面以高频电炉装置屏蔽室设计为例,分别叙述这两种计算方法。

(1) 按高频电炉的工作频率和感应器工作电流计算电磁干扰场强值

①高频电炉屏蔽室屏蔽效能的计算

屏蔽效能 (单位 dB) 为

$$B = 20 \lg \frac{E}{E_0} \qquad (10-1)$$

式中 E ——高频电炉产生的总场强;

E_0 ——规程要求屏蔽后环境所容许的最大场强。

②高频电炉屏蔽室电磁干扰场强及防护间距计算

1) 单个工作线圈在没有屏蔽和没有电源滤波器的情况下,当为圆柱形线圈磁场干扰计算值。高频电炉产生的总场强,主要由其工作线圈产生,单个工作线圈产生的场强 (单位 $\mu V/m$) 可用式 (10-2) 计算

$$E_1 = 314 \frac{ISNf}{d^2} (单位 \ \mu V/m) \qquad (10-2)$$

2) 当没有屏蔽和电源滤波器的情况下,设备附近导线的磁场干扰计算值 (单位 $\mu V/m$) 可用类似式 (10-2) 计算,即

$$E_1 = 628 \frac{ISNf}{d_1} \qquad (10-3)$$

式中 I ——线圈工作电流,A;

S ——线圈截面积,m^2;

N ——线圈圈数;

　　f ——线圈工作电流频率，kHz；

　　d ——线圈与测量点的距离（防护间距），m；

　　d_1——线圈与导线之间的距离（应从线圈中心到导线的垂直

　　　　　线），m；

　　E_1——高频电炉产生的总场强，$\mu V/m$。

　　3）多个工作线图。以式（10-2）为例，如果有若干个线圈，而线圈间的距离与 d 相比很小时，则场强的矢量和可近似看作代数和，此时总的场强为

$$E_1 = 314 \sum_{K=1}^{n} \frac{I_K S_K N_K f_K}{d_K^2} \qquad (10-4)$$

式中　n ——线圈的个数。

　　4）防护间距计算。由式（10-2）可得防护间距

$$d = \sqrt{314 \frac{ISNf}{E_1}} \qquad (10-5)$$

　　（2）按高频加热装置的工作线圈等效成环状天线计算干扰场强和防护间距

　　① 高频加热装置辐射功率

　　现以工业射频加热装置为例进行计算。对于射频加热装置的计算通常是把设备的工作线圈视为辐射天线，即把高频加热感应线圈看成环状天线线圈。辐射功率（单位 W）与线圈辐射电阻 R_a 及辐射器线圈中通过电流的平方之乘积成正比，其计算可用式（10-6）

$$P_t = R_a I_{rms}^2 \qquad (10-6)$$

$$R_a = 640 \frac{\pi^4 S^2}{\lambda^4}$$

式中　I_{rms} ——槽路电流，A；

　　　　R_a ——感应线圈辐射电阻，Ω。

　　其中线圈面积 $S = \pi r^2$ 经过换算可得

$$R_a = 7.59 \times 10^{-5} r^4 f^4 \qquad (10-7)$$

式中　r ——感应线圈半径，m；

f ——工作频率，MHz（计算谐波时按谐波频率）。

②高频加热装置场强计算

线圈辐射出的场强与线圈增益有关，并与距离成反比衰减，其场强值（单位 V/m）可用式（10-8）计算

$$E = \frac{\sqrt{30P_tG_t}}{d} \qquad (10-8)$$

③防护间距计算

由式（10-8）可得

$$d = \frac{\sqrt{30P_tG_t}}{E} \qquad (10-9)$$

式中　E ——线圈辐射出的场强，V/m；

　　　P_t ——辐射功率，按式（10-6）计算，W；

　　　G_t ——天线线圈增益，一般取 1.5；

　　　d ——被测点离辐射线圈之间的距离，m。

10.2.2　高频电炉屏蔽效能计算示例

工作频率为 200 kHz 的高周波设备有一个直径 $D=40$ mm 单圈感应器（$N=1$），在感应器上流过的电流等于 400 A。试计算，该感应器是否要屏蔽。

1）根据式（10-2），设距离 $d=50$ m 可算出感应电场

$$E_1 = 314\frac{400 \times \pi \times 40^2 \times 10^{-6} \times 200}{4 \times 50^2} \approx 13 \ \mu\text{V/m}$$

圆面积

$$S = \frac{1}{4}\pi D^2$$

这就证明了，有感应器产生的电场大大低于规范的标准。如果计算值大于规范的标准值则需要屏蔽。

2）当感应器线圈与导线相距 3 m，在导线上产生的电场（μV/m）可按式（10-3）计算出

$$E_1 = 628 \frac{400 \times \pi \times 40^2 \times 10^{-6} \times 200}{4 \times 3} = 2.1 \times 10^4 \ \mu V/m$$

10.3　高频电炉屏蔽室电源滤波器屏蔽效能计算

10.3.1　电源滤波器屏蔽效能计算

（1）计算公式

$$B_{SE} = 20 \lg \frac{E}{E_0} \qquad\qquad (10-10)$$

式中　E_0——要求屏蔽体环境所能容许的最大场强。

其值与高频电炉的环境要求相同，E 则根据式（10-11）求得

$$E = 628 \sum_{k=1}^{n} \frac{I_k \cdot S_k \cdot N_k \cdot f_k}{L_k} \qquad\qquad (10-11)$$

式中　n——线圈的个数；

L——线圈与导线之间的最短距离，m。

（2）高频电炉电源滤波器计算示例

试计算 60 kW 高频电炉使用的电源滤波器的屏蔽效能，高频电炉的技术参数如下：$I = 480$ A；$S = 0.2$ m^2；$N = 9$ 个线圈；$f = 200$ kHz；$L = 5$ m；$n = 1$。代入式（10-11）得

$$E = 628 \times \frac{480 \times 0.2 \times 9 \times 200}{5} = 21.7 \times 10^6 \ \mu V/m$$

根据式（10-10），E_0 不大于 1 000 $\mu V/m$，故

$$B_{SE} = 20 \lg \frac{21.7 \times 10^6}{1\ 000} = 87 \ dB$$

故此高频电炉滤波器的屏蔽效能不应低于 87 dB。

10.3.2　高频电炉泄漏场强计算值

高频电炉的振荡频率一般都在广播、通信、导航的频率范围内，因此各国都规定了允许标准，若超过允许标准都要采取屏蔽措施。下面根据式（10-6）～式（10-8）以 100 kW 的高频电炉为例计算

泄漏场强值的相关资料，列于表 10-1 供参考。

表 10-1　100 kW 高频炉泄漏场强计算参考值

高频电炉辐射线圈至干扰物之间距离/m	线圈直径/m	场强值/dB（μV/m）		
		工作频率 0.23 MHz 线圈槽路电流 7 A 计算值	工作频率 0.69 MHz 线圈槽路电流 5 A 计算值	工作频率 0.75 MHz 线圈槽路电流 4 A 计算值
20		35	51.2	50.7
26		32.7	48.9	48.4
64		24.9	41.05	40.6
106	0.2	20.5	36.7	36.2
211		14.5	30.7	30.2
400		9.0	25.1	24.7
500		—	23.2	22.7

注：1. 其端子电压的允许限值参见 10.4 节表 10-2 的数值。

　　2. 其允许场强限值参见 10.4 节表 10-3 允许限值。

10.4　高频加热装置的电磁辐射骚扰限值

10.4.1　国家标准允许限值

根据 GB 4824—2004 ISM 射频设备电磁骚扰特性，限值和测量方法有如下规定：按照设备分类、分组，高频加热装置属于 A 类、2 组设备。

1）A 类设备：非家用和不直接连接到住宅低压供电网设施中使用的设备。A 类设备应满足 A 类限值要求，参见表 10-2 和表 10-3。

2）2 组设备：2 组设备总目包括微波照明设备、工业感应加热设备、家用感应炊具、介质加热设备、工业微波加热设备。家用微波炉、医用器具、放电加工（EDM）设备，可控硅控制器教育和培训用演示模型等。高频电炉、点焊机、弧焊设备也属于这类组别。

表 10 - 2　在试验场测量时，A 类 2 组设备电源端子骚扰电压限值

| 频段/MHz | A 类设备限值/dB(μV) | | | |
| | 2 组 | | 2 组 a | |
	准峰值	平均值	准峰值	平均值
0.15～0.5	100	90	130	120
0.5～5	86	76	125	115
5.0～30	90～70 随频率对数线性缩小	80～60 随频率对数线性缩小	115	105

注：1. 应注意满足漏电的要求；

2. 表中 a 电流大于 100 A/相，使用电压深头或选用 V 型网络（LISN 或 AMN）；

3. 在试验场测量时，A 类放电加工设备（EDM）和弧焊设备采用本表的电源端子骚扰电压限值。

表 10 - 3　A 类 2 组设备的电磁辐射骚扰限值

| 频段/MHz | 限值/dB(μV/m)，测量距离为 D | | 频段/MHz | | |
	D 指与所在建筑物外墙的距离[2]	在试验场距离受试设备 $D=10$ m		D 指与所在建筑物外墙的距离[2]	在试验场距离受试设备 $D=10$ m
0.15～0.49	75	95	81.848～87	43	63
0.49～1.705	65	85	87～134.786	40	60
1.705～2.914	70	90	134.786～136.414	50	70
2.914～3.95	65	85	136.414～156	40	60
3.95～20	50	70	156～174	54	74
20～30	40	60	174～188.7	30	50
30～47	48	68	188.7～190.979	40	60
47～53.91	30	50	190.979～230	30	50
53.91～54.56	30(40)[1]	50(60)[1]	230～400	40	60
54.56～68	34	50	400～470	43	63
68～80.872	43	63	470～1000	40	60

续表

频段/MHz	限值/dB(μV/m),测量距离为 D			频段/MHz	限值/dB(μV/m),测量距离为 D	
	D 指与所在建筑物外墙的距离[2]	在试验场距离受试设备 $D=10$ m			D 指与所在建筑物外墙的距离[2]	在试验场距离受试设备 $D=10$ m
80.87~81.848	58	78				

注:1. 我国分别采用 30 和 50。

2. 对于在现场测量的受试设备,只要测量距离 D 在辖区的周界以内,测量距离从安装受试设备的建筑外墙算起,$D=(30+X/a)$(单位为 m)或 $D=100$ m,两者取小者。当计算的距离 D 超过辖区的周界时,则 $D=X$ 或 30 m,两者取大者,在计算上述数值时,X 是安装受试设备的建筑外墙和用户辖区周界之间在每一个测量方向上的最近距离;$a=2.5$(频率低于 1 MHz);$a=4.5$(频率等于或高于 1 MHz)。

10.4.2　国外标准允许限值

在高频加热装置附近有导线 (导电体) 或金属结构,高频加热装置的直接辐射场会使附近的导线和金属结构产生 (感应) 出无线干扰电压。在干扰电压的影响下会在空间产生电磁波并沿导线在很长的距离内传播,在国外这种无线电干扰传播途径的干扰限值主要有两种指标。

根据前苏联高频加热设备有关标准,高频加热设备之无线电干扰的电磁场应能使距离设备 50 m 的干扰测定器(带有标准天线的测定器)测量出基本频率及任何高次谐波无线电干扰电磁场及无线电干扰电压的值,不得超过表 10-4 中所列的额定数值。

表 10-4　无线干扰电磁场及干扰电压极限允许值

频率范围/MHz 允许干扰值名称	0.15~0.5	大于 0.5~2.5	大于 2.5~20	大于 20~150	大于 150~400
无线干扰电压的极限允许值 /(μV/m)	1 000	500	200	200	300
无线干扰电磁场的极限允许值 /(μV/m),测量距离为 50 m	100	50	20	50	50

第11章 医疗核磁共振（MRI）屏蔽室设计技术

11.1 医疗核磁共振屏蔽室设计依据

11.1.1 医疗核磁共振屏蔽室设计依据

（1）电磁兼容设计概要

依据电磁兼容（EMC）设计要求，生物体电类检测设备、医疗影像诊断设备和治疗设备等医疗设备用房应设置电磁屏蔽室或采用其他电磁泄漏措施，易受辐射干扰的医疗设备不应与电磁干扰源贴邻。生物电类检测设备包括心电图仪、脑电图仪、肌电诱发电位仪。大型医疗影像诊断设备包括 CT、MRI、$P_{et}CT$。

根据国家相关规范，对于医疗楼、专业实验室等特殊建筑物内设置大型电磁辐射装置，医疗核磁共振（MRI）核辐射装置或电磁辐射较严重的高频电子设备应采取屏蔽措施，将其对外界的核辐射或核辐射强度限制在允许范围内。

（2）设备供应商提出的要求

医疗核磁共振设备供应商在《产品说明书》中对设备使用环境、电磁骚扰限值、屏蔽接地都会提出要求。有的设备厂商甚至提出明显警示：凡是环境中的电磁干扰值不能满足医疗核磁共振设备工作要求时，应采取屏蔽措施。

（3）国家相关标准规范要求

根据国家规范《工业、科学和医疗（ISM）射频设备电磁骚扰特性、限制和测量方法》GB 4824—2004 中规定了工业、科学和医疗或类似目的而产生和使用射频能量的设备或器具（简称工科医疗设备），但不包括应用于电信、信息技术和国家其他标准所涉及的设备。

①GB 4828—2004 标准的分组与分类

1）该标准分组分类为 1 组设备、2 组设备。分类分为 A 类设备、B 类设备。医疗设备属于 1 组 A 类设备。

2）1 组设备：为发挥其自身功能的需要而有意产生和使用传导耦合射频能量的所有工科医设备。1 组设备的总目包括实验室设备、医疗设备、科研设备。

3）A 类设备：非家用和不直接连接到住宅低压供电网设备、设施中使用的设备。

②1 组 A 类设备的电源端子骚扰电压允许限值

1 组 A 类设备的电源端子骚扰电压允许限值见表 11 - 1。

表 11 - 1　在试验场测试时，A 类 1 组设备电源端子骚扰电压允许限值

频段/MHz	A 类 1 组设备允许限值/ dB(μV)	
	准峰值	平均值
0.15～0.5	79	66
0.5～5	73	60
5～30	73	60

注：1. 应注意满足漏电流的要求。

　　2. 本表摘自 GB 4824—2004 表 2a 值 A 类 1 组设备限值。

③1 组 A 类设备电磁辐射骚扰允许值限值

1 组 A 类设备电磁辐射骚扰允许限值见表 11 - 2。

表 11 - 2　1 组 A 类设备在试验场和现场电磁辐射骚扰允许值

频段/MHz	骚扰限值/dB(μV)	
	在试验场	在现场
	1 组 A 类设备测量距离 10 m	1 组 A 类设备测量距离 30 m（指距设备所在建筑物外墙的距离）
0.15～30	在考虑中	在考虑中

续表

频段/MHz	骚扰限值/dB(μV)	
	在试验场	在现场
	1 组 A 类设备测量距离 10 m	1 组 A 类设备测量距离 30 m(指距设备所在建筑物外墙的距离)
30～230	40	30
230～1 000	47	37

注：准备永久安装在 X 射线屏蔽场所的 1 组 A 类和 B 类设备，在试验场进行测量其电磁辐射骚扰限值允许增加 12 dB。安装在对 30 MHz～1 GHz 频率范围内的无线电骚扰至少提供 12 dB 衰减的防 X 射线。

11.1.2　医疗核磁共振设备的类型

医用核磁共振设备目前在国内使用的主要有 3 种类型：

1）永磁型核磁共振成像系统；

2）常导型核磁共振成像系统；

3）超导型核磁共振成像系统。

11.1.3　医疗核磁共振核辐射装置原理

医疗核磁共振扫描成像是基于核磁共振的原理，将辐射出的电磁波与人体内的氢质子共振所产生的信号经计算机处理，转换成病员被检测部位的可视图像，对病员进行医疗诊断的现代化医疗设备。MRI 具有无电离辐射、多参数、多断面等优点，MRI 在医疗诊断领域得到广泛应用。

11.2　核磁共振屏蔽室屏蔽效能计算及效能测试要求

11.2.1　核磁共振屏蔽室效能计算的特点

屏蔽室随频率的不同，电场、磁场场强值衰减不一样，被称之为频率特性。MRI 屏蔽室应能抑制一定数量级的电场和磁场。当内外电磁波入射到屏蔽室外壳上的电磁能量，同样划分为磁场分量和电场分量，可分别用入射波形的函数表达式，但到屏蔽外壳的场已经起了变化，所以简单的屏蔽室室内、室外之间的场的振幅比值不能正确表达屏蔽室的屏蔽效能，所以通常按照以下方式衡量 MRI 屏蔽室的屏蔽效能（单位 dB）。

低频 200 Hz～20 MHz（向下可扩展到 50 Hz 或更低）范围内屏蔽效果表达式为

$$SE_H = 20\lg \frac{H_1}{H_2} \qquad (11-1)$$

或

$$SE_V = 20\lg \frac{V_1}{V_2}$$

式中　H_1——没有屏蔽室的磁场，$\mu V/m$；

　　　H_2——有屏蔽室室内的磁场，$\mu V/m$；

　　　V_1——无屏蔽室的电压值，μV；

　　　V_2——有屏蔽室室内的电压值，μV。

谐振频段 20～300 MHz（向上可扩展到 1 000 MHz）范围内屏蔽效能（单位 dB）的表达式

$$SE_E = 20\lg \frac{E_1}{E_2} \qquad (11-2)$$

式中　E_1——没有屏蔽室的电场，$\mu V/m$；

　　　E_2——有屏蔽室室内的电场，$\mu V/m$。

微波 1.7～12.4 GHz（向上可扩展到 100 GHz）范围内的屏蔽效能（单位 dB）用功率表达式为

$$SE_P = 10\lg \frac{P_1}{P_2} \qquad (11-3)$$

式中　P_1——没有屏蔽室测得的功率，W；

　　　P_2——有屏蔽室室内测得的功率，W。

屏蔽室的屏蔽效能的具体计算方法参见第 6 章、第 7 章、第 9

章相关公式，本章不再重复表示。

11.2.2　核磁共振屏蔽室的测试要求

屏蔽室施工、设备安装所有作业完成后，应进行屏蔽效能测试。当设计无特殊要求时，应在核磁共振设备的主振频率点、10 MHz、100 MHz 三点对屏蔽室主要部位进行屏蔽效能测试，性能指标应符合设计要求。

11.3　医疗核磁共振屏蔽室的主体结构

11.3.1　屏蔽室主体结构特点

1）屏蔽室的屏蔽体应安装在支撑骨架上，支撑骨架宜采用铝制材料，如铝合金材料，其他合金成分不应有磁性成分。

2）支撑骨架与围护结构体之间六面应相互绝缘，包括安装电缆桥架、灯具等的支撑。绝缘电阻值应符合核磁共振设备提出的要求。

3）支撑骨架安装前应在围护结构体的六面设计好防水、防潮、防腐，然后铺上绝缘衬垫。地面可以是瓷砖或防静电地板。MRI 机房屏蔽室布置示意图如图 11-1 所示。

4）主体结构与操作室的接壤面处所设观察窗处，观察窗的窗口处应安装一层铜网、一层不锈钢网的双层网状屏蔽体，在网平面两侧应安装无磁性的导电平板玻璃加以保护，或者仅采用相同结构的导电无磁性平板玻璃。安装铜网、不锈钢网时四周必须绷紧，网状屏蔽体表面应平整，不应有死折；应采用锡焊将网的四边焊接在主体结构体上。

5）为提高观察窗的透光和观察效果宜采用导电屏蔽玻璃窗（见第 16 章），当采用导电屏蔽玻璃窗时，严禁使用带有磁性材料的导电屏蔽玻璃窗。

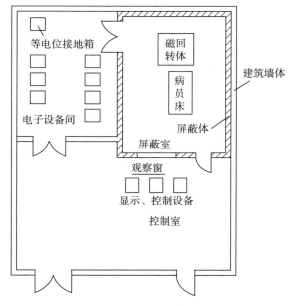

图 11-1　MRI 机房屏蔽室布置示意图

11.3.2　医疗核磁共振屏蔽体的焊接技术

根据屏蔽室屏蔽体所选用材料确定焊接方法，可参考表 11-3 所示要求。

表 11-3　铝、铝合金、铜、不锈钢焊接方法选择

焊接方法	原理	焊接金属	焊接金属厚度/mm	说明
气焊	利用气体燃烧发热来焊接	铝、铝合金、铜	≤14	
手工电弧焊	利用电弧产生的高温来熔化金属电极进行焊接	铝、铝合金、铜	≥1	当采银焊或锡焊时,助焊剂应使用中性焊油

续表

焊接方法		原理	焊接金属	焊接金属厚度/mm	说明
埋弧自动、半自动电弧焊		利用电弧产生的高温来融化金属电极进行焊接	铝、铝合金	≥6　对焊	
			铜	≥4　对焊	
气体保护焊（氩弧焊）	不溶电极氩弧焊	利用电弧产生的高温来溶化金属，并以氩气保护电弧区的焊接	铝、铝合金、不锈钢	0.5～30,一般适用焊接厚度在0.5～4	不锈钢焊接虽可手工电弧焊与自动、半自动电弧焊，通常都是采用氩弧焊
	溶化电极氩弧焊				

11.4　医疗核磁共振屏蔽室设计材料选择

为了防止核磁共振装置产生的强磁场对操作者和病员的影响，核磁共振装置机房必须建立磁屏蔽措施，并设置屏蔽室。核磁共振磁屏蔽室的屏蔽体的材料必须采用对磁场、电场和平面波都具有较好的屏蔽效能，同时又具有一定刚性的非导磁性材料，通常应选用铝板、铜板或不锈钢板等非铁磁性材料，包括辅助材料，严禁使用磁性材料。

对于位于核磁共振机房内的设备，如线缆管路、桥架、配电箱（柜）、灯具及支持构架等设备、设施均不得采用含有铁磁性物质的材料和元器件，必须采用逆磁性材料和元器件，如铝、铜、不锈钢或有机物质合成材料，以降低或消除对医疗核磁共振设备的影响。

11.5　医疗核磁共振屏蔽室内设施的供电

现代医疗设备中的核磁共振设施多为超导型，它一旦建立起磁场，超导磁体就不需再消耗能量。加速器的主要耗能部件有：磁体的梯度磁场系统，射频系统，以及用于冷却加速器线圈真空包内液氮的专用水冷环境控制系统等。核磁共振设施主要在监测采样和在记录过程中消耗功率。检查所需要的时间依据病理、部位的不同，一般在几分钟（min）到数十分钟（min）不等，由此看来核磁共振设施属于持续性工作设备。依据电磁兼容（EMC）的要求及相关规定医疗安全设施等级与类别的分配，核磁共振造影室供电类别属于一级，自动恢复供电时间，$0.5\ \text{s} < t \leqslant 15\ \text{s}$。根据《民用建筑电气设计规范》JGJ16—2008 附录 A 规定医疗核磁共振设备二级以上医院供电负荷级别为一级，特别需要注意：1）超导型 MRI 的液氮冷却系统须不间断运行；2）MRI 设备的冷水机组应独立回路供电并应双路供电；3）MRI 设备的主机应从变电所引出单独回路供电，并且宜采用双回路供电，供电系统要考虑设备的自身消耗功率和维持环境系统正常工作的功率，包括操作室、工作间所需功率。

11.6　医疗核磁共振屏蔽室的接地

11.6.1　接地要求

在磁兼容设计时要正确运用接地技术，可实现抗干扰和设备、人员安全两个目的。抗干扰是关系到电子设备可靠工作的重要问题。干扰传递途径有两个方面：一是传导，二是辐射。传导干扰是通过电路之间的互联导线而传递的，辐射干扰是通过干扰源产生电磁场而传播。而接地系统具有传递、辐射这两种干扰的途径。从接地系统的上述两种干扰传递途径来看，接地系统应该尽量降低传导干扰和辐射干扰，而降低干扰的具体方法就是要采取零阻抗或是低阻抗的接地通道。而且，不得采取环形接地回路。

11.6.2　接地电阻值

从厂商提供的核磁共振产品要求接地电阻大都在 $0.25 \sim 0.1\ \Omega$，选择铜母线排接地。

11.6.3　接地方式

核磁共振屏蔽室必须采用单点接地方式，工作接地和保护接地两方面，在屏蔽体电源滤波器安装处设等电位连接端子箱，引独立地线到 MRI 专用接地装置，以此减小可能带来的干扰。

第12章 屏蔽室门窗、孔洞、缝隙及截止波导管屏蔽效能的计算

12.1 孔洞、缝隙等屏蔽的基本理论

均匀屏蔽理论论述的没有孔洞、缝隙的完全连续封闭的屏蔽室是不存在的，屏蔽体也不是无限平面，而且大多数为长方形、6个面的实体。并且，在屏蔽体上不可避免地会有孔洞、缝隙。屏蔽的空间也绝不是孤立的，它必然要和外界有联系，如连接电源系统、通风系统、信号联络系统和控制系统等。诸如此类联系的通道就有泄漏，泄漏影响屏蔽的屏蔽效能。当有孔洞、缝隙存在时，电磁波穿越屏蔽体有两种途径，即从屏蔽材料的渗透和从孔洞或缝隙的泄漏。泄漏取决于以下三种因素：缝隙的长度、波阻抗及源频率。随着频率增高，孔洞或缝隙对屏蔽效能的影响也就越大。根据非均匀屏蔽理论，在高频情况下，电磁屏蔽效能主要取决于这些孔洞、缝隙的泄漏，而与屏蔽材料本身关系不大。因此，在屏蔽设计中，对孔洞或缝隙的处理是一个极其重要的环节。从机理上来看，电磁场是个矢量。很明显，电波从屏蔽材料和孔洞缝隙间的空间传输，其波速是不一样的，而且所遭受的衰减程度也是不同的。这样就造成了电磁波由于两个不同途径的传播形成了幅度与相角差。非均匀屏蔽理论就是基于这种情况来对屏蔽室的屏蔽效能进行评定，如图 12-1所示。

假设在屏蔽体上有孔隙，设场源 H_0 在屏蔽体外侧，于是电磁波通过两种途径，即从屏蔽体和材料孔隙传输到屏蔽体内侧，其场强分别以 H_1 和 H_2 表示。测试点的场强为 $H_i = H_1 + H_2$，于是屏蔽体

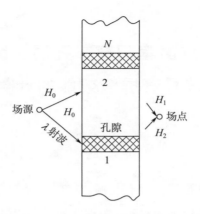

图 12 - 1　考虑孔隙的屏蔽效能计算

的屏蔽效能 S 应为

$$S = 20\ \lg\left|\frac{H_0}{H_i}\right| = 20\ \lg\left|\frac{H_0}{H_1 + H_2}\right|$$

$$= -10\ \lg\left(\frac{|H_1|^2 + |H_2|^2 + 2|H_1| \cdot |H_2|\cos\theta}{|H_0|^2}\right)$$

$$(12 - 1)$$

式中　θ ——场强 H_1 和 H_2 之间的相位差。

在均匀屏蔽理论中,把电磁波穿越屏蔽体前、后的场强比定义为屏蔽体的屏蔽效能,即

$$S_1 = -20\ \lg\left|\frac{H_1}{H_0}\right| \qquad (12 - 2)$$

变换后得

$$\left|\frac{H_1}{H_0}\right| = 10^{-S_1/20} \qquad (12 - 3)$$

与此相似,把电磁波穿越孔隙前后的场强比定义为孔隙的"屏蔽效能"(实为衰减损耗),用 S_2 表示。于是

$$S_2 = -20\ \lg\left|\frac{H_2}{H_0}\right|$$

$$\left|\frac{H_2}{H_0}\right| = 10^{-S_2/20} \qquad (12-4)$$

因此，式（12-1）改写为

$$S = -10\lg\left[10^{-S_1/20} + 10^{-S_2/20} + (2 \times 10^{-S_1/20} \times 10^{-S_2/20}\cos\theta)\right]$$

$$(12-5)$$

或

$$S = -10\lg\left[10^{-S_1/20} + 10^{-S_2/20} + 2 \times 10^{-(S_1+S_2)/20}\cos\theta\right]$$

若将式（12-5）写成一般通式，即

$$S = -10\lg\left[\sum_{P=1}^{n}10^{-SP/20} + 2\sum_{P=1}^{n=1}\sum_{q=1}^{n=P}10^{-(SP+SP+q)/20}\cos(\theta_P - \theta_P + q)\right]$$

$$(12-6)$$

同理

$$S_2 = -10\lg\left[10^{-S/20} + 10^{-S_1/20} - 2 \times 10^{-(S+S_1)/20}\cos(\theta_1 - \theta)\right]$$

$$(12-7)$$

以上就是屏蔽孔洞、缝隙等的基本理论，即非均匀屏蔽理论所给出的计算公式，下面着重说明一下这些公式及其应用。

显然，从理论上来看，上述计算是较精确的。但是，作为实际计算，如何来确定这些相位差，却是困难的。在实践中，即使在同样一个屏蔽室在同一个测试条件下，但由于激励信号变化，天线的位置变动都将对测试结果产生影响，所以这种相位角是随机的。上面推出的非均匀理论的公式中［式（12-5）～（12-7）中］，略去 $\cos\theta$ 项，改写成式（12-8）作为总的屏蔽效能的评定式。

经分析，假定穿越屏蔽体的各个不同孔隙的电波在另一侧是同相位的，其误差不超过 2 dB，因此，设共有 n 个孔隙，取 $\theta = 0°$，总的屏蔽效能为

$$S = -20\lg\left(\sum_{P=1}^{n}10^{-SP/20}\right) \qquad (12-8)$$

12.2 孔洞缝隙对屏蔽效能的影响、缝隙允许范围及其泄漏计算

12.2.1 孔洞缝隙的允许范围

（1）缝隙的危害

理想的屏蔽体应当是一个没有开口、没有连接缺陷的无孔缝完整的金属体结构，然而屏蔽体一般是由许多块金属板通过焊接连接的方法组装而成。另外，还有通风孔等，它们都有很多接缝。接缝处理是否良好，能否做到较低阻抗值、有完善的电气接触，对屏蔽效能影响很大。

常见的缝隙类型有：1）两个紧密接触的金属接缝；2）加有金属衬垫的金属表面之间的接缝或空隙；3）通风孔洞或导线、水管以及照明灯等的出入口。

在有众多缝隙的情况下为保证屏蔽内涡流的畅通，提高屏蔽效能对于孔洞缝隙非常重要。当涡流与缝隙垂直时（横向缝隙），缝隙切断了涡流路线，使涡流作用局限于各区段，降低了屏蔽效能，这种横向缝隙被称为危险狭缝，也称危险缝隙。与涡流方向平行的缝隙称为不危险缝隙。在屏蔽室构造设计中应尽力避免危险缝隙。

孔隙的泄漏情况与孔隙的数量、孔隙的直线尺寸、孔隙方向（横向、平行）和工作波长密切相关。当在高频率时，孔隙的泄漏就非常严重，当网孔缝隙面积相同时，缝隙比孔洞泄漏更严重。当缝隙的直线尺寸接近工作波长时，由于缝隙的天线效应会大大降低屏蔽效能，甚至使得屏蔽室无法应用。因此，在设计、施工高频特别是微波屏蔽室时，对门窗、通风及金属板屏蔽体绞接焊缝要予以特别重视，否则很难达到较好的屏蔽效果。

（2）孔洞缝隙的允许范围

一般缝隙的泄漏在 1 MHz 以上就显得很严重。电磁能量泄漏主要取决于：1）缝隙的长度方向；2）波阻抗；3）与电磁能量和电磁

波源的波长。对于缝隙的宽度固然有影响，但很有限。因为缝隙越长，迂回的电路线越长，在缝隙口的电压也越高。最大的电压出现在缝隙中部，且随着缝隙长度的增加，电压也增加。宽度对于迂回长度几乎不起作用，因而对电压的影响很小。屏蔽室的最小工作波长支配着缝隙天线的辐射泄漏量。如果缝隙长度恰好是 $\lambda/4$ 或更长些，它就是一个非常有效的辐射器。因此，缝隙的最大直线尺寸必须小于 $\lambda_{min}/10$（λ_{min} 代表最小工作波长），洞孔的最大直线尺寸应小于 $\lambda_{min}/5$。下面以图 12-2 来说明频率（波长）与缝隙的关系。

　　如果缝隙长度小于 $\lambda/100$（λ 为电长度），则是一个效率相当低的辐射器。因此，如果缝隙的宽度仅为 $0.02\sim0.1$ mm，但长度为 $\lambda/100$ 或更长，就可能导致大量泄漏。图 12-2 给出了金属封闭体中有代表性的缝隙电长度为 λ 或 $\lambda/100$ 时可在 $0\sim15$ cm 范围内得出对应频率。在频率和缝隙长度组成的坐标上，$\lambda/100$ 线的右上侧势必会造成泄漏。该图还说明了为什么频率高于 100 MHz 以后，即使屏蔽体不连续处的缝隙非常窄，但只要其长度达数厘米时就会急剧地降低屏蔽体的屏蔽效能。

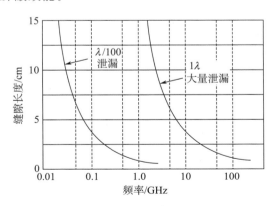

图 12-2　缝隙辐射（泄漏）

12.2.2　孔洞缝隙的计算条件

由于电磁波在经过缝隙时，其衰减规律非常复杂，而且通过各种缝隙泄漏的电磁场相位也不同。所以，只能用近似的计算方法。这种计算方法是先要有给定条件，设电磁屏蔽室的屏蔽体上有一个圆洞，而且当：

1）孔洞面积 S 在其屏蔽的整个表面积 Σ 上显得极小；

2）孔洞的直线尺寸与波长相比很小时；

3）屏蔽室的等效半径 $R_{SE} \leqslant \dfrac{\lambda}{2\pi}$ 时，λ 为工作波长；

4）屏蔽室为一无限薄的理想导电板的球体屏蔽。

12.2.3　正方形、矩形或圆形孔洞的泄漏计算

1）当孔洞为正方形或圆形时

$$SE_{01} = 0.25\left(\frac{\Sigma}{C}\right)^{\frac{3}{2}}（效能为倍数） \qquad (12-9)$$

当用分贝（dB）表示时，写成

$$SE_{01} = 20\lg 0.25\left(\frac{\Sigma}{C}\right)^{\frac{3}{2}}（效能为 dB） \qquad (12-10)$$

$$C = a \times b$$

式中　SE_{01} ——一个孔洞的泄漏；

　　　Σ ——整个屏蔽室屏蔽体的表面积，m^2；

　　　C ——每个缝隙或孔洞的有效面积，m^2；

　　　a ——孔洞的宽度；

　　　b ——孔洞的长度。

2）当孔洞为矩形时（长边为 b ，短边为 a ）

$$SE_{02} = 0.25\left(\frac{\Sigma}{kc}\right)^{\frac{3}{2}} \qquad (12-11)$$

式中　k ——修正系数，它是 $\dfrac{b}{a}$ 的函数。

$$k = \sqrt[3]{\frac{b}{a}a^2} \qquad (12-12)$$

当 $\frac{b}{a} = 1$，$a = 1$，$\frac{b}{a} = 5$，$a = 2.2$，$\frac{b}{a} > 5$ 时

$$a = \frac{b}{2a\ln 0.63\frac{b}{a}} \qquad (12-13)$$

为计算方便，现将 k 与 $\frac{b}{a}$ 的关系值列于表 12-1。使用时可直接查用，或根据图 12-3 中 k 与 $\frac{b}{a}$ 关系曲线查得。

表 12-1　k 与 $\frac{b}{a}$ 关系值

缝隙 $b=50$，$a=1$ mm 时	$\frac{b}{a} = 50$	$k = 14.2$
缝隙 $b=20$，$a=1$ mm 时	$\frac{b}{a} = 20$	$k = 7.5$
缝隙 $b=100$，$a=1$ mm 时	$\frac{b}{a} = 100$	$k = 24.4$
缝隙 $b=100$，$a=5$ mm 时	$\frac{b}{a} = 20$	$k = 7.5$
缝隙 $b=10$，$a=1$ mm 时	$\frac{b}{a} = 10$	$k = 4.7$
缝隙 $b=1$，$a=1$ mm 时	$\frac{b}{a} = 1$	$k = 1$

注：孔洞缝隙必须根据最小工作波长 $\lambda_{\min}$ 决定。

3）当有 n 个相同的孔洞时

$$SE_{03} = \frac{1}{n}SE_{01} \qquad (12-14)$$

式中　SE_{01}——一个孔洞的泄漏；

　　　n——孔洞数量。

4）有若干个大小不同的孔洞时

$$SE_{04} = \frac{1}{\sum_{i=1}^{n} \frac{1}{SE_{0i}}} \qquad (12-15)$$

5）当用形状大小一样的 n 个孔代替一个大孔洞时

$$SE_{05} = \frac{1}{\sqrt{n}}SE_{0i} \qquad (12-16)$$

12.2.4　孔洞缝隙总屏蔽效能计算

所有的孔洞缝隙，包括焊接、门、窗缝隙、通风波导及其他各种波导管等的屏蔽泄漏的总和。其计算公式如下

$$SE_0 = \frac{1}{\dfrac{1}{SE_{01}} + \dfrac{1}{SE_{02}} + \dfrac{1}{SE_{03}} + \dfrac{1}{SE_{04}} + \cdots + \dfrac{1}{SE_{0n}}} \qquad (12-17)$$

式中　　SE_{01}，SE_{02}，$\cdots$，SE_{0n}——各个孔洞的屏蔽效能。

其计算公式见式（12-9）～式（12-54）。

12.3　屏蔽室门窗的泄漏计算

门窗的泄漏主要由门与门框缝隙产生的。一般对泄漏影响最大的是门的横向切口。因此设计上只考虑门最长边方向造成的泄漏就可以了，通常门的高度大于门的宽度，在计算时只考虑门旁边的两条缝，计算公式

$$SE_{06} = \frac{1}{n_1} 0.25 \left(\frac{\Sigma}{kc} \right)^{\frac{3}{2}} \qquad (12-18)$$

$$n_1 = \frac{2L}{b} = \frac{\text{垂直于平面涡流方向的缝隙总长度}}{\text{一个缝隙长度}} = \text{缝隙数量（个）}$$

式中　　L——门的高度，mm；

　　　　b——一个门缝隙长度，mm。

　　k 与 $\dfrac{b}{a}$ 的关系如图 12-3 所示。

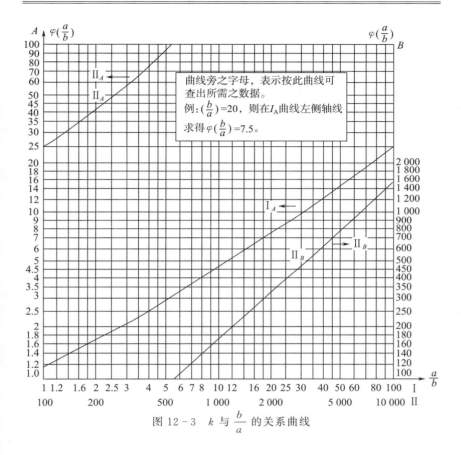

图 12 - 3 k 与 $\dfrac{b}{a}$ 的关系曲线

12.4 屏蔽金属体焊接缝隙的泄漏计算

考虑焊缝的缝隙时，计算横向电流，通路的缝隙数可以视为等于总缝隙数量的一半，并且可用下列公式计算

$$SE_{07} = \frac{1}{n_2} 0.25 \left(\frac{\Sigma}{kc} \right)^{\frac{3}{2}} \qquad (12-19)$$

$$n_2 = \frac{(A+B)\Sigma}{2bAB}$$

式中　n_2——縫隙數量，個；

　　　　A，B——每一塊金屬屏蔽體的長和寬，mm；

　　　　b——一個縫隙的長度，mm；

　　　　Σ——整個屏蔽室屏蔽體的表面面積，mm^2。

12.5　通風系統中截止波導管的泄漏計算

微波屏蔽室均系金屬板狀，需要通風。在工藝要求較高的屏蔽室還需要空調，裝了通風管道後，干擾電磁波便從通風管道泄漏，為了防止這種泄漏，所以在通風口與屏蔽體接觸處加裝蜂窩型截止波導管，如圖 12 - 4 所示。

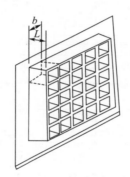

圖 12 - 4　蜂窩型波導濾波器外形圖

12.5.1　截止波導工作原理

截止波導是特定尺寸的空心金屬管，其截面可以為圓形、矩形或其他任何幾何形狀。其主要功能是通風或作為屏蔽體內外非導電連接（如光纖連接）的通道。

波導管只能傳輸頻率極高（微波）的電磁波，一定截面的波導管只能阻止一定頻段範圍內的電磁波。當高於某一頻率時電磁波就不能適應這種波導管（這時電磁波在波導管中將不能產生極大的衰减），即只有当工作波长 λ 大于最低波导中的相波长 λ_g（即波导中传输模的波导波长）的情况下（$\lambda > \lambda_g$)，电磁波在波导管中才有随指数下降的特性，即当信号频率低于截止频率时，波导处于截止状态，信号在波导中迅速衰减，不能正常传播。每种既定的波导都有最低可传输频率，该频率称为截止频率或叫临界频率 f_0。对应于临界频率 f_0 的波长称为截止波长或叫临界波长，并用 λ_0 表示。

选择一定截面的波导管，取其截止频率 f_0（或截止波长 λ_0）低于所需屏蔽的最高频率（或大于所需屏蔽的最短波长），以达到抑制外界电磁场干扰的目的。也就是说，只有当电磁波的工作波长大于截止波长时，这个波才不能在波导中传输。

12.5.2　通风孔洞的屏蔽类型及形式

对于屏蔽室设计中难以回避的问题诸如通风孔洞，开口面积大，若不采取屏蔽措施，屏蔽室将起不到屏蔽作用。必须在这些开孔的孔洞上设置滤波装置。通风孔洞滤波装置用网式圆形的如图 12 - 5 所示，也有用方形网状的如图 12 - 6 所示。如果要提高屏蔽效能，就要增加层数，这样通风的阻力就增加。这种网状形式仅适用于要求屏蔽效能不高的屏蔽室，如高频电炉屏蔽室或网式结构的屏蔽室。

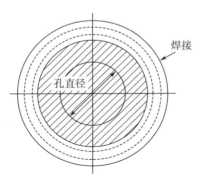

图 12 - 5　网状屏蔽通风孔圆形焊接式示意图

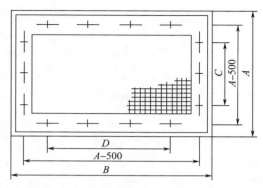

图 12-6　网状屏蔽通风孔方形螺栓连接式示意图

当屏蔽效能较高或为板式屏蔽室时都采用空气阻力较小的蜂窝式通风孔板式、波导式滤波屏蔽装置。网状屏蔽的空气阻力特性如图 12-7 所示。通风孔板及蜂窝式装置的空气阻力特性如图 12-8 所示。从这几条曲线看到，在同样的风量下，网式的空气阻力比蜂窝式的大许多倍（从图可以看出大 7 倍以上），而且蜂窝式和波导式的耐久性比网式高。蜂窝式波导式通风孔板的外形，如图 12-9 所示。波导通风孔矩形波导衰减特性如图 12-10 所示。它可以是圆形、方形和六角形，其屏蔽效能比网式的大得多。圆形波导管衰减特性如图 12-11 所示。

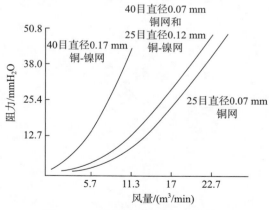

图 12-7　网状屏蔽的空气阻力特性

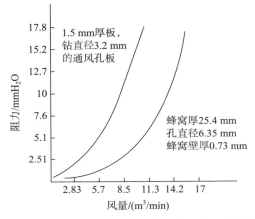

图 12 - 8　通风孔板及蜂窝式装置的空气阻力特性

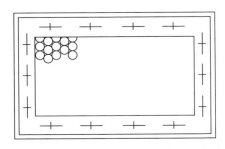

图 12 - 9　波导式通风孔板的外形示意图

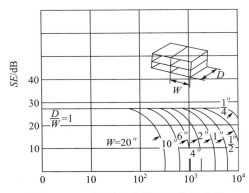

图 12 - 10　矩形波导管衰减特性曲线

W 一孔宽度；D 一波导深度

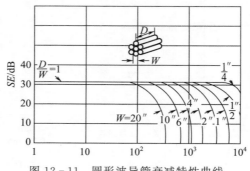

图 12-11　圆形波导管衰减特性曲线

12.5.3　波导截止频率计算

截止波导是特定尺寸的空心金属管，其截面可以为圆形、矩形或其他任何几何形状。其主要功能是通风通道。

（1）圆形波导管截止频率计算

当圆形截止波导内只有空气时，按式（12-20）计算截止频率

$$f_c = \frac{17.58}{d} \qquad 或 \qquad d = \frac{17.58}{f_c} \qquad (12-20)$$

式中　f_c——波导内只有空气时的最低截止频率，GHz；

　　　　d——圆形截止波导管内直径，cm。

（2）矩形波导管截止频率计算

1）当矩形截止波导内只有空气时，按式（12-21）计算截止频率

$$f_c = \frac{15.0}{b} \qquad 或 \quad b = \frac{15.0}{f_c} \qquad (12-21)$$

式中　b——矩形截止波导管最大边内壁边长，cm。

2）当截止波导内填充有非空气介质时，按本章 12.6.1 小节式（12-46）计算截止频率。

（3）波导管截止波长的计算

选择截止波导管取其截止波长 λ_c（或截止频率 f_c）低于所需频

率的最高频率（或大于所需屏蔽的最短波长），只有当电磁波的工作波长大于截止波长时，这个波才不能在波导中传输，以达到抑制外界电磁场干扰的目的。最低波导中的相波长称为波导波长 λ_g，波导波长计算按式（12 - 22）、式（12 - 23）计算。

①矩形波导波长

$$\lambda_g = \frac{\lambda}{\sqrt{1 - \left(\dfrac{\lambda}{2b}\right)^2}} \qquad (12 - 22)$$

式中　b——矩形波导边长，参见式（12 - 21）。

②圆形波导波长

$$\lambda_g = \frac{\lambda}{\sqrt{1 - \left(\dfrac{\lambda}{\lambda_c}\right)^2}} \qquad (12 - 23)$$

$$\lambda_c = 3.41d \qquad (12 - 24)$$

$$\lambda = \frac{3 \times 10^8}{f}$$

式中　λ_c——最低截止波长，当圆形波导管采取 TE_{11} 模式；

　　　d——圆形截止波导管内半径；

　　　λ_g——波导中某传输模相邻两等相位之间的轴向距离（或说相差角为 360°的两个相平面之间的距离），称为传输模的波导波长或相波长；

　　　λ——最低工作波长；

　　　f——工作频率；

　　　λ_c——最低截止波长。

12.5.4　波导管长度计算

（1）圆形波导管长度计算

圆形波导管长度计算可按式（12 - 25）计算

$$L = SE/a_{圆} \qquad (12 - 25)$$

式中　L——波导管的长度，m；

　　　　SE——波导管的屏蔽效能，dB；

　　　　$a_圆$——波导管单位长度内的衰减系数，dB/m。

　　$a_圆$ 按式（12-26）计算

$$a_圆 = 8.686\sqrt{\left(\frac{368.2}{d}\right)^2 - \left(\frac{20\pi}{3}f\right)^2} \qquad (12-26)$$

式中　f ——被抑制频率，GHz；

　　　　d ——圆形波导管的内直径，cm。

　　（2）矩形波导管长度计算

　　矩形波导管长度可按式（12-27）计算

$$L = SE/a_矩 \qquad (12-27)$$

式中　$a_矩$——矩形波导管单位长度内的衰减系数，dB/m。

　　$a_矩$ 按式（12-28）计算

$$a_矩 = 8.686\sqrt{\left(\frac{314.1}{b}\right)^2 - \left(\frac{20\pi}{3}f\right)^2} \qquad (12-28)$$

式中　f ——被抑制频率，GHz；

　　　　b ——矩形波导管的最大边内壁边长，cm。

　　（3）实际波导管长度 L 的选择

$$长度 L \geqslant 5d(b) \qquad (12-29)$$

　　一般情况下为 $3 \sim 5d(b)$，但是不得小于 $3d(b)$。

12.5.5　蜂窝状通风窗六边形波导管计算

　　蜂窝状通风窗中的六角形波导，截止频率可用式（12-20）计算，但 d 值为六角形的对角线尺寸。截止波导管长度计算可按式（12-25）、式（12-29）计算，也可应用式（12-30）、（12-31）求得。

　　对远小于截止频率的任意频率 f_a，即 $f_a < 0.1f_c$。每厘米的衰减量 A_a（dB/cm）近似为：

　　1）圆波导

$$A_a = 32/d \qquad (12-30)$$

2）矩形波导

$$A_a = 27.3/b \qquad (12-31)$$

式中　d ——圆形截止波导管的内直径，cm；

　　　b ——矩形截止波导管的最大内壁边长，cm。

以上关系式满足如下条件才是适用的：首先应是空气波导，其次要求波导长度与宽度之比或长度与直径之比等于或大于 3，一般大于或等于 5。

在许多场合，屏蔽网引入的空气阻力太大，并且它不能提供足够的屏蔽效能。这种情况下，在孔口上可覆盖专门设计的带孔通风板（如蜂窝状板），这种通风板开孔依据就是截止波导原理。蜂窝状通风孔板的屏蔽效能是波导尺寸管口径和长度的函数，而且还与通风孔板上所含的波导管的数量有关。钢结构蜂窝状板的屏蔽效能（见表 12-2），该蜂窝状板上有 0.32 cm 的六角形孔，孔的长度（深度）为 1.27 cm。

表 12-2　钢结构六角形蜂窝状通风板的屏蔽效能

（孔径为 0.32 cm，孔长为 1.27 cm）

频率/MHz	屏蔽效能/dB
0.1	45
50.0	51
100.0	57
500.0	56
2 200.0	47

其衰减性能，对任何形式的波导的所有波形来说，其单位长度的衰减量（单位 dB/m）为

$$\alpha' = \frac{54.6}{\lambda_c} \sqrt{1 - (\lambda_c/\lambda)^2} \qquad (12-32)$$

式中　λ_c ——截止波长；

　　　λ ——工作波长。

当 $\lambda < \lambda_c$ 时，其衰减很小，只取决于波导壁上的吸收，不能起到屏

蔽作用。$\lambda > \lambda_c$ 时，其衰减 $\alpha' = 54.6/\lambda_c$，则总衰减量 SE（单位 dB）为

$$SE = \alpha'L \tag{12-33}$$

式中　L ——波导管长度，m。

由上式计算出波导通风管的每根通风波导管的直径或边长及长度，然后根据通风量计算出整个通风孔的尺寸。通风窗由每根波导通风管焊接而成，如图 12-9 所示。

除此之外，屏蔽室的通风口也可用金属双层屏蔽网进行屏蔽，双层之间应保持合适的层间距，参见第 14 章 14.3 节。但此种方式仅适合于要求的频率和屏蔽效能不是很高的屏蔽室。

12.5.6　截止波导管的屏蔽效能计算

（1）截止波导管设计原则

1）波导管横断面尺寸，必须按屏蔽室屏蔽的最高频率确定；

2）波导管长度应根据屏蔽室所需要最高频率的衰减效能大小确定；

3）由于矩形（正方形）波导管的风阻比圆形小，在实际选择中应选择矩形，最好选择正方形，因为正方形的效果最好。

（2）单个波导管的屏蔽效能

由式（12-25）、式（12-27）可得到圆形、矩形截止波导管的单个屏蔽效能，即由 $L = SE/a_圆$ 或 $L = SE/a_矩$ 得

$$SE = a_圆 L \tag{12-34}$$

$$或　SE = a_矩 L$$

（3）截止波导管的总效能计算

截止波导管衰减的总效能 $SE_总$ 可用下式计算

$$SE_总 = SE_{单合} aL \tag{12-35}$$

式中　a ——各种类型的波在波导管中单个长度内的最小衰减量，
　　　　见式（12-26）、式（12-28）。

　　　$SE_{单合}$ ——多个波导管的合成衰减值，用式（12-36）计算。

$$SE_{单合} = \frac{1}{n} 0.25 \left(\frac{\Sigma}{F}\right)^{\frac{3}{2}} \tag{12-36}$$

式中　n ——波导管的数量；

　　　F ——波导管等效圆形截面积，cm^2；

　　　Σ ——整个屏蔽室屏蔽体的表面面积，cm^2。

12.5.7　波导通风窗屏蔽效能近似计算

应用传输线原理，和均匀屏蔽理论中屏蔽效能的表达式一样，把通风孔的衰减看成是由两部分组成：一是通过波导的衰减；二是在波导孔界面上的反射。同时考虑到波导通风孔的孔数因素，在反射衰减中，加上"孔率"修正因子，从而提供一个近似的屏蔽效能计算方法。

（1）波导通风窗孔洞的屏蔽效能计算

①波导通风窗矩形孔的最高工作频率（单位 MHz）

$$f_{max} \leqslant \frac{150}{\lambda_c} \qquad (12-37)$$

式中　λ_c ——波导管的截止波长。

②屏蔽效能 SE（单位 dB）计算公式[①]

$$SE = A_a + R + K_1 + K_2 \qquad (12-38)$$

式中　A_a ——波导每厘米长度的衰减量，dB/cm，近似值；

　　　R ——波导通风孔界面的反射量，dB；

　　　K_1，K_2 ——考虑到波导通风孔的孔数因素的"孔率"修正因子。

1）圆形波导通风孔屏蔽效能 SE（单位 dB）计算

$$A_a = \frac{32}{D}$$

$$R = 20\lg\left(\frac{D}{14.728r} + \frac{1}{2} + \frac{r}{1.08}\right) \qquad (12-39)$$

$$K_1 = -20\lg\left[1 + \frac{95 \times 10^{-3}\mu_r}{(\pi f d^2 \mu_r \sigma_r)^{1.15}}\right]$$

---

①　本公式是按低阻抗场推导的，仅适用于磁场及平面波计算。

$$K_2 = -10\lg(S \cdot n)$$

式中，A_a、R、K_1、K_2 单位均为 dB。

2）矩形或六边形通风孔屏蔽效能计算

$$A_a = \frac{27.3}{b}$$

$$R = 20\lg\left(\frac{b}{4\pi r} + \frac{1}{2} + \frac{\pi r}{4b}\right) \qquad (12-40)$$

$$K_1 = -20\lg\left[1 + \frac{95 \times 10^{-3}\mu_r}{(\pi f d^2 \mu_r \sigma_r)^{1.15}}\right]$$

$$K_2 = -10\lg(S \cdot n)$$

式中　b ——矩形截止波导最大边内壁边长，cm；

　　　f ——工作频率，Hz；

　　　D ——圆形截止波导内直径，cm；

　　　μ_r ——相对铜的磁导率；

　　　r ——噪声源至波导孔面距离，cm；

　　　σ_r ——相对导电率；

　　　S ——单个波导截面面积，cm^2；

　　　n ——单位面积的孔数；

　　　d ——衬垫金属网的网孔直径。

（2）垫有导电衬垫的缝隙屏蔽效能计算[②]

缝隙的屏蔽效能 SL（单位 dB）的计算公式

$$SL = K_3 + K_4 \qquad (12-41)$$

$$K_3 = 4.02 - 20\lg\left(\frac{\Delta S}{b}\right)^{\frac{3}{2}} + 10\lg\frac{r}{b} \qquad (12-42)$$

$$K_4 = 2(R_1 + K_1) + 20\lg\frac{3l_1 + 2r10^{-(R_1+K_1)/20}}{r + 2l_1} \qquad (12-43)$$

式中，K_3，K_4 单位为 dB。

---

② 本公式是按低阻抗场推导的，仅适合于磁场及平面波计算。

$$R_1 = 20\lg\left[\frac{r}{0.478g\left(\ln\dfrac{2g}{d} - 1.5\right)}\right] \tag{12-44}$$

$$K_1 = -20\lg\left[1 + \frac{95 \times 10^{-3}\mu_r}{(\pi f d^2 \mu_r \sigma_r)^{1.15}}\right] \tag{12-45}$$

$$\Delta S = K \cdot SL$$

$$SL = b \cdot \tau(缝隙长 \times 宽)$$

$$k = \frac{b}{\tau}\left(2\ln\frac{0.63b}{\tau}\right)^{-\frac{2}{3}}$$

式中　ΔS ——与缝隙面积等效的圆孔面积；

g ——衬垫金属网的网距（中心距）；

d ——衬垫金属网的网丝直径；

l_1 ——衬垫条宽度。

12.5.8　电磁屏蔽室通风设计及截止波导管安装

（1）电磁屏蔽室通风设计

1）电磁屏蔽室通风设计的通风口应采用截止波导窗。截止波导窗口的大小和位置，应以工艺设备与电气屏蔽室接地点位置相协调。

2）通风截止波导窗的有效利用系数以实测数据为准。当无实测数据时，可按 0.75 设计。

3）通风用截止波导窗的风阻以实测数据为准。当无测试数据供参考时，可按风速为 3 m/s、风阻为 50 Pa 设计。

4）截止波导窗与屏蔽体应采用焊接连接，并与电气接地板相连接。当采用法兰盘连接时，应在法兰盘与屏蔽体基体之间安装导电的电磁密封衬垫。

（2）电磁屏蔽室通风管截止波导管的安装要求

由于金属网在高频情况下基本没有屏蔽作用，因此，微波屏蔽室的开窗不能使用金属网的方式来解决通风的问题，而必须用截止波导管。

截止波导管装于通风管内，波导管与风管间、风管与屏蔽体之间要紧密焊接。风管进入屏蔽体前 100～300 mm 处要用一段绝缘而柔软的套管材料,这既保证屏蔽室的一点接地又减少了风管对屏蔽室产生的振荡,如图 12-12 所示。

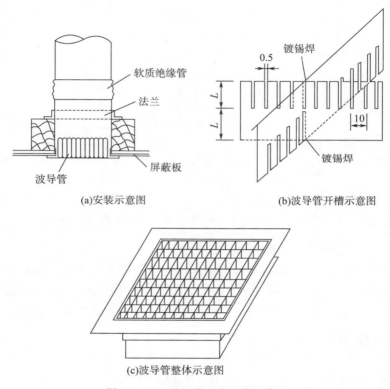

(a)安装示意图　　　　　　　　　　　(b)波导管开槽示意图

(c)波导管整体示意图

图 12-12　通风截止波导管整体图

12.6　光缆及其他非导电介质穿入屏蔽体截止波导管的计算及非空气介质影响的矫正

截止波导管用作穿入屏蔽体光缆或其他非导电介质的屏蔽效能计算及对非空气介质影响的矫正,是当前屏蔽室设计必须考虑的问题。本书的计算方法是 GJB 5792—2006 推荐的方法。

12.6.1　光缆或其他非导电介质波导管屏蔽效能计算特点

1) 当截止波导作为穿入屏蔽体光缆或其他非导电介质的通道时，波导截止频率和屏蔽效能的计算与作为通风等用途时的波导截止频率和屏蔽效能的计算方法不能等同，否则将导致电磁屏蔽体屏蔽效能严重下降而不能满足设计要求，因此必须加入修正因子。计算见式 (12-46)、式 (12-48)、式 (12-49) 及式 (12-50)。

2) 每种既定的波导都有最低可传输频率，该频率称为截止频率。当信号频率低于截至频率时，波导处于截止状态，信号在波导中迅速衰减，不能正常传播。当圆形或矩形截止波导内只有空气时，按式 (12-20) 及式 (12-21) 计算截止频率。

3) 当截止波导内填充有非空气介质时，按式 (12-46) 计算截止频率

$$f_{\epsilon c} = \frac{f_c}{\sqrt{\varepsilon_r}} \qquad (12-46)$$

$$\lambda_g = \frac{\lambda_0}{\sqrt{\varepsilon_r - \left(\dfrac{\lambda_0}{\lambda_c}\right)^2}}$$

式中　f_c——波导内只有空气时的截止频率，GHz，见式 (12-20) 和式 (12-21)；

　　　λ_c——与 f_c 对应的最低截止波长；

　　　λ_0——与工作频率相对应的自由空间中的波长；

　　　$f_{\epsilon c}$——波导内填充其他介质时的截止频率，GHz；

　　　ε_r——介质的相对介电常数。

常见圆形截止波导的截止频率如图 12-13 所示。

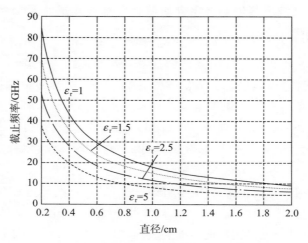

(a) 波导直径在0.2～2 cm之间曲线变化特征

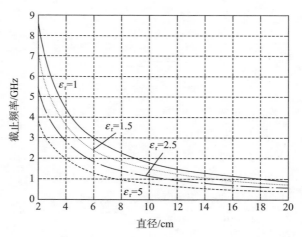

(b) 波导直径在2～20 cm之间曲线变化特征

图 12-13　常见圆形截止波导的截止频率图

12. 6. 2　光缆及其他非导电介质截止波导管屏蔽效能计算及对非空气介质影响的矫正

（1）单个截止波导管的屏蔽效能 SE 计算

1）当截止波导内只有空气时，按式（12 - 47）计算屏蔽效能

$$SE = 181.9 f_c \sqrt{1 - \left(\frac{f}{f_c}\right)^2} \times L \qquad (12 - 47)$$

式中　f ——工作频率，GHz；

　　　f_c ——截止频率，GHz；

　　　L ——波导管长度，m。

2）当截止波导内填充有非空气介质时，按式（12 - 48）计算屏蔽效能

$$SE = 181.9 f_c \sqrt{1 - \mu_r \varepsilon_r \left(\frac{f}{f_c}\right)^2} \times L \qquad (12 - 48)$$

式中　μ_r ——介质的相对磁导率。

除铁磁物质外，一般介质的 $\mu_r = 1$，ε_r 同式（12 - 46）。

3）单个波导管的屏蔽效能可按式（12 - 49）计算

$$SE = \alpha L \qquad (12 - 49)$$

式中　α ——衰减系数，dB/m。

按式（12 - 50）计算 α 值

$$\alpha = 181.9 f_c \sqrt{1 - \mu_r \varepsilon_r \left(\frac{f}{f_c}\right)^2} = 8.686 \sqrt{\left(\frac{368.2}{d}\right)^2 - \mu_r \varepsilon_r \left(\frac{20\pi}{3} f\right)^2} \qquad (12 - 50)$$

（2）计算图表

1）常见圆形截止波导的截止频率图，如图 12 - 13 所示。

2）衰减系数 α 随 f、d 变化的曲线图如图 12 - 14 所示。

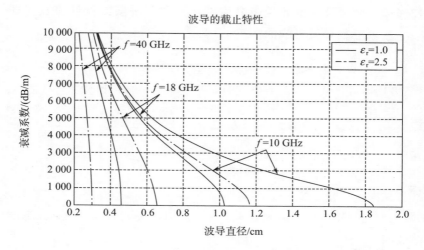

(a) 波导在10 GHz、18 GHz、40 GHz频点的截止特性

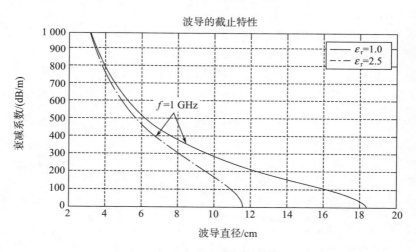

(b) 波导在1 GHz频点的截止特性

图 12-14　衰减系数随 f、d 变化的曲线图

12.7 进入屏蔽室内的各种水、气管道截止波导管的计算与设计

12.7.1 截止波导管的计算

由于不少屏蔽室内的工艺要求都需要各种水管道、气体管，管道穿入屏蔽室内后干扰电磁波便从管道中泄漏进去。为了防止泄漏必须对各种水气管道等采取截止波导管进行滤波，这种截止波导滤波原理与通风系统的波导原理基本相同，但波导管的形式为圆形，计算公式见式（12-51）～式（12-54）。

电磁波在波导管中的单位长度内最小衰减量为

$$\beta_{\min} = \frac{16}{r} \sqrt{1 - \left(\frac{3.41r}{\lambda_0}\right)^2} \tag{12-51}$$

$$r \leqslant \frac{\lambda_0}{3.41} < 5\lambda_0$$

式中　λ_0——自由空间的最小波长，cm；

　　　r——波导管的内半径，cm。

1）而在整个波导管长度为 L 的一根波导管上的总衰减量 $SE_单$

$$SE_单 = \beta_{\min} L \tag{12-52}$$

式中　L——波导管长度的 $\geqslant 3 \sim 5d$；

　　　d——波导管内直径。

2）当有多根波导管时，是多根波导管的合成衰减值

$$SE_{单合} = \frac{1}{n} 0.25 \left(\frac{\Sigma}{F_e}\right)^{\frac{3}{2}} \tag{12-53}$$

式中　n——波导管的根数；

　　　Σ——屏蔽室的整个表面积，cm^2；

　　　F_e——波导管束等效圆形截面积，cm^2。

3）管道中波导管的总衰减效能，由式（12-52）和式（12-

53）求得

$$SE_{总} = SE_{单合} \beta_{\min} L \qquad (12-54)$$

12.7.2　波导管的设计

（1）进入屏蔽室内金属管是否要设波导管的依据

进入屏蔽室内的金属管内直径 $d < \dfrac{\lambda_{\min}}{3.41}$ 时，可以不加波导管。

当进入屏蔽室的金属管的内直径 $d \geqslant \dfrac{\lambda_{\min}}{3.41}$ 时，必须采取波导管束（组）进行滤波，波导管束（组）滤波器的制作参见第 18 章 18.5.4 小节及图 18-15。$\lambda_{\min}$ 为屏蔽室的最小工作波长；d 为进入屏蔽室波导管的内直径。

（2）对供水、供气管道的要求

进入室内的管道在屏蔽体外侧一段必须为非导体，波导管要与屏蔽体紧密焊接。波导管安装如图 12-15 所示。

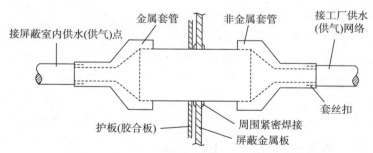

图 12-15　屏蔽室供水、供气波导管安装图

若有多根气体，水管道等穿入屏蔽室会造成屏蔽效能的严重下降。为了减少施工麻烦，可采取成组的安装方法，如图 12-16 所示。但必须注意当屏蔽体所用钢板较薄时，应另加截止波导管安装板，如图 12-16 虚线所示。安装板的材料应与屏蔽体同性材料。波导管与安装板牢固严密地焊接，然后将波导安装板与屏蔽体焊接成一体，连续密焊焊牢。最后在屏蔽室内将伸入室内的波导管与屏蔽

体四周作连续焊接。

当屏蔽体材料较厚时，可将波导管直接焊接在屏蔽体上（在四周连续严密焊接，不可有缝隙）。

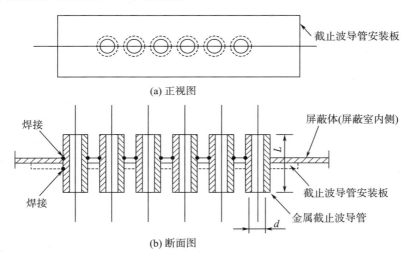

(a) 正视图

(b) 断面图

图 12-16　成组型波导管安装示意图

第 13 章　滤波和滤波器

13.1　概述

本书前面叙述了电磁波的传播对设备、设施、系统干扰的途径，主要有两种：一是经空间电磁场耦合、辐射；二是经电路、管路传导，包括电源线、接地线、各种语言、数据、信息安全要求的监控线路、贯穿屏蔽室的采暖通风金属管道、上下水金属管道等，这些管线都能传导电磁波。因此，为了抑制干扰应该在金属管线上安装一定形式的滤波器、光隔离器（用于光纤引入）以保证灵敏电子设备能正常工作，或防止工业干扰源向外传导干扰信号，或防止信号外泄失密。

13.2　滤波的作用和原理

13.2.1　滤波器的作用

在保证电气设备或系统的电磁兼容性中，如果说屏蔽主要是为了防护辐射性电磁干扰，那么滤波则主要是为了抑制不需要的传导性电磁干扰。在电磁屏蔽领域，滤波是指从混有噪声或干扰的信号中提取有用信号分量的一种方法或技术。实现滤波功能的设备是滤波器。

滤波器的作用是把不需要的电磁能量，即电磁干扰减少到满意的工作电平的要求，所以滤波器是抑制电磁干扰的重要方法之一，也是防护传导干扰的有效措施。如电源滤波器是解决电源线的传导干扰问题，滤波器同时也是解决无线电辐射干扰的重要方法。例如在发射机的输出端和接收机输入端安装相应的防电磁干扰滤波器，以滤掉干扰的信号，达到兼容的目的。

13.2.2　电磁干扰滤波器的工作原理

电磁干扰滤波器的工作原理与普通滤波器一样，它能允许有用工作信号的频率分量通过，同时又阻止工作信号以外的其他干扰频率分量不能通过。其方式有两种：一是不让工作信号频率以外的信号通过，并把它们反射回信号源；二是把工作信号以外的信号在滤波器里过滤掉。

滤波技术是电磁干扰的抑制与防护的重要手段之一。实际电磁屏蔽工程中，滤波器可以把那些不需要的传输能量减小到最低，能使设备、设施、系统能达到要求的灵敏度水平上。这是因为在滤波器的有用信号通带内对能量传输的衰减很小，使能量很容易通过，而在通带之外，传输能量则受到很大的衰减，从而抑制了无用信号能量的传输。

在通频带内的频率电流通过滤波器的衰减量可以看作等于或接近 0。而阻带内的频率电流通过滤波器时，能全部或大部分被滤波器的谐振回路所旁路，故通过滤波器衰减的电平是很小的。从而使某一频率范围内的信号顺利地通过滤波网络，而其他频率的信号或干扰则得到较大的衰减，基本不能通过滤波网络。

13.2.3　滤波器的特性

（1）滤波器的性能参数

滤波器最主要的特性参数有额定电压、额定电流、频率特性、阻抗特性、插入损耗以及传输频率特性等。

①频率特性

频率特性即滤波器对不同频率的衰减性能，是描述其选择性或对干扰抑制功能的参数，通常用中心频率 f_0、截止频率 f_c 及上升和下降斜率来表示。例如，电源线滤波器只允许特定频率的电流通过，如电源线的 50 Hz、400 Hz 或 800 Hz，电话线的 20 kHz 以下，通讯线的 14 kHz 以下，数据控制线的 100 kHz 以下等，其他频率电流受到很大程度的衰减。通常把插入损耗随频率变化的曲线称为滤波器的频率特性。

②阻抗特性

从信号源到滤波器输入的阻抗称为输入阻抗，滤波器输出到接收电路的阻抗称为输出阻抗。对于信号选择滤波器需要考虑阻抗匹配，在设计选择滤波器的插入损耗时应考虑滤波器接入时源的阻抗及负载阻抗。如果源的阻抗及负载阻抗与滤波器设计时的阻抗不一致，可以在输入输出端并接一固定电阻，以防止信号衰减。

③额定电压及电压损耗

额定电压是指输入滤波器的最高允许电压值。若输入滤波器的电压过高，会使内部电容器损坏，所以滤波器的额定电压必须满足接入线路的额定电压的要求。滤波器接入后，线路电压损耗一般要求不大于线路额定电压的 2%。

④额定电流

额定电流指在额定电压和规定环境温度条件下，滤波器所允许的最大连续工作电流。滤波器接入电路后，电路的工作电流通过滤波器，因此滤波器内元件必须满足这个要求，滤波器允许的电流值为其额定电流。同时，工作电流还与频率有关，工作频率越高，其允许电流越小。

⑤漏电电流

滤波器接入线路中，由于滤波器中有电容元件，在外加电压情况下会有漏电电流产生。根据 CISPR14 号出版物的规定，漏电电流在不同的电压下相应不能超过某一定的数值。

⑥传输频率特性

滤波器的最重要参数就是其传输频率特性，可用对数幅频特性 $20 \lg A$ 来表示。在抗干扰技术中又称为衰减系数（dB/m），即有足够高的额定电压值，以保证能经受浪涌或脉冲干扰的恶劣电磁环境。

衰减系数的表达式如下

$$衰减系数 = 20\lg \left| \frac{U_0(j\omega)}{U_i(j\omega)} \right| \tag{13-1}$$

式中　U_0——滤波器的输出信号；

　　　U_i——滤波器的输入信号；

　　　ω——信号的角频率。

滤波器的频率特性必须达到设计的要求，为此目的，和滤波器连接的负载阻抗值及连接的信号阻抗值也必须符合设计要求。

⑦绝缘电阻

滤波器在使用期限内，绝缘会有一定的下降。应对绝缘电阻最大允许范围加以限定。

⑧温度

滤波器在接入线路中有工作电流通过，耗电发热，一般使用温度越高其允许的工作电流越小。此外，还要求适合在一定环境温度下工作。

（2）滤波器的插入损耗

①滤波器插入损耗的定义

滤波器的插入损耗是滤波器最为重要的特性参数，描述滤波器性能的最主要参量是插入损耗，插入损耗的大小随工作频率不同而改变。信号源通过滤波器在负载阻抗 Z_L 上建立的电压为 U_2，不接滤波器时信号源在同一负载阻抗 Z_L 上建立的电压为 U_1。插入损耗 L_{in}（单位 dB）的定义为

$$L_{in} = 20\lg \frac{U_1}{U_2} \tag{13-2}$$

式中　L_{in}——某一频率的插入损耗，dB；

　　　U_1——不接入滤波器时负载 Z_L 上呈现的干扰电压，V；

　　　U_2——接入滤波器后负载 Z_L 上呈现的某一频率干扰电压，V。

式（13-2）是认为在源的阻抗 Z_S 与负载阻抗 Z_L 相等的情况下得出来的。

在电路中一般常见的滤波器串接在信号源与接收电路之间，可等效成四端网络，如图 13 - 1 所示。

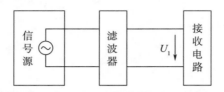

图 13 - 1　滤波器及其等效四端网络

插入损耗的大小是随信号频率的不同而变化的，从图 13 - 1 可以看出，插入损耗值不仅取决于滤波器的内在特性，同时还决定于滤波器的外加阻抗（信号源、负载的阻抗）。因此，设计滤波器时需要考虑与滤波器所接入回路的负载阻抗和信号源的阻抗特性相匹配。

②滤波器的截止频率

滤波器的通带是指滤波器的较小的插入损耗值（＜3 dB）所对应的频率范围，而阻带是指较大的插入损耗值（＞3 dB）所对应的频率范围。插入损耗为 3 dB 对应的频率点称为滤波器的截止频率 f_c。 受衰减的频率叫做抑制频率，允许通过频率的上限为截止频率。

良好的滤波器应该在其通带内有很小的插入损耗值，而在阻带内有很大的插入损耗值。

按照滤波器的截止频率，可把滤波器分为低通滤波器、高通滤波器、带通滤波器和带阻滤波器 4 种。这 4 种类型滤波器的特性参见本章 13.3.3 小节反射式滤波器。

13.3　滤波器的定义和分类

13.3.1　滤波器的定义

滤波器可以定义为一个网络，是由集总或分布参数电阻器、电感器和电容器或有源器件构成，或是它们的某种组合所构成的。这样的网络能使某些频率成分易于通过而称为通带，阻碍其他一些频率成分的通过而称为阻带。这也就是说滤波器的通带是指特定的频率范围，在此频率范围内的能量传输只有很小或没有衰减，而滤波器的阻带则是指对能量传输衰减很大的频率范围。

13.3.2　滤波器的分类

在保证电气设备或系统的电磁兼容性中，如果说屏蔽主要是为了防护辐射性电磁干扰，那么滤波主要是为了抑制不需要的传导性电磁干扰。

滤波器的种类很多，从不同的角度，可分为不同的类别。

（1）按滤波器作用对象分类

按其滤波器作用对象可以分为电路滤波器、光路滤波器（光隔离）和贯通滤波器（波导）。滤波器根据其应用特点，可分为信号选择滤波器和电磁干扰（EMI）滤波器两大类。

（2）按其滤波器的频率特性分类

1）根据通带范围，可分为低通滤波器、高通滤波器、带通滤波器和带阻滤波器；

2）根据工作条件，可分为有源滤波器和无源滤波器；

3）根据滤波机理，可分为反射式滤波器和吸收式滤波器。

（3）根据滤波器的使用场合分类

滤波器可分为电源滤波器、信号滤波器、控制线滤波器、语音滤波器、数据通信滤波器。电源滤波器又分为普通电源滤波器、特种电源滤波器，以及用于通风及各种管道的波导滤波器等。

（4）按所采用的元件分类

滤波器有以下几种：

1）无源集总参数元件滤波器。这类型滤波器主要采用的元件为电感线圈和电容器，组成电容式、电感式、π型、T型、L型等形式的滤波器。大部分是用来抑制低频、中频无线电干扰。抑制的频率一般可达 300 MHz，对更高的频率则由于电路分布参数的增加，滤波效果不佳。在抑制低频时，有体积庞大等缺点。

2）有源滤波器。此类滤波器由电子元件、晶体管、集成块组成，具有体积小、质量轻的优点，是今后发展的方向。

3）同轴吸收滤波器。其结构是在电源进出线所穿的钢管中填充吸收介质如铁氧体材料，或者在电源线上穿上磁珠、磁管等。这种滤波器抑制高频干扰的效果很好，抑制频率可达 300 MHz～1 GHz。可以与有源或无源元件同时串联，组成抑制宽频段的各种用途的滤波器。

4）微带滤波器。抑制更高的频率（可达 10～30 GHz），采用微带与前面所述的几种滤波器组合而成。

（5）波导滤波器

波导滤波器有六角形、正方形、矩形、圆形波导孔的各种波导滤波器，用于管道的滤波，详见第 12 章 12.7 节。

本书根据滤波器频率特性和工程中实际使用场合分类介绍相关滤波器的特性及其计算等。

13.3.3　反射式滤波器

反射式滤波器是由电感线圈、电容、电阻组成的滤波器。在电磁屏蔽室设计中常用的主要是低通高阻滤波器，它在低频时与电路串联阻抗很低，而与电路并联的阻抗很高；在高频时阻带范围串联阻抗大，而并联阻抗小。即在通带内提供低的串联阻抗和高的并联阻抗，在阻带内提供大的串联阻抗和小的并联阻抗。

反射滤波器是通过把不需要的频率成分的能量反射回信号源而达到抑制的目的，即能阻止无用信号通过，把它们反射回信号源的滤波器。其种类有 4 种：低通滤波器、高通滤波器、带通滤波器和带阻滤波器。每种滤波器的衰减特性如图 13-2 所示。

（1）低通滤波器

在电磁兼容设计中常用的主要是低通高阻滤波器，它在低频时与电路串联的阻抗很低，与电路并联的阻抗很高；在高频时阻带范围串联阻抗大，而并联阻抗很小。

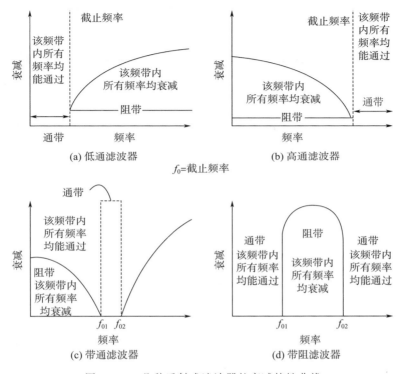

图 13-2　几种反射式滤波器的衰减特性曲线

低通滤波器是指低频通过、高频衰减的一种滤波器。它是电磁干扰技术中应用最多的一种滤波器，常用于直流或者交流电源线路，对高于市电的频率进行衰减；用于放大器电路和发射机输出电路，让基波信号通过，而谐波和其他杂波信号受到衰减；一般电网里均采用低通滤波器。所以，低通滤波器应该成为讨论的重点。

①并联电容低通滤波器

电容低通滤波器如图 13-3 （a）所示，插入损耗（单位 dB）计算公式如下

$$L_{in} = 10\lg(1 + F^2) = 10\lg[1 + (\frac{\omega R_s C}{2})^2] \qquad (13-3)$$

$$F^2 = (\pi f R_S C)^2$$

式中　L_{in}——插入损耗，dB；

　　　f——抑制频率，Hz；

　　　ω——角频率，等于 $2\pi f$；

　　　R_S——源阻抗（$R_S = R_L$）或负载阻抗，Ω；

　　　C——滤波电容，F，为了减小高频时引线的自感，一般采用
　　　　　穿芯电容。

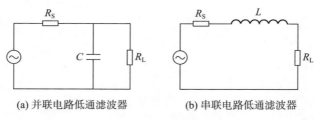

(a) 并联电路低通滤波器　　　　(b) 串联电路低通滤波器

图 13 - 3　低通滤波器

②串联电感低通滤波器

串联电感低通滤波器如图 13 - 3（b）所示，插入损耗（单位 dB）按下式计算

$$L_{in} = 10\lg(1 + F^2) = 10\lg\left[1 + (\frac{\pi f L}{R_S})^2\right]$$

$$F^2 = (\pi f L / R_S)^2 \tag{13-4}$$

$$R_S = R_L = R$$

式中　R——接在滤波器两端的电阻，Ω；

　　　L——滤波线圈电感，H；

　　　f——抑制频率，Hz。

电磁兼容和电磁屏蔽的设计中常用的几种滤波器电路如图 13 - 4 所示。

图 13 - 4（a）是 T 型电路，适用于信号源内阻 R_S 及负载电阻 R_L 均较小的情况。图 13 - 4（b）是 π 型电路，适用于信号源内阻 R_S 及负载电阻 R_L 均较大的情况。图 13 - 4（c）和（d）适用于信号

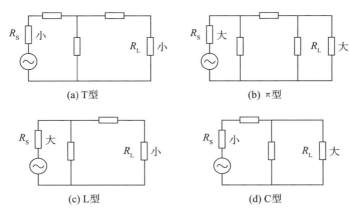

(a) T 型   (b) π 型

(c) L 型   (d) C 型

图 13 - 4　常用滤波器的几种典型电路

源内阻 R_S 及负载电阻 R_L 不等时的情况。这些滤波器的衰减性能分别计算如下。

③T 型低通滤波器

其源阻抗和负载阻抗均为 R 时，插入损耗（单位 dB）计算如下

$$L_{in} = 10\lg\left[(1-\omega^2 LC)^2 + \left(\frac{\omega L}{R} - \frac{\omega^3 L^2 C}{2R} + \frac{\omega CR}{2}\right)^2\right] \quad (13-5)$$

$$R_S = R_L = R_0 = R$$

式中　　L_{in}——插入损耗，dB；

　　　　R——源或者负载阻抗，Ω，接在滤波器两端的电阻（Ω）；

　　　　C——滤波电容，F；

　　　　L——滤波线圈电感，H。

④π 型低通滤波器

在宽波段内具有高的插入损耗，体积也较适中。当源阻抗与负载阻抗都为 R 时，其插入损耗（单位 dB）计算如下

$$L_{in} = 10\lg\left[(1-\omega^2 LC)^2 + \left(\frac{\omega L}{2R} - \frac{\omega^3 LC^2 R}{2} + \omega CR\right)^2\right]$$

$$(13-6)$$

式中各符号与前相同。

⑤L 型低通滤波器

单一元件的滤波器缺点是带外衰落速率只有 6 dB/倍频程，把单个串联电感和并联电容组合而成一个 L 型结构的滤波器，则得到 12 dB/倍频程。如果源阻抗和负载阻抗相等，则滤波器的插入损耗与插入线路中的方向无关。

插入损耗（单位 dB）计算如下

$$L_{in} = 10 \lg \left[\frac{(2 - \omega^2 LC)^2 + (\omega CR + \frac{\omega L}{R})^2}{4} \right] \qquad (13 - 7)$$

式中各符号与前相同。

（2）高通滤波器

在降低电磁干扰上，高通滤波器虽不如低通滤波器应用广泛，但也有用途。主要是这种滤波器一直被用于从信号通道上滤除交流电流频率或抑制特定的低频外界信号。高通滤波器的网络结构与低通滤波器的网络结构具有对称性（倒转性）。这一方法的根据是电感器与电容器互为可逆元件。使 $2\pi f_a L = 1/(2\pi f_b C)$，图 13 - 5 为高通滤波器的频率特性图。

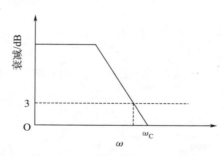

图 13 - 5　高通滤波器的频率特性曲线

（3）带通滤波器

带通滤波器是对通带之外的高频及低频干扰能量进行衰减，它是指作用于对特定窄频带外的能量进行衰减的一种滤波器。其基本构成方法是由低通滤波器经过转换而成为带通滤波器。带通滤波器电路结构如图 13 - 6 （a） 所示。带通滤波器是并接于干扰线和地之间，以消除电磁干扰信号，达到兼容的目的。频率特性如图 13 - 6 （b）所示，其中 ω_{C1} 、ω_{C2} 为截止频率。

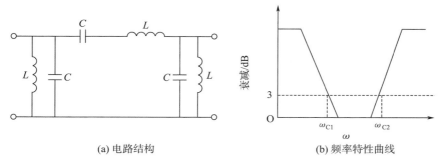

(a) 电路结构　　　　　　　　(b) 频率特性曲线

图 13 - 6　带通滤波器电路结构与频率特性曲线

（4）带阻滤波器

带阻滤波器是指用于对特定窄频带（在此频带内可能产生电磁干扰）内的能量进行衰减的一种滤波器。带阻滤波器通常是串联于干扰源与干扰对象之间。这种滤波器的频率特性如图 13 - 7 所示，其中 ω_{C1} 、ω_{C2} 为截止频率。

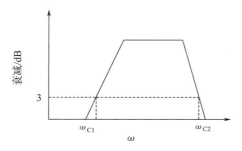

图 13 - 7　带阻滤波器的频率特性

带阻滤波器是用做串联在负载和干扰源之间的抑制器件。其作用如下：

1）连接音频放大器输入端或级间连接端可抑制音频振荡器或者

中频的馈入，抑制雷达脉冲重复频率、外差振荡等；

2）连接直流或者交流配电线上，抑制计算机时钟波动，以及抑制整流纹波系数等；

3）连接接收机输入端抑制强的外干扰，否则这些干扰会产生过载；

4）连接接收机输入端抑制中频输入信号；

5）连接接收机输入端抑制影像信号频率；

6）连接发射机输出端或级间连接可抑制谐波。

13.3.4　吸收式滤波器

本书前面介绍了反射式滤波器，这种反射式滤波器的缺点是当滤波器和源阻抗不匹配时，一部分有用能量将被反射回能源，这将导致干扰电平增加而不是减小。在这种情况下，可使用吸收型滤波器来抑制不需要的能量使之转化为热损耗，而仍保证有用信号顺利传输，从而促使了吸收滤波器的产生。

吸收式滤波器是由有耗元件构成的，它通过吸收不需要频率成分的能量（转化为热能）达到抑制干扰之目的。

在实际使用中应用铁氧体磁环。铁氧体是一种立方体晶格结构的亚铁磁性材料。它的制造工艺和机械性能与陶瓷相似，但颜色为黑灰色，故又称黑磁性瓷。铁氧体材料是一种广泛应用的有耗器件，能将电磁骚扰的能量吸收后转化为热损耗，从而起到滤波作用，可用来构成吸收式低通滤波器。

在抑制电磁干扰应用方面，对铁氧体性能影响最大的是铁氧体材料的特性——磁导率，它直接与铁氧体芯的阻抗成正比。

铁氧体阻抗一般由式（13-8）决定

$$Z_f = R + 2\pi\mu'if + j2\pi\mu''if$$
$$\mu = \mu' + j\mu'' \tag{13-8}$$

损耗角正切值由式（13-9）决定

$$\tan a = \frac{\mu'}{\mu''} \tag{13-9}$$

式中　R——磁环的等效电阻；

　　　μ——相对复数磁导率；

　　　i——磁环的长度；

　　　μ'——磁导率的实部；

　　　μ''——磁导率的虚部。

铁氧体高频损耗能量主要正比于 μ'，故应选择 μ' 或 $\tan\alpha$ 比较大的材料。若单个磁环阻抗已知，则 n 个磁环阻抗为 nZ_f，按图 13 - 8 的等效电路，由式（13 - 10）计算插入衰减

$$L_{in} = 20\lg \frac{Z_S + Z_L}{nZ_f + Z_S + Z_L} \qquad (13 - 10)$$

式中　nZ_f——n 个磁环阻抗，Ω；

　　　Z_S——磁环电源边阻抗，Ω；

　　　Z_L——磁环负载边阻抗，Ω。

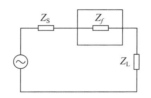

图 13 - 8　衰减量等效电路

13. 3. 5　有源滤波器

（1）有源滤波器的构成

用电阻、电感、电容元件组成的无源滤波器，其线路简单，但体积庞大而笨重，损耗也大，耗能多，使用晶体管的有源滤波器就能提供较大值的等效电感和电容。对低频阻抗电源电路用有源滤波器更为合适。因此，以运算放大器为主的有源滤波器迅速发展起来，其特点是体积小、质量轻，滤波性能好，便于集成。

有源滤波器可以做到只让电源频率附近一段很窄频带的电流通过，这种滤波器的结构形式很多，滤波器的设计计算方法有直接计

算法、簡化計算法、圖表計算法等，頗為繁瑣。但由於在工業與民用建築電磁兼容性、電磁屏蔽室設計中只是使用濾波器，不製造濾波器，所以只要知道電路方框圖和濾波器的種類及應用範圍，並查閱相關產品說明即可選用。此類產品有 3 種類型，如圖 13-9 所示，有源濾波器電路圖如圖 13-10 所示。

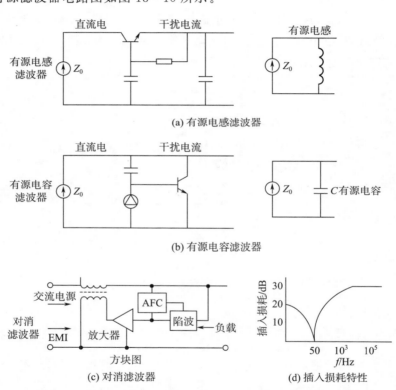

(a) 有源電感濾波器

(b) 有源電容濾波器

(c) 對消濾波器

(d) 插入損耗特性

圖 13-9　有源電磁干擾濾波器的電路方塊圖及其插入損耗特性

①陷波器的陷波頻率由 AFC 自動頻率控制器進行自動調節，使之僅能通過電源頻率的信號。陷波器實為帶阻濾波器。

②對消濾波器是一種能產生與干擾電源幅值相同大小、方向相反的電流，通過高增益反饋電路將電磁干擾對消掉的電路

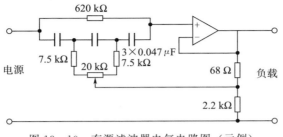

图 13 - 10　有源滤波器电气电路图（示例）

（2）有源滤波器的应用

模拟电感线圈的频率特性，给干扰信号一个高阻抗电路，称为有源电感滤波器。模拟电容器的频率特性，将干扰信号短路到地，称为有源电容滤波器。

对消滤波器是一种能产生与干扰电源幅值相同大小、方向相反的电流，通过高增益反馈电路将电磁干扰对消掉的电路，称为对消滤波器。在交流电源线中，采用对消干扰技术是最有效的方法。一般衰减量可达到 30 dB，即使负载和源阻抗很低（例如 1 Ω 以下）也可以得到相当大的衰减值（≤30 dB）。如采用二节或三节联级滤波可得到更大的衰减倍数。图 13 - 9 只列出几种滤波器的电路方块图，下面就图 13 - 9（c）其特性略加说明：图 13 - 9（c）是一种用于抑制电源线干扰的单节有源滤波器的方框图。图中，输入功率通过调谐于电源频率的陷波器馈送到放大器，放大器把 50 Hz 电源电压送到负载，陷波器的陷波频率由 AFC 自动频率控制器进行控制调节，非 50 Hz 的干扰电压由于反相回路的作用被衰减，其衰减量大小取决于放大器的增益，一般衰减量可达 30 dB，如果用二节、三节可以得到更大的衰减倍数。具体电路如图 13 - 10 所示，用 20 kΩ 电位器可以调陷波的频率处于 45～90 Hz 频率范围内，使交流电源 50 Hz 电流顺利通过，而其他非 50 Hz 电流受到衰减。

13.3.6 同轴型微波电源滤波器

（1）同轴型微波滤波器的构成

微波段屏蔽室由于分布参数对电路起严重旁路作用，使原滤波元件失去滤波作用，因此必须采用同轴线型微波电源滤波器。同轴型微波电源滤波器的输入端放在屏蔽室外，输出端伸至屏蔽室内。屏蔽层外应根据滤波器管线直径予留洞孔，并将同轴线外导体直接与屏蔽层密焊。同轴型微波电源滤波器如图 13 - 11 所示。

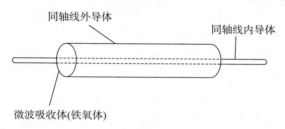

图 13 - 11　同轴型微波电源滤波器

在电力系统常将同轴型微波电源滤波与反射型滤波器串接起来，就可以更好地抑制高频干扰。

当频率在 300 MHz 左右时，在 L 型滤波器中由于分布参数影响，使滤波器失去滤波效果，因此在微波屏蔽室中必须应用微波电源滤波器。微波电源滤波器分同轴线和波导滤波器二大类。

（2）同轴线滤波器设计及工艺要求

①同轴线滤波器设计

TEM 波（即电场和磁场只有横向分量）在同轴线和双根传输线中传布参量完全相同，其传输的主模式是 TEM 波，可以工作在 $\lambda =$ 0 到 $\lambda = \infty$ 之间，它没有截止波长。但是在同轴线中也存在色散波——TE 波及 TM 波。TEM 波的存在，并不排斥这些波存在的可能。至于这些波能否在同轴线中传输，可以由波长及临界波长的关系来确定。用近似的解求出 TE 波中低模 TE_{11} 的截止波长。同轴线中截止波长分布如图 13 - 12 所示

$$\lambda_C \mid TE_{11} \approx \frac{\pi \cdot (D+d)}{2} \qquad (13-11)$$

式中　d——同轴线内导体的直径；

　　　D——其外导体的内直径。

因为 TE_{11} 是所有色散波的最低模。它的截止频率最低，因而只有当 $\lambda > \frac{\pi}{2}(D+d)$ 时，同轴线才能工作在单一波（TEM）型上。

为了抑制高次模，同轴线的截面尺寸可按式（13-12）选择

$$\lambda > \lambda_C \mid TE_{11} = \frac{\pi}{2}(D+d) \qquad (13-12)$$

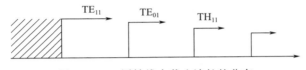

图 13-12　同轴线中截止波长的分布

$$(D+d) < \frac{2\lambda}{2} \quad 或 \quad d \leqslant \frac{2\lambda}{\pi(1+\frac{D}{d})}$$

根据工作波长在同轴线中传输衰减最小，有公式

$$\frac{D}{d} = 4.68$$

$$d = 0.112\lambda_C \mid TE_{11}$$

$$D = 0.524\lambda_C \mid TE_{11}$$

②工艺要求

内导体系用实心铜导线，外导体采用空心铜管。内外导体支持物采用粉末铁淦氧密实。同轴线长度为 250 mm，内导体长度为 300 mm，如图 13-13 所示。

但是由于随着频率的增加，内外半径变小，电阻增高，使衰减大大增加，所以当波长小于 3 cm 时很少采用同轴线，而采用波导滤波器来传输能量。

图 13 - 13　同轴线结构形式

（3）波导滤波器

参考 12 章 12.5 节、12.6 节。

13.4　滤波器的插入损耗与截止频率

13.4.1　选用滤波器时怎样确定插入损耗

插入损耗是衡量 EMI 电源滤波器电性能的重要参数性能指标。一般地，当源和负载阻抗完全匹配时才能有最大的功率传递。而干扰抑制滤波器的目的是在噪声源和受干扰设备之间插入一个最大化的阻抗失配 L - C 网络，导致沿线路传导的噪声信号能量被减小到最低的程度。因此，衡量一个滤波器（Filter）性能最重要的指标就是插入损耗（Insertion Loss）。按照 CISPR17 的定义，插入损耗是指在滤波器没有接入线路前由信号源传递给负载的功率 P_1 和接入线路后由信号源传递给负载的功率 P_2 之比，通常用对数来表示（单位 dB）

$$ES = 10\lg \frac{P_1}{P_2} \qquad (13 - 13)$$

当源阻抗和负载阻抗等于 50 Ω 时，可以用电压来表示。滤波器的插入损耗 ES（单位 dB）是不加滤波器时从噪声源传递到负载的噪声电压与接入滤波器时负载上的噪声电压之比，用下式表示

$$ES = 20\lg \frac{E_0}{E} \qquad (13 - 14)$$

式中　E_0——不加滤波器时，负载上的干扰噪声电平；

　　　E——接入滤波器后，同一负载上的干扰噪声电平。

在实际的使用场合下，干扰源阻抗和受干扰设备阻抗都是很复杂和不可知的，并且随不同的工作状态而变化。因此会导致同一个滤波器在不同的场合下，效果差别很大。因此在选用滤波器时，不仅仅要考虑滤波器的插入损耗指标，同时还要考虑源和负载的阻抗，尽量达到最大化的阻抗匹配。滤波器与不同的线路、干扰源、受干扰设备阻抗之间的关系不同，插入损耗也不同。

13.4.2　电源线上滤波器插入损耗的干扰类型

电源线上滤波器的插入损耗，按照干扰电流流动的路径和干扰方式，干扰电流分为共模干扰电流和差模干扰电流两类。

共模干扰（CM）　共模干扰电流是在火线、零线与大地（或其他参考物体）之间流动的干扰电流。

差模干扰（DM）　差模干扰电流在信号线与信号地线之间（或电源线的火线和零线之间）流动的干扰电流。

两种干扰如图 13－14 所示。

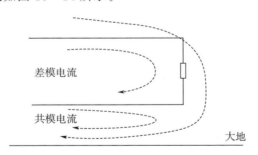

图 13－14　共模干扰电流和差模干扰电流流向图

电源线滤波器必须对这两种类型的干扰都有抑制作用，对共模干扰的抑制效果称为共模插入损耗，对差模干扰的抑制效果称为差模插入损耗。根据两种电流的定义，共模插入损耗、差模插入损耗的电路，如图 13－15 所示。

根据图 13－15 可知，由于这两种干扰的抑制方式不同，因此正确辨认干扰的类型是实施正确滤波方法的前提。区分干扰电流是共

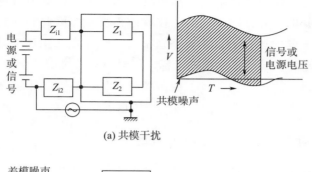

(a) 共模干扰

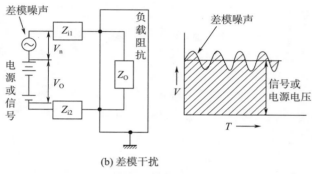

(b) 差模干扰

图 13 - 15　共模、差模干扰电路图

Z_{i1}，Z_{i2}—电源或信号的内部阻抗；Z_1，Z_2—负载阻抗

模还是差模可以从三个方面进行判断。

（1）从干扰源判断

雷电、设备附近发生的电弧、设备附近的电台或其他大功率辐射装置在电源线上产生的干扰是共模干扰。另外，如果发现电源线上的干扰是来自机箱内的线路板或其他电缆，则为共模干扰。这是因为通过空间感应在火线和零线上的干扰电流是同相位的。

在同一路电力线上工作的马达、开关电源、可控硅等会在电源线上产生差模干扰。

（2）从频率上判断

差模干扰的频率主要集中在 1 MHz 以下，而共模干扰的频率除在 0.1～1 MHz 外，一般分布在 1 MHz 以上至 30 MHz。这是由于共模干扰是通过空间感应到电源线上的，这种感应只有在干扰信号频率很高时才容易发生。另外，也可根据 CM/DM 频率分布如图13 -16 参考判断。

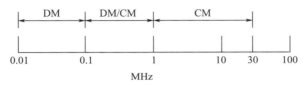

图 13 - 16　共模干扰（CM）和差模干扰（DM）的频率分布参考图

（3）用仪器测量实际产品

用仪器测量实际产品是最常用有效的方法。

13.4.3　滤波器截止频率的确定

正确地选择滤波器的截止频率，使其在阻频带内的衰减量具有足够大；而在通频带内则保证其衰减量尽可能小，这是十分重要的。所以，设计和选择电源滤波器时，必须根据实际需要恰当地选取截止频率值。

（1）选取截止频率值的原则

鉴于滤波器所允许通过的电流为工频 50 Hz 电流，它比所要滤除的杂波电流频率低得多，为使得在衰减区域之前的衰减量尽可能地少，而使其衰减区域内的衰减量尽可能地大，则必须妥善地选定截止频率、K 值等参数。一般原则是，若要得到更大的衰减常数，那么截止频率一定要取低些。

对于电源线滤波器，截止频率的选择依据是干扰的最低频率。对于信号线滤波器，截止频率的选择依据是信号的带宽，电磁干扰滤波器不能对正常的信号产生不良影响。

（2）交流电源线的场合

需要符合军标的设备，截止频率要低于 10 kHz，一般可取

0.5~4 kHz，在 10 kHz 处具有 10 dB 以上的插入损耗。商业设备的场合，截止频率要低于开关电源的工作频率的 1/10。

（3）直流电源线的场合

如果使用了 DC/DC 模块做二次电源，截止频率要低于 DC/DC 工作频率的 1/10。如果没有使用 DC/DC 模块，截止频率要低于电路的工作最低工作频率的 1/10。

（4）脉冲信号的场合

如果所滤波的信号线上的脉冲信号波形的上升沿为 t_r，则滤波器的截止频率可取 $1/\pi t_r$。如果脉冲信号是重复的，也可以选择重复频率的 10 倍作为截止频率。

（5）模拟信号的场合

如果所滤波的信号线上模拟信号的最高频率为 f_{max}，则滤波器的截止频率可取 f_{max}。

13.5　电源滤波器

干扰电磁场除了可以从空间辐射进入屏蔽室内，还会沿电源线引入室内。因此屏蔽室必须对引入的电源进行滤波，即在引向屏蔽室的所有导线上装设用来抑制干扰电磁波的滤波器，电源滤波器主要是抑制电源线上的传导干扰，包括从电网传进设备的干扰和从设备传到电网上的干扰，使设备能够满足电磁屏蔽室的要求。

13.5.1　电源滤波器的特点

屏蔽室用的电源滤波器是电磁干扰（EMI）滤波器，又称为电源（网）噪声滤波器、进（在）线滤波器、噪声滤波器等。电源线 EMI 滤波器实际上是一种低通滤波器，是由电感、电容组成的无源器件。它以极低衰减甚至无衰减地把 50 Hz、400 Hz 等交流低频或者直流电源功率传送到设备上去，而对经电源传入的 EMI 噪声进行衰减，保护设备不受干扰；同时又能抑制设备本身产生的 EMI 传导干扰，防止污染环境，危害其他设备。它既能抑制线上的传导干扰，又对线上的辐射发射也有显著的抑制效果。

13.5.2　电源线滤波器的基本原理

电源线滤波器是由电感和电容组成的低通滤波电路所构成，它允许直流或 50 Hz 的电流通过，对频率较高的干扰信号则有较大的衰减。由于干扰信号有差模和共模两种，因此电源线滤波器要对这两种干扰都具有衰减作用。滤波器的基本电路如图 13 - 17 所示。

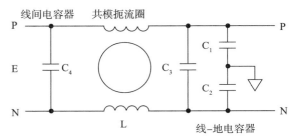

图 13 - 17　电源线滤波器的基本电路

图 13 - 17 中，C_1、C_2 是滤除共模干扰用的电容，一般称为 Y 电容，而 C_3、C_4 的作用是滤除差模干扰信号，一般称为 X 电容，L 是电感线圈，一般绕制成共模扼流圈的形式。

共模扼流圈的绕法如图 13 - 18 所示，从图中可以看出，当负载电流流过共模扼流圈时，串联在火线上的线圈所产生的磁力线和串联在零线上的线圈所产生的磁力线方向相反，它们在磁芯中相互抵消。因此即使在大负载电流的情况下，磁芯也不会饱和。而对于共模干扰电流，两个线圈产生的磁场是同方向的，会有较大的电感，从而起到衰减干扰信号的作用。

图 13 - 17 中的地线一般是接金属机箱，当设备的机箱不是金属材料时，滤波器的地线一般与安全地相连；但由于安全地的阻抗很大，滤波器对共模干扰的衰减效果将大大降低。

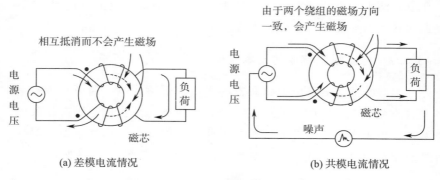

(a) 差模电流情况　　　　　　　　　　　(b) 共模电流情况

图 13 - 18　共模差模扼流图的结构图

13.5.3　电源线滤波器在电磁屏蔽室设计中的作用

滤波器在电磁屏蔽设计中的作用是截断电磁干扰能量沿着导线传播的路径。当电磁干扰能量沿着导线传播出设备时，导致 4 个后果：

1）通过电源电缆向电网上发射干扰，导致过强的传导发射；

2）电网上的干扰通过电源电缆传进设备，导致设备的抗扰度达不到指标；

3）在导线上传播的电磁能量，借助导线产生辐射，形成空间电磁波干扰；

4）空间的电磁波干扰在导线上感应出噪声电流，干扰沿着导线传入设备电路。

能量进入电路或者从电路中传出来，主要有两个路径，一个是电路本身，另一个是电路上的各种电缆。实际上，由于电缆的尺寸远大于电路本身，因此电缆往往是主要的接收电磁波和辐射干扰波共存。

有研究者认为电源线滤波器的作用是使设备能够满足电磁屏蔽标准中对传导发射和传导敏感度的问题。但这是不全面的，实际上，电磁干扰滤波器在电磁屏蔽设计中的作用严格地说，电源线滤波器的作用是防止设备本身产生的电磁干扰进入电源线，同时防上电源线上的干扰进入设备。电源线滤波器是一种低通滤波器，它允许直流或 50 Hz 的工作电流通过，而不允许频率较高的电磁干扰电流通过。电源线滤波器是双向的，它既能防止电网上的干扰进入设备，对设备产生不良影响，使设备满足传导敏感度的要求，又能防止设备内的电磁干扰通过电源线传到电网上，使设备满足传导发射的要求。

13.5.4　电源滤波器的应用及选择电源滤波器应遵循的原则

（1）电源滤波器的应用

总的原则是凡能够产生较强干扰的设备和对外界干扰敏感的设备都要使用电源线滤波器。能够产生强干扰的设备有：含有脉冲电路（微处理器）的设备、使用开关电源的设备、使用可控硅的设备、变频调速设备、含有马达的设备等。敏感电路包括使用微处理器的设备、小信号模拟电路等。各种设备的滤波器应用选择分别见 13.5.5 小节和本章 13.8 节。

（2）选择电源滤波器应遵循的原则

电源滤波器与通信等滤波器有很大区别，根据电源滤波器的特点在设计安装时必须遵循下列原则。

①电源滤波器的级数

需要滤除的频率与被通过的工作频率（直流，不考虑频率）范围相差较大，且对滤波器的截止锐度没有严格要求，一般由一级或二级即可满足要求。但频带较宽、屏蔽衰减要求高的电源滤波器，则是需要多级滤波器，到底采用多少级合适可根据屏蔽衰减要求来确定级数。

②滤波器电路级数与干扰衰减的关系

滤波器电路级数越多不一定干扰衰减就越大，干扰衰减值的大小，要看干扰是否落在滤滤器的阻带内。如本书前面所述，电磁干扰滤波器都是低通滤波器，它有一个截止频率 f_0，这个频率以下的频段称为通带，滤波器对于低于 f_0 频率的信号是没有衰减的。

滤波器电路的级数仅决定了滤波器从截止频率开始插入损耗增加的速率，级数越多，插入损耗增加得越快。因此，如果干扰信号落在滤波器的通带内，则滤波器的级数再多，对干扰也起不到抵制作用。选择多级滤波器时，首先应判断这个频率是否落在滤波器的阻带内。如果落在滤波器的阻带内，可以通过增加滤波电路级数的方法增加对干扰的衰减。如果干扰频率没有落在滤波器的阻带内，则应该通过降低滤波器的截止频率的方法增加对干扰的衰减。

③电磁干扰（EMI）滤波器的高频特性

电源滤波器在高频频段的特性非常重要。高频的信号更容易导致电磁干扰问题，这是因为：

1）高频信号更容易辐射，当电缆上有较强的高频传导电流时，这根电缆就会辐射，产生辐射发射。

2）来自空间的干扰都是其他辐射体产生的，因此频率往往较高。

3）电路之间的串扰和耦合在高频更容易发生，因此当所使用的滤波器的高频滤波性能不良时，设备或系统可能会出现对邻近的其他敏感设备形成干扰、对空间的干扰敏感等故障现象。

④电磁干扰（EMI）滤波器与普通滤波器的差别

众多的滤波器生产厂商都能提供电磁干扰（EMI）滤波器与普通滤波器。但在电磁屏蔽室内使用的都应是 EMI 滤波器。EMI 电磁干扰滤波器与普通滤波器的不同点主要有如下几方面：

1）电路中使用的普通滤波器都是针对特定的阻抗（例如 50 Ω）设计的，并且工作在 50 Ω 阻抗的条件下。而电磁干扰滤波器并不是针对 50 Ω 设计的，通常也不工作在 50 Ω 阻抗的条件下。

2）电磁干扰滤波器通常工作在较宽的频率范围，例如有些特殊场合要求滤波器在 100 kHz～1 GHz 的频率范围内具有 100 dB 的插入损耗。另外，在选用电磁干扰滤波器时，更关心的是滤波器的阻带特性。因此大部分电磁干扰滤波器仅给出阻带的插入损耗特性。

3）电磁干扰滤波器是专门滤除导线上电磁干扰的一类滤波器。电磁干扰滤波器是由电感和电容构成的 LC 低通滤波器。电路中的地线为干扰源的地线，对于不同的干扰源，其含义不同。例如，对于电源线上的差模干扰，地线为电源地；对于共模干扰，地线为设备的金属外壳。

⑤传输阻抗对插入损耗的影响

1）计算插入损耗的影响。当厂商产品目录的插入损耗数据是按 50 Ω/50 Ω 的测试系统获得时，在实际应用中往往并非如此，这时在选用滤波器的时候，必须首先考虑源阻抗与负载阻抗的因素以及电器设置匹配后的插入损耗，其计算由式（13 - 15）确定，传输阻抗如图 13 - 19 所示。

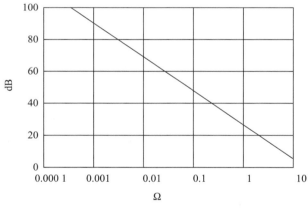

图 13 - 19　传输阻抗图

插入损耗 L_{in}（单位 dB）

$$L_{in} = 20 \lg \left[1 + \frac{Z_S Z_L}{Z_T (Z_S + Z_L)} \right] \tag{13 - 15}$$

式中　Z_S——源阻抗；

　　　Z_L——负载阻抗；

　　　Z_T——传输阻抗。

实例：$Z_S = 100\ \Omega$；$Z_L = 1\ 000\ \Omega$；50 Ω 插入损耗 = 40 dB。从传输阻抗图中得到，传输阻抗 $Z_T = 0.25\ \Omega$，实际的插入损耗为

$$L_{in} = 20\lg\left[1 + \frac{100 \times 1\ 000}{0.25(100 + 1\ 000)}\right] = 51\ dB$$

2）增加余量。如果从厂家的产品样本上选择插入损耗值的数据是在滤波器两端阻抗为 50 Ω 的条件下测得的，而实际使用条件下滤波器的插入损耗会有所降低。为了保险起见，在从产品样本中选择滤波器时，应加 20 dB 的余量，这就得到了从产品样本上选择滤波器，其插入损耗应满足设计的要求。

13.5.5　屏蔽室电源滤波器的技术指标、性能参数

（1）屏蔽室电源滤波器的主要指标

①设计和选择滤波器时主要考虑点

一是在整个屏蔽室工作频段内滤波器的衰减效能要等于或大于整个屏蔽室的效能，在微波屏蔽室设计中，由于微波滤波器是在同轴线中填充超高频吸收材料（通常采用磁性粉末做为填充材料）来衰减超高频电磁场能量，并由衰减磁场而导致热吸收。因此，在超高频微波范围内微波滤波器的衰减效能目前只能达到 50 dB，故在微波屏蔽室设计中采取一级滤波往往达不到屏蔽衰减要求，此时应采取双级滤波器。

二是滤波器的衰减要满足屏蔽室的最高工作频率的要求。因为滤波器的工作频率越高衰减越低，通常频率越高对屏蔽的要求也越高，特别是对厘米波和毫米波的屏蔽室，滤波器衰减值往往不能满足屏蔽要求。因此，只要滤波器在高频段能满足衰减要求，低频段就能满足。

在选用屏蔽室电源滤波器时除上述两点外，还应考虑以下方面的指标：

1）额定电压。额定电压是指滤波器在正常工作时能够长时间承受的电压，要注意正确选用直流和交流品种，在交流应用场合绝对

不能使用直流的品种，否则容易发生击穿。由于几乎所有的电磁兼容试验都有脉冲干扰的项目，因此在选用滤波器时要考虑这种高压脉冲干扰的作用，耐压值需要留有一定的余量。

2）额定电流。额定电流（I_N）是指滤波器在环境温度为 40 ℃时，在额定的电压和频率下允许通过的最大电流。当环境温度发生变化时，应按照下式对工作电流（I）进行调整

$$I = I_N \sqrt{(85 - \theta)/45} \qquad (13 - 16)$$

式中 θ——实际环境温度，℃；

  I——实际环境温度中使用的滤波器的工作电流。

根据设备的额定工作电压、额定工作电流和工作频率来确定滤波器的类型。

滤波器的额定工作电流不要取得过小，否则会损坏滤波器或降低滤波器的寿命。额定工作电流也不要取得过大，因为电流大会增大滤波器的体积或降低滤波器的电性能。为了既不降低滤波器的电性能，又能保证滤波器安全工作，在确定滤波器的额定电流时，要留有一定的余量，一般是滤波器的额定电流值应取实际电流值的1.2 倍。

3）设备的工作频率是选择滤波器的重要依据。交流供电选用交流滤波器，直流供电选用直流滤波器。信号线一般都是直流滤波器，除了供电电压外还必须明确提供确切的信号频带。

4）根据设备干扰源现场，来确定干扰噪声类型（是共模干扰还是差模干扰）和干扰噪声的强弱以及频率分布，然后参照滤滤器的性能指标（插入损耗），有针对性地选用滤波器。如不能确定，可通过试探来确定滤波器型号，这往往也是既实际又有效的办法。

5）泄漏电流。根据设备最大泄漏电流的允许值来选择滤波器，尤其对一些医疗保健设备更是如此。作为电器设备一个涉及到人身安全最重要的性能指标，国际国内标准都对其有详细而严格的规定。滤波器的泄漏电流，是指在额定的电压和频率下，相线和中线与外

壳之间流过的电流，是由于连接在线与外壳（地）之间的电容引起的，并非绝缘不良造成。通常根据设备对泄漏电流的要求进行选择。滤波器的泄漏电流主要取决于滤波器中的共模电容。从插入损耗考虑，共模电容越大，电性能越好，此时，漏电流也越大。但从安全方面考虑，泄漏电流又不能过大，否则不符合安全标准要求。尤其是一些医疗保健设备要求泄漏电流尽可能小。因此，要根据具体设备要求来确定共模电容容量。

②电压、电流对使用效果的影响

1）电源有直流和交流之分，从原理上讲，交流电源线滤波器既可用在交流电源上，也可以在直流电源上使用，但直流电源线滤波器不能用在交流的场合。这主要是因为直流滤波器中电容器的耐压较低，并且有可能其交流损耗较大，导致过热。当电源线滤波器的工作电流超过额定电流时，不仅会造成滤波器过热，而且会导致滤波器的低频滤波性能降低。这是因为滤波器中的电感在较大电流情况下，磁芯会发生饱和现象，使实际电感量减小。因此，确定滤波器的额定工作电流时，要以设备的最大工作电流为准，确保滤波器在最大电流状态下具有良好的性能，否则当干扰恰好在最大工作电流状态下出现时，设备会受到干扰或传导发射超标。

2）滤波器选用遵循阻抗失配的原则（见表 13 - 1）。根据网络理论，EMI 滤波器是双向无源网络（源端和负载端），源端阻抗和负载阻抗都要满足失配端接原则，否则会影响波滤效果，严重时甚至引起谐振，在某些频点出现放大现象。衡量 EMI 滤波器性能的最好方法是进行 EMC（电磁兼容）测验。将 EMI 控制在相关标准以内是最好的检验方式。

若受试设备传导发射的超标值明确，可参照滤波器的插入损耗指标选用合适的电源滤波器。

表 13 - 1　滤波器选用遵循阻抗失配解决的原则

源端线路阻抗特性（阻抗特性）	负载端干扰源/受干扰设备阻抗特性（阻抗特性）	应采用的滤波电路（等效电路结构）
高阻抗	高阻抗	π 型设置
高阻抗	低阻抗	CL 型设置
低阻抗	高阻抗	LC 型设置
低阻抗	低阻抗	T 型设置

③阻频带宽的确定

在一般情况下，为了使高频振荡器工作在适宜的频率上，即高频振荡器的输出含有很多次谐波，向电源线泄漏，它与基波相同。电源滤波器也必须对这些谐波给予衰减。为了获得比较宽的阻频带，必须将 k 值选择得要大一些（k 为 π 型网络的旁路电容与总分布电容的比值）。例如，当 $k=40$ 时，基波与二次谐波的抑制在40 dB 左右；而当 $k=4\,000$ 时，从基波到几十次谐波均可以被抑制在 40 dB。

（2）屏蔽室用 XPB 系列电源滤波器技术指标、性能参数

①应用范围

电源滤波器专门用于各种结构的屏蔽室及微波暗室，也可用作舫舱电源滤波器。该滤波器具有抑制频带宽、抑制能力强等特点，具有单线、双线和四线三种结构形式。均采用软线输入输出方式，安装方便，参见表 13-2。也可按要求设计其他形式的屏蔽室电源滤波器。

②型号规格技术性能指标

型号规格技术性能指标参见表 13-2。

（3）屏蔽室用 PBS 系列电源滤波器技术指标、性能参数

①应用范围

该类电源滤波器专门用于各种结构的屏蔽室及微波暗室，也可以用作舫舱电源滤波器。

②型号规格技术性能指标

型号规格技术性能指标参见表 13-3。

（4）屏蔽室地线专用滤波器技术指标、性能参数

①应用场合

该类电源滤波器专门用于各种结构的屏蔽室及微波暗室，也可以用作方舱电源滤波器。

表 13 - 2　XPB 屏蔽室电源滤波器型号规格技术性能指标

型号	工作频率	额定电压	线数	额定电流/A	泄漏电流/A	插入损耗/dB 14 kHz	插入损耗/dB 50 kHz～10 GHz	外形尺寸/mm A/长	外形尺寸/mm B/宽	外形尺寸/mm C/高
XPB-1-20A	50/60 Hz	250VAC/ 440VAC	1	20	2	100	110	500	100	100
XPB-1-30A			1	30	2	120	110	500	100	100
XPB-1-40A			1	40	2	120	110	500	110	110
XPB-1-100A			1	100	2	120	110	600	130	130
XPB-2-20A			2	20	0.2	80	110	500	135	90
XPB-2-30A			2	30	0.2	80	110	500	135	90
XPB-2-40A			2	40	0.2	80	110	600	150	90
XPB-2-100A			2	100	0.2	80	110	660	200	100
XPB-4-20A			4	20	0.5	80	110	600	150	90
XPB-4-40A			4	40	0.5	80	110	660	200	100
XPB-4-100A			4	100	0.5	80	110	700	220	100

注：1. 环境温度－25～＋85 ℃。
2. 生产厂商是北京北理奥克电磁技术有限公司。

表 13-3　PBS 系列屏蔽室电源滤波器型号规格技术性能指标

型号	线数	额定电流/A	泄漏电流/A	插入损耗/dB 14~150 kHz	插入损耗/dB 150 kHz~18 GHz	外形尺寸/mm A(长)	B(宽)	C(高)	额定电压及工作频率
PBS-1-010A	1	10	≤1.5	70~100	≥100	250	120	70	
PBS-1-020A	1	20	≤1.5	70~100	≥100	480	85	85	额定电压:250 V AC/440 V AC 工作频率:50/400 Hz
PBS-1-030A	1	30	≤1.5	70~100	≥100	530	110	110	
PBS-1-050A	1	50	≤1.5	70~100	≥100	550	110	110	
PBS-1-080A	1	80	≤2.0	70~100	≥100	630	130	130	
PBS-1-100A	1	100	≤2.5	70~100	≥100	630	130	130	
PBS-1-150A	1	150	≤3.0	70~100	≥100	680	150	140	
PBS-2-016A	2	16	≤1.5	70~100	≥100	405	140	70	
PBS-2-032A	2	32	≤1.5	70~100	≥100	475	180	100	额定电压:250 V AC/440 V AC 工作频率:50/400 Hz
PBS-2-063A	2	63	≤1.5	70~100	≥100	475	180	100	
PBS-2-100A	2	100	≤2.0	70~100	≥100	605	200	110	
PBS-2-150A	2	150	≤2.5	70~100	≥100	605	200	110	
PBS-4-032A	4	32	≤1.5	70~100	≥100	445	200	100	
PBS-4-063A	4	63	≤1.5	70~100	≥100	445	200	100	
PBS-4-100A	4	100	≤1.5	70~100	≥100	680	285	130	额定电压:250 V AC/440 V AC 工作频率:50/400 Hz
PBS-4-200A	4	200	≤2.0	70~100	≥100	680	285	130	
PBS-4-300A	4	300	≤2.5	70~100	≥100	950	370	190	
PBS-4-450A	4	450	≤2.5	70~100	≥100	950	370	190	
PBS-4-500A	4	500	≤2.5	70~100	≥100	950	370	190	
PBS-4-630A	4	630	≤2.5	70~100	≥100	950	370	190	

注:1. 绝缘电阻≥100 MΩ(500 V DC)。
2. 温度范围:-25~+85℃。
3. 生产厂商是北京京寰高科(北京)有限公司。

②型号规格技术性能指标

型号规格技术性能指标参见表 13 - 4。

表 13 - 4 地线专用滤波器型号规格技术性能指标

型号	线数	额定电流/A	泄漏电流/A	插入损耗/dB 14 kHz～18 GHz	外形尺寸/mm A	B	C	额定电压及工作频率
PBS - 1 - 020A	1	20	≤1.5	≥100	480	110	85	额定电压:250 V AC/440 V AC 工作频率:0/50 Hz 绝缘电阻:≥100 MΩ (500 V DC) 温度范围:－25～+85 ℃
PBS - 1 - 030A	1	30	≤1.5	≥100	530	110	110	
PBS - 1 - 050A	1	50	≤1.5	≥100	550	110	110	
PBS - 1 - 080A	1	80	≤2.0	≥100	630	130	130	
PBS - 1 - 100A	1	100	≤2.5	≥100	630	130	130	
PBS - 1 - 150A	1	150	≤3.0	≥100	680	150	140	

注:生产厂商是北京京翼高科(北京)有限公司。

（5）屏蔽室用 FC 系列高性能交流电源滤波器技术指标、性能参数

此系列高性能交流电源滤波器是专为屏蔽室和屏蔽方舱的交流电源而开发设计的。可应用于屏蔽室、屏蔽方舱、微波（电波）暗室和电磁兼容（EMC）测试室等的交流电源滤波，保证屏蔽室的屏蔽效能不会因为电源线的泄漏而使屏蔽效能有所降低。电路原理如图 13 - 20 所示，技术性能参数见表 13 - 5。

此系列滤波器穿过屏蔽室或方舱墙体，将滤波器安装在屏蔽室或方舱上。注意，安装时滤波器和屏蔽室或方舱接触的地方不能喷涂绝缘漆，保证接触电阻尽量小。此外，该系列滤波器可以根据用户需要，具有三相三线和三相四线或五线制不同电流值的滤波器。

（6）屏蔽室用 DL 系列超低泄漏电源滤波器技术指标性能参数

①应用范围

该系列电源滤波器专为各类电磁屏蔽室用。

②型号规格、技术性能、指标

型号规格、技术性能、指标参数见表 13 - 6。

表 13 – 5　FC 系列滤波器技术性能参数表

型号	额定电流/A	额定电压/V	路数	最小插入损耗/dB	外壳绝缘电阻	环境允许温度	外形尺寸/mm		
							A (长)	C (宽)	B (高)
FC – 15A	15			60			380	140	110
FC – 25A	25			60					
FC – 50A	50			60					
FC – 80A	80			60			530	186	196
FC – 120A	120			60			530	186	196
FC – 2×15A	2×15			60			220	90	120
FC – 2×25A	2×25	220/380 V 50/60 Hz	单路、2 路	60	≥100 MΩ	−25～+70 ℃			
FC – 15B	15			80			690	140	110
FC – 25B	25			80					
FC – 15C	15			100			760	135	110
FC – 25C	25			100					
FC – 50C	50			100					
FC – 2×20C	2×20			100			760	120	200
FC – 2×30C	2×30			100					

注：由中国航天科工集团二院 706 所提供。

表 13-6　屏蔽室用 DL 系列电源滤波器型号规格技术性能指标

型号	线数×额定电流/A	泄漏电流/A	插入损耗/dB	衰减频段	额定电压	额定频率	线数	构成级数	外形尺寸/mm A(长)	B(宽)	C(高)
DL-2160A-C1-1	2×16	0.2	100 dB	14 kHz~40 GHz	250 V(线-地)AC	DC-60 Hz	2	三级	805	160	120
DL-2320A-C1-1	2×32	0.2	100 dB	14 kHz~40 GHz							
DL-2500A-C1-1	2×50	0.2	100 dB	14 kHz~40 GHz							
DL-2630A-C1-1	2×63	0.2	100 dB	14 kHz~40 GHz							
DL-2700A-C1-1	2×70	0.2	100 dB	14 kHz~40 GHz							
DL-2101A-C1-1	2×100	0.5	100 dB	14 kHz~40 GHz	同上		2	三级	910	200	150
DL-2151A-C1-1	2×150	1.0	100 dB	14 kHz~40 GHz		DC-60 Hz	2	三级	1 060	260	150
DL-2201A-C1-1	2×200	1.0	100 dB	14 kHz~40 GHz	同上						
DL-2301A-C1-1	2×300	1.0	100 dB	14 kHz~40 GHz							
DL-2451A-C1-1	2×450	1.0	100 dB	14 kHz~40 GHz							
DL-2160A-C1-2	2×16	0.2	100 dB	14 kHz~10 GHz	同上	同上	2	三级	775	160	120
DL-2320A-C1-2	2×32	0.2	100 dB	14 kHz~10 GHz							
DL-2500A-C1-2	2×50	0.2	100 dB	14 kHz~10 GHz							
DL-2630A-C1-2	2×63	0.2	100 dB	14 kHz~10 GHz							
DL-2700A-C1-2	2×70	0.2	100 dB	14 kHz~10 GHz							
DL-2101A-C1-2	2×100	0.5	100 dB	14 kHz~10 GHz	同上	同上	2	三级	910	200	150
DL-2151A-C1-2	2×150	1.0	100 dB	14 kHz~10 GHz	同上	同上	2	三级	1 060	200	150
DL-2201A-C1-2	2×200	1.0	100 dB	14 kHz~10 GHz							
DL-2301A-C1-2	2×300	1.0	100 dB	14 kHz~10 GHz							
DL-2451A-C1-2	2×450	1.0	100 dB	14 kHz~10 GHz							

续表

型号	线数×额定电流/A	泄漏电流/A	插入损耗	衰减频段	额定电压	额定频率	线数	构成级数	A(长)	B(宽)	C(高)
DL-4160A-C1-1	4×16	0.2	100 dB	14 kHz~40 GHz	440 V(线-线)250 V(线-地)AC	DC-400 Hz或DC-60 Hz	4	三级	915	320	120
DL-4320A-C1-1	4×32	0.2	100 dB	14 kHz~40 GHz							
DL-4500A-C1-1	4×50	0.2	100 dB	14 kHz~40 GHz							
DL-4630A-C1-1	4×63	0.2	100 dB	14 kHz~40 GHz							
DL-4700A-C1-1	4×70	0.2	100 dB	14 kHz~40 GHz							
DL-4101A-C1-1	4×100	0.5	100 dB	14 kHz~40 GHz	同上	同上	4	三级	940	320	150
DL-4151A-C1-1	4×150	1.0	100 dB	14 kHz~40 GHz					1 060	400	150
DL-4201A-C1-1	4×200	1.0	100 dB	14 kHz~40 GHz					1 060	400	150
DL-4301A-C1-1	4×300	1.0	100 dB	14 kHz~40 GHz					1 460	400	200
DL-4451A-C1-1	4×450	1.0	100 dB	14 kHz~40 GHz					1 460	400	200
DL-4160A-C1-2	4×16	0.2	100 dB	14 kHz~10 GHz	同上	同上	4	三级	915	320	150
DL-4320A-C1-2	4×32	0.2	100 dB	14 kHz~10 GHz							
DL-4500A-C1-2	4×50	0.2	100 dB	14 kHz~10 GHz							
DL-4630A-C1-2	4×63	0.2	100 dB	14 kHz~10 GHz							
DL-4700A-C1-2	4×70	0.2	100 dB	14 kHz~10 GHz							
DL-4101A-C1-2	4×100	0.5	100 dB	14 kHz~10 GHz	同上	同上	4	三级	940	320	150
DL-4151A-C1-2	4×150	1.0	100 dB	14 kHz~10 GHz					1 060	400	150
DL-4201A-C1-2	4×200	1.0	100 dB	14 kHz~10 GHz					1 060	400	150
DL-4301A-C1-2	4×300	1.0	100 dB	14 kHz~10 GHz					1 460	400	200
DL-4451A-C1-2	4×450	1.0	100 dB	14 kHz~10 GHz					1 460	400	200

注：C1 表示滤波器结构为三级组成；当为一级结构时为 A1，二级结构为 B1；一级、二级结构外形尺寸较小，其他技术指标均同三级。生产厂商是江苏常州坚力电子有限公司；使用环境温度+40℃。

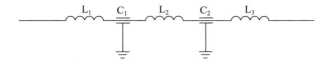

图 13 - 20　FC 系列滤波器电路原理图

13.6　屏蔽室的供电、照明

电磁波的传输途径一是空间辐射，二是导线传播，因此，电磁屏蔽室的供电、照明设计必须注意如下几点。

13.6.1　屏蔽室内供电

1）当电磁屏蔽室内有大功率的用电设备时，宜为单独回路供电。

2）在电磁屏蔽室内和室外的适当位置，各设置电磁屏蔽室电源总开关。其室外总开关不得装设剩余电流保护装置。

3）电磁屏蔽室内的供电线路，宜在屏蔽体外侧装设电源滤波器。滤波器的电压、电流、频率等应依据线路的电压、计算电流和线路的频率而确定。其中，电源滤波器的额定电流不应小于计算电流的 1.2 倍，当有大电流设备时宜取 1.5 倍。

4）需要三相四线制供电的电磁屏蔽室，应在相线、中性线上装设电源滤波器，其 PE 线不宜引入电磁屏蔽室内。因特殊需要引入PE 线时，每座电磁屏蔽室只能引入一根 PE 线，其截面不应小于原线路中 PE 线中的最大截面值。

5）电源滤波器的插入损耗指标应与屏蔽室的屏蔽效能相匹配。

13.6.2　屏蔽室内照明

1）电磁屏蔽室内的照明应不得采用日光灯，因为日光灯会产生很宽的干扰频谱，在超高频范围内日光灯是一种容易产生干扰的噪声源。在光源选型上，选择光效高、对电网影响小的新型光源。用于测试性质的屏蔽室内照明灯具应选择电磁辐射干扰小的绿色、节能、环保的照明光源。

2）电磁屏蔽室内的配电、照明线路宜采用铜芯导线，穿钢管敷设。对于医用核磁共振屏蔽室的线路敷设要求参见第 11 章 11.5 节设计要求。

13.6.3　屏蔽室安全防护应注意事项

1）定期更换绝缘层已磨损或破裂的电力线缆和配电缆线；

2）从供电装置中除去所有有绞接的缆线；

3）将开关板背面和设备机架上的裸露导体及端接条带进行包封，并安装警告标志；

4）在所有导体裸露外壳和高压开关前面的地板上，安放绝缘胶垫；

5）高电压开关应采用封闭式安全开关；

6）所有引线应符合电气规程的要求，这些引线的有效截面应足以承载所规定的电流；

7）临时使用的引线，使用完毕后应即时拆除；

8）经常检查设备中的非载流金属元件和电源附件的接地是否良好。

屏蔽室的其他安全措施包括：

1）在接地的屏蔽室中，进行测量和工作所有可能直接与人接触的电气设备（包括如局部照明、测量仪器等）的电压超过 36 V 时必须考虑安全措施。

2）将屏蔽室内的地面和人员能接触到的屏蔽壁用绝缘材料包起来，或在地面铺以橡皮绝缘垫或其他绝缘材料；

3）在屏蔽室内和屏蔽室外装设切断电源的总开关，装在屏蔽室外侧的电路的总电源开关，应在屏蔽室外侧设置锁闭，并应附有标志；

4）屏蔽室的门的开闭应该迅速，而且内外都能操作。

13.7　滤波器的安装

13.7.1　滤波器的安装位置

1）滤波器安装在干扰源一侧还是安装在受干扰对象一侧，取决于干扰的入侵途径。一个干扰源干扰多个敏感设备时，应在干扰源一侧接入一个滤波器。反之，如果将滤波器接入敏感设备一侧，将需要多个滤波器。类似地，如果只有一个敏感设备和多个干扰源，那么滤波器应安装在敏感设备一侧。此外，将滤波器接入干扰源一侧，可以使传导干扰限制在干扰源的局部。为了抑制来自电源线和其他线路上的辐射干扰和传导干扰，应在设备或者屏蔽体的入口处集中安装滤波器，如图 13 - 21 所示。

2）屏蔽室内主要为敏感设备时，电源线滤波器应安装在敏感设备或者进入屏蔽体的入口处位置。

3）为避免滤波器置于强电磁场之中，原则上要求应将滤波器的主要部分放于弱场位置。对于主动场屏蔽，滤波器主体放在屏蔽室外。对于被动场屏蔽，滤波器主体放在屏蔽室内。

4）各种电源系统的滤波器应当分别进行屏蔽，每根进入屏蔽室内的电源线和其他线路均必须各装有滤波器。为最大限度地减少滤波器的接入数量，使进入屏蔽室内的引入线为最少。

5）同一设备或屏蔽体（如电磁屏蔽室）上有多个引入引出线时，每根导线都必须进行滤波，并且滤波特性要保持一致。

6）当一个干扰源影响到许多接受设备时，在干扰源装一个滤波器就可以免去在许多设备上装滤波器。

7）全部导线要靠近接地面布线，尽量减少耦合，同时也不要构成闭回路。为了避免闭回路，滤波器的输入端与输出端应设置在屏蔽室的两个相对应的侧面上，如图 13 - 24（a）所示。

8）在天线上接滤波器时，滤波器和设备之间的导线一定要很好地屏蔽，否则会产生干扰噪声，形成干扰噪声输入的原因不仅是由

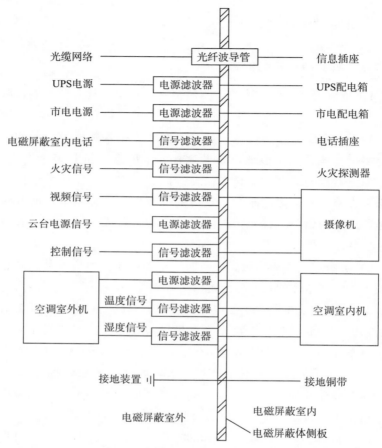

图 13-21　滤波器在屏蔽室进线处集中安装示意图

于滤波器不合适或导线屏蔽不佳，而且也由于屏蔽线接地不好而促成。

13.7.2　滤波器的安装方式

滤波器一般安装在屏蔽室的外侧，当需要安装在屏蔽室内时，应当将它放在电场强度最弱的地方。无论滤波器安装在屏蔽室内或室外，由滤波器到屏蔽室一段必须穿金属管，四周要与屏蔽体焊接，滤波器与屏蔽室的屏蔽体严密焊接（要有良好的电气连接）。安装方法有两种方式：

1) 当滤波器数量较少、质量较轻可集中直接安装在屏蔽体上（或将滤波器安装在滤波器安装板上），如图 13 - 22 所示；

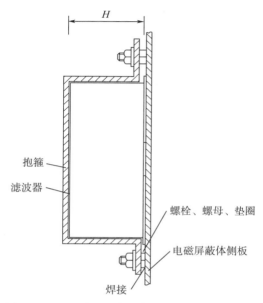

图 13 - 22　滤波器在屏蔽体侧面直接安装示意图

2) 当滤波器数量较多、质量较重，可集中安装在紧贴屏蔽体的滤波器安装支架上，如图 13 - 23 所示。

图 13 - 22 的安装方式是将滤波器的外壳大面积贴在设备金属壳的导电表面上，或将滤波器集中安装在滤波器安装板上。将滤波器直接贴在电源入口处，是滤波器的理想安装方式。需要说明的是，滤波器集中安装板的材料要与屏蔽体的材料相同，其原因参见13.7.3 小节。

图 13 - 22 安装在屏蔽室外滤波器的电源输入端在外，输出端在

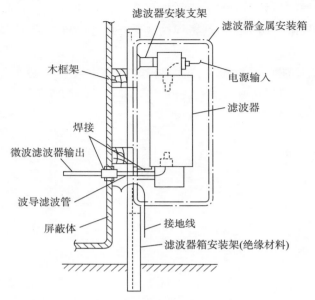

图 13-23 滤波器安装在屏蔽体侧面支架上

内（滤波器装于室内接线则反之），输入端在上，输出端在下。为减小感应电磁场对电源线的影响，滤波器要装在屏蔽室的下面（离地面高度 0.5 m 左右为宜）。

滤波器和屏蔽室共用一根接地线，并在同一点接地。为了避免接地线的天线效应，滤波器的安装位置要选择使接地线为最短的地方。

13.7.3 滤波器安装注意事项

滤波器的安装质量对衰减特性影响很大，只有把滤波器正确安装到设备和设施上，才能获得预期的衰减特性。

（1）滤波器安装应遵循的要点

1）滤波器金属外壳的接地方法；

2）滤波器的安装位置；

3）滤波器输入和输出的隔离。

无论使用交流滤波器还是直流滤波器，滤波器的金属外壳必须直接与屏蔽室的屏蔽体大面积导电接触。对于安装在线路板上的滤波器，要将金属外壳焊接在线路板上的一块独立的金属板上，且金属板要与屏蔽室的屏蔽体的材料相同。这是因为不同金属的接触面之间会发生电化学腐蚀，导致接触阻抗增加。有些设备经过一段时间使用后，干扰情况变得严重，就是由于滤波器的接地阻抗增加导致的。特别是当滤波器的低频滤波效果降低时，要考虑这种因素。

（2）滤波器对干扰信号的抑制措施

1）滤波器对干扰信号的抑制，很多时候是把干扰信号通过滤波器内部的接地电容（Y 电容）对地旁路而起作用，所以滤波器的接地导线上有很大的短路电流（相对于干扰信号而言）。因此，滤波器安装时一定要有良好的接地。具体采取何种接地方式需根据屏蔽室的类型而定，详见屏蔽室的接地篇。一般的滤波器都是金属外壳，如果可能，应把滤波器外壳直接和屏蔽体作良好接触，并且整个屏蔽体或是系统的接地电阻应尽可能小。

2）敏感设备的电源滤波器应安装在设备或屏蔽体的电源入口处，并且把电源引入线即滤波器的输入端引线放置在屏蔽体外部。如果不能实现，也要保证输入端引线尽量短，并且把输入端引线加以屏蔽。最简单的方法，就是选用插座式的滤波器。

3）UPS、变频器等大功率的用电设备，应把滤波器安装在尽量接近设备的输入或输出端口，同时，应保证变频器至电机的引线尽量短，并且不能和变频器的电源线以及其他控制、通信线交叉或近距离并行。

4）滤波器输入引线和输出引线与信号线路应尽量减少交叉，不能近距离并行，否则引线间的耦合会降低滤波特性。滤波器的输入/输出连线正确敷设方法如图 13 - 24（a）所示。

上述核心是输入端引线与输出端引线的屏蔽隔离。滤波器的输入端引线和输出端引线之间必须屏蔽隔离，引线应尽量短且不能交

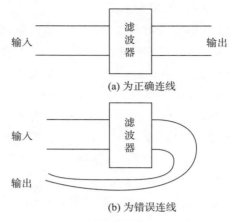

(a) 为正确连线

(b) 为错误连线

图 13 - 24　滤波器的输入/输出连线图

叉，以避免输入端引线与输出端引线间的耦合干扰。否则，输入端引线与输出端引线之间的耦合将通过杂散电容器直接影响滤波器的滤波效果。

13.7.4　屏蔽室内配电设备及管线安装

（1）配电设备及管线安装

1）屏蔽室最好采用带启动器、按钮、保护设备的成套配电箱，以减少在屏蔽室内设备的安装数量。动力配电箱要紧贴电源滤波器处。从配电箱到用设备的供电线路要穿钢管或用铅包电缆，屏蔽室内的插座最好是装于踢脚板内，如图 13 - 25 所示。

2）照明配线采用铅包双芯（或三芯）线，用铁皮焊接在屏蔽体上，然后将导线固定在铁皮上，拉线开关的垫座，灯具的垫座粘接在屏蔽体上，灯具位置最好选择木骨架处。

3）由于微波波段金属网几乎不起屏蔽作用，因此不能将照明灯具装于屏蔽室外，在顶棚上开孔装金属网的办法来解决照明问题，微波屏蔽室的照明灯具只能装于屏蔽室内部。

4）当屏蔽室有广播线路或从室外引进信号线路时，要与照明线

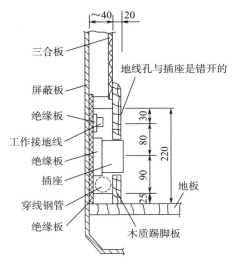

图 13 - 25　屏蔽室的电力配线、地线安装

路分开敷设。照明线路敷设在顶棚上，广播线或信号线敷设在地板下，由下向上引线，减少平行线。在不得已必须平行时，其间隔最少在 0.3 m 以上且平行部分尽可能短。

5）天线（或信号线）应经滤波器后才能进入屏蔽室。天线及信号线使用的滤波器要选择适当，滤波器和设备之间的导线一定要很好屏蔽且必须接地。

（2）接地线的安装

1）屏蔽室产品试验工作接地线，采用铜排的安装方法，如图 13 - 25 所示；

2）接地线要短，但接地极的位置要远离其他接地回路，一般不小于 10 m；

3）接地引出线要穿钢管埋地，引线选择可参考表 13 - 7，一般最小可用两根 BX - 7/1.33 铜导线，连接时接触电阻要小；

4）接地极的形式以达到接地电阻值为目的。

表 13 - 7　屏蔽室接地导体举例

线形	接地干线	接地支线	与设备连接线
扁铜	100×1.5 mm	75×1.5 mm 25×1.5 mm	12.5×0.5 mm
铜线	φ 5 mm 裸线或 7/2.0 mm （22 mm²）绞线	φ 2.6 mm 铜线或 7/1.0 mm 绞线	

13.8　电磁屏蔽室通信、信息、安防系统设计及滤波器的选择

13.8.1　电磁屏蔽室通信、信息系统设计

电磁屏蔽室的通信、信息系统设计应根据电磁屏蔽室内的通信、信息系统设计其功能、使用要求等因素考虑。通信、信息线路引入或引出电磁屏蔽室时，其穿越屏蔽体的方式应按下列原则确定：

1）通信、信息线路引入或引出屏蔽室时，应装设屏蔽室专用滤波器或专用光端机转为光纤引入。光纤引入应按光缆以及非导电介质穿入屏蔽体的的要求计算和选择截止波导，其计算参见 12.6 节。

2）语音线路引入或引出屏蔽室时，应装设电话滤波器。

3）屏蔽室只设单台计算机时，宜采用光纤到桌面。

因测试工作或管理需要而装设的摄像机、数据监控等，其视频电缆、控制电缆应符合 13.8.2 小节所述要求。电磁屏蔽室通信、信息设备的接入应按下列原则确定：

1）为了抑制沿导线传播的干扰源，所有交直流电源线、电话线、报警信号线等应在每根导线上在进入屏蔽室之前，要加装相应的滤波器、输入和输出滤波器的导线应穿钢管敷设；

2）屏蔽室的通信、信息设备要单独设供电回路，容量要充裕，以避免其他设备用电时引起电压波动产生瞬间干扰；

3）光纤引入屏蔽室应在室外将光纤的加强筋断开，切断干扰源。

13. 8. 2　电磁屏蔽室安全防范系统设计

电磁屏蔽室安全防范系统的设计，应根据电磁屏蔽室其功能、试验和安全防护等要求，设置出入口控制系统、入侵报警系统、视频安防监控系统。电磁屏蔽室所在的主体建筑物入口处应设置出入口控制系统、入侵报警系统。

安全防范系统的传输线路引入或引出屏蔽室时，其穿越屏蔽体的方式应根据下列原则确定：

1）如屏蔽指标小于或等于 30 dB，其视频电缆、控制电缆宜采用屏蔽电缆，电缆屏蔽层可靠接地，并穿焊接钢管引入或引出电磁屏蔽室，且室外穿管长度不宜小于 10 m，管径应小于截止波导管的管径要求。在穿过屏蔽体处，钢管周边应与屏蔽体可靠焊接。

2）屏蔽指标介于 30～60 dB 之间时，其视频电缆、控制电缆通过屏蔽体处，应根据电磁屏蔽室的用途、工作频率范围等具体要求，选用专用滤波器或专用光端机转为光纤引入，其线缆应穿钢管保护，管内径应小于截止波导管要求。管线穿过屏蔽体要求同 1）。

3）当屏蔽指标大于 60 dB，其视频电缆、控制电缆宜采用光缆穿光纤波导管的传输方式。光纤引入应按光缆及非导电介质要求计算和选择光纤截止波导管。光纤截止波导管的计算见第 12 章 12.6 节。

13. 8. 3　电磁屏蔽室火灾自动报警系统设计

电磁屏蔽室内火灾自动报警系统的设计，应与所在建筑物的保护对象分级协调一致。火灾自动报警系统的传输线路引入或引出屏蔽室时，其穿越屏蔽室的方式应按下列原则确定：

1）当屏蔽指标大于 30 dB 时，穿越电磁屏蔽室的每一根引入或引出的信号线路均应经带通滤波器，带通滤波器的技术规格依屏蔽指标等因数确定；

2）当屏蔽指标小于或等于 30 dB 时，其火灾自动报警线路宜采用屏蔽电缆，且电缆屏蔽层应可靠接地。电缆应穿焊接钢管引入或引出电磁屏蔽室；室外的穿管长度不应小于 10 m，管径宜小于截止波导管的管径。在穿过屏蔽体处，钢管周边应与屏蔽体可靠焊接。

13.8.4　电磁屏蔽室通信系统滤波器的选择

（1）信号电缆滤波器的作用

信号电缆滤波器的作用则主要是对付空间的辐射性干扰，包括空间辐射进入设备的干扰和设备向外辐射的干扰。本书前面已叙述信号线电缆与电源线电缆之间的耦合导致传导发射在高频段干扰的现象。

理论和试验均表明：设备上的电缆是电磁屏蔽中最薄弱的环节，因为信号电缆是一条高效的辐射和接收天线，这就是为什么在许多场合中，电子设备的屏蔽已经非常严密时但往往还会出现信号电缆的屏蔽没有解决好致使屏蔽室的屏蔽效能显著下降的问题。因此，任何穿过屏蔽体或隔离体的任何信号电缆都会破坏原有的屏蔽效果和隔离效果。

解决信号电缆破坏屏蔽体和隔离体的方法有两种，一种是对信号电缆进行全线屏蔽，另一种是对信号电缆进行滤波。虽然在信号电缆上滤波是解决电磁干扰问题的有效措施，但是由于信号电缆上传输着各种频率的信号，滤波有时会引起信号的畸变，采取滤波措施时要充分考虑这一点。

最简单的滤波方式是采用共模扼流圈的方式，这种措施对有用信号的影响较小。共模扼流圈有两种，一种是在电缆上套一个铁氧体磁环，另一种是安装在线路上。

较复杂的信号电缆滤波方式是采用包含共模旁路电容的滤波电路。这种滤波方式虽然滤波效果更好，但是会对信号产生一定影响。实现这种滤波的一个有效方法是滤波连接器，但是滤波连接器的价格往往较高。当信号电缆的芯数较少时，也可以采用图 13 - 21 所示的多路滤波器或采取带 GKL 穿心电容的滤波器并按照图 13 - 26 所示的方式连接。

对于信号线滤波，滤波器的高频特性更加重要，往往要求滤波器在高达数 GHz 的频率范围内有效。要实现这个目的，滤波器必须安装在屏蔽体上并与屏蔽体作紧密连接（或焊接）才能取得预期的效果。

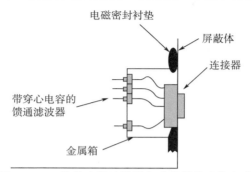

图 13 - 26　信号电缆滤波器与连接器的连接方式

（2）信号电缆滤波器的构造

由于信号线滤波器要滤除的干扰频率较高，因此信号线滤波器几乎都是设计成安装在面板上的结构方式，利用面板达到隔离滤波输入/输出端耦合的目的。

有焊接式安装和螺纹安装两种。焊接式安装的优点是节省空间，滤波性能可靠。但要求有较高的焊接工艺水平，否则焊接时的高温会损坏滤波器。

当面板上要安装的滤波器数量较多时，逐个焊接或安装时十分繁琐，现在生产厂商已能提供使用焊接好的滤波阵列板。滤波阵列板上的滤波器厂商使用特殊工艺焊接好，其性能可靠，使用简便。电缆的接头可以与滤波器直接插上，避免了逐根焊线的繁琐，便于产品的组装。

将穿心电容和铁氧体磁体按照不同的电路结构组合起来，构成了单个电容（C）、电感（L）、π 型滤波电路，它们适合于不同的源阻抗和负载阻抗的情况，如图 13 - 27 所示。另外，这些电路提供了不同的滤波特性，如图 13 - 28 所示。滤波器的器件越多，通带与阻带之间的过渡带越短，插入损耗越大。π 型滤波器虽然具有较好的滤波特性，但是会在拐点处出现谐振，降低滤波效果。

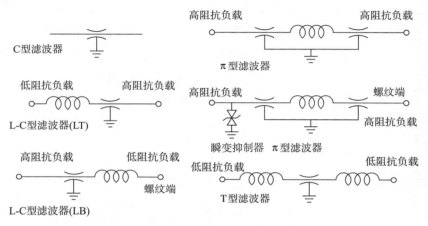

图 13 - 27　信号电缆线滤波器电路结构图

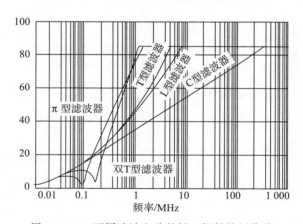

图 13 - 28　不同滤波电路的插入损耗特征曲线

（3）信号电缆滤波器的截止频率

尽管信号线滤波器的技术参数有很多，但是在选用时最难确定的参数是滤波器的截止频率。与传统滤波器中的截止频率相同，具体计算参见本章 13.4 节。但是要注意信号电缆滤波器的定义与传统滤波器不尽相同，信号电缆滤波器的截止频率定义为插入损耗为 3 dB

时的频率。截止频率的选择必须保证滤波器的通带覆盖功能性信号的带宽，保证设备的正常工作，同时最大限度地滤除不必要的高频干扰。

对于模拟信号，截止频率很好确定，只要保证截止频率大于信号的带宽即可。对于数字脉冲信号，截止频率可定义为 $\frac{1}{\pi t_r}$，t_r 是脉冲的上升/下降时间。如果是周期性脉冲信号，也可以取脉冲重复频率的 15 倍作为截止频率。最可靠的方法是通过试验来确定。

（4）屏蔽室用 XXH 系列信号滤波器技术指标、性能参数

1）应用范围：信号滤波器主要用于屏蔽室或舫舱的各类通信线路及控制信号线，如电话、报警设备、空调和数据通信等。也可根据用户要求设计不同频率和不同形式的信号滤波器。信号滤波器只允许数据控制信号通过，滤掉各类高频信号。

2）型号规格技术性能指标：信号滤波器型号规格技术指标见表 13 - 8。

表 13 - 8　信号滤波器型号规格技术性能指标

型号	额定电压/V	额定电流/A	阻抗/Ω	路数/线数	通带	泄漏电流/A	插入损耗/dB		外形尺寸/mm		
							14 kHz	100 kHz～10 GHz	A（长）	B（宽）	C（高）
XXH-2-1A	200 V DC	1 A	300/600 Ω	1/2	0～7 kHz	2	80	100	220	60	50
XXH-4-1A				2/4	0～7 kHz	2	80	100	220	120	50

注：1. 环境温度：-25～+85 ℃。

　　2. 生产厂商是北京北理奥克电磁技术有限公司。

（5）屏蔽室用 TPXXH 系列电话滤波器技术指标、性能参数

1）应用范围：该滤波器主要用于各种结构的屏蔽室、微波暗室或舫舱的各类通信线路及控制信号线，如电话、报警设备、空调和数据通信等。电话滤波器用于电话机电话线上，只允许音频通过，滤掉各种无线电干扰信号。

2）型号规格技术性能指标：指标见表 13 - 9。

（6）屏蔽室用 F‑XH 系列信号滤波器技术指标、性能参数

1）应用场合：该系列滤波器用于屏蔽室内的电话通信，数据通信、空调控制、消防报警等信号传输。

2）型号规格、技术性能指标：F‑XH 系列屏蔽室用信号滤波器型号规格技术性能参见表 13‑10。

（7）屏蔽室用 XL 系列信号滤波器

1）应用范围：该系列滤波器用于屏蔽室内的电话通信、数据通信、空调控制、消防报警、对讲门铃等信号的传输和报警控制系统。

2）型号规格技术性能指标参见表 13‑11。

（8）屏蔽室用 DHL 系列高性能滤波器技术指标、性能参数

1）应用范围及特点：此系列滤波器是一款高性能模拟电话线滤波器，不仅滤波性能好，而且具有很好的自愈性。该滤波器适用于屏蔽室内的电话通信，也可以用于要求信息安全的场合。

2）型号规格技术性能指标：电话线高性能滤波器型号规格、技术性能参见表 13‑12。

DHL 滤波器的路数少于 12 路时，可将滤波器直接安装在屏蔽室或方舱屏蔽体上。安装时滤波器和屏蔽体或方舱接触的地方不能喷涂绝缘漆，滤波器多于 12 路时，建议以 12 路为基本单元组合构成多路电话线滤波。

（9）直流滤波器的技术指标、性能参数

1）应用范围：体积小，质量轻，滤波频率范围 10 kHz～50 MHz，广泛应用于各种电子设备，减小电源线的传导发射，提高电路对外界干扰的抵抗能力。

2）型号规格技术性能指标：直流滤波器型号规格技术性能指标参见表 13‑13。

表 13 - 9　屏蔽室电话滤波器型号规格技术性能指标

型号	线数	额定电流/A	额定电压/V	通带/kHz	阻抗/Ω	插入损耗/dB			外形尺寸/mm		
						14～150 kHz	150 kHz～10 GHz		A（长）	B（宽）	C（高）
TPXPB - 2 - 1A	2	1	200 V DC	0～7	300/600	60～100	100～110		220	60	50
TPXXH - 4 - 1A	4	1	200 V DC	0～7	300/600	60～100	100～110		220	120	50
TPXXH - 6 - 1A	6										
TPXXH - 8 - 1A	8										
TPXXH - 12 - 1A	12										

注：1. 环境温度 -25～+85 ℃；
　　2. 绝缘电阻≥100 MΩ（500 V，DC）；
　　3. 资料来源于北京泰派斯特科技发展有限公司。

表 13 - 10　F - XH 系列屏蔽室用信号滤波器型号规格技术性能

规格型号	电压	电流	线数	通带	适用范围	性能	外形尺寸/mm		
							A（长）	B（宽）	C（高）
F - XH - 2D	250 V DC	1	2	20 kHz	电话、传真	满足 GJB 5792 屏蔽效能	230	100	60
F - XH - 2K	250 V AC	2～10	2	100 kHz	空调、消防、门禁		230	100	60
F - XH - 2S	100 V DC	1	2	6 MHz	视频信号		230	100	60

注：1. 绝缘电阻≥100 MΩ（500 V DC）；
　　2. 环境范围 -25～+85 ℃；
　　3. 生产厂商是北京翼高科（北京）有限公司。

表 13 – 11　屏蔽室用 XL 系列信号滤波器型号规格技术性能指标

型号规格	额定电压	额定电流	线数	通带	外形尺寸			适用范围	说明
					A(长)	B(宽)	C(高)		
XL – 3	250 V DC	0.3 A	2	4 kHz	225	100	70	电话、传真、交直流开关信号	外形尺寸不含出线端套长度 35～48
XL – 20K	250 V DC	0.3 A	2	20 kHz				交直流开关信号、空调整控制、消防、语音、广播、门禁	
XL – K2	250 V DC	2 A*	2*	100 kHz					
XL – V1	100 V DC	1 A	1	6 MHz	102	50	30	视频信号	
XL – V2	100 V DC	1 A	2	6 MHz	135	65	30	特种电话、消防报警、监控控制、门襟	

注：以上信号滤波器可以满足 GJB 5792 C、D 级屏蔽室和各类电波暗室的屏蔽要求；

* 如果控制线数量超过 2 根或电流大于 2 A,订货时请注明具体的控制线数量与电流大小。

表 13 - 12　电话线高性能滤波器型号规格技术指标

型号	额定电压	额定电流	直流电阻	通带	插入损耗	阻抗	路数	线数	外形尺寸/mm A（长）	B（宽）	C（高）
DHL - 1	150 V DC	300 mA	小于 8 Ω	0~8 kHz	25 kHz~10 GHz 80~100 dB	线-地 300 Ω 线-线 600 Ω	1	2	251	60	40
DHL - 2							2	4	320	85	40
DHL - 4							4	8	320	95	50
DHL - 8							8	16	380	95	100
DHL -12							12	24	285	185	130

注：1. 环境范围－25~＋85 ℃；

2. 生产厂商是中国航天科工集团二院706所。

表 13 - 13　直流滤波器型号规格技术性能指标

产品代号	额定电流	外形尺寸	额定电压	50 Ω 条件下测试的差模插入损耗/dB								50 Ω 条件下测试的共模插入损耗/dB							
				10 kHz	30 kHz	100 kHz	300 kHz	1 MHz	3 MHz	10 MHz	30 MHz	10 kHz	30 kHz	100 kHz	300 kHz	1 MHz	3 MHz	10 MHz	30 MHz
ZI11 - 3A	3 A	344×29×22	100 V DC	8	14	29	45	66	60	24	18	13	32	50	58	70	68	60	38
ZI11 - 6A	6 A	344×29×22	100 V DC	3	10	22	40	58	49	18	10	10	29	48	56	70	68	56	32
ZI12 - 10A	10 A		100 V DC	4	12	30	55	70	62	20	15	25	34	51	59	70	78	60	32
ZI12 - 20A	20 A			3	8	23	39	60	62	19	13	14	30	45	53	70	72	57	30
ZI22 - 6A	6 A	86×51×28	200 V DC	3	15	20	58	70	64	30	22	5	16	30	50	68	70	58	30
ZI22 - 10A	10 A		200 V DC	3	13	18	48	65	58	28	20	3	16	28	43	65	70	56	27
ZI22 - 20A	20 A			3	10	15	43	66	55	26	20	—	5	13	32	53	68	50	26

注：1. 外形尺寸包含接线套长度；
2. 环境范围 -25～+85 ℃；
3. 生产厂商是中国航天科工集团二院 706 所。

13.8.5 屏蔽室用电话、信号线等滤波连接器的选择

（1）信号线滤波连接器的作用

滤波连接器是近年来十分流行的干扰抑制器件。滤波连接器的外形尺寸与普通连接器是完全相同的，可以直接取代普通连接器。不同的是滤波连接器的每个针（孔）上安装了一个低通滤波器，滤除信号线上的高频干扰，从而减小电缆上的辐射。

虽然在许多场合中，信号电缆是屏蔽电缆，但往往并不能满足严格的电磁兼容标准的要求，特别是对高频干扰的屏蔽。这里主要有两个原因：一个是屏蔽电缆的屏蔽层是金属编织网，上面的孔洞在高频时会产生泄漏；另一个原因是屏蔽电缆的高频屏蔽效能主要取决于电缆屏蔽层的端接情况，只有当电缆屏蔽层的端接为 360°低阻抗搭接时，才能有较理想的高频屏蔽效能，而这在很多场合中都无法保证。由于滤波连接器能够有效地滤除不必要的高频成分，恰恰弥补了屏蔽电缆对高频干扰屏蔽的不足。

滤波连接器如果与铁氧体磁环结合起来，使用效果会更好。

（2）屏蔽室用电话线、信号线等滤波连接器的技术指标、性能参数

①应用范围

此滤波连接器与普通标准的 D 型连接器在尺寸上完全兼容，代替普通连接器使用时可以减少了电缆的电磁辐射，提高了设备抗外界电磁场干扰的能力，使设备顺利通过辐射发射、辐射抗扰度和电快速脉冲试验。

电话线、信号线滤波连接器可以直接安装在屏蔽室的屏蔽体上，如果作为电缆接头使用，滤波性能会有所降低。滤波连接器安装在金属屏蔽体上时要保证滤波器和滤波连接器与金属屏蔽体之间接触导电良好，如图 13 - 26 所示。

②型号规格技术性能指标

滤波连接器型号规格技术指标见表 13 - 14。

表 13-14 屏蔽室用电话线、信号线滤波连接器型号规格技术性能指标

屏蔽室用 D 型连接器芯数	滤波电容 C		额定电压 直流(DC)	额定电流/A	最小插入损耗/dB						
	标称值/pF	偏差/%			3 MHz	10 MHz	30 MHz	100 MHz	300 MHz	500 MHz	1 GHz
09:9 芯	470	±20	200,100	5	/	/	7	15	28	35	20
15:15 芯	1 000	±20	200,100	5	/	4	14	22	37	42	25
25:25 芯	4 700	±20	200,100	5	7	17	28	37	50	40	25

注：1. 环境温度-25~+125 ℃；
2. 生产厂商是中国航天科工集团二院706所。

第 14 章　屏蔽室的结构设计

14.1　屏蔽室结构型式

14.1.1　屏蔽室结构类型

屏蔽室的结构形式，从使用材料上分为金属板屏蔽室和金属网屏蔽室两种。从结构上又分为单层屏蔽室、双层屏蔽室和多层屏蔽室三种。从使用要求和屏蔽指标可分为简易电磁屏蔽室、组装式电磁屏蔽室、焊接式电磁屏蔽室等。

金属网屏蔽室又分为热镀锌六角孔铁丝网埋墙式结构和紫铜网架式（笼式）结构。前者用于高频电炉干扰波之类的设备屏蔽，后者主要用于各实验室之类的屏蔽。

电磁屏蔽室的结构设计应包括屏蔽壳体（屏蔽体）、支撑框架、屏蔽地面、电磁屏蔽室内的各种管道（或管线、管路）接口和工艺设备等的安装位置、方式等多种内容。本章仅简要地叙述金属板、金属网屏蔽室的结构和与金属板结构和金属网结构相关联的屏蔽体的几何形状，屏蔽室内空腔间尺寸，屏蔽室屏蔽体层数的确定，每层屏蔽体材料和厚度的确定，双层（多层）屏蔽体之间间距大小的确定，屏蔽体对地绝缘以及屏蔽室的谐振及其计算等问题。

14.1.2　金属板屏蔽室的结构

由于金属板的屏蔽效能是吸收衰减和反射衰减两部分合成的，因此，金属板状结构屏蔽室既可应用于高频屏蔽室也可以应用于低频和甚低频屏蔽室。但是用于低频和甚低频这种频率下需要增加金属板厚度或层数来增加其吸收衰减。因此，金属板结构屏蔽室在低频、甚低频可以做到较高的屏蔽效能。在微波频段由于金属板是封闭式的，孔隙的泄漏影响较小，金属板屏蔽室能做到相当高的屏蔽效能。

目前要求工作频段较宽的屏蔽室或既要求工作在低频、甚低频，又要求工作在微波段的屏蔽室，或要求屏蔽效能较高的屏蔽室，一般都是采用金属板单层或双层结构的屏蔽室。

屏蔽效能按其理论计算，金属板状结构屏蔽室有很高屏蔽效能。但是由于进入室的管线需装滤波器和截止波导，有洞孔门窗、缝隙的影响，所以，往往单层金属板结构屏蔽室在微波波段的实际屏蔽效能只能在 80 dB 左右，特别是门口处泄漏较大，为了弥补门口处的泄漏，比较可行而又有效的办法是增加一个门套，即进入屏蔽室经过两道门。这样便可在门套内增加一级滤波器（双级滤波），从而既克服了电源滤波器在低频段时屏蔽效能低的问题，又大大减少了门口处的泄漏，有力地提高了门口屏蔽效能，参见第 18 章图 18 - 9。

14.1.3　金属网屏蔽室的结构

由于金属网的吸收衰减很小，屏蔽效能主要取决于它的反射衰减，因此，在低频时金属网屏蔽室的屏蔽效能是很低的。在超高频时，由于金属网屏蔽室的网孔泄漏电磁波的影响较大。金属网屏蔽室的屏蔽效能还随着屏蔽频率的升高而下降，所以，单层金属网结构的屏蔽室，通常用于屏蔽频段在几百 kHz 至几百 MHz 的范围内，屏蔽效能在 60 dB 以下范围。

双层金属网结构的屏蔽室通常用于屏蔽频段在 150 kHz 至数百 MHz 的范围内，屏蔽效能在 60～80 dB 的范围，见第 7 章 7.4 节。

14.1.4　屏蔽室门的类型与应用

屏蔽室的门是人与设备出入的通道，是随人员与设备的进出而启闭的活动部位，是造成能量泄漏可能性最大的地方，是屏蔽室设计极为重要的环节，也是影响屏蔽室效能的关键部位。屏蔽室门的屏蔽效能影响最大，是一个最薄弱的环节，它的接触性能差、缝隙多，而且随着使用时间的加长其接触性能逐渐变坏。目前，国内已有屏蔽工程具有专业性的屏蔽门（窗）生产厂商，可提供多种结构和运动方式的屏蔽门（窗）。例如：L 型、V 型、W 型、双闸刀型、梯形、阶梯双闸刀型、复合型和平压型等。使用时应根据屏蔽室的用途不同、门洞的大小，满足屏蔽室总效能指标和工程的实际情况选择，一般可按以下原则选定：

1）如无特殊要求，A 级、B 级屏蔽室宜选用 L 型、V 型或闸刀型；C 级、D 级宜选用闸刀型。当门的开度很大时，宜选用平压型。A 级、B 级、C 级和 D 级指标参见第 4 章 4.1 节。

2）门扇的运动有平开（旋转）、左右移动、上下移动、前后移动以及复合运动等多种方式，视屏蔽室的大小和场地空间尺寸决定。

3）平开门分单开和双开两种，单扇平开门的门洞宽度尺寸不宜大于 1.2 m，双扇平开门的门洞宽度尺寸不宜大于 2.5 m。当门洞尺寸大于 4 m 时，宜采用平移式屏蔽门。

简易屏蔽室的门窗设计，宜符合以下要求：

1）屏蔽室门宜采用钢板门，门框与门扇之间的缝隙应加装梳型铍铜簧片或弹性密封材料。如采用木制门时，其门框、门扇应包镀锌板。

2）屏蔽室如需设窗，宜采用内开窗或推拉窗。如为网式屏蔽，宜在窗外加装屏蔽网窗；如为金属板式屏蔽，宜选用电磁屏蔽室导电屏蔽玻璃视窗或金属夹丝网屏蔽玻璃窗（详见第 16 章）。

3）屏蔽室的门、窗的内外侧均应设联动的压紧装置。

4）门、窗的屏蔽效能不应低于屏蔽室的屏蔽指标，通常情况下应高于电磁屏蔽室的屏蔽指标 8～10 dB。

5）屏蔽用木门框架应选用一级松木，含水率应低于 15%。

14.2　屏蔽室屏蔽体几何形状和尺寸的确定

14.2.1　屏蔽体几何形状的确定

1）电磁屏蔽室的空间尺寸决定了屏蔽室的总面积或总体积，它影响屏蔽室的结构形式和屏蔽室的外形尺寸，关系到是否经济适用、效能优劣，更为重要的是关系到系统是否发生空腔谐振。

2）要求屏蔽的设备和系统尺寸是起支配作用的，这里所讲的尺寸是指要屏蔽的是一个敏感单元，是一台大设备或一个大的系统，不涉及特定的要求所封闭的容器、箱柜、机箱或设备外壳的屏蔽。

3）屏蔽室的形状虽以球形和圆柱体为好，但施工较难，且屏蔽效能还增加不到一个数量级。因此，实用上往往采用立方体或矩形体。立方体或矩形体可能引起两种递减效应，一是同等数量材料的屏蔽效能降低，即用等量材料只能做成体积减小或厚度减薄的立方体；二是内场产生梯度和畸变，从而降低增量磁导率 $\Delta\mu$。利用削斜棱角的方法，可适当抵消上述效应，设计中可考虑这种可能性。所谓削斜棱角是指将正方体或矩形体的 4 个棱角斜切为八角形。这样做可以提高屏蔽效能和节省材料，唯施工较难。

4）对于一个全封闭的屏蔽体来说，它的结构应当是六面体。在条件许可情况下，各个单面体距离场源应为等距离；同时，六面体的边缘宜采取圆滑过渡，实行导圆，严禁直角过渡，以防止尖端效应的产生。

5）一般情况下，屏蔽体的外形几何形状可以根据所要屏蔽的场源而定。例如，高频输出变压器的屏蔽，可以采用圆柱形的屏蔽体结构。一般振荡回路的屏蔽，可以采用平面六面体结构。

6）在工程实用上往往采用立方体或矩形体和削斜棱角的屏蔽室，参见第 9 章 9.5 节。其屏蔽室体积可采用球形和圆柱体的等效半径 R 来代替。球形体可用第 9 章 9.3 节式（9-3）进行计算。若长度大于宽度三倍，则用圆柱体的公式（9-4）来计算。

7）等效半径公式为

$$R = 0.62\sqrt[3]{L \cdot H \cdot W}$$

式中　L，W，H——长、宽、高，不宜等值，且 L 宜大于宽度的 3
倍，以避免谐振。

8）一个封闭式六面体的电磁屏蔽室的长（L）、宽（W）、高（H）的尺寸主要根据设备类型和使用目的的确定，同时必须满足空腔谐振频率与屏蔽体的几何尺寸的要求，一般情况下可能采取如下关系

$$W = \frac{1}{3} \sim \frac{1}{4}L, \ H = \frac{1}{2}W \sim \leqslant W$$

14.2.2　屏蔽体几何尺寸的确定

要求使用的屏蔽体的几何尺寸和形状，直接影响到使用、施工、投资等问题，若体形和尺寸大小选择不当将影响使用，甚至使屏蔽效能达不到要求。因此，必须根据使用要求、设备安装、操作维修等因素与工艺人员慎重商定，取得必须的实用空间面积。对于要求不高的屏蔽室，便可将实用的空间体积作为屏蔽室的尺寸。如果屏蔽室要求很高，空间尺寸还应考虑内场均匀度的问题。由于门缝、屏蔽体焊缝和孔洞的泄漏，造成屏蔽体内部屏蔽效能有所降低，为补救此现象可将实用空间体积的长、宽、高尺寸适当增大，例如各增大 1/6～1/8，以避开内场畸变较严重的区域。

屏蔽室的尺寸除上述外还需考虑以下几点：

1）被屏蔽的设备离屏蔽室内壁的净距 2～3 m，便于操作维护及电磁波折反射。

2）屏蔽室内尽量减少其他物体如棍、棒、柱子等，以减少分布电容和反射。

3）屏蔽室的尺寸要考虑空腔谐振是否发生。

4）对于以测量产品工业无线电干扰用的屏蔽测量室，除保证测量时，产品（干扰源）及测量仪的天线与屏蔽壁的距离不小于

0.4 m。产品与偶极天线之间的距离不小于 1 m，此外还应考虑工作人员的操作方便和必要的发展余地，如果被测产品数量很大，则在一个屏蔽室中可以考虑一台产品在测试时，另一台产品进行准备，这样相互交替测量能提高屏蔽室的利用率。因此，一般工厂屏蔽测量室的体积一般不小于 30 m³。

5）高频电炉的屏蔽室主要根据工人操作的方便和必要的发展空间而确定的。应该明确所要屏蔽的部件，不仅是高频电流发生器本身，而更重要的是利用高频电流加热或熔化的工部，其平面尺寸当高频炉在 30～100 kW 时，参考尺寸为 4.5×4.1～5.5×5.3 m 左右，200 kW 时参考尺寸为 6.5×5.5 m 左右。

6）其他用途的屏蔽室，可以根据工作性质具体确定，但屏蔽室的面积不应过大，避免建筑施工困难和使用中的相互干扰。

7）屏蔽室屏蔽效能的大小与其形状尺寸有直接的关系，屏蔽室体积越大则其屏蔽效能也就越高，但体积越大则所耗材料也就越多，建筑费用相应增加，所以屏蔽室的尺寸很重要，关系到是否经济适用、效果优劣，所以必须慎重考虑。

14.3　双层或多层屏蔽体层间距离的确定

14.3.1　屏蔽体单层与双层结构的选择与确定

根据有关理论的分析，一般情况下双层结构比单层结构的屏效要高。近区场屏蔽的工业性试验亦证明了这一点，对于甚低频干扰难以屏蔽，常用多层屏蔽体才能取得较好的效果。从效能指标和技术经济方面来说，双层屏蔽室较为实用，对要求较高的屏蔽室来说，三层屏蔽室也是可行或是需要的。

（1）双层或多层屏蔽体层间间距的选择

1）在低频情况下用增大两层间的间距来提高双层金属板或网的附加屏蔽效能，但在高频时要考虑谐振问题，因此应尽可能使其间距接近于 1/4 波长的奇数倍；

2）一个双层或多层屏蔽室在保证良好的屏蔽效能的条件下，为便于施工允许水平部位与垂直部位层间间距可以不一样，水平部位满足最低要求的屏蔽体层间距离要求，垂直部位可以大一些，例如 100～600 mm，如果作业现场条件较差，不允许有较大屏蔽间距，或采用较大的屏蔽间距后不能实现全屏蔽时，在保证屏蔽体有良好的高频电气接触性能和高频接地情况下，可以适当缩小屏蔽间距。

（2）对于场源为高频振荡回路的屏蔽间距

屏蔽间距设计原则同上，以大为佳。一般情况下，在保证屏蔽体有良好的高频电气接触性能与良好的射频接地时，水平屏蔽间距可以最小到 100 mm，在条件允许情况下，水平屏蔽间距可选用 200～300 mm。

14.3.2　双层或多层屏蔽体层间距离的计算

（1）双层或多层屏蔽室层间距离确定的基本理念

双层或三层屏蔽室的层间距离应该是多大最合适呢？从一些资料来看，不同形式的射频场源其所需要的屏蔽间距是不相同的。根据电磁场辐射原理可知：感应电磁场与距离的平方成反比，辐射电磁场与距离成反比。可以这样认为，屏蔽间距 r 越大，电磁场强度衰减辐度越大。换言之，屏蔽效果将越高。屏蔽间距的增大，屏蔽效果将相应提高，这主要原因是：

1）随着屏蔽间距的加大，电磁场强度会发生很大的衰减，其场强按与距离的平方成反比的规律衰减，用式（14-1）表达

$$E = \frac{30}{r^2} lI \qquad (14-1)$$

$$H = \frac{l}{4\pi r^2} I$$

2）屏蔽间距越大，到达屏蔽体上的电磁场强度将减弱，致使屏蔽体上电磁感应作用变小，因此透射电磁场强度会大幅度衰减。

3）间距越大，屏蔽体上所产生的电磁反作用场越小，则越有利于射频设备的正常工作，所以在一般条件下，为了提高屏蔽效果、降低泄漏场强，可以适当加大屏蔽体与场源的间距。当然，间距的加大不是无限制的。如果无限制地任意加大屏蔽间距，将使屏蔽失去意义，而且造成不必要的占空体积，造成浪费。

（2）双层屏蔽体的层间距离计算方法之一

按波长计算间距时，若双层屏蔽室的层间距离用 r 表示，决定层间距离时必须考虑 3 种情况：

1）$r \ll \lambda$　　（λ 代表波长）；

2）$r \simeq \dfrac{\lambda}{4}$ ；

3）$r \simeq \dfrac{\lambda}{2}$ 。

第一种情况下，$r=0$ 时所产生的衰减比单层屏蔽所产生的衰减多 6 dB，随着 r 的加大，衰减增加。第二种情况下，$r \simeq \dfrac{\lambda}{4}$ 时衰减值最大，即 $r > 0$ 开始后衰减急剧增加，达到 $\dfrac{\lambda}{4}$ 为最大。第三种情况下，$r \simeq \dfrac{\lambda}{2}$ 时衰减值比单层屏蔽产生的衰减少 5 dB。由于双层间有电容，对电场 E 有影响，当高频时双层屏蔽效能随距离的变化有最大、最小和负值三种情况；在低频时可以增大层间距来提高屏效。但在高频时，由于出现最大、最小和负值，因此要尽量使层间距接近 $\lambda/4$ 的奇数倍，这样屏效最大 。

（3）双层屏蔽体层间距离的计算方法之二

按屏蔽效能计算间距时，双层屏蔽内外两层金属网（板）应当是绝缘的，两层网（板）可在电源引入处这点做电气接触。倘若双层之间间距过小，则屏蔽效能下降，两层网（板）之间间距 L 通过传输系数 T 与屏蔽效能 A 有如下关系

$$T = T_1^2 \frac{1 + \dfrac{2L}{R_1}}{2T_1 + \dfrac{3L}{R_1}}$$

$$= \frac{\text{双层金属网（板）屏蔽时在 } R = R_2 \text{ 处电场强度}}{\text{没有金属网（板）时在 } R = R_1 \text{ 处电场强度}}$$

所以

$$A = 20\lg \frac{1}{T} \qquad\qquad (14-2)$$

$$R_2 - R_1 = L$$

式中 R_1，R_2——内、外层金属屏蔽层网（板）的等效半径；

$\quad\quad\ T_1$——单层屏蔽网（板）传输系数；

$\quad\quad\ L$——双层之间的距离；

$\quad\quad\ A$——屏蔽效能；

$\quad\quad\ T$——双层屏蔽网（板）传输系数。

等效半径 R 的计算公式为

$$R = 0.62\sqrt[3]{L \cdot W \cdot H}$$

式中 L，W，H——内、外、层屏蔽体长、宽、高三个数值互不

相等的尺寸。

从施工角度考虑，确定双层屏蔽网（板）两层之间的最小间距以 100 mm 为宜。

14.4 屏蔽室的绝缘设计

14.4.1 屏蔽室与大地的绝缘

（1）屏蔽室与大地的绝缘及与接地的关系

依据 GB/T 50719—2011《电磁屏蔽室工程技术规范》规定：凡以鉴定、校准为用途的电磁屏蔽室和要求单点接地的电磁屏蔽，其屏蔽体与建筑物的地面、墙体、梁柱之间必须绝缘。要求对地绝缘的屏蔽室，屏蔽室的整体对地绝缘电阻应不小于 10 kΩ。该规定主

要是考虑防潮和防止二次干扰电流的影响。单点接地技术减小了漏电流（主要是 50 Hz），使设施上任意两点间的电位最小。

对地绝缘电阻应不小于 10 kΩ 起源于行业标准 ST 31470－2002《电磁屏蔽室工程施工及验收规范》6.2.9 条：可折卸式电磁屏蔽室宜采用单点接地方式，此时，屏蔽室必须与围护结构体相互绝缘，绝缘电阻值不应小于 10 kΩ，10 kΩ 是最低要求，在实施中应尽可能增大对地绝缘电阻值。下面列举军标和航天标关于对地绝缘电阻值的要求和论述供参考。

（2）隔离

除刚性导线管屏蔽外，屏蔽体与屏蔽体之间和屏蔽体与其他金属件之间应互相绝缘，在屏蔽体与地断开测量时，至少有 1 MΩ 的直流绝缘电阻。除另有要求外，刚性导线管的屏蔽体彼此之间或与构筑物之间无须绝缘。导线和电缆的敷设布置应不破坏设备屏蔽体的完整性（航天标 GJB 1696 的 5.3.1.2 条）。

如果设计者确认金属底板可用作低频电路的信号参考点而不致产生干扰问题，并且确实又希望这样做时，底板必须采用绝缘衬垫或支座安装，使其在设备外壳内呈悬浮状态。必须仔细地进行设备结构设计，确保螺钉和紧固件不致危及这种隔离。

1）各种控制、读出和指示装置，保险丝和浪涌保护器、监测插孔，以及信号连接器的安装方式，必须保证不危害上述隔离。交流电源的一对馈电线都必须与低频信号接地系统及设备外壳隔离。电源只能采用变压器类型的供电方式，决不要采用公用事业线上的交/直流供电方式。凡是工作人员能触及的设备金属端口，必须用安全地线接地。

2）为检验悬浮隔离性能，可测量设备接地端子和外壳之间的电阻、机柜接地母线和机柜框架之间的电阻以及交流电源的每根馈线和设备外壳之间的电阻，每次测量的值都要大于 1 MΩ。在进行这些试验之前，务必首先断开外部的电源线和所有互连电缆（军标 GJB/Z 25 的 17.2.1.1.5 条）。

14.4.2　屏蔽体层间的绝缘

两层或三层屏蔽层的屏蔽室，各屏蔽层间均须作绝缘处理，绝缘电阻值要求最小在 1 MΩ 以上。屏蔽层对地也应绝缘，以保证一点接地，层间绝缘以求屏蔽层间去耦，提高屏蔽效能。

选择绝缘材料不仅要考虑绝缘效果，还要考虑施工方便和造价低廉等因素。许多材料的阻值受气候和湿度的影响很大，干燥时阻值很高，湿气浸入后阻值大为降低。因此，选用的绝缘材料应力求使用绝缘性能较为稳定的材料，一般可用高阻值瓷质支柱绝缘子、瓷砖、油毡、石棉橡胶或沥青砂浆等，层间绝缘具体做法和要求见下面 14.4.3 小节。在实践中，采用沥青砂浆作绝缘材料是可行的，它具有阻值大、强度高、施工易和造价低等优点。如果能将屏蔽体用绝缘支柱腾空架起，其绝缘效果更好，且有利维修，但必须保证对地绝缘电阻值。

14.4.3　屏蔽室对大地的绝缘处理措施

（1）屏蔽室的绝缘处理要求

应根据屏蔽室的类型不同，采取不同的绝缘处理方式：

1）对于静电屏蔽室，磁屏蔽室的绝缘要求必须可靠。对于电磁屏蔽室，其绝缘要求相对较低，主要考虑防潮，防止金属材料锈蚀。

2）要求一点接地的屏蔽室及双层屏蔽室的屏蔽体之间应当保证一点接地，在建筑上应将屏蔽室地面及四周必须采取绝缘和防潮措施，以防止二次干扰电流的影响。

3）当为双层屏蔽室时，一般采用木骨架，然后在木骨架内外侧包屏蔽体，内外层屏蔽体彼此是绝缘的，只是在电源引进处进行电气一点连接接地。如果层间距离太小或木料的绝缘电阻太低，则屏蔽室效能下降，在低频情况下采用增大两层间的距离来提高双层金属屏蔽板或网的附加效能，一般其层距宜保持在 100～1 000 mm。在高频时还要考虑谐振问题，因此应尽可能使其间距接近于 1/4 波长的奇数倍，这样屏蔽效能最大。

　　4）对于微波频段屏蔽室通常为单层金属板屏蔽体可将屏蔽体固定在木质框架内侧，木框架距墙体 0.1～0.8 m，既绝缘又防潮，又便于屏蔽层安装、检修安装通风管通。

　　5）要求对地绝缘的磁屏蔽室绝缘必须可靠，以免建筑物钢筋感应磁场而影响附近电子设备。根据屏蔽绝缘要求，磁屏蔽措施可选用建筑施工上常用的沥青、油毛毡；地面层绝缘选用 20 mm 厚沥青砂（平顶不作绝缘处理）。在施工中要求绝缘材料保持清洁，防止灰尘及金属物件渗入绝缘物而降低其绝缘电阻。

　　6）屏蔽室的对地绝缘兼防潮的材料可以采用高阻值瓷质支柱绝缘子、瓷砖、橡胶及其他绝缘材料。当为木质材料时，一般为含水率不于 16% 的杉木或硬木，外刷水柏油防腐。

　　7）要求对地绝缘的屏蔽室，屏蔽室的整体对地绝缘电阻应不低于 14.4.1 小节所述要求。

　　8）隔离时，屏蔽体与屏蔽体之间或与其他金属件之间应互相绝缘，其要求不低于 14.4.2 小节所述要求。

　　（2）双层甚低频屏蔽室的绝缘设计

　　双层甚低频屏蔽室的绝缘设计参见第 9 章 9.5 节。

14.5　屏蔽室的谐振及其计算

14.5.1　谐振的产生及对屏蔽室的影响

　　（1）屏蔽室的谐振现象

　　任何电磁屏蔽，不管是简单的金属板、封闭场源或空间防护区的金属箱体或是任何其他金属结构，均可以看作是一个具有一系列固有频率的分布恒量系统。

　　当需要减弱的电磁场的频率接近并等于屏蔽体的某一固有频率时，屏蔽效能急剧降低。由于结构不当造成谐振现象的屏蔽室，不仅不能使空间防护区的场减弱，反而会加强。

　　屏蔽室的屏蔽体可能是已调谐的空腔谐振器。电缆的屏蔽层，可能也是已调谐的长线段。屏蔽体上的孔洞和缝隙可能成为有效的裂缝天线，由此看来谐振对屏蔽室的影响是多方面的。理想谐振腔是一个具有各向均匀介质填充容积并被无限导电的金属壳体所包围，壳体可由一个或几个封闭面所组成的腔室。

　　电磁波在导体包围的空腔内产生谐振现象，正如声波在乐器中可产生共鸣一样，这类谐振称为空腔谐振器。在微波方面的屏蔽技术应用中，应避免空腔谐振。在射频范围内，一个屏蔽室可能成为一系列固有频率的谐振腔，如果电磁场的振荡频率和屏蔽室内的某一固定频率相同，则在整个屏蔽室内将会发生电磁场的谐振。此时屏蔽室的效能将会下降很多，严重时甚至不能使用。这种情况一般发生在屏蔽高频电磁能源的场合。

　　（2）网状屏蔽室的谐振

　　金属网屏蔽室的谐振现象，本书前面所述的在相距约 $\lambda/2$ 的两块平行的金属网之间会出现谐振，这时金属网表面的阻抗就增大，反射减小。同时，穿过金属网的能量传输也迅速增大。所以谐振频率是处在超短波范围内，然而在屏蔽室内两个对立墙体之间的距离接近 $\lambda_g/2$ 的倍数时，即使是在很低的频率上，也会出现同样的谐振现象，λ_g 是在屏蔽室内的波长，这种屏蔽室可以认为是一段很大的矩形波导。

　　谐振时衰减值降低的情况，取决于该屏蔽室原有的衰减水平。采用单层金属网屏蔽时谐振现象是显著的，由于它的吸收性能极低，在高频时无论是抑制电磁能源对外界的干扰，还是屏蔽外界干扰均需考虑避开空腔谐振这一不利情况。对于采取双层金属网的屏蔽室时，此种谐振现象就无现实意义了。

　　（3）板状屏蔽室的谐振

　　金属板屏蔽室的谐振现象，在屏蔽外来干扰的屏蔽室中是不严重的。这主要是由于外来干扰电磁场经过金属板屏蔽层后，其能量已经衰减了许多，而泄漏到屏蔽室内的电磁能量即使产生谐振，也由于屏蔽的巨大能量衰减可迅速把谐振能量衰减掉。

14.5.2　屏蔽室腔体谐振频率计算

（1）屏蔽体谐振频率的频率范围

由于屏蔽体谐振的影响，屏蔽体屏蔽测量结果会产生很大的变化。谐振频率范围为 $0.8f_\gamma \sim 3f_\gamma$（近似值，其中，$f_\gamma$ 为屏蔽体最低的谐振频率）。在此频率范围内，屏蔽效能应注意避开谐振频率点。

当屏蔽室内有工业干扰场源且其振荡频率与屏蔽间某一固有频率一致时，则将在整个屏蔽室内发生电磁场的谐振，其振幅将达到最大值，会使整个屏蔽室的屏蔽效能大幅度地下降，甚至不能使用。如果是被动屏蔽室，电磁波从外边来经过板式屏蔽室的衰减，泄漏到屏蔽室内的电磁能量不大，其谐振振幅相当小，情况不会很严重。如果是网式屏蔽室，不管是主动式还是被动式，其谐振现象均很严重。对尺寸比较大的屏蔽室，其最低固有谐振频率可能在 20 MHz以下。在屏蔽室谐振频率范围为 $0.8f_\gamma \sim 3f_\gamma$，$f_\gamma$ 是指屏蔽室的最低谐振频率。通常情况下，谐振效应在频率低于 $0.8f_\gamma$ 时达到最小，在该频段内应尽量在计算出或测试的固有谐振频率 f_γ 的 80% 或更低的频率处。

（2）屏蔽室腔体谐振频率计算

①六面体长方形结构屏蔽室腔体谐振频率的计算

由于屏蔽室壁面呈电连续性，因此它是一个谐振腔体。在一定条件下，当电磁波注入到屏蔽室内时，在高于其最低固有谐振频率 f_γ 的频段内将产生驻波。由于驻波的影响，屏蔽室内部的电磁场不再均匀，出现了与该激励频率相关的极大值和极小值。

谐振频率和模式取决于屏蔽室的几何尺寸和形状。几乎任何形状的屏蔽室都可以产生谐振，但通常只对相对简单的长方体、圆柱体和球体屏蔽室的谐振频率进行数学分析。大部分屏蔽室是六面长方体结构。这种形状的屏蔽室的谐振频率（单位 MHz）用公式（14-3）计算

$$f_{ijk} = \frac{1}{2\sqrt{\mu\varepsilon}}\sqrt{(\frac{i}{a})^2 + (\frac{j}{b})^2 + (\frac{k}{c})^2} \qquad (14-3)$$

式中　μ——屏蔽室内部的磁导率；

　　　ε——屏蔽室内部的介电常数；

　　　a——屏蔽室的长度，m，且 $a > b > c$；

　　　b——屏蔽室的宽度，m；

　　　c——屏蔽室的高度，m；

　　　f_{ijk}——谐振频率，MHz；

　　　i，j，k——正整数，称为特征数，取 0、1、2、3、…。

i，j，k 必须满足在同一时间内只能有一个取 0，若两个常数同时为 0，则电磁振荡将消失。综合上述和式（14-3）可以看出：

1）i，j，k 三者中每次最多只能有一个数取 0 值；

2）当 a、b、c 一定时，若 i、j、k 具有不同值，则谐振频率 f_{ijk} 不同，这表明谐振腔的多谐性；

3）当 i、j、k 特征数有两个同时为零时，则电磁场在空间的三个分量（即 a、b、c 方向的分量）将变为零，谐振停止；

4）当 i、j、k 中任一个为零，f_{ijk} 与谐振腔该方向的尺寸无关，比如 i 为零，则 f_{ijk} 与高度 c 无关。

②在理想条件下谐振频率的计算

谐振频率（单位 MHz）为

$$f_{ijk} = 150\sqrt{\left(\frac{i}{a}\right)^2 + \left(\frac{j}{b}\right)^2 + \left(\frac{k}{c}\right)^2} \qquad (14-4)$$

③屏蔽室最低的谐振频率计算

令 i、j、k 中与最短边长（如 c）对应的系数为 0，另外两个系数（如 i、j）为 1，则可得最低谐振频率（单位 MHz）

$$f_r = f_{110} = 150\sqrt{\left(\frac{1}{a}\right)^2 + \left(\frac{1}{b}\right)^2} \qquad (14-5)$$

式中　f_{110}——最低谐振频率，MHz。

当频率高于 f_r 时，屏蔽室才会维持谐振。而频率低于 f_r 时，则不会维持谐振。对长、宽、高都为 2 m 的最小屏蔽室，3 个最低模式（例如 TM_{110}、TE_{011}、TE_{101}）有同样的谐振频率 $f_r = f_{110} = 106\ MHz$。屏蔽室尺寸越大，谐振频率越低。在设计屏蔽室决定尺寸时要避开谐振频率，应保证所设计的屏蔽体，在工作频段内无谐振点。

14.5.3　腔体内能量损耗品质因数 Q

腔体内能量损耗用品质因数 Q 表示，Q 为一个周期内储存的能量与损耗的能量的比值。在空屏蔽室内，能量损耗是屏蔽体所用金属材料电导率的函数，因此当使用铜等一类高电导率材料时，能量损耗最小，屏蔽室内的任何金属物体都会增加能量损耗。

14.5.4　缝隙谐振的考虑及防止措施

除腔体谐振外，其他的谐振也会影响屏蔽效能的结果，其中就有缝隙谐振。穿过导电平面上缝隙的电磁场随着频率而变化，缝隙谐振可能在比腔体最低固有谐振频率 f_r 低的频率上发生。这些谐振效应是屏蔽室的固有特性，也应加以考虑。

如果可能发生不希望有的谐振现象，必须采取有效措施加以防止。注意使孔洞和缝隙的尺寸远远小于工作波段的最小波长。如果需要的话，增大屏蔽体的厚度，将电缆的屏蔽包皮多点接地或采取其他措施。

14.5.5　屏蔽室最低谐振频率计算示例及计算图表

（1）屏蔽室谐振计算示例

现举一个例子来说明如何运用式（14 - 4）确定屏蔽室的谐振频率。设屏蔽室外形尺寸 $a = 10\ m$，$b = 12\ m$，$c = 3.6\ m$，当 $k = 0$ 时，$i = j = 1$ 屏蔽室产生谐振固有频率（最低型振荡的固有频率）为

$$f_r = 150\sqrt{(\frac{1}{10})^2 + (\frac{1}{12})^2} = 19.5\ MHz$$

以上所述固有振荡频率是屏蔽的最低型振荡频率，事实上它还有系列高于此振荡频率的谐振频率，参见表 14 - 1、表 14 - 2 及图 14 - 1。

（2）屏蔽室产生谐振的最低谐振频率计算图表

工程设计中常见的屏蔽体的最低谐振频率参见表 14 - 1、表 14 - 2 及图 14 - 1。在表中及图中所示的 a、b 为屏蔽室的长、宽尺寸，单位为 m。

表 14 - 1 常见大屏蔽体的最低谐振频率（MHz）

a /m	b /m													
	2	3	4	5	6	7	8	9	10	11	12	13	14	15	16
2	106.1	90.1	83.9	80.8	79.1	78.0	77.3	76.8	76.5	76.2	76.0	75.9	75.8	75.7	75.6
3	90.1	70.7	62.5	58.3	55.9	54.4	53.4	52.7	52.2	51.8	51.5	51.3	51.1	51.0	50.9
4	83.9	62.5	53.0	48.0	45.1	43.2	41.9	41.0	40.4	39.9	39.5	39.2	39.0	38.8	38.7
5	80.8	58.3	48.0	42.4	39.1	36.9	35.4	34.3	33.5	33.0	32.5	32.1	31.9	31.6	31.4
6	79.1	55.9	45.1	39.1	35.4	32.9	31.3	30.0	29.2	28.5	28.0	27.5	27.2	26.9	26.7
7	78.0	54.4	43.2	36.9	32.9	30.3	28.5	27.1	26.2	25.4	24.8	24.3	24.0	23.6	23.4
8	77.3	53.4	41.9	35.4	31.3	28.5	26.5	25.1	4.0	23.2	22.5	22.0	21.6	21.3	21.0
9	76.8	52.7	41.0	34.3	30.0	27.1	25.1	23.6	22.4	21.5	20.8	20.3	19.8	19.4	19.1
10	76.5	52.2	40.4	33.5	29.2	26.2	24.0	22.4	21.2	20.3	19.5	18.9	18.4	18.0	17.7
11	76.2	51.8	39.9	33.0	28.5	25.4	23.2	21.5	20.3	19.3	18.5	17.9	17.3	16.9	16.5
12	76.0	51.5	39.5	32.5	28.0	24.8	22.5	20.8	19.5	18.5	17.7	17.0	16.5	16.0	15.6
13	75.9	51.3	39.2	32.1	27.5	24.3	22.0	20.3	18.9	17.9	17.0	16.3	15.7	15.3	14.9
14	75.8	51.1	39.0	31.9	27.2	24.0	21.6	19.8	18.4	17.3	16.5	15.7	15.2	14.7	14.2
15	75.7	51.0	38.8	31.6	29.9	23.6	21.3	19.4	18.0	16.9	16.0	15.3	14.7	14.1	13.7
16	75.6	50.9	38.7	31.4	26.7	23.4	21.0	19.1	17.7	16.5	15.6	14.9	14.2	13.7	13.3
17	75.5	50.8	38.5	31.3	26.5	23.2	20.7	18.9	17.4	16.2	15.3	14.5	13.9	13.3	12.9
18	75.5	50.7	38.4	31.1	26.4	23.0	20.5	18.6	17.2	16.0	15.0	14.2	13.6	13.0	12.5
19	75.4	50.6	38.3	31.0	26.2	22.8	20.3	18.4	17.0	15.8	14.8	14.0	13.3	12.7	12.3
20	75.4	50.6	38.2	30.9	26.1	22.7	20.2	18.3	16.8	15.6	14.6	13.8	13.1	12.5	12.0

表 14-2　常见小屏蔽体的最低谐振频率（MHz）

a/m \ b/m	0.4	0.5	0.6	0.7	0.8	0.9	1	1.1	1.2	1.3	1.4	1.5	1.6	1.7	1.8	1.9	2
0.4	530.3	530.4	530.5	530.6	530.7	530.8	530.9	531.0	531.1	531.2	531.3	531.4	531.5	531.6	531.7	531.8	531.9
0.5	480.2	480.3	480.4	480.5	480.6	480.7	480.8	480.9	481.0	481.1	481.2	481.3	481.4	481.5	481.6	481.7	481.8
0.6	450.7	450.8	450.9	451.0	451.1	451.2	451.3	451.4	451.5	451.6	451.7	451.8	451.9	452.0	452.1	452.2	452.3
0.7	431.9	432.0	432.1	432.2	432.3	432.4	432.5	432.6	432.7	432.8	432.9	433.0	433.1	433.2	433.3	433.4	433.5
0.8	419.3	419.4	419.5	419.6	419.7	419.8	419.9	420.0	420.1	420.2	420.3	420.4	420.5	420.6	420.7	420.8	420.9
0.9	410.4	410.5	410.6	410.7	410.8	410.9	411	411.1	411.2	411.3	411.4	411.5	411.6	411.7	411.8	411.9	412.0
1	403.9	404.0	404.1	404.2	404.3	404.4	404.5	404.6	404.7	404.8	404.9	405.0	405.1	405.2	405.3	405.4	405.5
1.1	399.0	399.1	399.2	399.3	399.4	399.5	399.6	399.7	399.8	399.9	400.0	400.1	400.2	400.3	400.4	400.5	400.6
1.2	395.3	395.4	395.5	395.6	395.7	395.8	395.9	396.0	396.1	396.2	396.3	396.4	396.5	396.6	396.7	396.8	396.9
1.3	392.4	392.5	392.6	392.7	392.8	392.9	393.0	393.1	393.2	393.3	393.4	393.5	393.6	393.7	393.8	393.9	394.0
1.4	390.0	390.1	390.2	390.3	390.4	390.5	390.6	390.7	390.8	390.9	391.0	391.1	391.2	391.3	391.4	391.5	391.6
1.5	388.1	388.2	388.3	388.4	388.5	388.6	388.7	388.8	388.9	389.0	389.1	389.2	389.3	389.4	389.5	389.6	389.7
1.6	386.5	386.6	386.7	386.8	386.9	387.0	387.1	387.2	387.3	387.4	387.5	387.6	387.7	387.8	387.9	388.0	388.1
1.7	385.2	385.3	385.4	385.5	385.6	385.7	385.8	385.9	386.0	386.1	386.2	386.3	386.4	386.5	386.6	386.7	386.8
1.8	384.1	384.2	384.3	384.4	384.5	384.6	384.7	384.8	384.9	385.0	385.1	385.2	385.3	385.4	385.5	385.6	385.7
1.9	383.2	383.3	383.4	383.5	383.6	383.7	383.8	383.9	384.0	384.1	384.2	384.3	384.4	384.5	384.6	384.7	384.8
2	382.4	382.5	382.6	382.7	382.8	382.9	383.0	383.1	383.2	383.3	383.4	383.5	383.6	383.7	383.8	383.9	384.0

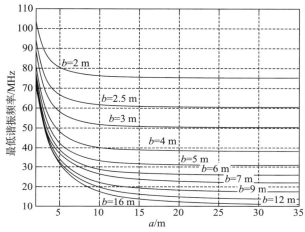

(a) 常见大屏蔽体最低谐振频率

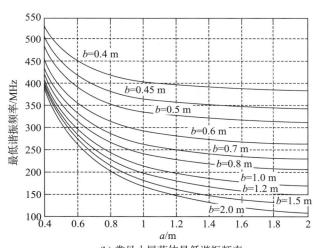

(b) 常见小屏蔽体最低谐振频率

图 14 - 1 常见屏蔽体的最低谐振频率

第 15 章 屏蔽材料的选择

15.1 概述

随着电磁能利用范围的扩大，存在于地球上空的电波干扰也日益增加。这种电波干扰不仅直接影响各个领域中电子设备的正常工作，使之信息失误、控制失灵，而且还影响到广大居民的电视机和收音机的视听，给人们社会生活带来了巨大影响。另外，电磁环境对生物体的影响问题也逐渐引起人们的广泛关注。近年来，国内外把电磁环境的研究称之为环境电磁工程学或叫电磁兼容学，以电磁干扰和防护为主题展开研究。

电磁屏蔽是对电磁环境控制的一种方法，它是环境电磁工程学的一个主要组成部分。随着科学技术的发展，目前，对电磁屏蔽的要求也越来越高。在应用领域上，已扩展到电磁屏蔽对甚低频（VLF）、极低频（ELF）和地磁等电磁环境的屏蔽；在屏蔽效能上，已提高到对电平为毫伏（mV）、微伏（μV）数量级工作环境的屏蔽。EMI 屏蔽材料有多种范围，一般分为以下 4 类：1）衬垫材料；2）阻挡材料；3）屏蔽附件；4）吸收材料。本节所述的材料选择仅指第 2 类阻挡材料，即屏蔽体的材料，不涉及衬垫材料、附件材料及吸收材料。

屏蔽室的设计工作者在选择屏蔽体的材料时必须寻求新的屏蔽理念、新的屏蔽措施以适用新的需求，下面仅从设计角度，对在扩展和深化电磁屏蔽性能过程中有关屏蔽体材料选择进行分析和论证。

15.2　屏蔽材料选择的基本理论

15.2.1　均匀屏蔽理论

均匀屏蔽是屏蔽领域最基本的理论。所谓均匀屏蔽理论，如前所述是假定屏蔽壳体是一个完整的均匀壳体，即在壳体上没有孔洞和缝隙，不存在屏蔽体的不连续问题。虽然这种情况在实际中是不存在的，但通过均匀屏蔽理论分析可以解决屏蔽材料的选择问题，这点对低频屏蔽室设计是极为重要的。

从第 7 章 7.2 节单层金属板屏蔽效能计算式（7-4）及表 7-2 中可以看出 $A \propto \sqrt{f}$ 。因此，在高频情况下，材料选择不是问题的关键，因为就材料选择而言只要低频段能满足设计要求，那么在高频段是毫无问题的，但是低频情况下的材料选择问题就比较突出。这种情况下的材料选择问题见本章 15.3 节。

15.2.2　屏蔽材料选择的依据

屏蔽材料选择的依据是它要能泄放感应电荷和承载足够大的反向感应电流，以便抵消干扰场的影响。同时还应依据不同类型干扰源，采用不同的屏蔽材料来构成屏蔽体。常用的屏蔽材料大致可分为两类：一类为高电导性（即具有较小的电阻率）材料，主要有铜、铝，其次是铁和其他导电性好的金属材料；另一类为高磁导率（即具有较小的磁阻率）材料；主要有坡莫合金、镍钢、冷轧硅钢和一般的电工软铁等。前者主要用于电场屏蔽和电磁屏蔽的场合，而后者则主要用于磁场屏蔽的场合。

下面分别阐述从干扰源角度选择屏蔽材料和选择屏蔽体材料应遵循的基本原则。

（1）从干扰源角度选择屏蔽体材料

①干扰源类型

为选择屏蔽类型和材料，首先要判定干扰场的性质，确定它是电场、磁场还是平面波。以电磁场在空间的波阻抗特性来区分，电磁场可区分为 3 种性质的场，即：

1）低阻抗场（空气介质的波阻抗＜120π），对低阻抗场来说，电场分量可忽略，而主要是磁场分量；

2）高阻抗场（空气介质的波阻抗＞120π），对高阻抗场来说，电场分量是主要的，磁场分量可忽略；

3）平面电磁波场（空气介质波阻抗＝120π＝377 Ω），而平面电磁波电场分量，磁场分量两者均不能忽略。

②干扰源距离

干扰源到屏蔽体之间的距离与入射场工作频率波长的比值决定了入射场的阻抗特性。这里所指干扰源可能是实际信号发生器，如发射机之类，也可能是载流导体，如电源线或信号电缆。

1）由下式计算入射场工作频率的波长 λ（单位 m）

$$\lambda = \frac{3 \times 10^8}{f} \qquad (15-1)$$

式中　f——入射场工作频率，Hz。

2）如果已知干扰源的位置，可测量或估算 r，然后计算 $2\pi r/\lambda$。r 必须满足

$$r > 2D^2/\lambda \qquad (15-2)$$

式中　r——到干扰源的距离，m；

　　　D——天线长度或天线的直径，m。

3）如果 $(2\pi r/\lambda) < 1$，则入射场将是高阻抗电场或低阻抗磁场。为此先要确定产生场的干扰源类型。高阻抗源和小电流源为电场源，例如，高压直流电源、静电放电、单极子短天线等。通常低阻抗、大电流源为磁场源，典型磁场源是环形天线和电源线。

4）如果 $(2\pi r/\lambda) > 1$，入射场是平面波。

③从干扰源角度选择屏蔽体材料

从干扰源角度选择屏蔽体材料，屏蔽界业内人士有两种不同观点。

第一种观点主张用铜、铝作为屏蔽材料，而不赞成用钢。其理由是，钢材能量的耗损大，电导率低，腐蚀性差，对电磁场反射作用小等。

第二种观点主张用钢。其理由有：

1) 当厚度小、频率低时，钢的屏蔽效能比铜小；而当厚度大，频率高时，钢的屏蔽效能则大于铜。所以，当厚度在 0.67 mm 以上、频率在 10^4 Hz 以上时，钢的屏蔽性能比铜好。

2) 价格低，对于近场防护，由于近场为电磁感应场，一般情况下多为电场分量最大，所以根据电磁屏蔽原理可知宜采用电导率高的金属作为屏蔽材料，为此屏蔽材料选用铜为佳。然而当高频设备与屏蔽室有较大距离时，也可以选用薄钢板材料。

（2）屏蔽体材料选择应遵循的基本原则

①屏蔽材料的应用

屏蔽就是对两个空间区间之间采用屏蔽体进行隔离，以控制电场、磁场和电磁场波由一个区域对另一个区域的感应和辐射。屏蔽通常包括两种：一种为电场屏蔽，主要用于防止静电场和恒定磁场的影响；另一种为电磁屏蔽，主要用于防止交变电场、交变磁场及交变电磁场的影响。屏蔽是提高电子系统和电子设备电磁兼容的重要措施之一。对两个空间区域进行隔离就是选用适合的屏蔽体材料提供高的屏蔽效果，屏蔽材料应具有尽量高的磁导率 μ 和电导率 σ。但需要注意，材料的磁导率不是一个不变的量，它随着外加磁场、频率等的不同而变化。

②基本物理量

下面是电磁场屏蔽设计中用到的一些基本物理量。

磁场强度（H）　其单位为奥斯特，取决于磁场产生源和观测点到磁场源的距离。

磁场密度（B）　其单位是高斯，每平方厘米内的磁力线的度量，与源与屏蔽材料的相对方向有关。

饱和强度　在这个磁通强度下，给定的材料不能为磁力线提供有效的通路。

磁导率（μ）　表示材料提供磁通路的能力，$\mu = B/H$。

磁阻（R）　相当于电路中的电阻 R，表示磁力线通过屏蔽材料时的阻力

$$R = L/\mu A \qquad\qquad (15-3)$$

式中　L——材料的长度；

　　　A——材料的截面积。

③按材料特性选择屏蔽体材料

材料特性，是选择屏蔽材料主要考虑的因素，这是由于屏蔽材料的屏蔽效能主要由吸收损耗、反射损耗和多重反复修正因子来确定。对屏蔽体材料本身所要考虑的特性是它的相对电导率 σ_r 和相对磁导率 μ_r。屏蔽体的厚度和需要衰减的信号频率也是要考虑的重要因素。

有关金属板屏蔽材料应该按下列原则选择：

1）低阻抗磁场选择吸收损耗 A 大的金属体；

2）高阻抗电场和平面波选择反射损耗 B 大的金属体；

3）低阻抗磁场和平面波选择吸收损耗 A 大的铁磁性金属体材料。

金属网应选择电导率 σ 大的非铁磁性材料，高频电炉屏蔽除外。喷镀金属箔应选择电导率 σ 大的非铁磁性材料。

④低频磁屏蔽材料的一般特性

低频磁场的屏蔽使用铁磁性材料将敏感器件包起来。屏蔽的作用是为磁场提供一条低磁阻的通路，使敏感器件周围的磁力线集中在屏蔽材料中，从而起到屏蔽的作用。从 $R = L/\mu A$ 磁阻的公式中可以看出，减小材料的长度、增加材料的截阻面积、选用高导磁率的材料等都能有效地减小磁阻 R。在进行磁屏蔽设计时，应尽量选用高导磁率的材料。

由于材料的磁导率随着场强的增加而升高，因此屏蔽效果也随着场强的增加而增加，当场强达到某一个最大点时，材料的磁导率

急剧降低，这时材料发生了饱和。材料一旦发生饱和，其磁屏蔽效果变得很差。

材料的磁导率越高，越容易饱和。因此在设计中要选择适当磁导率的材料，磁导率很高的材料在强磁场中可能失去屏蔽性能。设计中的一个关键是选择一种材料既能提供足够的屏蔽效能，又不至于发生饱和。在实际的 EMI 中，由于材料的磁阻，电磁屏蔽效能很大程度取决于屏蔽体的物理结构，即导电的连续性，包括孔洞、缝隙各种管线穿过屏蔽体的泄漏等。

⑤频率特性

应以屏蔽效能、造价、耐腐蚀性（包括电反应和化学反应）、施工难易程度等多种因素综合确定，屏蔽体材料是其中一个最重要的因素。从总体上讲，当无特殊要求时宜选用低碳钢板，包括甚低频段屏蔽。屏蔽体之所以选择低碳钢板，主要是该种材料已是国内屏蔽工程的主要使用材料，价格合理，施工简单。按频率特性选择材料主要考虑以下几点：

1) 在低频时，只有磁性材料才能对磁场起明显的屏蔽作用。

2) 当屏蔽较高时，对于同种材料随着频率升高，所要求的屏蔽体厚度将减小。

3) 到频率足够高时，有色金属材料（如铜和铝）不论对电场还是磁场都将起相当大的屏蔽作用。

4) 当电磁屏蔽室的工作频率在 1 kHz 及以下时，其屏蔽体宜选用纯铁板、坡莫合金、高导磁硅钢片或非晶合金等高导磁材料。其板厚应根据需屏蔽的磁通密度大小，以不饱和为原则。

5) 在电场屏蔽中，反射损耗占主导地位。为了取得较好的屏蔽效果，应使反射损耗尽可能大，而屏蔽材料的阻抗越低，则反射损耗就越大。高导电性材料具有较小的阻抗，正好满足电场屏蔽（包括电磁屏蔽）的要求。

6) 在磁场屏蔽中，吸收损耗占主导地位。高磁导性材料具有较高的磁导率，而磁导率的增加可以极大地提高材料的吸收损耗，从而提高磁场屏蔽的效果。

7）对于既定的材料，磁场比电场需要更厚的屏蔽体。

⑥简易电磁屏蔽室常用屏蔽材料的选择

简易型电磁屏蔽室的屏蔽体常用金属材料，参见表 15 - 1。

表 15 - 1　简易电磁屏蔽室常用材料选择表

频率范围/MHz	屏蔽效能/dB	常用屏蔽体材料	常用结构形式
0.15～30	≤30	金属丝网、钢板网、镀锌薄板	单层
0.15～30	30～50	钢板网、镀锌薄板	单层
0.15～30	≥50	镀锌钢板或冲孔镀锌板等	单层
1～1 000	≤30	导电涂料	单层

⑦影响屏蔽材料的屏蔽效能的因素

从前面几章给出的屏蔽效能计算公式可以得出一些对工程有实际指导意义的结论，根据这些结论，我们可以决定使用什么屏蔽材料，注意什么问题。深入理解下面的结论对于屏蔽室结构设计是十分重要的：

1）材料的电导性和磁导性越好，屏蔽效能越高，但实际的金属材料不可能兼顾这两方面，例如铜的电导性很好，但是磁导性很差，铁的磁导性很好，但电导性较差。应该使用什么材料，根据具体屏蔽对象主要依赖反射损耗还是吸收损耗来决定是侧重电导性还是磁导性。

2）频率较低的时候，吸收损耗很小，反射损耗是屏蔽效能的主要机理，要尽量提高反射损耗。

3）反射损耗与辐射源的特性有关。对于电场辐射源，反射损耗很大，对于磁场辐射源，反射损耗很小。因此，对于磁场辐射源的屏蔽主要依靠材料的吸收损耗，应该选用磁导率较高的材料做屏蔽材料。

4）反射损耗与屏蔽体到辐射源的距离有关，对于电场辐射源，距离越近，则反射损耗越大，对于磁场辐射源，距离越近，则反射损耗越小。正确判断辐射源的性质，决定它应该靠近屏蔽体还是远离屏蔽体是结构设计的一个重要内容。

5) 频率较高时，吸收损耗是主要的屏蔽机理，这时与辐射源是电场辐射源还是磁场辐射源关系不大。

6) 电场波是最容易屏蔽的，平面波其次，磁场波是最难屏蔽的。尤其是低频（1 kHz 以下）磁场很难屏蔽。对于低频磁场，要采用高磁导性材料，甚至采用高电导性和高磁导性复合的材料。

⑧小结

综合上述，屏蔽体材料选择概括如下：针对不同的抑制频段、不同的结构、不同的应用场合、不同的场源，结合各种屏蔽材料自身的特点，面对种类繁多的屏蔽材料设计人员可按屏蔽的具体情况进行选择。一般来说，选择电磁屏蔽室屏蔽体需要特别强调的是电性能的连续性。任何导电不连续性的屏蔽材料都达不到屏蔽目的。屏蔽效能的好坏由吸收、反射、多重反复修正因子组成。屏蔽材料的选择特点在高频段是不要求厚度只要求导电连续性。另外，屏蔽材料的选择还必须结合使用场所材料对电反应和化学反应来进行选择。

（3）金属板屏蔽体厚度的选择和计算

金属板厚度应根据电磁屏蔽室在最低工作频率的屏蔽指标计算确定，屏蔽体的屏蔽效能宜高于屏蔽室指标 10～15 dB，当计算的金属板厚大于 6 mm 时，宜选用纯铁板或其他材料。

金属板厚度可以按式（15 - 4）进行计算

$$t = \frac{A}{131.43\sqrt{f\mu_r\sigma_r}} = \frac{S_{板} - R_M - B}{131.43\sqrt{f\mu_r\sigma_r}} \qquad (15 - 4)$$

式中　t——金属板的厚度，m；

　　　$S_{板}$——屏蔽室的屏蔽指标计算值再加上 10～15 dB；

　　　R_M——金属板在屏蔽室最低工作频率时对电磁波的磁场的界面反射损耗，dB，其计算公式见第 7 章 7.2 节；

　　　B——金属板在屏蔽室最低工作频率对电磁波的内部多次反射损耗，dB，其计算公式见第 7 章 7.2 节；

f——屏蔽室的最低工作频率，Hz；

μ_r——在屏蔽室最低工作频率时金属板的相对磁导率；

σ_r——在屏蔽室最低工作频率时金属板的相对电导率。

15.3　屏蔽材料的选择

15.3.1　屏蔽频率与材料的关系

电磁屏蔽室屏蔽材料的选择主要根据屏蔽室的工作频率来考虑。如前所述，屏蔽室的屏蔽效能是由材料的反射衰减和吸收衰减两个分量之和组成的。图 15-1 表示出相同厚度（24 号）的钢板和铜板的吸收衰减和反射衰减随频率变化的关系。在同一频率时除了频率在 10^{10} Hz 或更高数量级之外，铜的反射损耗比铁大，而铁的吸收损耗又大于铜，所以铁和铜的总屏蔽效能都是较大的，这就是在设计屏蔽室时广泛使用铁和铜的原因。从图 15-2 可以看出 3 种情况：

1）$f<10^4$ Hz 时，铁磁材料优于逆磁材料；

2）在 $10^4<f<10^6$ Hz 时，逆磁材料优于铁磁材料；

3）在 $f>10^6$ Hz 时，铁磁材料优于逆磁材料，而且变得非常显著。

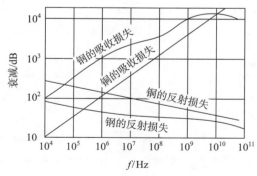

图 15-1　钢与铜的吸收衰减与反射衰减和频率的关系曲线

采用金属网作屏蔽材料与用金属板做屏蔽材料在某些方面有完

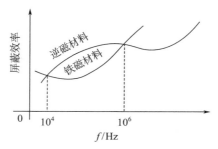

图 15 - 2　材料与频率的关系曲线

全不同的性能。金属板 σ 的增长使屏蔽效能连续增大（不考虑缝隙），而金属网 σ 的增长使屏蔽效能增大显得缓慢，而且还有一定范围。当频率升高时，金属板的屏蔽效能升高得很快，而网状的屏蔽效能开始时有所升高，但到一定范围就不再升高了，如图 15 - 3 所示。

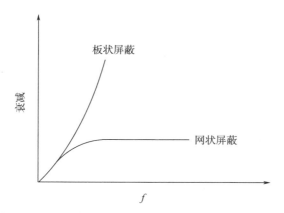

图 15 - 3　金属板、金属网与频率和屏蔽效能的关系曲线

　　根据调查分析和实际应用，从屏蔽效能的观点来看，金属板无疑优于金属网，金属网只适于一定频率范围，参见表 15 - 1。但金属网施工容易、价格低，解决通风、照明方便，所以，在某些场合仍得到广泛应用。

对于频率在 30 MHz～10 GHz 的屏蔽室，一般应选用 0.5 mm 的镀锌铁皮（或钢板），频率在 10 GHz 以上，从理论上讲选用铜优于铁，因为在此频段以上，铁的磁导率接近 1。所以，效果不如铜，而且铁的磁导率是随频率的升高而降低，如图 15-4 所示。但是由于屏蔽效能是由磁导率 μ 和电导率 σ 的乘积所决定，在整个屏蔽频段铁仍然有相当大的衰减，通过采取一定的措施仍能达到基本的屏蔽效果。所以，在高频和微波频段目前仍广泛采用铁磁性材料做屏蔽室。对于平面波与非平面波，铜和铁屏蔽特性的比较见表 15-2。

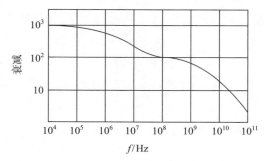

图 15-4　铁的相对磁导率和频率的关系曲线

表 15-2　平面波与非平面波铜和铁屏蔽特性的比较

屏蔽条件＼波形	平面波	非平面波
相同频率和相同厚度的相同材料	铁的吸收衰减大	铜的吸收衰减小
相同频率和相同屏蔽等效半径	铁的反射衰减小	铜的反射衰减大
不同频率	平面波的反射衰减随频率的升高而下降	非平面波的反射衰减随频率的升高而上升
相同频率	平面波的反射衰减远大于非平面波,吸收衰减相同	
不同屏蔽的等效半径	非平面波随等效半径而增加,但进入平面波范围内,反射衰减增至最大值后随频率的增加而减少	
不同材料	铁的吸收衰减随材料的厚度增加而明显增加,铜的比铁的增加得缓慢	

15.3.2　金属屏蔽网材料的应用

由于金属屏蔽网在高频段或低频段的屏蔽效能都不高，这是因为在低频段主要是磁屏蔽，金属网屏蔽材料效果不好，尤其是铜网效能非常不好，而在高频频段时由于频率高，波长很短，反射衰减很小，因而金属网状材料只适用于一定频率范围。金属网的屏蔽效能与频率的关系曲线如图 15 - 5 所示，双层金属网屏蔽室在不同频率下的衰减曲线如图 15 - 6 所示。

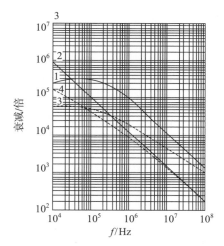

图 15 - 5　金属网的屏蔽效能与频率的关系曲线

1—网孔为 1 mm×1 mm，导线直径为 0.1 mm 的铜网；

2—网孔为 10 mm×10 mm，导线直径为 1 mm 的铜网；

3—网孔为 1 mm×1 mm，导线直径为 0.1 mm 的铁网；

4—网孔 10 mm×10 mm，导丝直径为 1 mm 的铁网

15.3.3　双层或多层金属板屏蔽室屏蔽体材料的选择

（1）每层屏蔽体的材料和厚度的确定

磁屏蔽要求屏蔽材料要有较高的磁导率，把干扰磁场封闭在其厚壁之内。一个屏蔽室有时要求同时屏蔽甚低频和高频，但设计这

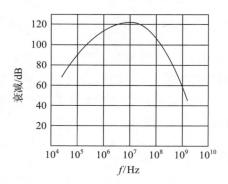

图 15 - 6　双层金属网屏蔽室在不同频率下的衰减曲线（以 22 目/英寸为例）

类屏蔽室时，应以该频段的下限做为选取材料和确定厚度的依据。甚低频屏蔽体的理想材料应具有下列特性：μ 值高、强度高、剩余感应和矫顽力低、变形小、易加工、成本低。硅钢片是很理想的材料，但价格太高，而且不好施工，仅宜做小型屏蔽笼的屏蔽材料。工业纯铁的 μ 较高，在实用中较大的屏蔽室多采用含碳量小于 0.25% 的低碳钢板作屏蔽材料。其磁导率在 100 以上，高的可达数千，且价廉、容易施工。

　　μ 值随材料性质不同而不同，其值是频率和初始磁导率的函数，它与材料的种类有关，钢铁的磁导率是随频率的增加而减少的，如图 15 - 4 所示。材料的厚度由计算确定，但对于低频段每层厚度不宜超过 10 mm，一般为 4~6 mm，过厚难以施工。材料厚度的计算见式（15 - 4）。

　　（2）材料的饱和特性

　　材料磁导率与这种外加磁场强度有关，当外加磁场强度较低时，磁导率随外加磁场的增加而升高，当外加磁场强度超过一定值时，磁导率急剧下降，这时称材料发生了饱和。材料一旦发生饱和，就失去了磁屏蔽作用。材料的磁导率越高，越容易饱和。因此，在很强的磁场中，磁导率很高的材料可能并没有良好的屏蔽效能。在选材料时，关键一点是选择同时具有适当饱和特性和足够磁导率的材料，见表 15 - 3。

如果我们使用高磁导率材料，会在强磁场中饱和，丧失屏蔽效能，而如果使用低磁导率材料，吸收损耗则很小。因此，屏蔽设计的关键就是如何保证屏蔽的完整性，选择一种适合的材料，达到既能提供足够的屏蔽效能，又能不至于发生饱和的状态。当要屏蔽的电磁场要求较高，且一层屏蔽体不能满足要求时，通常在这种情况下我们采用双层屏蔽技术来处理。第一层屏蔽具有低磁导率，它不易饱和。第二层屏蔽具有高磁导率，但易饱和。第一层屏蔽先将磁场衰减到适当的强度，不会使第二层屏蔽饱和，第二层高磁导率材料能够充分发挥屏蔽效能。

通常情况下，工程中使用的屏蔽体越厚（网孔越密），则其屏蔽效果越好。但是，在现实的情况下，大部分的屏蔽体都有各种各样的穿孔、孔洞和缝隙，引起导电的不连续性，产生电磁泄漏，使屏蔽效能远低于上述金属板的理论值。实践证明，当孔缝尺寸等于半个波长的整数倍时，电磁泄漏最大，一般要求缝长或孔径分别小于 $1/10\lambda_{min}$、$1/5\lambda_{min}$（λ_{min} 最小工作波长），参见第 12 章 12.2 节，使屏蔽效能尽量得以达到接近理论计算值。这就要求采取多层屏蔽，使电磁波减少到电子设备的有效屏蔽性能以上，即通常情况下要达到 $\geqslant 98 \sim 100$ dB。

表 15 - 3　常用合金的磁特性

材料	饱和强度（高斯）	磁导率	
		最高	起始
铁磁合金（80％镍）	8 000	400 000	60 000
铁磁合金（40％镍）	15 000	150 000	12 000
硅钢	20 000	5 000	3 000
碳钢	22 000	3 000	1 000

（3）双层或多层金属板屏蔽室屏蔽材料选择原则

由于铁磁性金属板屏蔽材料的涡流系数较大，故金属板的屏蔽吸收衰减较大，而逆磁性金属板屏蔽材料的波阻抗与空气波阻抗差别较大，所以，金属板的反射衰减比较大。因而采用双层或三层不同的屏蔽材料组合而成的屏蔽室，就可以取得良好的屏蔽效能。双层或三层屏蔽材料的组合应遵循下列原则：

1）多层屏蔽室的每层应采取不同的屏蔽材料。

2）在靠近磁场源的一方用低磁导率、高饱和材料做屏蔽体，如铜、铝将其场强降低。第二层屏蔽体用磁性材料如高 μ 金属、坡莫合金、钢等，这就能起到大部分的屏蔽作用。也就是说，第一层采用低磁导率的屏蔽材料，第二层采用磁性材料，其用意是将第一层（即外层屏蔽体）选择低磁导率的材料，例如铜，以得到较大的反射衰减。起到最大限度降低场强的作用，第二层用高导磁材料。这样电磁波到达第一层屏蔽体时大部分被反射掉，将其场强降低，使第二层屏蔽体不致产生饱和，这样第二层屏蔽体就能起到大部分的屏蔽作用。

3）材料组合包括铜-钢、铝-钢、钢-钢，并要把铜或铝靠近干扰源一侧，这样有利于增加屏蔽体的反射衰减。这是由于金属屏蔽板的吸收衰减与材料的相对电导率 σ 和相对磁导率 μ 乘积的平方根成正比，而铜、钢的 σ 和 μ 的乘积较其他金属大，所以铜-钢组合材料是目前建造双层屏蔽室最常用的形式。铝-钢组合形式其屏蔽效能虽不及铜-钢，但价格较低一些。钢-钢组合形式特别适合于既要屏蔽低频又要屏蔽高频的场合，从屏蔽效能计算公式可以看出，吸收衰减与频率 f 的平方根成正比，高频时由于 $\sqrt{f}$ 很大，即使 $\sqrt{\mu\sigma}$ 很小也有很大的吸收衰减。低频是磁场，低频磁场是低阻抗场，低频电场是高阻抗场，金属板对低频磁场的屏蔽作用比对低频电场的屏蔽作用要差一些。对于高低频需要兼顾的宽频带屏蔽室，在选择材料时主要是以满足低频磁场的要求来确定材料，也就是说，只要满足低频段的要求，那么在高频段就必然能满足。

15.3.4　医疗核磁共振屏蔽室屏蔽材料的选择

用于核磁共振设备的电磁屏蔽室，设备要求用非铁磁性材料建造，故选用铝、铜或不锈钢材质，具体应用参照第 11 章医疗核磁共振（MRI）屏蔽室设计技术。

15.3.5 低频磁场屏蔽材料的选择及应用

当工作频率或 100 kHz 以下低频磁场时，传统的屏蔽方法几乎没有作用。低频磁场一般由马达、发电机、变压器等设备产生。这些磁场会对工作在磁场频段的设备产生影响，如阴极射线管中的电子束是在磁场的控制下进行扫描的，当有外界磁场干扰时，电子束的偏转会发生变化，使图像失真。当外界磁场的变化频率与场扫描频率相同时，图像发生扭曲变形。当外界磁场的频率与场扫描频率不同时，图像会发生滚动，故这类低频率的磁场屏蔽需要提供低磁阻表面来完成。采用高磁导率的特殊屏蔽材料可以达到这一目的。

（1）低频磁场屏蔽的基本原理

电磁波在穿过屏蔽体时发生衰减是因为能量有了损耗，这种损耗可以分为两部分：反射损耗和吸收损耗。

电磁波通过屏蔽体的总损耗是吸收损耗和反射损耗之和。在低频磁场情况下，反射损耗很少，吸收损耗便成为屏蔽的主要因素，在这种条件下采用磁性材料用以增加吸收损耗是有利的。在低频电场或平面波条件下，主要因素是反射，因此用导电性能比较好的材料作屏蔽会得到更大的反射衰减。对于近场干扰且为高阻抗场，这种情况下的屏蔽衰减主要靠感应表面电流所引起的内部抵消和场反射作用，属于电场屏蔽。对于电场来说，即使很薄的材料也能提供较高的反射耗损，而对于铜、铝、钢三种材料来说铜和铝的反射性能最佳，钢次之，但钢的吸收损耗优于铜和铝。

（2）磁性材料的特性

当用磁性材料作为屏蔽体时，其磁导率是个变量，它受以下几种因素影响：

1）频率升高时磁导率降低。

2）磁导率还决定于场强，当场强超过饱和时磁导率迅速降低。

材料的磁导率越高产生饱和时所需的场强越低。最大磁导率发生于中等的场强。为了克服饱和现象，可用多层屏蔽体。

3）由于低频磁场是低阻抗场，因此相对于低频电场（高阻抗场），对于已既定的金属板材料对低频磁场的屏蔽效能是较差的，所以下面只分析低频磁场的 R，并将第 7 章 7.2 节表 7-5 中磁场（低阻抗）计算公式 R 简化，得

$$R = 20\lg\left(0.053\ 5r\sqrt{\frac{\sigma_r}{\mu_r}} \cdot \sqrt{f}\right) \qquad (15-5)$$

$$A = 1.314t\sqrt{\mu_r\sigma_r} \cdot \sqrt{f} \qquad (15-6)$$

显然

$$A \propto \sqrt{\mu_r\sigma_r}, \ R \propto \sqrt{\frac{\sigma_r}{\mu_r}}$$

式中　A——金属板的吸收损耗，dB，当 $A > 10$ dB 时，B 可忽略不计；

　　　R——金属板的多次反射耗损，dB；

　　　r——干扰源到金属板的距离，cm；

　　　f——工作频率，Hz；

　　　σ_r——对铜的相对电导率；

　　　μ_r——相对磁导率。

A 与材料的厚度 t 和穿透深度 δ 相关，δ 的计算见第 3 章的式（3-35）。

当 $\delta \ll 1$ 时，即频率很低的情况下，这时无论什么材料 A 是极小的，因此其主要屏蔽作用的是 R。而 R 又是和 $\sqrt{\dfrac{\sigma_r}{\mu_r}}$ 成比例，所以在频率很低时，非铁磁材料的屏蔽效果比铁磁材料好。

当 δ 不是 $\ll 1$ 时，即频率较高情况下，这时 A 起作用，而 A 又是和 $\sqrt{f}$ 成正比，因此起主要屏蔽作用的是 A，所以在频率较高时，铁磁材料的屏蔽效果比非铁磁材料好。

下面以铜板（Cu）和铁板（Fe）为例，做个比较

$$\mathrm{Cu}(\mu_r = 1, \ \sigma_r = 1); \ \mathrm{Fe}(\mu_r = 10^3, \ \sigma_r = 0.17)$$

$$S_{\mathrm{Fe}} - S_{\mathrm{Cu}} = (A_{\mathrm{Fe}} - A_{\mathrm{Cu}}) + (R_{\mathrm{Fe}} - R_{\mathrm{Cu}})$$

$$= 1.314 t \sqrt{f} \left[\left(\sqrt{\mu_r \sigma_r} \right)_{\mathrm{Fe}} - \left(\sqrt{\mu_r \sigma_r} \right)_{\mathrm{Cu}} \right] + 20 \lg \left[\left(\frac{\sigma_r}{\mu_r} \right)_{\mathrm{Fe}} \cdot \left(\frac{\sigma_r}{\mu_r} \right)_{\mathrm{Cu}} \right]$$

$$(15 - 7)$$

令

$$S_{\mathrm{Fe}} - S_{\mathrm{cu}} = 0$$

求得

$$f_c = \frac{5.67}{t^2}$$

也就是说，当 $f > f_c$ 时，$S_{\mathrm{Fe}} > S_{\mathrm{Cu}}$；当 $f < f_c$ 时，$S_{\mathrm{Fe}} < S_{\mathrm{Cu}}$。

设 $t = 0.02$ cm，$f_c = 1.4175 \times 10^4$ Hz；$t = 0.05$ cm，$f_c = 2.268 \times 10^3$ Hz；$t = 0.08$ cm，$f_c = 8.86 \times 10^2$ Hz。为了进一步比较在低频情况下铁磁材料和非铁磁材料的屏蔽效能，下面按式（15 - 5）和式（15 - 6）计算一组数据，列于表（15 - 4）中。从表 15 - 4 可以看出，在低频情况下：

1）铁磁材料的屏蔽效能主要取决于 A，而非铁磁材料的屏蔽效能主要取决于 R。

2）对于铁磁材料，由于 $A \propto t$，所以板的厚度越厚，屏蔽效能越高。但考虑装设方便，一般选 0.5 mm 左右为宜。而在这种情况下，从表 15 - 4 中可以看出，10 kHz 是可以获得高于 90 dB 的屏蔽效果，这对电磁屏蔽来说已足够。

3）对于非铁磁材料，由于 R 与 t 无关，所以可以尽可能地采用薄的材料或箔料。

4）当 $f > f_c$ 时，铁磁材料的屏蔽效能大于非铁磁材料。

现在我们着重来讨论一下当 $f < f_c$ 的情况。

表 15 - 4　在低频情况下铁磁材料和非铁磁材料的屏蔽效能的比较

频率	材料厚度 t /cm	铁(Fe)屏蔽效能/dB			铜(Cu)屏蔽效能/dB		
		A	R	$A+R$	A	R	$A+R$
10 Hz	0.02	1.08	−23.6	−22.52	0.08	14.1	14.18
	0.05	2.70	−23.6	−20.9	0.2	14.1	14.3
	0.08	4.33	−23.6	−19.27	0.33	14.1	14.43
100 Hz	0.02	3.42	−13.6	−10.18	0.26	24.1	24.36
	0.05	8.56	−13.6	−5.04	0.65	24.1	24.75
	0.08	13.70	−13.6	0.10	1.05	24.1	25.15
1 kHz	0.02	10.83	−3.6	7.23	0.83	34.1	34.93
	0.05	27.07	−3.6	23.47	2.07	34.1	36.17
	0.08	43.35	−3.6	39.75	3.30	34.1	37.40
10 kHz	0.02	34.30	6.41	40.71	2.62	44.1	46.72
	0.05	85.70	6.41	92.11	6.57	44.1	50.67
	0.08	137.1	6.41	143.51	10.50	44.1	54.60
100 kHz	0.02	108.4	16.4	124.80	8.30	54.1	62.40
	0.05	270.9	16.4	287.3	20.80	54.1	74.90
	0.08	433.5	16.4	449.9	33.20	54.1	87.30
1 MHz	0.02	432.90	26.5	459.1	26.3	64.1	90.4
	0.05	856.70	26.5	883.2	65.7	64.1	129.8
	0.08	1 369.20	26.5	1 395.7	105.0	64.1	169.1

　　从式（15 - 7）中得出，似乎当 $f < f_c$ 时，非铁磁材料的屏蔽性能就完全优于铁磁材料。但这种结论是有条件的，它只能适合电磁屏蔽情况，即符合楞次定律的情况，而对直流磁场或准净磁场（DC～60 Hz）是无效的。因为对于磁屏蔽或静磁屏蔽的屏蔽机理是以低磁阻来分路磁力线，使之离开被屏蔽空间达到屏蔽目的，而不是涡流效应。

　　为了进一步分析该问题，下面利用归化成传输理论的最原始公式来说明，即式（15 - 8）。

$$S = 20\lg\left[\mathrm{e}^{at} \cdot \frac{(1+K)^2}{K} \cdot \left(1 - \frac{(K-1)^2}{(K+1)^2}\mathrm{e}^{-2\gamma t}\right)\right] \quad (15-8)$$

$$a = \sqrt{\pi f \mu \sigma}, \ a = \frac{1}{\delta}$$

$$\gamma = a + \mathrm{j}\beta = (1+\mathrm{j})a$$

式中　a——电波在金属板中的衰减常数；

　　　δ——穿透深度；

　　　γ——电波在金属板中的传播常数；

　　　β——相位常数；

　　　K——波阻抗与金属本禀阻抗之比，$K = \dfrac{Z_{\mathrm{w}}}{Z_{\mathrm{m}}}$；

　　　Z_{w}——波阻抗；

　　　Z_{m}——金属本禀阻抗。

对于极低频率情况

$$t/\delta \ll 1, \ K \ll 1, \ 2\gamma t \ll 1$$

于是

$$\mathrm{e}^{at} \approx 1$$

$$\frac{(1+K)^2}{4K} \approx \frac{1}{4K}, \ \mathrm{e}^{-2\gamma t} \approx 1 - 2\gamma t$$

$$\frac{(K-1)^2}{(K+1)^2} \approx 1 - 4K$$

将上述各式代入式（15-8），得

$$S = 20\lg\left\{\frac{1}{4K}\left[1 - (1-4K)(1-2\gamma t)\right]\right\}$$

即

$$S = 20\lg\left[1 + \frac{\gamma t}{2K}\right] \quad (15-9)$$

由于

$$\gamma = (1+\mathrm{j})a = (1+\mathrm{j})\sqrt{\pi f \mu \sigma}$$

所以

$$S = 20\lg\left(1 + \frac{\mu_r t}{2\gamma}\right) \qquad (15-10)$$

从式中可以看出在极低频情况下，磁屏蔽效应与相对磁导率 μ_r 成正比，与厚度 t 成正比，与源到屏蔽体距离 r 成反比。所以在磁屏蔽情况下，磁铁材料的屏蔽效能仍比非磁铁材料好。

　　在磁屏蔽中，磁导率 μ 是一个很关键的因素。而且 μ 是随噪声场的场强（磁场）、屏蔽材料的剩磁［即磁态］以及屏蔽材料的热处理情况等变化的。一般说来，为了提高磁屏蔽效能，应采用多层结构，其主体结构必须采用磁铁材料或高磁导材料，对于附加层可以用铁磁材料，也可以用非磁铁材料，这可以根据具体的屏蔽对象和工作情况确定。从以上计算分析得出，作为屏蔽材料应选铁磁材料（如镀锌白铁皮）为宜。

第16章 电磁屏蔽室的导电屏蔽玻璃窗

16.1 概述

电磁屏蔽室为防止信息泄漏和外界电磁干扰一般是不开窗的，当工艺要求必须要开窗时应给予屏蔽。屏蔽窗的屏蔽当前可供选择的方案有两种形式：一种是使用金属丝网屏蔽玻璃窗；另一种是使用导电屏蔽玻璃窗，导电屏蔽玻璃窗又称屏蔽视窗。

上述两种视窗屏蔽技术是解决屏蔽室开窗的切实可行的手段，这两种技术的差异在于造成屏蔽室光线的传输损耗率不同。

16.1.1 导电屏蔽玻璃窗的应用特点

（1）金属丝网屏蔽窗

使用金属丝网屏蔽窗是在屏蔽室较大面积的窗户上覆盖屏蔽网来满足屏蔽效能要求，现在已是常用方法，典型的屏蔽网会使光线损失 15%～20% 以上，导致屏蔽室因光线不足而加大窗户的面积，从而会使屏蔽室总体效能降低。另外，当屏蔽室内设有刻度（如示波管的方格），屏蔽网有可能扰乱图像的分格，由于这些的缺陷的存在不宜使用屏蔽网作为屏蔽窗材料。

（2）导电屏蔽玻璃窗

导电屏蔽玻璃窗具有比传统屏蔽网窗更为优良的光传导和电磁干扰屏蔽性能。这种新型材料所引起的文字、图像扭曲的问题（即波纹效应）的影响已降到最小。

16. 1. 2　导电屏蔽玻璃的类型

目前，国内生产屏蔽室导电玻璃厂商已有多家。屏蔽室用导电玻璃主要有如下类型：

1）从构建形式上划分，分为夹丝网屏蔽玻璃窗、镀膜屏蔽玻璃窗、有机 PC 电磁屏蔽玻璃窗（屏蔽视窗）；

2）从玻璃的形状上划分，分为平面形屏蔽玻璃、曲面形屏蔽玻璃；

3）从玻璃的材料上划分，分为普通屏蔽玻璃、钢化屏蔽玻璃、有机 PC 电磁屏蔽玻璃（聚碳酸酯）、防弹屏蔽玻璃等。

下面以构建形式分类分别介绍这三种常用的导电玻璃屏蔽窗。

16.2　夹丝网屏蔽玻璃

16. 2. 1　夹丝网屏蔽玻璃的分类

夹丝网屏蔽玻璃的类型、特点及用途见表 16 - 1。

表 16 - 1　夹丝网屏蔽玻璃的类型特点及用途

夹丝网屏蔽玻璃类型	所夹金属丝目数	特点	用途
高屏效丝网屏蔽玻璃	80、120、165、200、250、300、400 等或其他目数	结构坚固，透光性好，光线通过屏蔽玻璃窗对所观察的图形图像动态彩色失真性小，屏蔽效能可根据需要增减夹丝层数目数，防振动，防腐蚀。各项指标参见表 16 - 2，屏蔽指标能满足 GB 5992—2006 的 A、B、C 级屏蔽要求，参见 16.4.3 小节	适用于各类电磁屏蔽室的光学和屏蔽要求
高透光率丝网屏蔽玻璃			
普通窗口屏蔽玻璃			
低频高效能丝网屏蔽玻璃			
防眩夹网屏蔽玻璃			
减反射夹网屏蔽玻璃			
钢化丝网屏蔽玻璃			

16. 2. 2　夹丝网屏蔽玻璃的构成

夹丝网屏蔽玻璃是将经过导电防腐蚀处理的低阻抗高密度金属

丝网通过特殊工艺夹入两层玻璃（一层为普通玻璃，一层为金属镀膜玻璃，或两层都是金属镀膜玻璃）或两层聚丙烯树脂之间。结构坚固，能在恶劣环境中防止电磁干扰辐射，其构成如图 16-1 所示。

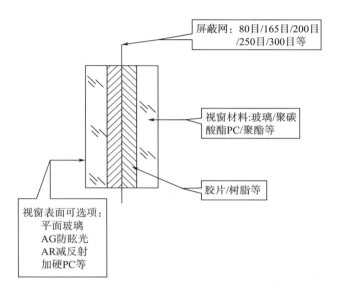

图 16-1　夹丝网屏蔽玻璃构成图

图 16-1 中夹丝屏蔽网根据屏蔽效能可以是合金金属丝网、导电纤维丝网或其他金属丝网。

16.2.3　夹丝网屏蔽玻璃的主要技术参数及性能指标

该产品既能屏蔽辐射干扰，又透光，目前已广泛应用于屏蔽方舱以及各类射频电磁屏蔽室的观察窗口的屏蔽。夹丝网屏蔽玻璃的主要技术参数及性能指标参见表 16-2。

表 16 - 2　夹丝网屏蔽玻璃的主要技术参数及性能指标

产品型号	QM - 100	QM - 165	QM - 250	QMY - 100	QMY - 165	QMY - 250
结构形式	金属丝网 夹层玻璃	金属丝网 夹层玻璃	金属丝网 夹层玻璃	金属丝网 夹层 有机玻璃	金属丝网 夹层 有机玻璃	金属丝网 夹层 有机玻璃
屏蔽效能/dB 100 kHz(磁场)	40(51.1)	40(67.6)	57(58.1)	40(51.1)	40(67.6)	57(58.1)
10 MHz(电场)	62(56.1)	70(68.1)	69(68.7)	62(56.1)	70(68.1)	69(68.7)
100 MHz(电场)	60(54.9)	76(65.9)	71(70.9)	60(54,9)	76(65.9)	71(70.9)
1 GHz(平面波)	54(40.1)	69(67.5)	71(70.8)	54(40.1)	69(67.5)	71(70.8)
10 GHz(平面波)	32	62	64	32	62	64
透光率/%	73	62	50	73	62	50
工作温度/℃	−55~80			−55~90		
抗振动性	10~17 Hz 0.1 mm;10~50 Hz 0.2 mm;50~500 Hz 2.5 mm					

注:括号内的数字为秦皇岛波盾电子有限公司的产品,无括号的数字为常州多极电磁环
　　境技术有限公司的产品。

16.3　镀膜屏蔽玻璃的特点及应用

16.3.1　镀膜屏蔽玻璃的分类

镀膜屏蔽玻离的类型、特点及用途见表 16 - 3。

表 16 - 3　镀膜屏蔽玻璃的类型、特点及应用

玻璃的类型	镀膜表面电阻	特性	用途
普通屏蔽玻璃镀膜玻璃面 钢化屏蔽玻璃镀膜玻璃面 防眩镀膜屏蔽玻璃面 减反射镀膜屏蔽玻璃面(ARMB) 其他结构屏蔽玻璃	5Ω,14Ω	镀膜玻璃是在普通玻璃或其他玻璃的表层上镀有一层高导电层,在不影响原视窗口的透光率的情况下达到高 EMI 屏蔽效能。光透率高,无光学畸变	当对屏蔽效能有普通要求且重视高透光率的场合,可选用镀膜屏蔽玻璃

16.3.2　镀膜屏蔽玻璃的构成与应用

（1）镀膜屏蔽玻璃的构成

镀膜屏蔽玻璃是采用特殊工艺在钢化玻璃或普通玻璃表面上形

成致密氧化铟锡 ITO 导电膜，在不影响原显示窗口透光性能的情况下可以提高电磁干扰屏蔽效能。其具有透光率高、无光学畸变、环境适应性强等优点。表面膜阻值有 5～14 Ω 等规格。使用镀膜玻璃安装时需要注意把有镀层的一面装在终端内侧以防止划伤，并使镀层与面板周围导电涂层良好接触。

（2）应用场所

该产品既能屏蔽辐射干扰，又能透光，无闪光显示。目前，已广泛应用于屏蔽方舱以及屏蔽室观察窗口的屏蔽。该产品可以灵活方便地满足特殊场合下的光学和屏蔽要求。

（3）镀膜屏蔽玻璃（MB）与夹网屏蔽玻璃的区别

镀膜屏蔽玻璃和丝网屏蔽玻璃的最大区别是透光率和屏蔽指标的差异。镀膜屏蔽玻璃的突出特点是有大于 80％的透光率，而屏蔽效能最高为 35 dB 左右。丝网屏蔽玻璃的屏蔽效能均在 40 dB 以上，但目前最大透光率为 70％左右。屏蔽大于 80 dB 的丝网屏蔽玻璃透光率仅为 40％左右。低阻的镀膜导电玻璃可以用作高透光率的屏蔽窗口，厚度品种多样化，有普通镀膜玻璃和钢化镀膜玻璃等。

16.3.3　镀膜屏蔽玻璃主要技术参数及性能指标

（1）厚度相同而表层电镀层的表面电阻值不同的屏蔽效能指标、透光率

厚度相同而表层电镀层的表面电阻值不同的屏蔽效能指标、透光率参见表 16 - 4。

表 16 - 4　镀膜屏蔽玻璃表层电镀层的表面电阻值不同的屏蔽效能指标及透光率

屏蔽效能		透光率	玻璃厚度/mm
≤ 5 Ω	35 dB	≤ 70％	0.7/1.1/2/3/4/5/6
8～10 Ω	32 dB	≤ 75％	0.7/1.1/2/3/4/5/6
11～14 Ω	30 dB	≤ 80％	0.7/1.1/2/3/4/5/6

（2）镀膜屏蔽玻璃主要技术参数及性能指标

镀膜屏蔽玻璃的主要技术参数及性能参考指标参见表 16 - 5。

表 16 - 5　镀膜屏蔽玻璃的主要技术参数及性能参考指标

型号	屏蔽效能			表面电阻/Ω	透光率	温度/℃	玻璃厚度/mm
	磁场100 kHz	电场10 MHz	平面波1 GHz				
MD005	22 dB	90 dB	35 dB	≤ 5	≤70%	-55~85 ℃	0.7/1.1/2/3/4/5/6
MD014	20 dB	90 dB	30 dB	14±4	70%~80%	-55~85 ℃	0.7/1.1/2/3/4/5/6

16.4　有机 PC 电磁屏蔽玻璃

16.4.1　有机 PC 电磁屏蔽玻璃的构成

所谓有机 PC 电磁屏蔽玻璃就是用聚碳酸酯（Polycarbonate）做成的镀膜导电电磁屏蔽玻璃，也称有机 PC 电磁屏蔽视窗。

有机 PC 电磁屏蔽视窗是由两片（或多片）有机 PC 板、树脂及经特殊处理的屏蔽网在高温高压下合成。其中，屏蔽丝网采用进口不锈钢丝网或导电纤维网等，通过特殊工艺处理，对电磁干扰产生衰减，并具有高保真、高清晰和不失真等特点。有机 PC 表面做加硬处理，硬度可达 4 H 左右，能有效防止使用中擦拭清洁视窗表面引起的划伤划痕等。有机 PC 电磁屏蔽玻璃同其他屏蔽玻璃一样具备高屏蔽效能、高透光率、防眩及其他特殊功能。容易加工、定型，比其他电磁屏蔽玻璃更优越和有更多品种选择范围。

有机 PC 电磁屏蔽视窗适用于有电磁兼容要求的所有窗口，具有防电磁干扰、防信息泄漏以及优越的抗振动和抗冲击性能，并具备良好的耐高温耐划伤特性。

16.4.2　有机 PC 电磁屏蔽玻璃的种类

有机 PC 电磁屏蔽视窗按结构可分为两大类型：常规结构的有机 PC 夹丝网电磁屏蔽视窗、阶梯结构的有机 PC 导电银边阶梯型电磁屏蔽视窗。继续细分又分为：异型打孔有机 PC 电磁屏蔽视窗，以及其他特殊结构的有机 PC 屏蔽多种视窗，见表 16 - 6。

表 16 - 6　有机 PC 电磁屏蔽玻璃的种类

类别	种类	说明	机械性能
有机 PC 夹丝网电磁屏蔽视窗	高屏效 PC 屏蔽视窗	有机 PC 电磁屏蔽玻璃视窗按所使用的各屏蔽玻璃夹丝网的屏蔽效能分为 A,B,C 三级。各级屏蔽性能指标参数见 16.4.3 小节	有机 PC 电磁屏蔽视窗机械性能 表面硬度:2~5H。 拉伸强度:85 MPa。 伸长率:2.2%~4.5%(温度 80~120 ℃)。 DYNSTAT 冲击强度:5 kJ/m²。 热变形温度:大于 100 ℃(1.8 MPa)。 光折射率:20 kV/mm。 表面硬化:表面硬化处理,耐划伤及透腐蚀。 敏感溶剂:丙酮,甲醇,二氯甲烷,硫酸,氢氧化钠。
	高透光率 PC 屏蔽视窗		
	普通 PC 屏蔽视窗		
	异形有机 PC 丝网屏蔽窗		
	其他结构		
有机 PC 导电阶梯型电磁屏蔽视窗	高屏效、高透过屏蔽视窗		
	导电阶梯型丝网屏蔽窗		
	Ag 防眩丝网屏蔽窗		
	其他结构		

16. 4. 3　有机 PC 夹丝网电磁屏蔽玻璃的分级、技术性能及屏蔽指标

（1）夹丝网电磁屏蔽玻离的分级

夹丝网屏蔽玻璃按各种目数丝网的屏蔽性能可能分为 A、B、C 三级。

①A 级

高屏效电磁屏蔽玻璃采用 250 ~ 400 目进口屏蔽网。在 30 MHz~1 GHz 频段内，高目数进口网 A 级屏蔽玻璃屏蔽效能在 70~80 dB 以上。透光率 40％左右，主要用于 CRT/LCD 显示屏、精密仪器仪表窗口等。

高透光率电磁屏蔽玻璃：采用 80 ~ 100 目进口屏蔽网。在 30 MHz~1 GHz 频段内，低数目 A 级进口网屏蔽玻璃屏蔽效能在 55 dB 以上，透光率 70％左右，主要用于液晶显示器、精密仪器、仪表窗口等。

②B 级

采用120~200 目进口屏蔽网。在 30 MHz~1 GHz 频段内，B 级进口网屏蔽玻璃屏蔽效能在 50~79 dB 以上，透光率为 50％左右，主要用于屏蔽方舱、车窗、高标准屏蔽室窗口等等。

③C 级

采用 50 ~ 130 目进口导电纤维网或 100 目国产屏蔽网。在 30 MHz~1 GHz 频段内，屏蔽效能在 40 dB 以上，透光率 55％左右，主要用于普通标准屏蔽室窗口、方舱、车窗等。

（2）夹丝网电磁屏蔽玻璃的屏蔽指标

夹丝网电磁屏蔽玻璃的屏蔽指标参见表 16－7。

（3）有机 PC 电磁屏蔽玻离（视窗）的厚度

有机 PC 电磁屏蔽玻璃视窗（即聚碳酸酯）板的厚度标准板为 2.0 mm（0.08 in）。可选板的厚度有：1.66 mm（0.06 in）、3.0 mm（0.12 in）。窗口可以是方形、梯形或其他形状。

表 16 - 7　夹丝网屏蔽玻璃的屏蔽指标

指标 频率/MHz	屏蔽效能/dB				指标 频率/MHz	屏蔽效能/dB			
	250 目	100 目	165 目	80 目		250 目	100 目	165 目	80 目
0.014	60.1	58.9	70.5	50.1	200	71.2	52.1	67.5	49.5
0.05	57.4	55.8	69.6	50.2	300	71.1	49.4	68.7	46.2
0.1	58.1	51.1	67.6	48.1	400	72.1	47.4	68.1	45.1
0.5	61.3	51.7	65.8	49.5	500	71.0	45.8	67.1	43.6
1	66.2	55.2	68.4	51.9	600	71.5	44.6	67.5	42.4
5	69.0	56.2	68.8	52.0	700	71.8	44.1	67.5	42.0
10	68.7	56.1	68.1	52.2	800	72.0	43.9	67.7	40.8
30	69.3	56.0	64.1	53.0	900	71.3	42.4	67.5	40.3
40	69.5	56.0	64.9	53.0	1 000	70.8	40.1	67.5	38.1
50	70.1	55.9	65.5	53.6	1 100	69.5	38.7	64.8	36.2
60	68.8	55.6	65.4	53.9	1 200	68.0	38.1	63.7	36.1
70	69.3	55.6	65.3	54.8	1 300	66.6	37.8	62.8	32.6
80	70.0	55.1	66.2	53.1	1 400	65.3	38.0	61.3	38.0
90	70.5	55.5	65.5	53.2	1 500	64.5	40.6	62.6	38.0
100	70.9	54.9	65.9	52.7					

16.5　电磁屏蔽室 EMI 导电屏蔽玻璃窗的安装

16.5.1　电磁屏蔽室 EMI 导电屏蔽玻璃窗的安装方式

　　电磁屏蔽玻璃窗的安装依据屏蔽室的结构设计而定，下面列举双层玻璃金属夹丝网屏蔽窗和双层导电镀膜玻璃屏蔽窗安装示意方法：夹丝网屏蔽玻璃安装时可先将普通橡胶条粘在显示窗内壁四周，再将金属丝网夹芯型玻璃粘在橡胶条上，同时用导电胶粘好金属丝；然后用减振垫及金属压板将金属丝网夹芯型玻璃压紧，安装屏蔽玻璃时，一定要将金属丝网紧贴显示窗内壁，保证接触处没有缝隙，以防电磁泄漏。两种屏蔽玻璃窗安装示意图如图 16 - 2 和图 16 - 3 所示。

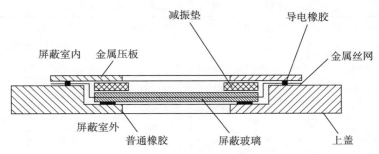

图 16 - 2　金属丝网夹芯型屏蔽玻璃窗安装示意图

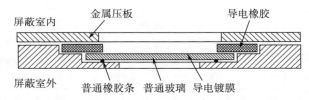

图 16 - 3　镀膜玻璃与有机 PC 玻璃导电镀膜屏蔽窗安装示意图

16. 5. 2　安装使用注意事项

（1）确保与玻璃间的软接触

压接时两者之间应垫有适当厚度的橡胶垫或软皮橡胶条等材料。粘接时选用高弹性的硅胶热膨胀系数和玻璃接近的耐高温密封胶。

（2）对玻璃周边做好密封处理

避免屏蔽玻璃因潮热环境开胶，可选用 704 硅橡胶等密封材料，尤且适用空气很潮湿、高酸碱度的地区。

（3）尽量不影响玻璃的表面应力

丝网安装裙边每边应留 10～15 mm，丝网过于紧绷及四周拉力不均衡等会导致丝网产生裂缝而失去导电连接性，产生泄漏。

（4）确保导电层（膜、丝网）与屏蔽体无缝导电连接

确保屏蔽玻璃安装做到无缝导电连接，玻璃尺寸的上公差为 0，下公差为 -1 mm；4 个边角应留 $R1 \sim R5$ mm 的圆角。

（5）防止钢化玻璃变形

防止钢化玻璃变形的主要措施是：钢化玻璃的厚度应≥5 mm 玻璃（矩形）；视窗面积较大时应≥6 mm 玻璃（矩形）。

第 17 章　屏蔽室静电干扰及静电防护设计

17.1　静电的产生

静电技术是电子技术领域的一个分支，它既有其实用性的优点，又有极其严重危害性的缺点。从静电的应用来看，其适用性可以用于静电喷漆、静电除尘净化环境等方面，对于它的应用本书不作叙述。下面仅介绍屏蔽室内静电有害的方面及其防护控制方法。

17.1.1　静电放电

静电是一种电能，它存在于物体表面，是正负电荷在局部失衡时产生的一种现象。静电现象是指电荷在产生与消失过程中所表现出的现象的总称，如摩擦起电就是一种静电现象。

静电放电（ESD）是指具有不同静电电位的物体互相靠近或直接接触引起的电荷转移。当带了静电荷的物体（也就是静电源）跟其他物体接触时，这两个具有不同静电电位的物体依据电荷中和的原则，存在着电荷流动，传送足够的电量以抵消电压。这个电量在传送过程中，将产生具有潜在破坏作用的电压、电流及电磁场，严重时会将物体击毁。

随着电子工业的发展，半导体集成电路的集成度不断提高，功耗越来越低，电路的工作频率越来越高，导致电子设备对静电放电的作用越来越敏感。静电防护问题越来越被广泛关注，而 ESD 的防护领域也成为当前电子领域设计应用的一项重要内容。

现代屏蔽室内不可避免地有诸多的电子电路、CMOS 电路、专用集成电路和芯片以及微型计算机等系统，这些系统容易受到静电的干扰破坏。由静电导致事故现象也时有发生。所以，对屏蔽室静电的危害性应倍加重视。为了防止静电对电子设备的危害，必须深入研究屏蔽室内产生静电的途径和原因，并有针对性地采取有效措施加以防范，直至消除它的影响。下面就此类问题，依据静电技术、理论和应用实例加以分析。

17.1.2　静电的基本起因

（1）产生静电的理论

在屏蔽室中，静电起电包括使正、负电荷发生分离的一切过程，如通过固体与固体表面、固体与液体表面之间的接触、摩擦、碰撞，固体或液体表面的破裂等机械作用产生的正、负电荷分离。静电起电也包括气体的离子化、喷射带电以及在粉尘等的带电现象。在大多数情况下，静电起电与放电是同时发生的，而且静电起电-放电是一个随机的动态过程，在这过程中，不仅有静电能量的传导输出，而且有电磁脉冲场的辐射。

（2）静电的产生条件

物质由原子组成，而原子由原子核和核外电子组成。电子带负电荷，而组成原子核的质子带正电荷，原子核中的中子不带电荷。在正常状况下，一个原子的质子数与电子数相等，正负电荷平衡，所以对外表现不带电的现象。由于材料表面电荷的不平衡引起静电荷，这种电荷的不平衡产生了电场，该电场能够影响到远处的物体，此时物体带有静电。静电的电荷量依赖于物体的大小、形状、材料特性、分离速度、接触面积、物质之间运动、材料成分、表面特征和空气湿度等。静电的产生机理主要有摩擦起电和感应起电两种。

①摩擦起电

当两个物体，特别是不同材料的两个物体发生相对运动后，又连续不断地接触和分离，在这个摩擦过程中，就会产生静电。静电电场就是两个物体分离时在两个表面之间所建立起来的。如果这两个物体之间没有电荷泄放通路，那么两个物体分离时很容易使其表面之间的电压上升到几千伏。

摩擦起电是最常见的静电产生方式。摩擦是沿两物体接触面连续不断的接触和分离过程，摩擦起电是以接触起电为主，包括摩擦产生的电压和热电效应等在内的综合现象。这里需要说明，摩擦起电只是接触与分离起电的一种情况，不是静电起电的必要条件。

②静电感应和感应起电

导体在静电场中，由于电荷间的相互作用，会使内部的电荷重新分布，在靠近带电体的导线表面会感应出异种电荷，远离带电体的表面出现同种电荷，这种现象称为静电感应。

静电感应的强弱与电场的强度及变化速度、被感应导体的大小和位置等因素有关。当有一条接地引线接触到导体，则会将导体中感应的同种电荷引入大地，此时，导体失去了电荷而带与感应源相反符号的电荷，这种现象称为感应起电。

感应起电通常是对导体来说的，对于绝缘材料，在静电场中由于极化也可使其带电，这种带电现象也称为感应起电。

（3）屏蔽室内人体静电起电

人体是一个特殊的静电系统。在通常条件下，人体本身就是静电导体，而与人体紧密联系的衣服和鞋、袜等常常是由绝缘材料制成的，也就是说，人体和大地之间形成了一个电容，可以存储静电能量。在日常活动中，人体系统（包括衣服、鞋袜及手持物体）会由于某种原因带上一定量的电荷。无论是对微电子器件，还是易燃易爆等场所，人体都属于危险的静电源。当带电的人体系统接近接地导体时，就可能发生 ESD 现象。如果人体 ESD 的能量超过危险场所限值或敏感能量值，就会产生静电事故。

屏蔽室内人体静电起电的方式主要有三种：接触起电、感应起电和传导起电。

①接触起电

在通常条件下，人体电阻在 1.5～300 kΩ 之间，最低也在数百欧，故人体本身是一个静电导体。当人体被鞋、袜、衣服等所包覆，且这些物品一般是由高分子聚合物材料制成的，则在干燥环境中，人体可以看成是与地绝缘的导体。人在进行各种操作活动时，不可避免地与各种物体发生接触-分离过程或摩擦等。这些接触-分离过程会使人体带电。带电的大小根据场所和环境不同而异。

②感应起电

当屏蔽室内人员接近屏蔽室内其他带电的人体或物体时，这些带电体的静电场作用于人体，由于静电感应，电荷重新分布。若人体静电接地，人体会带上与带电体异号的静电荷。若人体对地绝缘，人体上静电荷为零，但当对地电位不为零时，具有静电能量，此时也是静电带电。处在静电场中的人体，在瞬时接地又与地分离，人体上静电荷不会为零，人体感应起电的电位有时也会很高。

③传导起电

屏蔽室工作人员操作带电介质或触摸其他带电体时，会使电荷重新分布，带电体的电荷就会直接传导给人体，使人体带电。达到平衡状态时，人体电位与带电体电位相等。

17.2　静电放电的传播途径及作用机理

17.2.1　静电放电的传播

静电放电通过直接传导、电容耦合和电感耦合三种方式进入屏蔽室设备内电子线路，由于屏蔽电磁场使用的导电性材料同样具有泄漏静电和吸收静电信号的效果，屏蔽室六面屏蔽体和装饰的内装材料都对静电有直接影响。

由于静电放电通过三种方式进入设备内电子线路，因此对静电放电的防护就是要阻止静电放电的传导和耦合。静电场的特点是高电位、强电场、瞬态大电流、宽带电磁干扰等，且电荷都集中在导体的外表面，而导体内部场强为零。

17.2.2　静电放电的作用机理

静电放电的作用机理主要体现在如下几个方面。

（1）力学效应

静电场使物质微粒极化从而产生静电引力，使悬浮在空气中的尘埃吸附在物体上造成污染。如果半导体芯片带上静电，尘埃会吸附在芯片上，使得集成电路的成品率大大降低。

（2）热效应

静电放电产生的热效应是在 ns 或 μs 量级完成的，是一种绝热过程，作为点火源、引爆源，瞬时可引起易燃易爆气体或电火工品等燃烧爆炸，还可能使微电子器件、电磁敏感电路过热，造成局部热损伤，电路性能变坏或失效。

（3）电磁辐射和浪涌效应

静电放电引起的射频干扰，使信息化设备产生误动作或功能失效。强电磁脉冲及其浪涌效应对电子设备可以造成硬损伤或软损伤，既可能造成器件或电路的性能参数劣化或完全失效，也可以形成累积效应，埋下潜在的危害，使电路或设备的可靠性降低。

（4）火花放电

火花放电主要发生在相距较近的带电金属导体间或静电导体间。

（5）强电场效应

静电危害源形成的强电场不仅可以使 MOS 场效应器件的栅氧化层击穿或金属化线间介质击穿，造成电路失效，而且对许多测试仪器和敏感器件的工作可靠性造成影响，对电磁屏蔽提出了更高的要求。

（6）磁效应

静电放电引起的强电流可能产生强磁场，干扰电子设备的正常工作。因此，对信息化设备的设计和磁屏蔽材料的选择都提出了苛刻的要求。

17.3　静电对人体、设备的危害及人体带静电电量的计算

17.3.1　静电对人体的危害

当屏蔽室内的操作人员接近带有静电的导体，或者带有静电的人员接近接地导体或机器设备等较大的金属物体时，只要人体和其他导体间的静电场超过空气的击穿电场强度时，都会形成静电火花放电，有瞬态大电流通过人体或人体的某一部分，使人体受到静电电击。在日常生活和工业生产中，静电引起的电击一般尚不能导致人员伤亡，但是可能发生手指麻木或引起精神紧张，往往会引起手脚动作失常而造成其他危害和损伤。

一般而言，人体电容越大，或所带静电电压越高，即人体储存的电荷越多，人体 ESD 对人的影响也越大。静电电击不是电流持续通过人体的电击，而是 ESD 造成的瞬态冲击的电击，电击的严重程度取决于放电电流大小、时间长短和电流流过途径等。人体对 ESD 的感知度也与放电时转移的能量大小有关，通过人体 ESD 的能量在一定程度上取决于人体电容的大小，而人体电容与人体位置、人体姿势、鞋、地面等有关联。

根据相关的资料表明，当人体电容是 C，所带静电电压为 U 时，所储存的电场电能 $E = \dfrac{1}{2}CU^2 \cdot 10^{-9}\,(\text{mJ})$。当人体电容为 90 pF 时，对不同电压下静电电击的反应可参考表 17 - 1。

表 17 - 1　静电电击时人体的感知程度参考值

序号	静电电压/kV	能量/mJ	电击时人体的感知程度
1	1	0.045	没有感觉
2	2～4	0.18～0.72	手指外侧有感觉,但不疼痛到手指轻微疼痛,有轻微和中等的针刺痛感

续表

序号	静电电压/kV	能量/mJ	电击时人体的感知程度
3	5～8	1.125～2.88	手掌乃至手腕前部有电击疼痛感,到手掌乃至手腕前部有麻木感,手指和手掌剧痛
4	9～11	3.645～5.445	手腕剧痛,手部严重麻木到手指剧烈麻木,整个手有强烈电击感
5	12	6.48	由于强烈电击,整个手有强烈打击感

17.3.2　人体带静电电量的计算

如本书前面所述,静电的产生途径一般有两种可能性,即摩擦起电和感应起电。对于屏蔽室这类全封闭式房间内常配备中央空调,室内温度低,易引起静电。静电的产生和存在实际上就是电荷的积累,无论是人体静电还是空气中的尘埃静电都会对电子设备、仪器产生影响。人体产生静电后,其带电能量可用下式进行描述

$$Q = I_0 RC(1 - e^{-\frac{1}{RC}}) \tag{17-1}$$

式中　R——人体接地电阻;

　　　I_0——人体对地电容;

　　　C——单位时间起电量(带电速率)。

人体带电电压

$$U = \frac{Q}{C} = I_0 R(1 - e^{-\frac{1}{RC}})$$

当作用时间 T 趋于无穷大时,则 $e^{-\frac{1}{RC}}$ 趋于零,人体静电电压达到最大值,即 $U = I_0 R$,人体对地电流 I 为

$$I = I_0(1 - e^{-\frac{1}{RC}}) \tag{17-2}$$

由以上分析,可以知道影响人体带电压重要的因素:

1) 当 R 和 C 一定时,因为 Q 正比于 I_0,U 随 I_0 的增大而升高;

2) 当 I_0 和 C 一定时,因为 Q 正比于 R,U 随 R 的增大而升高;

3) 当 R 和 I_0 一定时,因为 Q 正比于 C,U 随 C 的增大而升高。

人体对地电阻与人的鞋袜、地面材料、环境的湿度有关。若地

面材料干燥，空气湿度低，人体就易产生静电。例如，当风管、干燥空气和过滤介质相对运动时，环境中的空气调节系统和空气净化设施都会产生静电，都是静电发生源。此外，供电传输线路以及电工、电子设备发射的电磁干扰，会引发电磁感应干扰等。

屏蔽室中人的活动是最主要的静电源，可以说人是静电的载体。人体各部分所带电荷是不均等分布的，一般以手腕的电位较高，所以人手接触到电子设备、仪器时，会产生静电电磁干扰或脉冲式的噪声。由于 CMOS 电路的耐电压值一般为 $100\sim150$ V 是较小的，很容易受到静电感应而被击穿，而人体一旦带上静电会高达 10 kV 以上，显然这对电子产品、仪器、设备的影响是不可忽视的。

17.3.3　静电对屏蔽室内电子设备的危害

（1）对设备产生危害的机理

静电放电对设备产生危害的核心因素是放电，如果不能产生放电，则不会产生干扰。例如，对于对地绝缘良好的屏蔽室或设备的箱体就无法产生放电，也就不会对电路产生影响。

因此，当设备上的金属部件或屏蔽体绝缘强度不够时，才会发生静电放电的危害。当在设备上发生静电放电，并对设备中的电路产生危害时，主要的机理有 3 种：

1）静电荷可通过传导线路直接对电子设备造成损伤，而且 ESD 的电磁辐射或电磁脉冲对电子设备也有很大的影响。

2）ESD 电流产生的电磁场通过近场的电容耦合、电感耦合或远场的空间辐射耦合等途径对电路造成干扰。静电荷在物体上的积累往往使物体对地具有高电压，在附近形成强电场，若超过电子器件的绝缘击穿强度，就会引起局部击穿或损坏，对其性能造成很大的影响。ESD 电流产生的电磁场可以直接穿透设备外壳，或通过孔洞、缝隙、输入输出等耦合到敏感电路。

3）电磁辐射放电。当带电体在距 ESD 发生位置不远处，无论是电场还是磁场都是很强的，因此在 ESD 位置附近的电路一般会受到较大影响，如图 17-1 所示为一个峰值 4 kV 的 ESD 在不同距离上产生的电磁场。ESD 产生的电磁干扰属于宽带干扰，从低频一直到几个 GHz 以上，因此还会产生较强的辐射干扰。

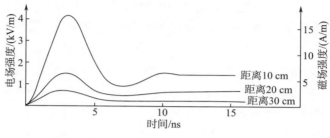

图 17-1　ESD 产生的电磁场

ESD 在电路中感应的电压或电流可能导致设备的热失效或绝缘击穿。另一方面，当 ESD 感应的干扰超过电路的信号电平时，电路运行就会失常。因为使设备损坏比导致它失常所需的电压和电流要大，所以损坏更有可能在传导耦合时产生，而辐射耦合通常只导致失常。

综上所述，静电电击引起的不自觉反应，可能使工作人员受到意外伤害。静电更为常见的危害是损坏电路元器件及相关的敏感电路。空气中的挥发性气体、瓦斯气、粉末尘埃或它们的混合物达到适当的比例时，静电还会导致火灾或爆炸。

（2）电荷的电位的表述

①电荷电位的表达式

因电荷而产生的电位与储存在物体上的电荷和该物体与周围环境之间的电容有关

$$U = \frac{Q}{C} \tag{17-3}$$

式中　U——电位，V；

　　　Q——电荷，C；

　　　C——电容，F。

　　绝缘体在连续发生电荷的影响下，其电位会不断增加。在某个电压下，电荷的泄漏将等于电荷放到绝缘体上的速率，这时就达到了稳定状态。如果通过绝缘体的电荷泄漏不够快，将会达到一个火花放电电位，并在达到稳定状态之前就会发生火花放电。

　　如上所述，在分离时电位可能达到几 kV，而电荷是相对不动的，所以来自绝缘表面的一个火花放电通常不会产生点燃作用。

　　②电荷量值

　　静电量数的值不同于电力量的数值。就静电而言，电位差可能达数千伏，电流可能小于 $1\,\mu A(1\times10^{-6}\,A)$，而电阻小于 $1\,M\Omega$ 就可能发生短路。

　　③静电荷引燃的必要条件

　　静电荷在可燃蒸汽和空气的混合物中产生点燃，必须有足够的能量储存在带电体中。储存的和从电容放电中产生点燃的能量可用下式计算

$$E = \frac{1}{2}CU^2 \cdot 10^{-9} \qquad (17-4)$$

式中　　C——电容，pF；

　　　　U——电位，V；

　　　　E——电能，mJ。

　　点燃所需的能量一般与产生火花电极的间距、形状、混合体的成分、温度和压力有关。

17.4　抑制屏蔽室内静电的防护对策

17.4.1　对设备、电子元器件的静电防护对策

　　抑制屏蔽室静电，防护静电干扰有很多种办法，其基本思路是抑制静电积聚及 ESD 产生的干扰，较常用的方法包括下面两种。

　　1）控制静电起电率，防止危险静电源的形成，阻止放电。把一个系统的所有金属零件连接起来，以免在该系统中的任何两个金属

物体之间出现静电感应电位差。

2）增大电荷消散速率，把所有金属系统接地，防止静电电荷的聚积，迅速可靠地泄放已存在的电荷，消除 ESD 源。对于屏蔽室的整机设备可采取如下措施：

a. 非金属设备机箱，例如，塑料机箱的设备的表面应没有电气部件，如果有电气部件，要选择能够抗静电放电的产品，或者对其进行良好的绝缘处理，防止发生静电放电；

b. 金属机箱的表面保持导电连续性，保持导电连续的方法是电磁密封沉淀或簧片等将金属连接起来，对于箱体的活动门，仅靠铰链连接是远远不够的，必须在活动门与机箱基体之间有搭接的金属条连接；

c. 如果机箱上不可避免地存在较小的孔洞或较短的缝隙，避免这些孔洞或缝隙的附近有金属导体，如线路板或电缆等其他导电物体。

17.4.2　对人体的静电防护对策

在电子工业生产中，引起元器件损坏和对电子设备的正常运行产生干扰的一个主要原因是人体 ESD。人体 ESD 既可能使人体遭到电击，又可能引发二次事故（即器件损坏），因此对人体静电应引起足够重视。在屏蔽室中人体是普遍存在的一种静电危害源，对于静电来说，人体是导体，所以可以对人体采取接地的措施主要是：

1）让静电从脚导到大地，采用防静电地面、防静电鞋、静电袜等形成组合接地方式。

2）让静电从手导到大地，佩戴防静电腕带并接地，通过手泄放人体的静电。为了保护工作人员的安全可以采取防静电工作台。工作台上面设置防静电防护垫经限流电阻及操作人员自身腕带的连接线与接地装置相连，限流电阻的阻值宜为 1 MΩ。ESD 防护垫包括坐椅垫套材料应采用低电阻率的导静电材料，其体积电阻率应为 $1.0 \times 10^7 \sim 10 \times 10^{10}$ cm。

　　3）导电鞋袜和小脚轮。操作人员和进入防静电场所的其他人员一定要穿不会火花放电的导电鞋袜。活动的设备应和地板直接接触或通过导电的橡胶小脚轮和地板接触。这些导电物的电阻应定期地或在进入工作之前进行检验。在要用导电地板和鞋的地方，穿鞋的人和地之间的电阻一定不得超过 1 MΩ，该电阻是在人员身上导电鞋的总电阻再加上地板的电阻之和。

17.4.3　其他静电防护措施

　　为防止静电危害人身和设备事故，屏蔽室内还应取如下静电措施：

　　1）室内所有在正常情况下不带电的金属设备外壳，各种用途的金属管道以及其他导体连接起来并与接地系统相连接，以防止静电电荷的聚积；

　　2）屏蔽室的空气湿度控制在 $60\% \sim 70\%$，以增加潮气含量，增加诸如纤维、木质、纸张墙壁之类绝缘材料的导电率；

　　3）使用离子发生器电离屏蔽室内环境空气，使空气形成足够的导电性以泄放静电电荷；

　　4）室内使用防静电的导电材料制成地毯、地板等防静电措施。

　　静电防护地板应符合如下要求：

　　1）屏蔽室内采用的防静电导电地板可由钢、铝或其他阻燃性材料制成，地板表面应是导静电的，严禁暴露金属部分；

　　2）当工作间不用防静电导电地板时，可铺设导静电地面，如导静电的橡胶垫。导静电地面可采用电胶与建筑地面粘牢，导静电地面的体积电阻率均为 $1.0 \times 10^{7} \sim 1.0 \times 10^{10}$ cm，其导电性能应长期稳定，且不易集尘。屏蔽室绝缘体静电电位应不大于 1 kV。

17.4.4　防静电接地要求

　　1）屏蔽室内设备与大地作可靠联接的所有正常情况下不带电的金属导体，不得有对地绝缘的孤立导体；

2）导静电地面、防静电导电地板、工作台面和坐椅垫套必须进行静电接地；

3）静电接地的连接线应有足够的机械强度和化学稳定性，导静电地面和台面采用导电胶与接地导体粘接时，其接触面积不宜小于 10 cm²；

4）在静电危险场所中应采用抗静电导体材料或静电消散材料或静电消除器（设备），消除非导体的静电，并进行合理的静电接地和搭接，绝对禁止静电危险场所存在与地绝缘的孤立导体存在。

静电接地与普通意义上的接地的差别：

1）静电接地是促进静电泄漏的方式之一，是最常用、最基本的防止静电危害的措施。静电接地与通常意义上的接地在概念上和量值上都有所区别和不同。静电接地是指物体通过导体、防静电材料或其制品与大地在电气上可靠连接，确保静电导体与大地的静电电位相接近，不致因静电电位差造成火花而引起灾害。

2）静电接地系统中并不要求一定都是金属导体，也就是说，静电接地电阻值可以很大，只要使物体保持有良好的电荷泄漏通道即可达到目的。

17.5　防静电技术分级参考标准

该标准分为三级，一级标准为控制室内静电电位绝对值不大于 100 V，二级标准为控制室内静电电位绝对值不大于 200 V，三级标准为控制室内静电电位绝对值不大于 1 000 V。具体分级标准适用场所见表 17-2。

表 17 - 2　防静电工程分级适用场所

防静电级别	适合场合	装饰装修饰面用料及制品表层电阻及体积电阻率应满足的要求
一级	1)微电子电路和测试的场所； 2)电子产品生产工程中操作一级静电敏感器件的场所； 3)生物、医药工业中无菌洁净的工作实验室和生产场所； 4)航空、航天类，国防军事、国家安全以及首脑部门的信息管理和指挥中心	表面电阻率应大于或等于 $1×10^6$ Ω·m，小于或等于 $1×10^{10}$ Ω·m； 体积电阻率应大于或等于 $1×10^5$ Ω·cm，小于或等于 $1×10^9$ Ω·cm
二级	1)以程控交换机为代表的各类通信机房； 2)电子计算机大、中型机房、以及金融、电信系统的结算中心； 3)重要经济部门，如电力调度、铁路、城市交通的自动化监控、调度系统； 4)重要工业部门，如石油化工、冶金、汽车、电厂的生产和管理自动化系统； 5)卫生系统的手术医疗设备应用场所； 6)精密电子仪器的测试和维修场所； 7)大型电子演示厅和展播室	表面电阻率应大于或等于 $1×10^5$ Ω·m，小于或等于 $1×10^{11}$ Ω·m； 体积电阻率应大于或等于 $1×10^4$ Ω·cm，小于或等于 $1×10^{10}$ Ω·cm
三级	1)除上述范围以外的一般计算机处理系统，以及计算机终端室； 2)除了上述范围以外的电子器件和整机的组装调试场所； 3)智能化建筑中计算机操作的办公场所以及重要的公共活动场所； 4)存在外部电磁干扰，必须对环境中的电子设备和设施提供最基本防静电保护的场所	表面电阻率应大于或等于 $1×10^5$ Ω·m，小于或等于 $1×10^{12}$ Ω·m； 体积电阻率应大于或等于 $1×10^4$ Ω·cm，小于或等于 $1×10^{11}$ Ω·cm

注：1. 本表部分内容引自上海市工程建设规范《防静电工程技术规程》(2007 年版)；

2. 防静电环境装饰装修工程中设置绝缘隔离层或各种绝缘衬垫必须选择表面电阻率大于 $1×10^{12}$ Ω·m，体积电阻率大于 $1×10^{11}$ Ω·cm 的绝缘装饰材料和制品；

3. 防静电环境装饰装修工程中设置导电构造层必须选择表面电阻率小于 $1×10^5$ Ω·m，体积电阻率小于 $1×10^4$ Ω·cm 的导静电材料和制品；

4. 防静电环境建设工程设计选择建筑室内防静电材料和制品必须规定电阻率特性参数的上限和下限，同时应标明选择建筑室内防静电材料和制品的环境条件参数，如温度和相对湿度。电阻率上限应与环境相对湿度控制的最高值相对应，电阻率下限应与环境相对湿度控制的最低值相对应。

第 18 章 屏蔽室的施工及屏蔽室设计 新技术的应用

本章重点介绍以钢板为屏蔽体的甚低频段屏蔽室的施工，同样适用于其他高频段屏蔽室的施工。

18.1 屏蔽室的接缝

18.1.1 屏蔽体材料连接的确定

（1）潜在泄漏危险

建造一个完整的没有折损的任意体积的低频或高频频段的电磁屏蔽室几乎都是不可能的，因为一个大系统（不论是单层、双层、多层）的屏蔽室的屏蔽体必须用很多板材拼焊起来。在施工技术上，各板块之间的接缝或接触线都存在着潜在的泄漏危险。

通常板式屏蔽室的屏蔽体接缝技术都是钢的熔焊（铜或白铁皮的锡焊），这种加工技术本身就对材料提出了某种最小厚度的要求，太薄的板材是容易"焊透"的。

在建造实用的大屏蔽室时，由于屏蔽材料加工困难，屏蔽体的不连续性是个大问题，必须慎重加以处理。高频屏蔽体材料的连接方式，可根据所要抑制的最短波长和效能指标计算决定。但甚低频屏蔽室不能按上述方法确定，而应侧重考虑磁的不连续性，即接合处的磁阻问题。这是因为甚低频屏蔽体的屏蔽效能是材料磁导率的函数，而磁导率又与接合处的磁阻系数（$1 - RJ/RC$）成正比的缘故。接合处的磁阻 RJ 与屏蔽体金属材料的磁阻 RC 之比是屏蔽效能的消耗部分。接合处的气隙必须很小。不然，由于材料的磁路不连续性，会在接合处附近产生某些局部场和干扰区。因此，应使接合处加工连续得好，使磁路连续性尽可能地好，即 RJ 尽量小。此时，磁阻系数接近于 1，不致降低原来材料所具有的磁导率。所以，在确定甚低频屏蔽体的连接时必须采用连续焊接的方式，焊缝厚度要大于钢板厚度，最好双面满焊并焊透。此种情况下可保证其焊缝的连续性，如发现有漏洞应及时补焊，有条件时可对焊缝进行探伤。但焊条必须采用 RJ 很小的低碳钢焊条。

（2）屏蔽室的焊接

屏蔽室的屏蔽效能取决于屏蔽体的材料和各种缝隙的漏损，为了提高屏蔽效能，必须设法减少各种缝隙的漏损，因此理想的屏蔽体应该是用整块板材制作成的，但实际上生产的材料是有一定尺寸的，因此屏蔽体必须采用许多块板材焊接而成的。

根据屏蔽室屏蔽效能的要求和工作波长的区别，焊接的方法有下列几种：

1）用电焊或气焊方法连续焊接，这种使钢板和钢板熔化为一个整体，屏蔽效能最好，而且经久耐用，但施工比较麻烦，这种方式适合焊接较厚的钢板。

2）用锡炀方法连续焊接，这种方法适用于薄钢板结构，但在焊接中难以做到没有缝隙，有时表面上好像焊牢了，但一经检查发现缝隙仍然存在，同时焊接时残存的酸性焊接药水，以及两种金属形成的电位差，往往会使薄钢板受到腐蚀，增加缝隙，故不能用于超短波的工作范围。

3）逐点焊接，用于对屏蔽效能要求不高、工作波段在中短波段范围的屏蔽室。逐点焊接的缝隙除了考虑增加漏损降低屏蔽效能以外，还应考虑当缝隙的长度与最低工作波长可以比拟时引起谐振导致迅速降低屏蔽效能的可能。因此，规定缝隙的长度，即点焊的间距最大不能超过 1/10 最短的工作波长。如最高的工作频率为 400 MHz，则最短的工作波长为 0.75 m，此时，点焊的距离就不能大于 7.5 cm。

4）对于经常开闭的门与门框的电气接触多用磷青铜片的弹性压紧，铜片间的距离也与点焊的距离一样考虑。

5）对于网状材料的屏蔽体，由于金属线之间没有固定的电气连接，故使用日久以后，就会变成绝缘体失去了屏蔽的作用。根据实际经验，将金属丝网在熔化的锡锅中浸煮以后，就能防止这种现象的发生。

18.1.2　屏蔽室的施工

屏蔽室的屏蔽效能与施工质量的好坏是直接相关的，但如在施工全部完毕后检查，即使发现了问题，有时也很难找出不合格的原因。因此，必须在施工过程中逐步检查，发现问题立即纠正，这样就能确保施工质量。

（1）对地绝缘电阻的检查

为了保证对地的绝缘，往往用瓷瓶或瓷柱将整个结构与地绝缘起来，因为所有支持瓷瓶都是并联的，只要其中有一个达不到要求，就会使其他瓷瓶失去了效用。因此，在安装前必须对每个瓷瓶进行绝缘电阻测量，当在地面钢板铺好以后必须进行一次试验，保证钢板与地的绝缘电阻达到要求以后，然后再进行支柱及其他工作，这样逐项施工逐项检查的方法就能保证将故障消灭在完工以前。

（2）双层结构的检查

双层结构的屏蔽体要求两层屏蔽体是相互绝缘的。因此，施工时支撑结构所用的钉子必须短于 1/2 两层屏蔽体间的距离，为了防止在两层间落入导电金属物，故可以用一个欧姆表跨接在两层金属屏蔽体间，必要时可以装设一个直流电铃和一组直流电源串接在两层金属屏蔽体间，使短路时立即发出音响信号。

（3）屏蔽室屏蔽效能的检查

为了检查屏蔽室的屏蔽效能，应当尽量除去各种洞孔的漏损影响。因此，最好在施工时先不开窗和通风洞，进行一次屏蔽效能测量，均达到要求时，再开窗和通风洞。如达不到要求就应该首先检查各种缝隙，并进行补救。

待屏蔽效能完全满足设计要求后，再安装护壁和进行油漆粉刷。

18.1.3　材料的可焊性选择

在这里，我们着重针对甚低频屏蔽室的焊接来进行一些说明。前面第 9 章已谈到用于甚低频段的屏蔽材料主要是要具有较高的磁导率，因此主要是采用钢板，下面着重介绍钢板的可焊性。

在设计甚低频屏蔽室中，在选择钢板时，不但要看它的磁导率高低，最好还要进行仔细的可焊性试验，方能保证焊缝的可靠性，现将常用屏蔽体材料的焊接方式、性能要求列于表 18 - 1，供设计参考。甚低频屏蔽室钢材的焊接性能可参考表 18 - 1。

18.1.4　焊条焊油的选择及焊接的技术要求

（1）焊条的选择应注意的问题

1）要选用物理、化学成分与屏蔽体板材的物理、化学性能相接近的焊条；

2）要根据屏蔽室所处的环境条件和使用情况来选择焊条，如屏蔽室埋于地下，则应考虑到焊缝的防腐问题，这时可选择成分接近的不锈钢焊条；

3）要根据屏蔽室几何形状的复杂程度、刚度大小、焊缝破口的具体情况、焊接部位所处的位置以及由于形状复杂而产生的收缩内应力等情况来考虑是否选择抗裂性焊条，如果屏蔽室空间较大，焊接部位不能翻转，应选用在任何部位都能进行焊接的焊条，对于立焊、仰焊建议选用钛型渣系、钛铁矿渣焊条等；

4）要考虑到施工工地设备情况，如没有直流焊机的地方，就不宜选用直流电源焊条，而应选用交流电源焊条；

5）要考虑到经济性，在使用性能相同的条件下，应优先选用价格低的焊条。

表 18-1 熔焊的主要方法和运用

焊接方法	常用材料	厚度/mm	接头主要形式	焊缝空间位置	被焊件特点及工作条件	焊接材料类型
				应用范围		
气焊	钢	≤2	对焊、翻边堆焊	任意	钢在不大的静载荷下工作，要求耐热性高和致密性	当厚度=0.5～1.5 mm时，生产率可超过电弧焊，厚度大于10 mm气焊不经济，当厚度为30～40 mm时，技术上仍可焊接
	铝及其合金青铜黄铜	≤14	对焊、翻边堆焊	任意		
	硬质合金		堆焊	任意		
手工电弧焊	钢	≥1.2～150	对焊、叠焊、丁字焊、翻边对焊、堆焊	任意	在静止、冲击和振动载荷下工作，要求坚固、紧密焊缝	不锈钢虽然可以采用手工电焊与自动、半自动电焊，但目前采用氩弧焊日益增多
	铝及其合金	≥1	对焊	俯焊		
	铜	≥1	对焊、翻边对焊	俯焊		
	青铜		对焊、堆焊	俯焊		
	硬质合金		堆焊			

续表

焊接方法	常用材料	厚度/mm	接头主要形式	焊缝空间位置	被焊件特点及工作条件	焊接材料类型
埋弧自动和半自动电弧焊	钢	≥3~150	对焊、叠焊、电铆焊、堆焊	俯焊	可在各类型载荷下工作，要求坚固、紧密焊缝	焊接成批低碳钢，低合金钢，高碳钢结构生产率最高
气体保护焊　不熔电极氩弧焊	铝及其合金	≥6	对焊	俯焊		一般适用于焊接厚度 0.5~4 mm
	铜	≥4	对焊	俯焊		
熔化电极氩弧焊	铝、铝合金、钛、钛合金、镁合金、不锈钢、耐热钢	0.5~30	对焊、丁字焊、翻边对焊、电铆焊	除铆焊外任意	在不大载荷下工作，要求致密性、耐蚀性和耐热性	
CO_2 气体保护焊	碳钢及其某些合金钢	1~50	对焊、丁字焊	俯焊		钢板厚度大的结构宜用此法

应用范围

（2）甚低频屏蔽室焊接的技术要求

用于焊接甚低频屏蔽室的焊条，应按上述原则进行选用，但其中最重要的一点，应对焊条进行物理化学分析，使焊条的物理性能和化学成分接近于制作屏蔽室的板材的物理性能和化学成分。焊接时应使焊液扩散到焊缝中与屏蔽钢板形成结晶状态结合，焊缝的厚度最好超过屏蔽钢板的厚度，并保证焊缝的连续性，才不至于影响屏蔽室的屏蔽效能。在具体设计中对甚低频屏蔽室的焊接工作应提出严格的技术要求，选择合适的焊接方法，比较理想的构造节点等，因此应做到以下几点：

1）在接缝处应保证良好的电气接触；

2）在接缝处应满足尽可能小的接触磁阻，包括尽可能小的接触电阻，即焊缝要求连续，不得有任何虚焊、漏焊等弊病；

3）焊缝应有足够的机械强度；

4）焊缝处应保证日久不腐；

5）焊接不应破坏焊透屏蔽体；

6）所有焊缝最好经过探伤检查，不合格者应重新焊接；

7）焊接过程中严禁敲击，以免降低材料的磁导率。

为了获得良好的屏蔽特性，金属件永久性地配接表面应采用熔焊、钎焊、挤压或其他金属流动工艺进行连接。点焊由于易引起翘曲与腐蚀而不宜采用。为保证有效实施搭接，应注意以下要点：

1）所有配接表面必须进行清洁处理；

2）对配接表面待接区域内比待接金属导电性能差的所有防护涂层必须彻底清除；

3）某些防护性的金属镀层如镉、锡、银等在一般情况下不需要去除，其余大多数化学处理层（如阳极氧化层）是不导电的，应去除；

4）当必须把两种不同的金属搭接时，应选择电化学序列中彼此接近的金属，以减少腐蚀；

5）板材屏蔽体不应采用螺栓连接，主要原因是螺栓孔洞造成泄漏，而且不同厚度的钢（屏蔽体多用钢）板采用的螺栓间距应不一样，螺栓间距对屏蔽效能有影响，间距太大发生翘曲，太小孔洞增多，泄漏增大，螺栓孔洞对屏蔽效能的降低在现实应用中是非常明显的。

18.2　屏蔽钢板的接头形式和连接方法

依据电磁屏蔽原理可知，要保证屏蔽材料的高效能，必须维持足够低的阻抗。因此，无论是用金属板制造的屏蔽室还是网型屏蔽室，都必须采用连续焊接的连接方法。连续性焊接是减少缝隙、降低屏蔽体上缝隙处跨接阻抗的最好办法。

有分析认为，板型屏蔽室的金属板应折边咬口压紧后于背腹两面焊接，经过这种处理后基本上可以达到密封的整体屏蔽要求。对于厚板不能采用咬口焊接时，应采用搭接正反双面焊接，如板材较厚可用对接焊接的办法，其施工方法包括如下几种。

18.2.1　接头形式和连接方法

1) 薄钢板的搭接焊、搭接长度最好是钢板厚度 d 的 10～20 倍以上，如图 18-1（a）所示。

2) 铜板的锡焊搭接长度要求是铜板厚度 d 的 10～20 倍以上，如图 18-1（b）所示。

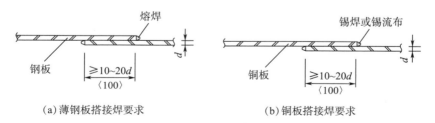

(a) 薄钢板搭接焊要求　　　　(b) 铜板搭接焊要求

图 18-1　屏蔽体板材焊接搭接要求

3）对于较厚的钢板可采用一字形焊缝（即对接焊接），最好要求两面连续熔焊，即一字形双面焊接，并作仔细的探针试验，以防漏焊，如图 18-2 所示。

4）对焊采用附加等厚等质的板材来加强，三条焊缝都应采用连续熔焊，这种焊接方式的可靠性要好一些，如图 18-2（b）所示。但是焊接工作量增加许多，在实际工程中为了保证焊缝的可靠性，尽管此种形式焊接工作量增加许多，但仍然得到广泛的应用。对于甚低频屏蔽室来说，它是一种比较好的接缝处理。

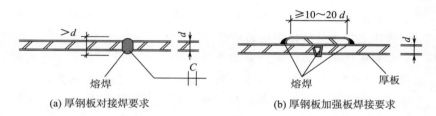

(a) 厚钢板对接焊要求　　　　　　(b) 厚钢板加强板焊接要求

图 18-2　屏蔽体板材焊接搭接要求

5）镀锌薄铁皮的卷边焊接要求如图 18-3 所示。

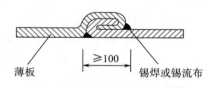

图 18-3　镀锌薄铁皮的卷边焊接要求

18.2.2　伸缩性焊缝的处理

对于大型屏蔽室和需要有伸缩性的地段，或个别难于施工的地段，可采取如图 18-4 所示的处理办法。

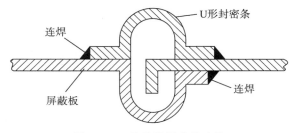

图 18 - 4　伸缩性屏蔽体连接

18.3　门和孔洞的缝隙处理

建造一个实用的高频或甚低频屏蔽室，不可避免地要开设门，以及预留各种各样的洞口。门的缝隙以及各种孔洞都会给屏蔽室带来一定的不利影响。一般来说，现代屏蔽室不论高频还是低频屏蔽室的频带都很宽，不但占据有低频段，甚至还占据有高频段、超高频段，所以确定缝隙的大小，一方面应按照最高频段波长进行核算［可按 λ（min）计算其缝隙的容许宽度］，而对于宽频带的门及洞口则应考虑到低频段，此时重点放在疏通磁路来加以考虑，因为缝隙增大了磁阻，所以在门及孔洞的构造处理方面就应着重考虑降低门缝磁阻和减少局部干扰的耦合上面来，因此在设计宽频带的屏蔽室门应兼顾上述两个方面的要求。门扇和门框应有良好的电气接触。参见第 12 章 12.2 节及本章 18.5 节，此处不再叙述。

18.4　屏蔽室的防腐处理

建造实用的大型宽频带屏蔽室，主要是采用铁磁材料来建造，然而铁磁材料是容易锈蚀的。确切地说，铁磁材料锈蚀后将会直接影响到屏蔽室的屏蔽效能。因铁磁材料本身锈蚀后也就意味着钢板厚度的减薄，由此可见，施工时做好屏蔽钢板的防锈处理是十分必要的。但必须注意，钢板在涂刷防腐蚀材料前不应采用喷砂除锈的方法，因喷砂除锈会降低钢板的磁导率。

对于建造在地下室和将屏蔽层埋设在地面下或建筑构造体内的屏蔽体都需进行防锈、防腐、防蚀处理，一般情况可以采取如下方式：钢板除锈后及时刷上一道 Xob－1 磷化底漆，在屏蔽钢板拼装后，在钢板两面刷两道 Y53－1 红丹防锈漆，最后再用铝粉沥青磁漆涂刷两道（明露在室内的部分用灰色调和漆涂刷两道）。由于多数的屏蔽室设计六面凌空，给经常性的维护创造了方便的条件。

另一种方法是采用带锈涂料，它不需要除锈，直接在带锈的钢板上涂刷这种涂料，使钢板不再继续锈蚀。在甚低频屏蔽室中采用带锈涂料防锈，就不会因为除锈过程中的振动而降低了屏蔽材料的磁导率，这是值得推广的一种用在甚低频屏蔽室中的一种防锈涂料。

屏蔽室内在做试验时，不宜随便打开屏蔽门，否则会给试验带来影响。

18.5　屏蔽室设计新技术的应用

18.5.1　新型屏蔽门的设计

（1）专业厂商屏蔽门窗缝隙处理方法

目前，国内专业性生产厂商或设计部门提供的闸刀型、双闸刀型、阶梯双闸刀型、梯型、复合型和平压型等，门缝隙的处理方式大都是采用如下 4 种方式：

1）指形弹簧作法。使用铍铜或磷铜弹性片形成电接触。为增加屏蔽效果采用两层或三层指簧多重屏蔽，如图 18－5 所示。

2）插刀作法。使用插刀插入指形弹簧沟槽内。一个插刀插入槽内形成两层指簧屏蔽、一层网式接触和双边磁性封闭，因此对磁场、低频、平面波、射频微波段均有很好的屏蔽效果。用插刀式屏蔽门屏蔽效果与其他方式相比相对较好，如图 18－6 所示。

3）多叠金属箔气压密封。以气压使多叠金属箔压紧接触面，特别适合不频繁开闭的高大门体。有较大的安装余量和接触的自调整能力，如图 18-7 所示。

　　4）射频橡带密封，如图 18-8 所示。

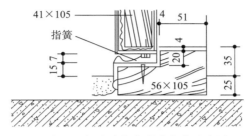

图 18-5　门缝隙梳状弹片安装示意图

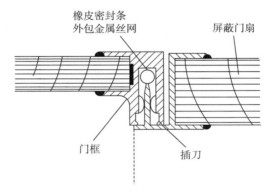

图 18-6　门缝隙插刀屏蔽安装示意图

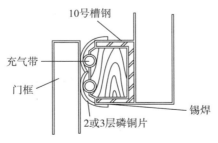

图 18-7　门缝隙气封屏蔽安装示意图

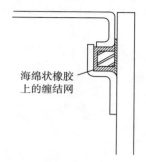

图 18-8　门缝隙橡胶金属丝网屏蔽安装示意图

　　上述几种方式从测试情况来看效果并不十分理想，下面列出几种新型屏蔽门设计方案，在实际应用中经测试验证效果明显。

　　（2）屏蔽室新型屏蔽门的设计

　　从门缝隙泄漏的电磁波比通过金属层泄漏的要严重得多。门的缝隙是屏蔽室最薄弱的环节，门的经常开闭引起门四周接触材料疲劳和损坏会大大降低屏蔽效能。因此，许多单位对屏蔽门设计有许多创新。目前主要采取以下几种形式来提高门的屏蔽效能：

　　1）进入屏蔽室的门采取两道门，并且将朝向错开，如图 18-9所示。

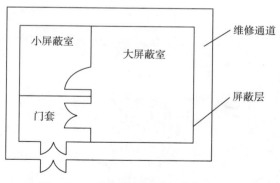

图 18-9　错位设置两道屏蔽门平面图

　　2）过去设计屏蔽门几乎都是直边门，在四周加 1～3 层磷青铜梳状弹片，由于直边门开闭需要相当大的压力，门会变形且弹片易疲劳失效。新的方法是采用斜面门并将弹片改装在斜面上，可增加弹片的接触面，受力均匀，门开闭轻快，屏蔽效能提升显著，如图 18 - 10 所示。

　　3）将门的接触式梳状磷青铜弹片改为齿状插接式弹片，增加弹片接触面积，保证了片与片的良好接触，如图 18 - 11 所示。

　　4）过去对门缝隙的处理都是采用梳状磷青铜弹片，现在国内外多采用磁密封的办法，以此形成门与屏蔽层磁路畅通，达到提高屏蔽效能的目的，如图 18 - 12 所示。

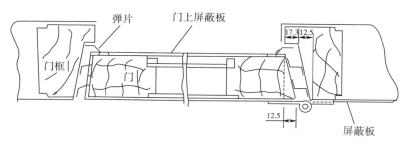

(a) 斜型斜面门

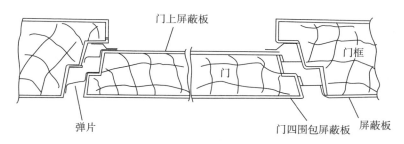

(b) 阶梯型斜面门

图 18 - 10　斜面门示意图

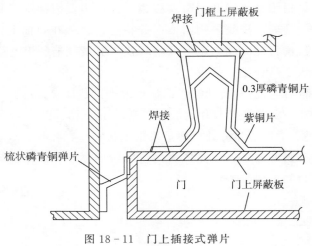

图 18 - 11　门上插接式弹片

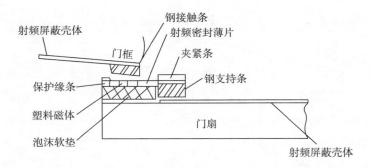

图 18 - 12　射频屏蔽门的磁密封示意图

18.5.2　新型密封屏蔽室缝隙填充材料

（1）导电橡胶

①导电橡胶构成

导电橡胶作为一种常用的屏蔽材料，广泛地应用于 EMC 领域。

它是一种将微细导电颗粒（玻璃镀银、铝镀银、铜镀银、碳黑、纯银、石墨镀镍等）按一定比例填充于硅橡胶的新型高分子材料，很好地将水汽密封性能和高导电性结合在一起，同时完成环境密封和电磁密封。产品有模压和挤出两种型材。模压型导电橡胶可制成各种厚度的板材，模制品、条状产品和模切的平面衬垫。挤出型导电橡胶可制成各种常规横截面的连续性的衬垫，以及矩形、圆形和各种薄壁结构，还可根据用户要求制定任意各种横截面的填充缝隙导电体。导电橡胶可以广泛地应用于中、小型军用电子机箱、机柜、方舱、微波屏蔽室和微波波导系统，波导和连接器的衬垫等。

②导电橡胶特性

1）导电橡胶既具有优异的电性能和屏蔽性能，又具有良好的物理机械性能和水汽密封性能，具有这种综合性能的主要原因是在橡胶内部形成两个网络；

2）橡胶硫化后所形成的高分子链网络结构，提供具有橡胶特性的物理机械性能，如回弹性、压缩性能、水汽密封性能等。

（2）导电塑料密封屏蔽室缝隙

近年来在一些屏蔽实践中采用导电塑料来密封屏蔽壳体，代替过去所用的熔焊、焊接等。这种导电塑料是在塑料中充以导电的金属填充料，并使其在塑料块中保持分子-分子接触，从而保证了良好的导电性。它可以根据不同用途做成各种形式。

18.5.3　插接式截止波导管

过去设计通风截止波导管时，一般都在风道里使用，单根正方形波导管拼成波导束用焊接法组装。单根波导管（如图 18-13 所示）的构造加工困难，风阻大，特别是增加了通风口与屏蔽室的开孔面积，给屏蔽室带来不利，现在已改用插接式，如图 18-14 所示。

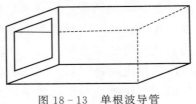

图 18 - 13　单根波导管

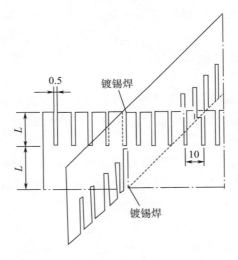

图 18 - 14　截止波导插接式开槽示意图

18.5.4　新型供水、供气截止波导管

过去大都采用多根小圆形金属管焊接在水、气管内，即大管中套许多小管子，而且将水、气另一端改换成非金属管。这样小管与大管接触的边沿往往大于 $\lambda_{\min}/2$，屏蔽效能差。现在有的工厂改用在一根整金属体上钻孔的办法，这样施工、检修、清理内渣都很方便，并且提高了屏蔽效能，如图 18 - 15 所示。

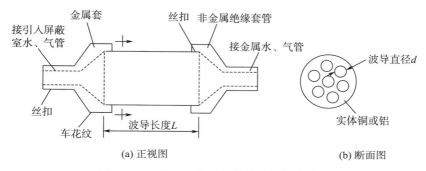

(a) 正视图　　　　　　　　　　(b) 断面图

图 18-15　供水、气管道截止波导束滤波器

18.5.5　卡马法固定屏蔽体

过去对屏蔽体之间的连接采取搭接焊接钉铁钉或铜钉，钉头用锡涂覆的办法来固定屏蔽体，如图 18-16 所示。这样处理时间久后，钉头焊锡会脱落而形成缝隙，屏蔽效能下降，甚至无法使用。

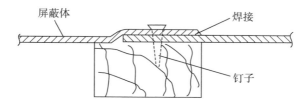

图 18-16　钉钉子固定法

在微波屏蔽室设计中，由于波长极短，有的仅在几毫米以内，各种缝隙严重影响屏蔽效能。因此，航天部门采取了绞接连续焊接，卡马法固定屏蔽体如图 18-17 所示。由于没有钉钉子又是绞接，连续焊接屏蔽效能明显提高。上海某厂屏蔽室，面积约 70 m²，采用一层厚度 0.5 mm 镀锌铁皮，屏蔽效能达到 80~85 dB（厘米波范围）。但这种连接方式主要适用于镀锌铁皮之类的屏蔽体厚度较薄（例如 1.2 mm 左右）的屏蔽材料。

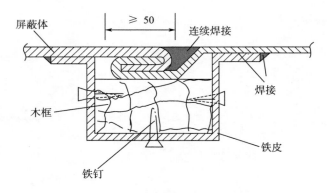

(a) 绞接连接固定法

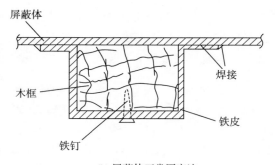

(b) 屏蔽体正常固定法

图 18-17 卡马法固定屏蔽体

18.5.6 蜂窝形透明波导窗

微波屏蔽室是不开窗的，如果没有机械通风和空调设备时，可采取蜂窝形窗户（不可用金属网），其材料为透明导电玻璃，即在玻璃钢中充以导电金属并保持分子间接触，波导窗的形状如图 18-18 所示，或采用导电屏蔽电磁玻璃，参见第 16 章。

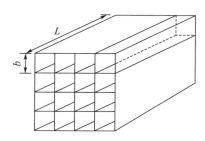

图 18 - 18　采用蜂窝形透明导电屏蔽电磁玻璃窗

18.5.7　新型缝隙密封材料

为了保证缝隙的导电性和严密性，降低接触电阻，在缝焊处贴一层金属箔（铝箔、铜箔、尼龙导电箔）。特别在绞接焊接施工困难的地段使用最为适合。

18.5.8　新型屏蔽体材料

（1）叠合式金属屏蔽板

根据本书前面的介绍，电磁屏蔽效能是由屏蔽板的反射衰减与吸收衰减两部分组成。反射衰减取决于金属板与周围空气之间的波阻抗，波阻抗 Z_m 越小，反射衰减越大，因为 $Z_m = \sqrt{\dfrac{\omega\mu}{\sigma}}$，所以材料的磁导率 μ 小，电导率 σ 越大，反射衰减就越大，因此，采用逆磁性材料（如铜）反射衰减大。

目前在工程中多采取两层（或多层）不同的金属叠合而成的新型金属板。这种金属板具有良好的屏蔽效能。根据计算这种叠合金属板的厚度比例是铜层厚度为 18%，铁层厚度为 82%，此时复合屏蔽效能最理想。

（2）铁镍合金金属板

采用新型的一种以铁为主要成分渗以适量镍的合金金属板，名为铁镍合金板，它的磁导率是：当铜为 1 时，铁镍合金为 12 000。

因此，它是高频屏蔽较理想的屏蔽材料。目前，国内能够提供这种屏蔽材料。

（3）高磁导率的特殊屏蔽板

当工作频率在 100 kHz 以下低频磁场时，传统的屏蔽材料效能较低。目前国内常州多极电磁环境技术有限公司可以提供高磁导率的特殊屏蔽材料，能够解决低频率的磁场屏蔽需要提供低磁阻表面材料的问题。下面列出两种高磁导率用于低频屏蔽的材料，参见表18-2及表18-3。

表 18 - 2　CONETIC AA（$\mu = 450\,000$）磁屏蔽板材

厚度/mm	宽度/mm	长度/mm
0.36	762	3 050 或 1 500
0.51	762	3 050 或 1 500
0.64	762	3 050 或 1 500
0.76	762	3 050 或 1 500
1.02	762	3 050 或 1 500
1.27	762	3 050 或 1 500
1.58	762	3 050 或 1 500
2.54	610	3 050

表 18 - 3　NETIC S3 - 6（$\mu = 4\,000$）磁屏蔽板材

厚度/mm	宽度/mm	长度/mm
0.36	762	3 050
0.51	762	3 050
0.64	762	3 050
0.76	762	3 050
1.27	762	3 050
1.58	762	3 050
2.41	762	3 050

第19章 屏蔽室接地技术

19.1 屏蔽室接地的作用、基本理论及形式

19.1.1 屏蔽室接地的作用

屏蔽室接地是将屏蔽室某个点处和大地之间或者和与大地可以看作是公共点的某些构件之间用低电阻导体连接起来。将设备机壳、屏蔽体、导线（电缆）的屏蔽层等接地，其作用给高频干扰电压形成低电阻通路，从而防止干扰源引入或向外发射出去，形成对屏蔽室内电子设备和对外辐射干扰。

屏蔽室的屏蔽体，是一个金属导体，如果不接地就可能在屏蔽体上积累电荷，增加静电耦合，也就增加了对干扰电压的感应，降低了屏蔽效能。并且，当电荷达到一定数量时可能发生尖端放电，或者在工作人员接触屏蔽室的屏蔽体时发生事故。将屏蔽体、设备外壳接地，可以防止由于在屏蔽室的屏蔽体上电荷的积累以及由于电源滤波器与屏蔽室的屏蔽体连接成一体，一旦滤波器电容被击穿使屏蔽体带电造成人身事故。因此，屏蔽体必须接地。

屏蔽室接地的目的主要有：

1）为信号电压提供一个稳定的零电位参考点或平面，这个参考点或平面称为信号接地或系统基准地；

2）屏蔽室的接地可以防止在屏蔽体上由于电荷的集积，电压上升或引起火花放电而造成设备不安全或屏蔽室的屏蔽体带电造成人身事故；

3）为了抑制干扰，亦必须采取接地措施，如果接地不好，就会使屏蔽室的屏蔽体变成一个天线，把干扰源引入屏蔽室（或发射

出去）；

　　4）将电磁屏蔽室的屏蔽体接地，既起到电磁屏蔽的作用又能起到静电屏蔽作用。静电屏蔽接地是必要条件，它可以使屏蔽室的屏蔽体的感应电荷迅速流入大地，此时接地对屏蔽效果有决定性影响。

　　综上所述，由于屏蔽室的屏蔽体是一个金属导体，如果不接地，就可能在屏蔽体上感生积累静电荷，当电荷的数量达到一定的数量时可能会发生尖端放电现象形成火灾，或者使工作人员在开门或接触接地的导电体时，发生触电事故。因此，不接地的屏蔽室一般是不能采用的，除非在技术安全上有了可靠保证，如装有带电的信号指示灯和保证屏蔽室内和屏蔽室周围没有接地的金属体，或整个屏蔽金属体都是封闭的，使工作人员安全且没有可能既接触屏蔽体导体又接触接地导体时，才考虑采用。

　　对于测量用屏蔽室和防止一切外界干扰的屏蔽室的接地都应该要求一点接地，这是因为在多点接地系统中，如果在两个接地点之间存在有电位差时，则就会在屏蔽体上产生干扰电流，在其周围形成电场，也就是在屏蔽室内增加了干扰电场，这是不希望有的。

19.1.2　屏蔽接地基本理论及形式

　　正确接地是防止干扰的一项重要措施。在设计时，如能把屏蔽和接地很好地结合起来考虑，即能解决大部分的干扰问题，同时也是为了工作人员的安全，所以对接地方式必须充分注意。

　　根据第 3 章的分析，屏蔽可分为电场屏蔽、磁场屏蔽和电磁屏蔽三种，屏蔽的性质不同，其接地方式也不同。

　　（1）电场屏蔽时的接地

　　干扰源为电偶极子时的情况，如图 19-1 所示。

　　将电偶极子置入由上下两个金属半球所组成的封闭屏蔽内，在这两个金属半球未合并以前，其外表上将感应出电荷，其极性和相

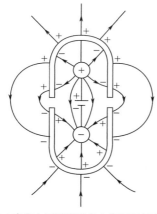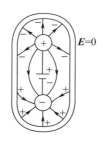

(a) 直流电压源激励的电偶极子屏蔽　　　(b) 电偶极子置入封闭的
　　体由两部分组成直至合并成一体　　　　　金属屏蔽体内

图 19 - 1　屏蔽电偶极子时的情况

应的半个偶极子极性相同。电场继续向外辐射，屏蔽外的场强与无屏蔽时的场强几乎一样，不起屏蔽作用。当上下两个金属半球合并成一个整体时，由于两个金属半球外表面上感应的电荷数量相等、极性相反，在合并的瞬间，经过短暂的衰减振荡后，总电荷等于零，屏蔽外的场强 $E_{out} = 0$，这时屏蔽是理想的，接地与不接地对屏蔽无影响。

　　再考察接收器免除外电场干扰的屏蔽情况，将接收器放置于用金属导体制成的屏蔽壳体内，如图 19 - 2 所示。金属导体在外电场 E 的作用下，导体中的电荷很快达到平衡状态，使屏蔽内部的场强 $E_{in} = 0$，这时外部电场虽有变化，但屏蔽体内却不受外部电场的影响，这时屏蔽效果是理想的，接地与不接地对屏蔽无影响。

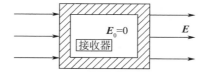

图 19 - 2　接收器免除外电场干扰的情况

　　最后分析一下对某些干扰源，例如对高频加热装置的屏蔽情况，如图 19 - 3（a）、（b）所示。此时屏蔽的主要目的是为了人身安全，可以简单地在干扰源和接收器之间加一块金属板作屏蔽，以降低场强到允许值。

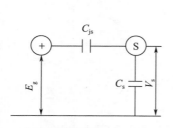

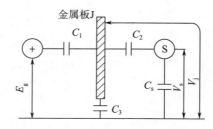

(a) 干扰源和接收器之间无屏蔽　　　　(b) 干扰源和接收器之间加一金属板作屏蔽

图 19 - 3　干扰源和接收器之间加一金属屏蔽板时，干扰源对接收器的影响

　　先假定干扰源和接收器之间无屏蔽，如图 19 - 3（a）所示，在接收器上感应的干扰电压为

$$V_s = E_g \cdot \frac{C_{js}}{C_{js} + C_s} \qquad (19 - 1)$$

式中　E_g——干扰源的干扰电压；

　　　　C_s——接收器对地分布电容；

　　　　C_{js}——干扰源和接收器之间的耦合电容。

　　如果在干扰源和接收器之间设一金属隔板作屏蔽，如图 19 - 3（b）所示，则原来的 C_{js} 分成两个串联的电容 C_1 和 C_2，先假定金属板未接地，则金属板与地之间存在着一个电容 C_3，即可求出屏蔽板 J 上的干扰电压

$$V_j = E_g \frac{C_1}{C_1 + C_3 + \dfrac{C_2 \cdot C_s}{C_2 + C_s}} \qquad (19 - 2)$$

　　根据 V_j 又可求出接收器上的感应电压

$$V_s = V_j \cdot \frac{C_2}{C_2 + C_s} = E_g \frac{\dfrac{C_1 C_2}{C_1 + C_2}}{\dfrac{C_1 C_2}{C_1 + C_2} + C_s} \tag{19-3}$$

因此可见，由于金属屏蔽板的存在，干扰源和接收器之间形成的电容增大，即 $\dfrac{C_1 C_2}{C_1 + C_2} > C_{js}$ ，所以用式（19-3）计算得到的 V_s 比用式（19-1）计算得到的 V_s 为大，如果将金属板接地，则 C_3 短路，$V_j = 0$，$V_s = 0$，此时，金属板 J 必须接地，如果不接地不但没有屏蔽作用，反而对屏蔽是有害的。进而推导得出，如果将屏蔽板 J 继续扩展，最后将带正电荷的干扰源包围住，形成一个封闭的屏蔽，如图 19-4 所示，如果不接地，屏蔽内的电力线从干扰源出发到屏蔽内表面上终止，然后再从屏蔽体外表面上开始到无限远处，因而屏蔽外部将存在场，和没有屏蔽时的场几乎一样，无屏蔽作用。但如果将屏蔽接地，屏蔽外表面上的电荷消失，屏蔽外的场也消失，屏蔽是理想的，由此看出，在此情况下屏蔽必须接地。

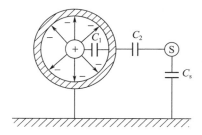

图 19-4　屏蔽半个电偶极子时的情况

（2）磁场屏蔽时的接地

如果将磁偶极子放入封闭的金属屏蔽内，若屏蔽用的是非磁性金属材料（即相对磁导率 $\mu_r = 1$）时，对低频磁场所起的作用很小，如屏蔽用磁性金属材料（即相对磁导率 $\mu_r > 1$）时，由于屏蔽体的磁阻比自由空间要小得多，所以磁力线将力求沿屏蔽体通过，只有少量磁力线泄漏到屏蔽体外的空间，起到了较大的屏蔽作用，如

图 19-5 所示。

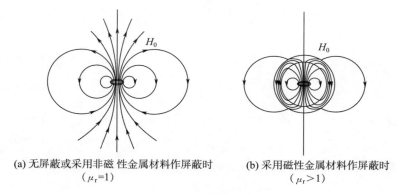

(a) 无屏蔽或采用非磁性金属材料作屏蔽时
（$\mu_r=1$）

(b) 采用磁性金属材料作屏蔽时
（$\mu_r>1$）

图 19-5　屏蔽磁偶极子时的情况

　　非磁性金属材料（$\mu_r=1$）虽对恒定磁场或低频磁场起的作用很小，但对高频磁场有较大的屏蔽作用，这是因为高频磁场会在屏蔽体中产生感应电流，该电流产生磁场去排斥外磁场的通过，利用这个原理做成的封闭屏蔽室，它既可以防止外界高频磁场的干扰，也可以防止屏蔽室的高频磁场向外泄漏。

　　由此可见，低频磁场是用磁场分路原理进行屏蔽的，而高频磁场是用磁场排斥原理进行屏蔽的，其屏蔽接地与不接地对屏蔽无影响。

　　（3）电磁屏蔽时的接地

　　在分析近场屏蔽时，一般应将电场屏蔽和磁场屏蔽分别考虑，在远场时，可将电磁场组合在一起来分析，例如防止载流导体的电磁场辐射，可用金属导体作屏蔽，如图 19-6 所示。

　　如果屏蔽体是用 $\mu_r=1$ 的金属材料制作且不接地，则电磁场将向外辐射，如图 19-6（a）所示，无屏蔽作用。如果将屏蔽接地，此时电场将终止于屏蔽体内，如图 19-6（b）所示，屏蔽体外电场等于零，对电场有屏蔽作用，但对低频磁场来说，其屏蔽作用较小。在这种情况下，屏蔽接地只能起电场屏蔽作用，而对低频磁场起的屏蔽作用不大。

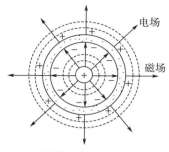 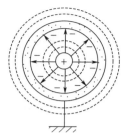

(a) 屏蔽体不接地电磁场向外辐射　　　(b) 屏蔽体接地电场终止在屏蔽室内

图 19-6　防止电磁辐射的情况

根据以上分析,从屏蔽原理上来说,对于高频磁场屏蔽情况可以不接地,但在实际应用中,由于屏蔽不会十分完善,为避免直接或间接地有容耦合和保证人身安全,多数情况下还是将屏蔽体接地的,而且根据所使用的仪器不同还必须按照规定要求接地。

19.2　屏蔽室接地种类和接地方式的选择

实现电子设备和系统的电磁兼容是一项复杂的技术任务。其中,接地、电磁屏蔽和滤波技术是电子设备或系统电磁兼容性设计的 3 种最基本的技术和方法。

正确接地是抑制电磁干扰、提高电子设备和系统电磁兼容性的重要手段,是电磁屏蔽室内电子设备或系统正常工作的基本技术要求之一。接地既能抑制电磁干扰对设备的影响,又能抑制设备向外发射干扰;反之会引入共地线干扰、地回线干扰等电磁干扰,甚至会使电子设备和系统无法正常工作。

19.2.1　屏蔽接地的定义

地的定义是作为电路或系统基准的等电位点或平面。接地就是指在系统的某个选定点与某个电位基准面之间建立低阻的导电通路。

在电磁屏蔽室设计电子设备中的"地"通常有两种含义：一种是大地；另一种是系统基准地。电子设备接地的目的有两个：一是为了安全，即接大地以泄放电荷，称为安全接地或保护接地；二是为信号电压提供一个稳定的零电位参考点，称为信号接地或系统基准地。

屏蔽接地就是将电磁干扰源引入大地，抑制外来电磁干扰对屏蔽室内设备的影响，同时减少自身设备产生的干扰影响其他设备而采取的接地方式，此类接地称为屏蔽接地。

19.2.2　屏蔽室接地的种类

屏蔽室的接地装置的设置需要满足人身、设备运行安全以及工艺对屏蔽室的要求。屏蔽室接地按其接地的作用可以分为信号接地和安全接地两大类。信号接地为屏蔽室工艺设备、系统内部各种电路的信号电压提供一个零电位的公共参考点或面。信号接地属于功能性接地，包含单点接地、多点接地、悬浮接地、混合接地及直流工作接地多种。安全接地在电磁屏蔽室设计中主要是将电气设备的外壳用低阻抗导体连接大地，包含设备安全接地、防静电接地、接零保护接地和防雷接地等。

（1）屏蔽室的安全接地

安全接地就是采用低阻抗的导体将用电设备的外壳连接到大地上，使操作人员不至因设备外壳漏电或静电放电而发生触电危险。屏蔽室的安全接地包括建筑物的防雷击、高低压电力设备的接地，其目的是为了防止雷电放电造成设施破坏和人身伤害。由于大地具有非常大的电容量，是理想的零电位，不论往大地注入多大的电流或电荷，在稳态时其电位保持为零，因此，良好的安全接地对保证用电设备和人身安全是必不可少的。

（2）屏蔽室的信号接地

所谓信号接地，就是指线路选定点与基准导体即系统地（或接地平面）的连接。系统基准地是指为信号电流提供低阻抗回流路径的基准导体，并设定该基准导体电位为相对零电位，简称为系统地。

系统地由良导体构成的低阻抗导体，而基准导体本身电感很小。要求尽可能降低多电路公共接地阻抗上所产生的干扰电压，而使设备能够稳定工作。在屏蔽室内电子设备中的信号接地的实施方式参见本章 19.3.1 小节。

19.2.3　屏蔽室的单点接地应用范围

单点接地其屏蔽体与建筑物地面、柱、梁、墙之间与地绝缘，一般可用瓷质材料，如瓷柱等绝缘体，其总的对地绝缘电阻不小于 10 kΩ。单点接地主要是考虑防潮和防止二次干扰电流的影响。单点接地减小了屏蔽体上的环电流，使设施上任意两点间的电位最小。

1）凡符合下列情况之一的电磁屏蔽室应采用单点接地：

a）以鉴定、校准为用途的电磁屏蔽室；

b）要求单点接地的电磁屏蔽室和一切防止外界干扰的电磁屏蔽室。

2）有直流工作接地要求的电磁屏蔽室宜单独设置接地装置，对于专用工作接地或直流工作接地，在屏蔽室内不允许与其他接地相连，其目的是为了避免接地网络之间互相干扰，特别是工频保护地的交流噪声对专用接地或直流接地的干扰。

两接地系统应保持适当距离，通常电磁屏蔽室的接地与工频低压交流供电系统的接地不互相连接时，其接地体间的距离不宜太小，具体参见本章 19.4.2 小节直流接地方式。

3）双层电磁屏蔽室采用单点接地方式时，内外层的接地点宜在同一位置。

4）军用系统屏蔽室或保密性较强或配置有大型重要信息技术设备（ITE）的屏蔽室多为单点接地，且宜采取单独接地方式。当建筑屏蔽室的主体建筑物避雷接地线利用建筑物结构的金属构件作为池流引下线时，屏蔽室的交流工作接地，安全保护接地，直流工作接地、防雷接地等几种接地可以共用一组等电位连接接地网，并按 GB 50057《建筑物防雷设计规范》要求采取防止反击措施。

5) 屏蔽室内要求低频电路的接地，即指工作 $f \leqslant 1$ MHz[①] 或更低频率的低频电子和电气电路设备屏蔽室，应采用单点信号接地网络。设备内部所建立的低频信号参考点或参考平面要与设备外壳隔离[②]。

19.2.4　屏蔽室的多点接地应用范围

1) 与大地无绝缘要求的电磁屏蔽室，宜采用多点接地方式，以保证屏蔽室的屏蔽体为一个等电位接地平面的地电位。对于高频信号而言，将会减少屏蔽体上信号电流和干扰电流的耦合。

2) 屏蔽室内要求高频电路的接地，即指工作 $f > 10$ MHz[③]（目前发展到 100 MHz 以上甚至达 1000 MHz 或更高）频率的高频电子和电气电路可采取路径最短、阻抗最低的方法多处与等电位接地平台连接，此种情况最好采用多点接地的方式。接地线引出长度 L 应避开 $L = \lambda/4$，且不能为 $\lambda/4$（λ 为信号工作波长）的奇数倍。

19.2.5　屏蔽室的混合接地应用范围

如果既有工作在低频范围内又有工作在高频范围内的设备或系统，此时可采用混合接地方式。混合接地方式在低频和高频时呈现出不同的特性。在介于 $1 \sim 10$ MHz 之间则视接地线的长度来决定采取何种接地方式。如果接地线的长度小于 $\lambda/20$（λ 为工作信号波长）

---

①　低频接地适合于单点接地，指一种预定用作信号、控制或电源电压和电流的参考面的专用单点网络，这种电压和电流频率从直流至 30 kHz，在某些情况下高至 300 kHz。上升和下降时间大于 1 μs 的脉冲和数字信号被认为是低频信号。

②　共电源系统一般设计成连接到底板或机柜的单点接地系统，而底板或机柜又连接到直流电源的一根母线上。单点接地系统既要与结构物隔离，又要与其他低频设备和系统的机架和机柜隔离。共电源系统与其他设备和系统之间的所有互连应当是平衡的。屏蔽接地必须有所选择，以确保所希望的隔离。

③　高频接地适合于多点接地，指预定用作频率超过 300 kHz（在某些情况下低至 30 kHz）的电流和电压公共参考的金属互连网络。上升和下降时间小于 1 μs 的脉冲和数字信号被定为高频信号。

以上注①～③为 GJB/Z 25 和 GJB 1696 规定的低频、高频界限值。

时，则采取单点接地方式。反之，应采取多点接地方式。

　　为便于确定接地方式的选择，本书列出的相关资料如图 19 - 7
所示，在具体应用中可参见表 19 - 1。

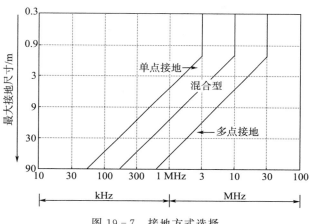

图 19 - 7　接地方式选择

表 19 - 1　接地方式选择

频率 f /MHz		最大接地间距 L	接地方法
$f < 1$		$L < \lambda/20$	单点接地
$f > 10$		$L > \lambda/20$	多点接地
既有低频又有高频 1 MHz$< f <$10		$L = \dfrac{\lambda}{20}$	混合接地
军标 GJBZ/25	低频 0～30 kHz	0.02 λ	L 最长 200 m 低频 单点接地
	高频＞300 kHz	0.02 λ	L 最长 20 m 高频多点接地

　　注：λ —设备、装置、电路的工作波长；
　　　　L —设备、装置、电路到接地基准面连接点的安装长度。

19.2.6　多个屏蔽室的接地

　　当有多个屏蔽室共用一组等电位连接接地网络时，宜将各个屏
蔽系统分别采用单独的接地线与等电位连接接地网络连接。

19.2.7　屏蔽室内电源保护线、变压器及滤波器的接地

（1）电源保护（PE）线接地

PE 线不宜引入电磁屏蔽室内，主要是电磁屏蔽室由于屏蔽机理而本身必须进行可靠的接地。如果保护线经滤波器引入电磁屏蔽室，一是可能会造成电源线上的漏电保护开关误动作，二是作为电磁屏蔽室本身而言，电源线的两个接地点可能会在屏蔽室屏蔽体上产生环流，引入额外的干扰。如因工程的特殊性而确需引入 PE 线时，每座电磁屏蔽室只能引入一根 PE 线，这是为了限制电源的接地点增加而引起屏蔽体上的环流。此时屏蔽室内的低压配电接地形式应采取 TN‑S 系统。

（2）变压器与滤波器接地

1）当屏蔽室内设有变压器、调压器时，变压器中性点用单独的电缆到单点接地平台上；

2）滤波器可以安装在屏蔽室内侧或外侧的屏蔽体上，它们的外壳应搭焊到屏蔽室的屏蔽体上；

3）电磁屏蔽室的接地点应选择在电源滤波器的安装位置，滤波器的安装位置应选择在干扰源最小的一侧。

19.3　屏蔽室接地方式的实施方案

19.3.1　屏蔽室内信号接地的实施方案

（1）设计思路

屏蔽室的设备设计中所用的接地技术和方法，必须确保在设备内部的信号参考点或参考平面与其他设备的信号参考点或参考平面连成整体，不能危及该独立单元或整个系统的信号接地系统性能。

基本的信号接地点和接地平面，是设备可靠而又无干扰运行的重要条件。

（2）信号参考点接地的定义

信号接地定义为给信号电流提供流回信号源的低阻抗路径。信号地线是指信号电路的地线或有信号电流流通的地线。必须注意，交流电源的地线不能用作信号地线。

工程实践中，还常采用模拟信号地和数字信号地分别设置，直流电源地和交流电源地分别设置，大信号地与小信号（敏感信号）地分别设置，以及骚扰源器件、设备（如电动机、继电器、开关等）的接地系统与其他电子、电路系统的接地系统分别设置，以抑制电磁骚扰。

（3）信号接地的作用

把信号电路接于参考点地有三种作用：1）实现故障保护；2）控制静电电荷；3）建立信号源和负载之间的回流通路。目的是要利用上述三种接地功效，以减少干扰和噪声。

信号接地设备、系统内部各种电路的信号电压提供一个零电位参考点或平面，对电子设备的底座或外壳除了提供安全接地外更为重要的还必须为电子设备内部提供一个作为电位基准的导体。这个理想的导体（或称接地平面或称系统地），希望是一个零电位、零阻抗的物理实体，没有电位差，可作为所有系统的电信号参考点，以保证设备稳定工作，抑制电磁干扰。

当系统地与大地相连，往往出于以下原因：

1）提高电子设备电路系统工作的稳定性，使它有一个公共的零电位基准面或基准点，从而有效地抑制外界电磁场的影响，保障电路稳定；

2）泄放因静电感应而在设备外壳上集聚的电荷，避免电荷的积聚过多而导致设备内部放电从而造成干扰；

3）为操作人员提供安全。

（4）信号接地的构成

在电子设备中通常以金属底座、机壳、屏蔽体或粗铜线、铜带等作为基准导体或连接线，并设该基准导体电位为相对零电位。简言之，信号接地，就是指线路选定点与基准导体（系统地）的连接。

系统地不一定要和大地具有相同的电位，在某些情况下也不必与大地相连通。具体要根据屏蔽室设备和工艺要求而定。

建立一个真正的零阻抗接地参考点、平面或母线，则可以利用它作为一个系统、综合设备内所有电流（电源电流、控制电流、声频电流和射频电流）的回流通路。这种接地参考点系统将同时提供故障保护、静电放电和信号电流所必须的回流通路。在实施中最接近于理想的接地系统，是利用敷设在整个设施下面或就近的非常大的铜、铝等良导体薄板，该薄板连有引出片并延伸至各台设备。在所关心的信号频率上，这种网络的阻抗是导体电阻、电感和电容的函数。当设计必须考虑射频信号的接地系统时，需要应用传输线理论。

（5）信号参考分系统网络的配置

在一台设备之内，信号参考分系统可以是薄金属板，此金属板在该设备中用作局部或所有电路的信号参考平面。当各个单元设备分布在整个设施上时，在各设备之间的信号接地网络往往由若干根互连电线、母线或一个用作等位平面的格栅组成。信号参考分系统不论是在一台设备之内供所有电路之用，还是在一个设施内供几台设备之用，它所采取的配置形式可以是悬浮接地、单点接地或者是多点接地（即等电位平面的多点接地）。对于通信电子设备，上述信号参考分系统中等电位平面是最佳接地方案。在现有设施、设备、系统或屏蔽室就近设置等电位平面。单点接地又可分成两类——串联单点接地和独立地线并联单点接地。这几种接地方式参见本节19.3.2 小节。

（6）信号的混合参考网络

信号的混合参考网络是上述几种网络的组合，具体做法是在设施的一部分中装配一个电位平面，以便满足高频上限的要求，再把一个单点接地系统连接至同一个大地电极分系统以便满足低频信号的要求。

在实施中，理想中的参考点接地平面是不存在的，在不同接地点之间总会有一些电位差。下面介绍高频和低频网络或设备中减少这种电位差的设计技术及实施方案。

19.3.2　单点接地方式的实施方案

单点接地是指整个电路系统中，只有一个点被定义为接地参考点，当一个系统中存在其他多个独立接地设备需接地的点通过公共地线接到该点，也可由各点分别引出独立地线直接接于该点，如图 19 - 8 所示。而在每个设备内部，对于每个接地系统则是采用单点接地的方式。最后再把整个系统中的各个设备连接到系统唯一的接地参考点上。

单点接地系统实现了本章开始时所提到的信号电路接地的 3 种作用。也就是说，在每个单元或者每台设备中建立信号参考平面，然后把这些参考平面连接在一起，最后连接至大地电极分系统。

单点接地配置法的突出优点是有助于控制传导耦合的干扰。单点接地不但可以避免在信号接地网络中形成干扰电流的闭合环路，并且设备接地系统中的干扰电压 V_N 也不会通过信号接地网络以传导的方式耦合至信号电路。因此，单点信号接地网络将减少设施接地系统中可能出现的低频噪声电流的影响。

信号接地网络的第二种配置是单点接地，如图 19 - 8 所示。在这种配置中信号电路以一点作参考，然后把这个单一的点连接至设施的接地系统。理想的单点信号接地网络中，各条接地导体从设施接地系统的同一点出发，并延伸至整个设施的各种电路的回流通路上。这种接地网络需要大量的导体，在经济上往往是不合理的。通常以不同程度的近似单点接地系统代替理想的单点接地网络。

在大型装置中，单点接地配置法的主要缺点是需要很长的导体。由于长导体（在关心的最高频率上，长度达 $\lambda/8$）本身存在很大的自感，在高频时已不是一种满意的接地参考系统。此外，由于各导体之间还存在着杂散电容，因此当信号频率增加到高频段时，单点接

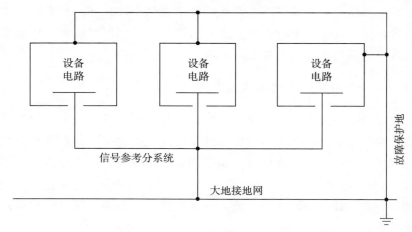

图 19 - 8　单点信号接地（适用于低频 0～30 kHz，高至 300 kHz）

地系统实际上已不复存在。考虑到上述理由，通信电子设备中不推荐单点接地。

在实际的电磁屏蔽工程设计中单点接地方式又可分为共用地线串联单点接地和独立地线并联单点接地两种方式。

（1）共用地线串联单点接地

所谓共用地线串联单点接地，是用一根公共接地线接到电位基准点，需要接地的部分就近接到该公共接地线上，如图 19 - 9（a）所示。这种接地方式较简单，各个电路的接地引线较短，其电阻相对较小，但因各单元共用一条线，易引起公共地阻抗干扰。从抑制干扰的角度看，串联单点接地是性能最差的接地方式。

（2）独立地线并联单点接地

所谓独立并联单点接地，是将需要接地的各部分分别以独立接地导线直接连到电位基准点（一般是直流电源的负极或零伏点），如图 19 - 9（b）所示。

该接地方式的优点包括：各电路的地电位只与本电路的地电流及地阻抗有关，不受其他电路的影响，这种接地方式在低频时能有效地避免各单元间的公共地阻抗干扰，可以有效地避免形成地回路干扰，在低频系统中被广泛采用。

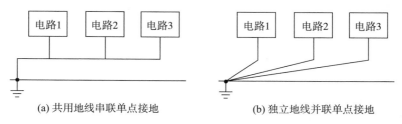

(a) 共用地线串联单点接地　　　　　(b) 独立地线并联单点接地

图 19-9　单点接地方式

独立单点接地的主要缺点包括：

1）接地线既多且长，会导致费用增大；

2）造成各地线相互间的耦合，且随着频率升高而增强，相邻地线间的电感性耦合和电容性耦合都会增强，易造成各单元间的相互干扰；

3）不适用高频，在高频时，当地线的长度接近于波长的 1/4 时，它就像一根终端短路的传输线，此时地线不仅起不到接地作用，而且将会有很强的天线效应向外辐射干扰，因此一般要求地线的长度不大于信号波长的 $1/20(\lambda/20)$。显然，这种方式只适用于低频。

（3）屏蔽室内低频网络和低频设备的接地方式

①低频信号接地网络的配置

低频网络或低频设备，即工作于 0～30 kHz、高至 300 kHz 或更高频率的设备中，应采用单点信号接地网络。设备内部所建立的低频信号参考点或参考平面要与设备外壳隔离④。设备内部电路的功能要求决定了在建立单个参考点和参考平面时所必须采用的实际方法和技术。由于设计要求变化范围很广，最终选择必须由设计者来考虑。

②低频网络或低频设备、设施的低频接地网络应符合的原则

1）它应该与其他接地网络相隔离，其中包括与结构物接地网

④　见本章 19.2.3 小节的注①

络、安全接地网络、雷电接地网络和电源接地网络等隔离，隔离的目的在于防止杂散电流（主要是 50 Hz 的电源电流）在接地网络的各点之间产生电位差；

2）低频接地网络只能有一个点与大地电极分系统相连接；

3）接地网络的配置必须尽可能减小导体通路的长度，若在设施中要与接地网络相连接的各台设备之间分开得很远时，有必要配备多个接地线端子箱；

4）接地线端子箱导体的布线要避免接地导体与初级（设备供电的原边）电源导体、雷电引下导体或其他任何可能传送大幅值电流的导体作长距离的平行敷设。

③信号接地接线端

在每一台设备的外壳上，配置一个与外壳绝缘的信号接地端，以便为设备内部的信号参考点提供一条到设施低频接地网络的互连通路。

接地接线端可以是连接器内的一个插针，接线片上的一个螺钉或一个插针，带绝缘套的导线、螺杆、插孔或馈通装置。如果采用带绝缘层的铜导线，为提供足够的机械强度，导线直径不得小于1.3 mm，长度不要超过 1.5 m。如果为了连接设施的低频信号接地网络需要更长的导线时，那么应加大导线的直径。为确定导线直径，首先可根据下面公式计算所需的导线横截面积。信号设备接地线截面积的选择：

所需的截面积（mm^2）≥所需走线长度（m）×0.85 mm^2/m

例如，所需的导线的长度为 3 m 时，则导线的最小横截面为

$$3 \ m \times 0.85 \ mm^2/m = 2.55 \ mm^2$$

④所有线路必须具有足够的物理防护机能和隔离绝缘措施，确保设备（含机柜）悬浮地板与外壳或机柜之间隔离的连续性。低频设备的每一个机架或机柜都应配置一条与机架或机柜绝缘的接地母线连接到接地网络。

19.3.3 多点接地方式的实施方案

图 19-10 所示为多点接地系统，是信号接地网络配置方法中的一种。多点接地系统中从大地电极分系统至设施内各种电子系统或分系统之间采用多条导电通路。在每个分系统内，各个电路和网络有多处与接地网络连接。因此，在一个设施内，在接地网络上的任何两点之间都存在几条并联通路，如图 19-10 所示。

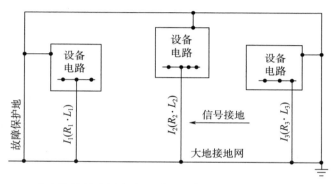

图 19-10　多点接地的配置方式（适用于高频，$>300\ \text{kHz}$，低至 $30\ \text{kHz}$）

多点接地往往能简化综合设备内的电路结构。对于高频信号电路的接地来说，多点接地是唯一的实用方法。这种接地法，在采用同轴电缆的设备中很容易实现连接，因为同轴电缆的外导体不一定要对设备的机柜和外壳悬浮。但是多点接地系统在射频时会呈现出传输线特性。为了实现有效的多点接地，凡在有关的最高频率时接地导体的长度超过 $\lambda/8$ 者，多点接地系统就需要改用等电位接地平面。

必须注意，采用多点接地时要确保 50 Hz 的电源电流和其他流过设施接地系统的大幅值低频电流不致以传导的方式耦合至信号电路，以免这些电流在敏感的低频电路中产生不允许的干扰。

（1）多点接地的构成

多点接地是指某一个系统中各个需要接地的单元（电路、设备、系统）都直接连接到距它最近的接地平面上，以便使其接地线长度最短，多点接地系统提供多条不同路径的电路至接地平面，可以解决单点接地导线的共振问题。

图 19-10 中各电路的地线分别连接到最近的低阻抗公共地上。各个电路的电流分别为 I_1、I_2、I_3，各电路对地的电位差为

$$\begin{cases} \dot{U}_1 = \dot{I}_1(R_1 + j\omega L_1) \\ \dot{U}_2 = \dot{I}_2(R_2 + j\omega L_2) \\ \dot{U}_3 = \dot{I}_3(R_3 + j\omega L_3) \end{cases} \qquad (19-4)$$

为了降低电路的地电位，每个电路的地线应尽可能短。

（2）多点接地的应用

在高频情况下应该采用多点接地的方式，以尽可能限制接地线长度，使其高频阻抗和驻波效应减至最小。

多点接地的优点是电路结构比单点接地简单，而且由于采用了多点接地，接地线上可能出现的高频驻波效应显著减少。但是，采用多点接地以后，设备内部就形成了许多地线回路，造成地回路干扰，对设备内频率较低的电路信号会产生不良影响。

一般来说，在频率大于 10 MHz 时，应采用多点接地方式。对于 1～10 MHz 间的频率而言，只要最长接地线的长度 L 小于波长 λ 的 $1/20(L < \dfrac{1}{20}\lambda$，$\lambda$ 为工作信号波长)，则可采用单点接地方式以避免公共阻抗耦合。反之，则采用多点接地方式，见表 19-1。

（3）屏蔽室内高频网络和高频设备的接地方式

高频（等电位）网络可在有关电子元件、机架、机柜之间提供一个具有最小阻抗的等电位平面。在干扰频率超过 300 kHz（有时也可低至 30 kHz）的设施上或设施内，应采用这种等电位平面。在高频系统中，往往把设备的底板用作信号参考点。通常再把底板与机壳进行多点连接，以便在需要的频率上获得一条低阻抗的通路，参见 19.3.6 小节。

从安全要求出发，应把设备的机柜及外壳接地，以防止出现电气故障时产生危及人身安全的危险电压。故障保护网络中的杂散电流，可能会对工作到低频范围的任何信号系统造成干扰，因此应把这些杂散电流加以消除。凡存在这种问题的设备，应尽可能地降低参考平面的阻抗。一种实用的方法是把设备的外壳与等电位平面互连，再通过建筑物的结构钢架、电缆托架、管道、暖气管、水管系统等将等位平面接至大地电极系统，这样可形成多条并联电路。由于网络的导体存在着电感和电容，这种多点的接地系统仅对低频的噪声电流呈现出低阻抗，而这些噪声电流在许多设施中往往是最不容易消除的。高频噪声电流则可通过等电位平面的分布电容获得了一个很低的接地阻抗，所以等电位平面主要适用于高频网络（设备）接地。接地网络的构成如图 19 - 10 所示。

在高频设备中，要求进行多点等电位接地。设备内部的各种信号线对应按要求用最短的导线连接至公共的金属参考面或等电位接地平面，设备底板通常作为信号参考平面。设备底板再通过外壳或机柜连接至等电位接地平面。等电位接地平面可以采用母线和总接地端子板等，总之是一个等电位点或等电位面。

19.3.4 混合接地方式的实施方案

（1）混合接地方式构成

所谓混合接地，就是将那些只需高频接地的电路、设备或系统采用串联电容器把它们和地平面连接起来，如图 19 - 11 所示。

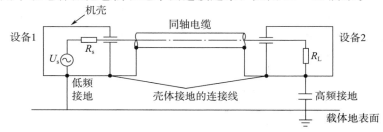

图 19 - 11 混合接地方式

从图 19-11 可知，在低频时，电容的阻抗较大，所以电路形成了低频条件下单点接地方式；在高频时电容阻抗较低，故电路成为高频条件下两点接地方式。所以这种接地方式适用于工作频带较宽的系统。

混合接地一般是在单点接地的基础上通过一些电感或电容对需要高频接地的各点使用串联电容实现多点接地，利用了电感、电容元件在不同频率下有不同阻抗的特性，使地线系统在不同的频率下具有不同的接地结构。利用电容接地可以避免低频地回路干扰。同时，还必须注意不应引起串联电容与导线电感间产生谐振。

（2）混合接地的应用

如果电路的工作频率范围宽，在低频情况下须采用单点接地，而在高频情况下需采用多点接地，对此可采用混合接地的方法。混合接地使接地系统在低频和高频时呈现不同的特性。要求低频段实现单点接地，高频段多点接地。

（3）兼有低频和高频电路的设备接地方式

某些类型的设备，出于设计或运行要求的原因，需要在同一设备外壳内配备低频和高频两种信号电路。例如，典型的甚高频或超高频接收机，既有与天线相连的高频输入，又有音频或中频放大器的低频输出。如果低频电路和高频电路在功能上无关，而且又能分开，则低频信号接地系统应按下面规定进行设计的安装：当低频设备安装于具有等电位平面的设施中时，单点接地要连接到该安装用的等电位平面。而高频信号接地系统要符合本章 19.3.3 小节的规定。但是，在某些设备中，出于设计或结构的要求，低频电路和高频电路必须合用一个公共信号接地系统时，则两种信号电路都应按高频设备的要求接地（GJB/Z 25 要求）。

19.3.5 悬浮接地方式的实施方案

（1）悬浮接地方式的构成

对电子设备而言，悬浮地是指设备地线系统在电气上与大地绝缘（隔离），这样可以减小由入地电流引起的电磁干扰。图 19 - 12 表示了系统地悬浮的情形，各个设备的内部电路都有各自的参考平面（点），通过低阻抗导体连接到信号参考分系统，但与大地绝缘。

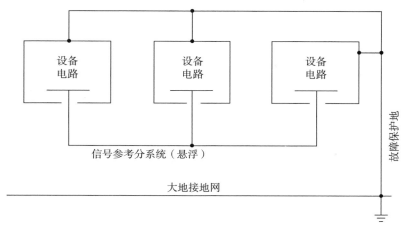

图 19 - 12　悬浮接地方式

　　在做法上，悬浮接地在电气上是与建筑物的接地系统和其他导电物体相隔离，或是将电路或设备与一个共同接地平面隔离，或者与循环电流的共同配线隔离，简单地说，悬浮接地系统应完全与建筑物绝缘，或者与任何可能构成环流的线路绝缘。悬浮接地的有效性取决它们是否真正与其他相邻近的导体相隔离，悬浮接地必须是真正悬浮。采用悬浮接地，可以避免安全接地回路中存在的干扰电流影响信号接地回路。电路隔离可采取适当的隔离措施切断不同电路的相互干扰。当前常见的隔离措施有：隔离变压器隔离、光电耦合器或专用光端机隔离等。

　　悬浮接地系统在低频时，各级电路的电位差被隔离，同时可以忽略接地面和电路分布电容的条件下，才采用悬浮地。

　　（2）悬浮接地存在的问题

　　悬浮接地系统还会受到其他限制，在大型设施中往往很难获得完全悬浮的系统，即使获得了完全的隔离，也很难维护这样的系统。

这是因为绝缘体击穿的现象是很容易发生的，在悬浮接地系统和其他可接近的系统（如与外部电力线路的中线、水管等）之间可能积聚静电电荷、故障电势和雷电电势。还有由于悬浮接地系统与建筑物的接地系统之间所存在的电位差会对人身安全构成危险，所以这种（悬浮）系统不推荐，特别是通信设备的设施通常不推荐这种接地系统。

另外，悬浮接地会发生放电电流带来的危险，特别是高频情况下不易实现真正的悬浮接地，在应用时需要谨慎和采取必要的安全措施处理放电电流带来的危险。一般情况下对频率<1 MHz 的小型电子设备，在电容耦合可以忽略的情况下，为防止结构地、安全地中的干扰地电流干扰信号地系统而使用悬浮接地，否则不应采用悬浮接地的方式。

对于高频率及大型设备或系统，不宜采用悬浮接地，这类设备或系统最佳的接地方法是采用等电位平面，此等电位平面与建筑物的结构钢架进行多点连接，而建筑物的结构钢架又与大地电极分系统相连接。在那些没有结构钢架的设施中，应在等电位平面与大地电极分系统之间的连接多根铜制引下导线。

19.3.6 高低频频率界限 （按 GJB/Z 25）

从信号参考系统观点来看，低频线路接地要求与高频线路有明显的不同。就数字系统而言，它所使用的频率从直流一直延伸到几百兆赫或更高，因此根据脉冲信号的传输特性区分高低频率范围更为合理。

为防止接地母线构成辐射天线，母线导体的长度不应超过 0.02λ。在 300 kHz 时，这个长度约为 20 m。对于大、中规模的设施，接地母线可能超过这个长度，所以 300 kHz 可认为是能采用单点接地系统的最高频率。在 30 kHz，按 0.02λ 准则，对应的接地母线最大长度可达 200 m。至于频率到 300 kHz 以上，一般设施中的接地母线长度都将超过 0.02λ，应采用多点接地。

因此，通常将 0～30 kHz 的接地系统作为低频网络处理，而将 300 kHz 以上的接地系统作高频网络处理。至于在 30～300 kHz 的频率范围，可按设施的实际情况及 0.02λ 准则选择接地方式。

19.3.7　高频设备接地示例

现以信息技术设备（ITE）为例来介绍高频设备的接地技术。

ITE 的工作频率（f）有低频率电路和高频率电路之分，其中低频电路以 $f \leqslant 1$ MHz，高频电路以 $f \geqslant 10$ MHz（有的分成低、中、高三段，低、高如本章 19.2 节所述，中段 f 在 $1～10$ MHz）。目前网络速率日益提高，ITE 的 f 一般均在 100 MHz 以上，高速达 1 000 MHz 或更高。因此，ITE 的干扰信号按 f 来分，可分为低频干扰和高频干扰两种，本例仅叙述高频干扰的接地。

高频干扰：ITE 的 f 从低频到高频，主要是高频。工作在弱信号条件下的高频数字电路中的直流地线上，由于各种干扰信号的存在，要获得很好的低阻抗接地通路，不那么简单。因为 ITE 数字电路中的分布电感和分布电容，在高频时会引起电流通路的阻抗发生很大变化。高频电流由于集肤效应，使电流集中于导体表面，导致导体的有效载流面积小于甚至远小于导体的几何截面积。同一导体在直流、低频和高频电流情况下，所呈现的电阻是不同的。根据电磁场理论工作频率、阻抗、干扰电平之间计算公式（参见相关章节）可得出以下结论：直流地线的阻抗（Z_z）与工作频率（f）成正比，即 Z_z 的高低是随着 f 的高低而改变的。干扰电平（U_g）与 Z_z 成正比，即 U_g 的高低是随着 Z_z 的高低而改变的，也就是说要降低 U_g 就必须尽可能地降低 Z_z。

很显然，直流地线实际上是高频接地，主要考虑通过高频信号 $f \geqslant 10$ MHz 的接地。当 f 很高时，Z_z 也很高，这时直流地线更容易耦合干扰信号。

高频设备等电位接地平面如图 19 - 13 所示。

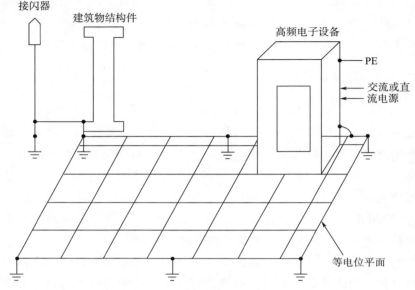

图 19 - 13　　高频设备等电位平面接地方式

19.4　屏蔽室直流工作接地

19.4.1　直流接地的目的和作用

　　军用系统屏蔽室或保密性较强或配有大型重要信息技术设备（ITE）的屏蔽室需有专用工作接地或直流工作接地，这是因为 ITE 在正常工作中必须具备一个稳定的基准参考电位。由于设置直流地线的目的就是建立基准参考电位，而直流地线的作用在于 ITE 在工作时有了一个统一的公共参考点，以建立相对稳定的"零电位"，且要求这个参考点的电位稳定，不浮动（即不允许出现电位差），这样才能吸收干扰信号，防止内外干扰，使 ITE 稳定可靠地工作，以实现其固有的功能。专用工作接地或 ITE 的接地或直流接地或直流地线，统称直流工作接地，属于功能性接地或称作信号电路的接地，即 ITE 中直流电源的正级或负级接地，而直流地线并不传递信号。

它又称信号地线或逻辑地线，这个"地"可以是大地，也可以和大地绝缘。

19.4.2　直流接地的方式

现代屏蔽室内多有重要信息技术设备，军用系统屏蔽室和其他保密性用户屏蔽室屏蔽的信号电路，为了防止产品失密，屏蔽通常应设提供连接到接地极分系统的直流信号参考点接地（包含信号地、技术地或逻辑地），为 ITE 信号电路提供在正常工作中必须具备的一个统一的稳定的连接到接地连接网络（接地极分系统）的公共基准参考点，必须设置与屏蔽室接地系统（或其他接地网络）分开的单独的专用工作接地或直流工作接地连接网络（直流接地系统）。这个系统与工频低压交流供电系统的保护接地及其他接地系统不互相连接时，其接地体间的距离通常不小于 10 m。屏蔽室内用的仪器的接地可与屏蔽室接地合用，但不得与电力零线接地系统合用。当直流接地系统或屏蔽室的等电位连接接地网络（共用接地系统）与房屋建筑避雷接地装置分开时，两接地体间的间距不应小于 20 m（GB/T 50719 的规定）。

屏蔽室设计直流接地时，一般根据工艺要求确定是否必须要单独设置直流接地系统。

19.4.3　直流接地的要求

上述直流地线建立的基准参考电位一定要稳定，即要保证统一和相对稳定的零电位。但是，直流地线在接地形式、材质选择（一般为铜）、导线截面、导线长度、施工安装等方面，不可能尽如人意，那么直流地线上就不可避免地具有一定的阻抗，所以当来自干扰源的干扰电流流经直流地线时，则就会在直流地线与 ITE 的数字电路之间、在各个 ITE 之间形成电位差，这就是干扰信号的传递途径、耦合通道的形成机理。当直流地线的长度 L 恰好接近工作波长 $\lambda(\lambda = 3 \times 10^8 / f)$ 的 1/4 或奇数倍（ $L = n \times 1/4$ ， $n = 1$ ，2，3，…）

时，直流地线会产生自谐振效应，这时直流地线的阻抗无穷大，等于开路，其作用相当于一根天线可以接收和发射干扰信号，而 ITE 则无法正常工作。因此，接地线的长度 L 应避免处于 1/4 工作波长的奇数倍，接地线应用铜导线，路径尽可能短而直。

直流工作地根据情况可以是单点接地、多点等电位接地平面或混合接地。但是，必须考虑由于各设备的地线都是用编织铜线或者多股铜线将设备的直流地连接在一起，而后分别引出。各个设备直流地线的电阻值很难相等，因而在两个设备之间的地线上产生一定的电位差，如果出现干扰必然会使两个设备上的逻辑电位不在同一个基准电位上。在直流接地要求较高且频率既有低频又有高频的设备应采用等电位平面基准电位。达到从零至数百 MHz 的频率范围都能给直流设备提供一个相同的电位。这对军用屏蔽室的直流接地尤为重要。

本书提出的有直流工作接地要求的屏蔽室宜单独设置接地装置的要求，是根据军标（GJB/Z 25）和国标（GB/T 50719）提出的，有强电专业人士认为可以采取总等电位联结（MEB）系统。读者可依据实际情况运用。

19.5 防静电接地

19.5.1 静电的产生及危害

有关资料显示电阻系数大于 $0.1\ \Omega \cdot m$ 的物质，在一定条件下经运动、摩擦时会产生静电，这些静电聚集在设备、管道、容器上形成高电位。该高电位向相邻的物体放电产生火花，在一定环境下会引起物质燃烧或爆炸，造成人员财产损失，或因静电电位的变化会造成电子设备工作失调等严重后果。

19.5.2 防静电接地的主要方法

对电子元器件进行静电防护的基本思路，是在可能产生静电的地方阻止静电的积累或迅速可靠地泄放已存在的电荷。如具有高输入阻抗的 MOS 器件的所有输入引线均不能悬空，在每个输入端外部串联电阻，视不同电路接到电源地、电源源极或电源漏极上。

在电子设备中，引起元器件损坏和正常运行的设备产生干扰的一个主要原因是人体静电放电（ESD）。人体 ESD 既可能使人体遭电击，又可能引发二次事故（即器件损坏）。对于静电来说，人体是导体，所以采取接地的措施是不可少的。

减少静电荷产生，使静电荷尽快对地泄漏的条件就是接地。将带电体进行局部或全部静电屏蔽，同时屏蔽体应可靠接地。在设计和制作工艺装置和设备时，应尽量避免或消除存在静电放电的条件。在存在可燃爆炸物的区域要控制气体中可燃物的浓度，使其保持在爆炸下限值以下，并采用如下措施：

1）在存在静电引爆危险的场所，所有属于静电导体的物体必须接地，对金属物应采用金属导体与大地作导通性连接，对金属以外的静电导体及亚导体则应作间接接地；

2）静电亚导体是指在任何条件下，导体电阻率大于 1×10^6 $\Omega \cdot m$、小于 1×10^{10} $\Omega \cdot m$ 的物料及表面电阻率大于 1×10^7 $\Omega \cdot m$、小于 1×10^{11} $\Omega \cdot m$ 的固体表面；

3）间接接地是指为使金属以外的物体进行静电接地，将其表面的局部或全部与接地的金属体紧密相接的一种接地方式。

对于某些特殊情况，为了限制静电导体对地的放电电流，允许人为地将其泄漏电阻值提高到不超过 10^9 Ω（应由工艺设计提出）。生产工艺设备应采用静电导体或静电亚导体，避免使用静电非导体。在生产现场使用的静电导体制作的操作工具，应作接地。对于静电接地的其他要求及抑制方法参见本书第 17 章 17.4 节。

19.5.3　防静电接地电阻及防静电放电接地配置

（1）接地电阻值

屏蔽室的静电屏蔽接地，是为了把屏蔽体上感应信号引入地中，同时减少分布电容的寄生耦合，要求接地必须良好。专用接地网接地电阻值通常为 1～2 Ω，最高应不大于 4 Ω，接地引线应短、直、宽。

静电导体与大地间的总泄漏电阻值在通常情况下都比较大。当设备外壳由导电材料制成时，接地是达到消除静电危险的主要方法。为了消除静电专设的接地网接地电阻值一般为 100 Ω，在易燃易爆区宜小于 30 Ω，但为了防止导电体设备的漏电或雷击的危险，一起加以考虑时，其接地电阻宜在 4～10 Ω 之间，通常都不大于 4 Ω。

如果与其他功能性接地或 PEF 接地装置合用接地系统，其接地电阻值不大于 0.5 Ω，并应设置专用的防静电接地线。

（2）防静电放电接地配置

防静电环境必须配置静电放电（ESD）接地系统。ESD 接地系统不应与任何其他供配电目的所用的连接系统相连。ESD 接地连接点被连接到 ESD 接地装置，应按下列规定进行 ESD 接地系统配置：

1）防静电地面的 ESD 接地连接点必须采用均匀设置的原则，以保证整个地面环境处于相同的接地防护条件。ESD 接地系统在防静电工作区必须配置等电位接地网络，或连接成闭合的接地回路，或直接接到屏蔽室的总接地端子上。

2）对于需要进行重点屏蔽的信息技术设备，其屏蔽体宜单独敷设接地连接线并连接到屏蔽室接地端子上。

3）ESD 接地系统设置单独配置专用 ESD 接地装置时，专用 ESD 接地装置应远离建筑物的防雷接地装置，两者的间距参见本章 19.4.2 小节。

4）ESD 接地系统可采用联合接地方式，将 ESD 接地主干线连接到联合接地装置的总接地端子。当同时有功能接地或 PEF 接地主干线连接到总接地端子时，联合接地装置接地电阻值应不大于 0.5 Ω。

当 ESD 接地系统应设置供人体 ESD 接地、防静电地面和台面接地（参见第 17 章 17.4 节）、特种工器具 ESD 接地以及控制场感应静

电放电接地的 ESD 接地连接点。ESD 接地连接点应被连接到 ESD
接地装置，并应提供一个小于或等于 0.1 Ω 的低电阻通路。

连接建筑物防静电总接地端子的 ESD 接地主干线应选用单芯绝
缘电线，其导体截面积应不小于 95 mm²，接地端子应采用铜排完成
等电位连接功能。凡接至等电位总接地端子的接地支干线的导体截
面积应不小于 35 mm²。

19.6　电缆电线的屏蔽层及电气设备的接地

19.6.1　电磁干扰的传输途径

任何一种电磁干扰源都存在干扰能量的传输和传输途径（也称
传输通道）。通常情况下，电磁干扰传输有两种方式：一种是传导方
式；另一种是辐射方式。本节仅叙述传导方式。

传导传输必须在干扰源和被干扰设备（敏感设备）之间有电路
连接，干扰信号沿着这条连接的电路（电缆或电线）传到被干扰设
备（敏感设备），这条传输电路就是包括导线或电缆、设备的导电构
件、供电线与接地平面相连的线及其他元器件相连的线路。

19.6.2　电缆电线的干扰波

若将无限长的导线接在交流电源上，则在导线上同时传播的有
取决于电源电压的强电压波 U（V）和随之产生的强电流波 i（A）。由
于导线本身有阻抗及其他因素，因而电压、电流在其传播过程中有
衰减。但是，当线路结构是一样时，则 U/i 是常数。这个常数取决
于线路结构情况，用 $U/i = Z_0$ 表示，Z_0 称 i 为线路的特性阻抗或波
阻抗，其含义是电压波、电流波在线路上传播时线路各点所呈现的
阻抗。

若线路为有限长度时，如果在线路终端接波阻抗 Z_0，则在线路
上各点电压-电流的关系与上述无限长导线相同。若线路终端连接的
不是波阻抗，则电压波与电流波在到达终端后将被反射回去，而线

路各点间电压和电流是入射波和反射波的合成。

19.6.3　信号线传播的干扰波

当电子设备的信号输入电路或输出电路用电缆或电线作远距离传输时，同时也传输了干扰波。对于被干扰的设备来说，主要输入信号线影响大；而对于干扰源来说，主要输出电路的影响大。这些信号线上并不产生直接的干扰波，而是通过以下途径感应和传播干扰波：

1）信号线路的天线效应。信号输入作为接收天线，并从辐射干扰波中感应了干扰电压。信号输出线虽然还像输入电路那样影响大，但是它具有近似于配电线感应效果。另外，干扰源设备的信号输出线也具有天线辐射的作用。

2）干扰电路的电磁感应。信号输入线靠近干扰电路时就产生了电磁感应。这种干扰电磁感应对诸如音频线（缆）之类的低电平信号电路有较大的影响。要抑制此种干扰，以防止信噪比下降，可采取提高信号线的传输信号电平的办法。

3）由输出电路的相互干扰产生的虚像。以上两项是不同信号的干扰，同样同一种信号也能构成相互干扰。这种情况在音频信号虽不会出现，但诸如图像信号等高频信号就能够产生这种干扰。

4）当一个设备有多个输出电路时，由于其中一个电路产生干扰电压通过信号输出线将影响到其他各个输出电路，即使不会产生干扰电压，但当输出电路的阻抗发生变化也能产生干扰。

19.6.4　脉冲传输线的干扰

在众多的电子设备中往往是使用双绞线而将其中一条作为接地。在这种情况下，导线干扰传播、感应较为复杂，例如：

1）实际测定与理论计算的特性阻抗并不一致；

2）一般认为相互缠绕的双绞线对干扰有较好的抵消作用，但实际感应噪声（串音）较大；

3）通过插接件后噪声变大。

在工程实际中对于双绞线往往采用单线方式来处理干扰波的传播，参见 19.6.5 小节。

19. 6. 5　电缆电线屏蔽层、电气设备及管道等的接地

（1）电缆电线屏蔽层接地原理

连接屏蔽室屏蔽体之间的屏蔽导线，需要妥善接地，否则不能有效地抑制干扰。例如有一根载流导体，如图 19 - 14（a）所示，导线中的电流所产生的电场和磁场要向外辐射，为了防止这种干扰，这根导线必须加以屏蔽，并在负载端一点接地，如图 19 - 14（b）所示，此时屏蔽层内无返回电流通过，仅电力线终止于屏蔽内起电场屏蔽作用，而磁场将继续向外辐射。如果将导线的负载端与屏蔽层连接，且与地绝缘，并在屏蔽层另一端接地，如图 19 - 14（c）所示。

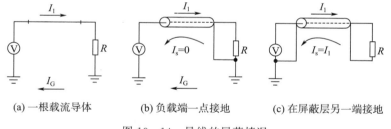

（a）一根载流导体　　　　（b）负载端一点接地　　　（c）在屏蔽层另一端接地

图 19 - 14　导线的屏蔽情况

此时屏蔽层内流过一个与 I_1 大小相等、方向相反的电流 I_s，此时 I_s 在屏蔽层外部产生一个磁场，这个磁场在屏蔽体外抵消或减弱了 I_1 所产生的外部磁场，起到了良好的电磁屏蔽作用。如果屏蔽层不是一端接地而是两端接地，如图 19 - 15 所示，从图中可求出流过屏蔽体的电流

$$I_s = I_1 \left(\frac{\mathrm{j}\omega}{\mathrm{j}\omega + R_s / L_s} \right) \tag{19-5}$$

$$= I_1 \left(\frac{\mathrm{j}\omega}{\mathrm{j}\omega + \omega_c} \right)$$

$$\omega_c = \frac{R_s}{L_s}$$

或

$$f_c = \frac{R_s}{2\pi L_s}$$

式中　R_s——屏蔽体的电阻；

　　　L_s——屏蔽体的电感；

　　　ω_c——屏蔽体的截止频率。

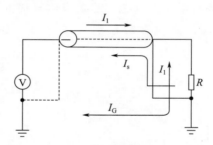

图 19-15　导线屏蔽层两端接地的情况

当 $\omega \gg \omega_c$ 时，$I_s = I_1$；当 $\omega \ll \omega_c$ 时，$I_s = 0$。

（2）低频电路接地

在 1 MHz[⑤] 以下采用单点接地系统，信号电路是一点接地，低频电缆的屏蔽层也应该是一点接地，对产生干扰的高电平电路在初始端接地。对干扰敏感的电路在负载端接地，高阻抗直流信号源（如应变仪、热电偶等）引出线上的屏蔽层在源端接地。金属外壳和面板的屏蔽层应保持连续性和完整性。如果电缆的屏蔽层接地有 2

---

⑤　GJB/Z 25 和 GJB 1696 中规定：低频电子和电气电路是指工作频率范围为直流至 30 kHz，在某些情况下至300 kHz的电路。

个以上的点时，就将产生干扰电流。对于扭角电缆的芯线来说，屏蔽层中的电流便在芯线上耦合出不同的电压，形成了干扰源，对于同轴电缆来说，屏蔽层中的电流也将在屏蔽层电阻上引起电压降 IR，形成干扰电压。图 19 - 16 所示为低频同轴电缆与屏蔽绞线较好的接地方式，(a)、(b)、(c)、(d) 电路中不是放大器端接地，就是电源端接，但不是两端都接地。若两端都接地，则因两端的电位不相同导致噪声抑制效果差。

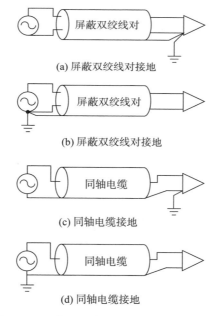

(a) 屏蔽双绞线对接地

(b) 屏蔽双绞线对接地

(c) 同轴电缆接地

(d) 同轴电缆接地

图 19 - 16　在 1 MHz 以下电缆的接地点方式

当屏蔽层一点接地时，应选择较好的接地点。当一个电路中有一个不接地的信号源与一个接地（不一定接大地）的放大器相连时，输入端的屏蔽层应接至放大器的公共端，如图 19 - 16 (a) 所示。当一个不接地的放大器与一个接地的信号源相连时，只有在信号源的输出端一端接地，对放大器输入端才没有干扰源，如图 19 - 16 (b) 所示。同轴电缆接地，如图 19 - 16 (c)、(d) 所示进行。

（3）高频电路接地

当频率高于 1 MHz[⑥]、电缆长度超过波长的 1/20 时，高频电路的电缆电线（同轴、屏蔽双导线、屏蔽纽绞对线和多芯电缆屏蔽层）屏蔽层应在两端和金属外壳不连续处接地，以保证屏蔽层为等电位。对于高频，由于集肤效应将减少屏蔽层上信号电流和干扰电流的耦合，集肤效应使干扰电流在屏蔽体外表面流动，而信号电流在屏蔽层内表面流动。当使用同轴电缆时，在同频情况下，多点接地能提高一定的磁屏蔽效能。两端接地如图 19 - 17 所示。两端接地则以（a）、（b）所示的电路接地方式，（a）电路为同轴电缆屏蔽层的两端接地，可使一部分地环路经低阻抗值的屏蔽层而不经同轴电缆的中心导体。（b）电路为屏蔽双绞线地，也是两端都接地，故部分环路也经屏蔽层而不再经由绞线。

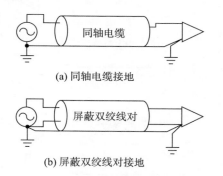

(a) 同轴电缆接地

(b) 屏蔽双绞线对接地

图 19 - 17　高于 1 MHz 时电缆的接地点方式

作为信息技术设备等和屏蔽实验室的防雷接地及等电位连接，这完全是从系统的安全及运行的可靠性方面进行考虑。设计时要进行周密的分析，才能对其安全、可靠性起到真正的保证作用。

（4）电气设备、供水、供气等管道接地

关于电源滤波器与屏蔽体接地点，应在电源线经滤波器进入屏

---

⑥　高频电子和电气电路是指工作频频范围超过 300 kHz，在某些情况下低至 30 kHz 的电路。

蔽室处与屏蔽体在同一点接地。电源线屏蔽电缆的屏蔽层在滤波器进入屏蔽体的入口处接地，接地电阻按交流工作接地考虑。

关于屏蔽室的供水、供气等输送管道接地，如本书前面所述，屏蔽室的密闭性是保证必要屏蔽效能的主要方面，因此不是为屏蔽室服务的所有管道不得在屏蔽体内通过。对于为屏蔽室服务的工业管道，如通风管、供水管、排水管等。在一点接地系统的屏蔽室中，所有进出屏蔽室的管道都必须经截止波导管，并将截止波导管四周与屏蔽体连续焊接。截止波导管的外侧与引入或引出相连的管道之间接入一段绝缘管，以保证管道与屏蔽体有良好的绝缘，如第 18 章图 18 - 15 所示。

对一般屏蔽干扰源的屏蔽室如高频电炉间等，则管道可以与屏蔽体焊接在一起。凡引入单点接地的电磁屏蔽室的各种金属管道（水管、各类电气管路）宜在电源滤波器处就近引入，并接地。所有金属导线管且在电气上应是连接的，以保证电气上的连接导电性。管道引入引出口位置应在滤波器安装处。

防雷接地，可按国家现行标准 GB 50343《建筑电子信息系统防雷技术规范》和 GB 50057《建筑物防雷设计规范》的要求执行。当建筑屏蔽室的建筑物防雷接地与屏蔽的接地共用一组等电位连接接地网时，其接地电阻不可大于 $0.5\ \Omega$。在其他规范中一般都是采用 $1\ \Omega$，参见本章 19.7.2 小节。

19. 6. 6 电缆电线屏蔽层接地小结

通过以上分析，可获得如下结论。

（1）低频（1 MHz 以下）时导线、电缆屏蔽层的接地

如本书前面所述，在低频时如果导线、电缆的屏蔽层两端都接地，大部分的返回电流经过地面而不经过屏蔽体（即 $I_s = 0$），所以磁屏蔽作用很小，由此看出，在低频时，两点接地的屏蔽方式是不能使用的，只有在高频时，屏蔽层两点接地的方式才有较多的磁屏蔽作用。如图 19 - 4 所示，按以上分析，低频时必须一点接地。

（2）高频（1 MHz 以上）时导线、电缆屏蔽层的接地

在高频时，由于屏蔽体与中心导线之间的互感作用，使屏蔽体能提供一个比地面回路电感低得多的电流回路，使返回电流几乎全部流经屏蔽层（即 $I_s = I_1$），有较大的磁屏蔽作用。但是这个电路由于屏蔽层两端接地，又构成了一个低阻抗的地回路。如果两个地之间有电位差或者外界干扰都会在接地回路中引起一个干扰电流，从而降低或抵消了以上所产生的屏蔽作用。

高频（1 MHz 以上）或导线长度超过波长的 1/20 时，因为杂散电容的影响，已很难实现单点接地。电缆屏蔽层必须采取多点接地方式，以保证其接地的实际效果。因此，高频（1 MHz 以上）或长度超过波长的 1/20 时，常采用多点接地方式，以保证屏蔽层的地电位，例如，两点之间的阻抗与长度之间的关系，可用下式表示

$$Z = R_{rf}\sqrt{1 + (tg2\pi\frac{l}{\lambda})^2} \qquad (19-6)$$

当接地母线长度 $l = \lambda/8$ 时，l 代入式（19-6），则

$$Z = \sqrt{2}R_{rf} \qquad (19-7)$$

$$R_{rf} = 0.26 \times 10^{-3} \cdot \frac{l}{b} \cdot \sqrt{\frac{\mu_r f}{\sigma_r}}$$

式中　R_{rf}——射频电阻；

　　　b——地线的宽度；

　　　μ_r——相对磁导率；

　　　σ_r——相对电导率；

　　　l——两点之间地线的长度；

　　　λ——通过地线的电磁波长。

当屏蔽层的长度 $l = n\lambda/4$ 时（其中 $n = 1, 3, 5, 7, \cdots$）

$$Z = R_{rf}\sqrt{1 + (tg\frac{\pi}{2})^2} \approx \infty$$

也就是说，屏蔽层长度等于 $\frac{1}{4}$ 波长的奇数倍时，屏蔽层的阻抗变

得很高，这时屏蔽层变成了天线，可以向外辐射或吸收信号，带来很大的干扰。在 $l \leqslant \lambda/20$ 时，$Z \approx R_{rf}$，说明屏蔽层长度 $l = n\lambda + (\leqslant \lambda/20)$ 时，其中 $n = 1$，2，3，…，阻抗最小，最为理想。对低频来说，由于波长较长，导线（或电缆）的长度亦允许较长，同时在低频时，屏蔽层与地存在的杂散电容所形成的阻抗较大，宜采用一点接地方式。但在高频时，导线（电缆）的长度往往大于 $\lambda/20$，屏蔽层与地存在的杂散电容所形成的阻抗也已很小，电路相当于不接地，但实际上已经变成多点接地了，所以在高频时常采用多点接地方式，此时双绞线的屏蔽层和同轴电缆的接地方式如图 19-16 和图 19-17 所示。

（3）高频时屏蔽导线与屏蔽体（罩）的连接

高频时，由于缝隙对屏蔽效能的影响很大，同时，屏蔽体对地的杂散小电容所形成的阻抗也变得很小，实际上整个屏蔽体已形成多点接地，因此在高频或导线长度超过波长的 $\lambda/20$ 时，应将屏蔽体和屏蔽管可运用多点接地方式实现多点接地。把屏蔽体和所有屏蔽管都连接起来，保证具有可靠的电接触，以构成一个密实的整体屏蔽。

（4）低频电缆敷设安装屏蔽层的接地

同一电缆束内所有低频信号线的屏蔽层必须互相绝缘，以便减少交叉耦合。另外，上述各个屏蔽层还必须与整个电缆束的屏蔽层、设备底板和外壳、接线盒、导管、电缆托架，以及设施接地系统的所有其他元件相隔离。电缆比较长时，必须特别注意保持非接地端的隔离，包括整个电缆走线上所有中间连接器屏蔽层之间的隔离。

在端接设备中，在低频信号线的屏蔽层可以通过独立的插针引入外壳或机柜内，也可以接在一起后用连接器内的公共插针引入（或引出），采用哪一种方法取决于相关设备的特性。如果采用公共插针方式，仍然应遵循单点接地原则。建议低电平信号屏蔽层采用一个插针，而高电平信号线采用另一个插针。上述各屏蔽层都要端接于低频信号接地网络。整个屏蔽层的接地方法简要介绍如下：

1）当多芯电缆内包含有未屏蔽或单独屏蔽的导线，或两者兼而有之时，往往也有一个总屏蔽层用以提供物理防护和辅助的电磁屏蔽作用。这种总屏蔽层在电缆走线的每一端都应接地，以求实现无间断的射频连接屏蔽。

2）对于电缆走线中有一个或多个中间连接器的长电缆，其总屏蔽层应在沿线的机架或各种接线盒、分线盒及临时接线板的外壳上接地。

3）为了获得最好的屏蔽效能，总屏蔽层要按图 19 - 18 所示以低阻抗连接方式有效地搭接到设备外壳、屏蔽壁或其他被贯通的（金属）屏蔽体。将总屏蔽层搭接到连接器的最佳方案是使屏蔽层完好地引入连接器壳体，并且使屏蔽层四周和连接器壳体之间形成清洁的金属与金属接触。如果未使用连接器，则应采用最短的搭接线。

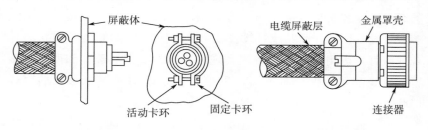

(a) 屏蔽体上的连接器　　　　　　(b) 多芯连接器接地

图 19 - 18　电缆总屏蔽层与连接器的接地处理方法

在多芯电缆中，某些单独的屏蔽信号线在某一端接地，而其他导线的屏蔽层将在另一端接地。安装这类电缆时，必须特别注意防止屏蔽层在两端同时接地。

如果由于电缆屏蔽层长度大于临界频率波长 λ 的 1/10 而引起敏感或辐射，可以将屏蔽层按图 19 - 19 所示的方式分段接地，每一屏蔽段仅在一端接地。

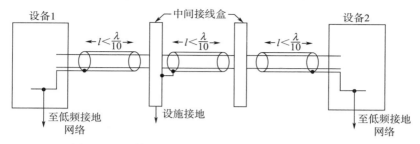

图 19-19　低频屏蔽长电缆上屏蔽层的分段接地方法

19.7　屏蔽室接地电阻值的要求

19.7.1　屏蔽室单独设置接地装置时对接地电阻值的要求

1）交流工作接地，接地电阻不应大于 4 Ω；

2）安全保护接地，接地电阻不应大于 4 Ω；

3）设有单独接地装置的电磁屏蔽室，接地装置的接地电阻值一般不应大于 4 Ω。电磁屏蔽体接地，为了防止形成环路产生环流而增加电磁干扰，同时还必须考虑接地点的位置，避免接地环路电流的产生。为了减小电磁干扰和静电耦合，也为了人身安全，采用单独接地系统时接地电阻值一般不大于 4 Ω。

19.7.2　采用联合接地时对接地电阻值的要求

（1）过去屏蔽室设计接地电阻值

过去电磁屏蔽室与建筑物采用联合接地时，接地装置的接地电阻不应大于 1 Ω，这是电气设计的通用要求。这个值的来由是：

1）在过去编制通信设计接地规范时曾经对通信大楼的雷击试验表明，当通信楼接地网络（接地装置）与防雷接地装置连接在一起时，雷击打房屋建筑防雷接地装置产生的高电位会引向站内的通信设备、站外线的通信线路以及远端电线或用户设备，为减少这种危险影响，限制接地装置上高位电阻值，制定通信接地规范时，规定连接在一起后的所有接地装置的工频接地电阻不可大于 1 Ω。从工程实际，当利用房屋钢筋作泄流引下线，利用房屋基础钢筋或再加房屋一周布置接地体时达到不大于 1 Ω 并不困难。

2）另一方面接地还要从供电变配电系统的接地电阻考虑，在过去城区（以北京为例）供电系统的是高压侧采用消弧线圈接地，对接地电阻值的要求是小于或等于 1 Ω，根据以上考虑当时规定通信接地系统采用联合接地时规定不大于 1 Ω，这是过去规定 1 Ω 的情况。

（2）近几年来国内外联合接地电阻值的情况

近几年来，城市电网改造，是以小电阻地为主，对于小电阻接地系统为防止发生触电危险，供电部门对系统接地电阻值要求不大于 0.5 Ω，从这方面看，设有 ITE 的屏蔽室就不能再采取不大于 1 Ω 的要求了，而应采取 0.5 Ω 的要求。

从国外情况看，如德国规定合用接地时不大于 0.5 Ω，根据上述内容，本书建议采用 0.5 Ω，这既能有效保障屏蔽室内信息系统设备的安全，同时也不难做到。

19.7.3　直流工作接地电阻值的要求

直流工作接地，可根据屏蔽室的工艺具体要求确定，当采用公共接地方式，最高不大于 0.5 Ω。

19.7.4　高频电炉接地电阻值的要求

高频电炉采取单独接地时的接地电阻一般要求不大于 4 Ω。

19.7.5　医疗核磁共振屏蔽室的接地电阻要求

医疗核磁共振屏蔽室的接地阻值应依据《产品说明书》的要求进行，当产品没有提出特别要求时，一般要求小于 0.25 Ω。

19.8　屏蔽室的接地注意点

屏蔽室的接地主要应考虑以下几点：

1）测量屏蔽室和一切防止外界干扰的电磁屏蔽室应该要求一点接地，如果有两个以上接地点时，就会从这些点到外界构成干扰通路，使之在屏蔽体上有干扰电流，从而屏蔽体各点的电位也就不同，并由此产生干扰。如果说得更明确些，由于两接地点间存在电位差，会在屏蔽室的屏蔽体上产生电流，这种干扰电流的存在就会在其周围形成电场，也就是在屏蔽室内增加了干扰电场。由于多点接地使得屏蔽室的各点电位不同，并由此产生干扰的实例是有的。为了保证一点接地，就要求在建筑上将屏蔽室地面及四周采取必须的绝缘和防潮措施，既保证一点接地又可防止屏蔽板受潮腐烂。这种绝缘的做法（指微波屏蔽室）通常是将屏蔽体固定在木框架内侧，木框架离墙 0.7～1 m，即防潮又便于屏蔽层安装检修和安装通风管道。屏蔽室的地面做法如图 19-20 所示。

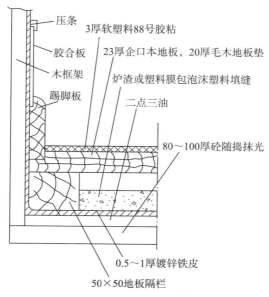

图 19-20　屏蔽室地面做法

2）当双层屏蔽室时，一般采用木骨架，然后在木骨架内外侧包屏蔽体，内外层屏蔽体彼此是绝缘的，只是在电源引进处进行电气一点连接接地。如果层间距离太小或木料的绝缘电阻太低，则屏蔽效能下降，所以其层距最小要保持在 10 cm 或以上，双层屏蔽室的接地方式如图 19 - 21 所示。

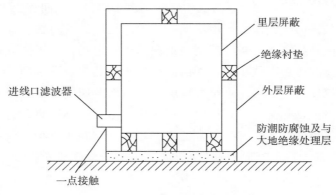

里层屏蔽

绝缘衬垫

进线口滤波器

外层屏蔽

防潮防腐蚀及与
大地绝缘处理层

一点接触

图 19 - 21　双层屏蔽室接地示意图

3）为了防止产品泄密，屏蔽室常配置专用工作地线，此时工作接地线应与屏蔽室接地系统（或其他接地回路）分开，因为屏蔽室本身具有天线效应，两接地系统应保持适当距离，通常不小于10 m。屏蔽室内用的仪器的接地可与屏蔽室接地合用，但不得与电力零线合用。

4）为了有效地形成一点接地，接地线应尽可能短，如果地线接得很长，则阻抗的影响就加大，而且当接地不完善时就会辐射大量干扰波。

第 20 章　红/黑音视频会议屏蔽室设计

20.1　红/黑音视频会议屏蔽室设计的基本内容

20.1.1　红/黑音视频会议屏蔽室的基本概况

本书前面各章所涉及的屏蔽室的设计、设施或系统都是非保密性的，即黑色设备。处理国家有关信息安全，具有保密性的，即红色设备。或者说，凡未作加密处理，呈"明码"状态的机密电子数据及传输这些数据的设备、电路、部件都属红色设备，则用"红"表示；系统中的其他非保密设备、部件都属黑色设备，则用"黑"表示[①]。前面第 7 章电磁屏蔽室的设计及第 19 章屏蔽室接地技术所涉及的设备、设施或系统虽属黑色部分，但是系统整个设施的基本组成部分在设计红/黑音视频会议系统屏蔽室时，仅必须增加处理保密、信息安全"红"色的设施设计（包括接地在内的专门补充部分）。本章仅介绍红/黑音视频会议系统屏蔽室的音视频频率范围和接地，以保证红色设备、系统对信息安全高度敏感的会议场所的安全。对于红/黑会议系统本体及网络的设计，本书不作介绍，可参阅密码学通用安全方面的指南以及网络安全等会议系统设计规范，以满足 BMB 26—2012 对各类保密会议室的要求。

---

① GJB/Z 25

20.1.2　音视频会议系统的类型

会议系统的分类方法根据会议形式、规模、参会人员的层次的不同有多种方法。从整体上来讲，会议系统屏蔽主要是音频会议系统和视频会议系统（统称音视频会议系统），应包括：音频（声音）、数据、文字、图形、图像中两种或以上信号的信息。系统的规模、内容、形式、指标由会议系统工艺设计确定。

20.1.3　音视频会议系统质量指标

（1）数字音频质量等级

数字音频可分为如下 4 个质量等级：

1）语音。语音带宽≤4.3 kHz、8 kHz 取样、8 bit 量化、数据率为 64 kbit/s。经不同方法压缩后为 32 kbit/s、16 kbit/s，甚至更低（如 4 kbit/s）。

2）高质量语音。相当于 FM 广播质量，其带宽≤50 Hz～15 kHz，经压缩后数据率为 48～64 kbit/s。

3）CD‐DA。双声道立体声，带宽≤20 kHz、取样频率为 22.1 kHz、16 bit 量化、每声道数据率为 705 kbit/s，经 MUSICAM（MPEG‐1 层）压缩后，两声道总数据率为 192 kbit/s，经 MPEG‐1 高层压缩后为 128 kbit/s。

4）具有杜比 AC‐3、5.1 声道环绕立体声。带宽为 3 Hz～20 kHz，取样频率为 48 kHz、22.1 bit 量化，经 AC‐3 压缩后的总数据率为 320 kbit/s。

（2）视频图像质量等级

视频图像质量分为 5 个等级：

1）高清（HDTV）级。分辨率 1 920×1 080，帧率为 60 帧/s，当每个像素以 20 bit 量化时总数据率在 2 Gbit/s 数量级，经 MPEG‐2 压缩后约为 20～40 Mbit/s。

2）演播室质量级。分辨率 CCIR601 格式，PAL‐720×576、

25 帧/s（隔行扫描）166 Mbit/s（每个像素以 16 bit 量化）、经 MPEG - 2 压缩后约为 6～8 Mbit/s。

3）广播质量级视频。相当于模拟电视接收机所显示的图像质量，对应 MPEG - 2 压缩后的数据率约为 3～6 Mbit/s。

4）VHS 录像质量级视频。分辨率为广播级质量的 1/2。经 MPEG - 1 压缩后的数据率为 1.4 Mbit/s，其中音频伴音为 200 kbit/s。

5）视频会议。视频会议依据会议等级的不同采用不同的分辨率。如采用 CIF 格式即 352×288，25 帧/s，经 H261 压缩后的数据率为 128 kbit/s。

（3）会议室其他技术主要指标

会议室等级不同，指标有所差异，一般情况下可参考如下数值：

1）控制室观察窗关闭时，中频（500～1 000 Hz）隔声量宜大于或等于 25 dB，同声传译室中频（500～1 000 Hz）隔声量宜大于或等于 45 dB；

2）当会议室体积在 500 m³ 以内混响时间宜取 0.6～0.85，控制室、同声传译室混响时间宜取 0.3～0.55；

3）传声增益在 0.125～4.0 kHz 的平均值要求大于或等于 −8 dB；

4）声场不均匀度要做到 1.0 kHz 和 4.0 kHz 时测量 ≤8 dB。

（4）常见的几种视频编码标准比较

参见表 20 - 1。

表 20-1　常见的几种视频编码标准比较

标准内容简称	H.261	MPEG-1	MPEG-2	H.263	MPGE-4	H.264/AVC	CCIR601
标准正式名称	ITU-T H.261	ISO/IEC 11172-2	ITU-T H262/ ISO/IEC 13818-2	ITU-T H.263	ISO/IEC 14496-2	ITU-T H.264 ISO/IEC 14496-10	ITU-R BT.601
最佳速率/ (bit/s)	64 k	1~2 M	4~20 M	≥10 k	≥10 k	≥10 k	216 M 288 M
主要应用	会议电视	VCD视频	电视,DVD视频	会议电视、可视电话、流媒体、移动视频	流媒体、无线局域网、移动视频	会议电视、可视电视、电话、DVD视频、无线局域网、移动视频	电视
标准批准日期	1993.3	1999	2000	2005.1	2001	2010.3	1995
图像尺寸（最大）	352×288	4 096×4 096	65 536×65 536	2 048×1 152	65 536×65 536	4 096×2 048	720×576
图像尺寸（最小）	172×144			16×16			720×480
编码性能	2	3	3	4	4	5	/
支持速率（比特）	任意						否
运动补偿技术	是						否
编码转换							否

20.2　处理涉及信息安全的红/黑设备会议系统屏蔽室的接地

20.2.1　红/黑设备接地原理

对于处理有关国家安全信息（红色数据）的会议系统屏蔽室，为了保护人身和设备的安全而对设备、导管及机柜采取的接地方式与前面第 19 章所述的设备、设施（即本章所述的黑色设备）的接地方式要求是相同的。但不同的是信号地线方面，典型的做法是在要控制的空间范围内将红/黑信号地线全部直接连接到等电位平面和大地电极分系统，如图 20-1 所示。

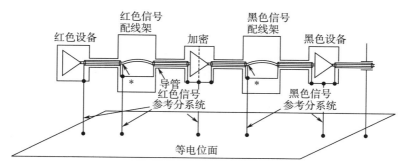

图 20-1　典型的红/黑信号参考点（分系统、高电平信号等电位平面）

＊此处连接如图 20-2 所示及 20.2.2 小节、20.2.3 小节所述；

本书所引用的红/黑系统接地配置图 20-2~图 20-5 及相关说明

均以原有红/黑准则为依据，如有新的准则应以新的准则为准

从红色设备到加密设备红色一侧的电缆屏蔽层至少应在两端接地，而从加密设备黑色一侧经过黑色中间配线架到黑色设备的电缆屏蔽层通常在两端接地。对于不平衡的信号传输线，其信号地一般从红色配线架中隔离的信号地母线直接连接到等电位地平面，进而连接到大地电极分系统，以此构成信号地。

现有红/黑设备和系统的接地必须满足下列要求：

1）过去，通信设施的设计和安装，是把红色设备与黑色设备接地系统互相隔离，如图 20 - 2 所示。

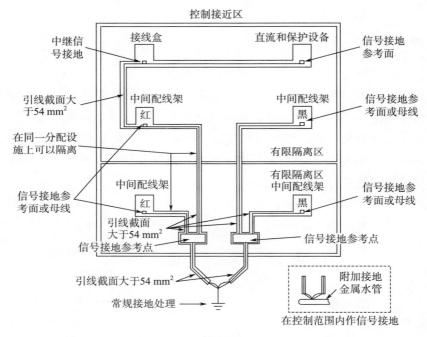

图 20 - 2　典型的分区接地配置（旧的红/黑准则）

2）这两个系统一般按单点或树状接地网络进行安装。虽然这些系统中的杂散电流通常不满足要求，但它们仍将在现有设施中继续使用。这个系统的优点是便于维修。

3）对于新建或加固改进的保密信息处理设施中可不再安装单点信号接地系统（不管是红色或黑色系统）。任何主要建筑物或设施的更新应当包括信号参考分系统的加固改进，例如等电位平面的使用。现有建筑物扩充时，应在建筑物新增部分按照规定设置等电位平面，并将其连接到等电位平面接地系统。

20.2.2　保护接地

对于信号参考分系统接地的方法有许多种，这要视系统内设备的类型、数量、配置方式以及信号电平和设施的位置而定。这些方法除提供一般参数之外，还将给出接地系统的基本思路，这里的接地系统在保障必要的系统安全性的同时，还应确保其相关的信号电路有足够的信噪比。其宗旨在于减少或消除有限隔离区内接地点的数量。在有限隔离区内，红色设备区的有色金属屏蔽体或信号接地导体，除了与配电设施或有限隔离区内交流故障保护分系统的结构件（包括设备外壳、管道、导管、机架、面板）接触外，不再在其他地方有连接。上述措施有助于降低有限隔离区内交流故障保护分系统上的漏泄发射。然而，现有的许多设备在结构上已无法将交流故障保护分系统与信号参考分系统完全分开。交流故障保护分系统内容有多种，其主要目的是确保整个设施中人身和设备的安全。故障保护接地分系统应包括交流系统的金属构件和安全接地导线。

20.2.3　信号参考分系统

在旧的红/黑准则中，信号参考分系统称作信号接地系统。这种参考分系统由多个单元组成，这些单元使台站的所有信号在电气上都以同一点作参考，如图 20 - 2 所示，旧的信号接地系统由下列几部分构成：

1）信号接地点。其是整个控制接近区内红色和黑色信号接地导体集中连接的点。

2）信号接地参考点。在大型设施中，某些有限隔离区内可能需要几路红色或黑色信号接地导体连接到信号接地点。对含有多个有限隔离区的设施，为了减少与实际信号接地点相连馈线的数量，可以建立信号接地参考点，以便为控制接近区或有限隔离区内的接地提供灵活性。红色和黑色接地导体可能合用同一个信号接地参考点，但是在大多数情况下，可以采用独立的红色及黑色信号接地参考点。参考点应当设置在控制接近区或有限隔离区内各个子隔离区的中心点上。对信号接地参考点的位置也应认真规划，以保证它与信号接地点或大地电极分系统实现最直接的连接。

3）信号接地平面。供电系统中的有色金属屏蔽体及公共接地线的集结点通常采用铜质母线。这些接地母线安装在主电源配电架、中间配线架或红色信号中间配线架的内部、旁边或附近，但与它们绝缘。信号接地平面将通过一条粗的截面积不小于 $54 \ mm^2$ 的绝缘铜导线（信号接地导体）与信号接地点或信号接地参考点相连接，此绝缘铜导线应安装在金属管道中。无论是用于红色还是黑色系统的信号接地平面，彼此都不能通过信号接地导体直接相连。只是在独立的红色和黑色信号接地导体最终与信号接地点或信号接地参考点相连接的那一点，红/黑信号接地平面才有公共连结点。

4）信号接地参考平面。无论是端接红色还是黑色设备（包括数字通信设备或数字终端设备，但两者无直接连接）线路，都需要建立公共连接点。信号接地参考平面应与交流保护接地的接地导体或母线相隔离。使用时，要将信号接地参考平面连接到最靠近的相应的信号接地平面上。

5）信号接地母线。其包括主电源配电板、中间配线架或密码配线架内的接地母线，可用作信号和控制电缆有色金属屏蔽体接地系统的连接点。但屏蔽接地母线在设备内的配置依据设备的不同而有差异，工艺设计者应向设备提供商提出要求。对于彼此间连接导线应符合要求。

6）其他保护接地。信号接地是一种有所制约的大地接地方法。对于一些旧的密码设备，如果没有其他手段将接地馈线导体连接到该设备时，则可将其外壳作为接地点，如图 20 - 3 和图 20 - 4 所示。有时，密码单元电源板上安全地线的接地点也可用作信号接地，如图 20 - 5 所示。

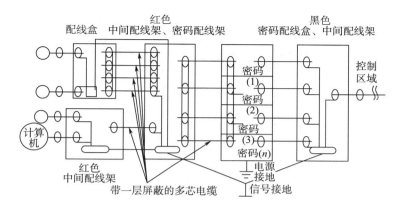

图 20-3　典型的设施接地系统（旧的红/黑准则）

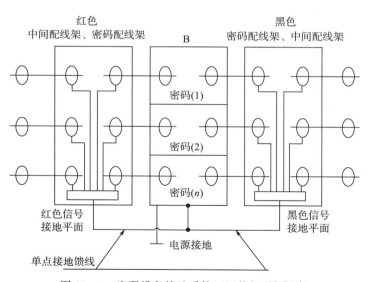

图 20-4　密码设备接地系统（旧的红/黑准则）

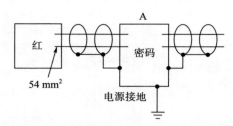

图 20 - 5　利用密码单元电源板上安全地线代作信号接地参考图

（旧的红/黑准则）

第 21 章　屏蔽室设计计算示例

为了便于设计人员运用本书所述的相关计算公式，下面选择几种不同类型：甚低频、高频、微波等屏蔽室设计计算示例介绍如下。

21.1　甚低频屏蔽室设计屏蔽效能计算示例

21.1.1　工艺资料

某工程兴建一座抑制外界干扰的屏蔽室，体形尺寸为长 6.2 m，宽 5 m，高 3.8 m。屏蔽效能指标要求 100 Hz 时不小于 40 dB，15 kHz 时不小于 100 dB，150 kHz～30 MHz 时不小于 120 dB。

21.1.2　计算公式选用的考虑

根据工艺要求抑制 100 Hz～30 MHz 这一宽频带的外界干扰可知，所设计的屏蔽室具有两重性，既属于甚低频的磁屏蔽，又属于高频的电磁屏蔽。由于凡能满足磁屏蔽要求的屏蔽室必能满足电磁屏蔽的要求，故设计中应以 100 Hz、40 dB 为基准，按照第 9 章甚低频屏蔽公式（9-3）及式（9-4）计算，选用屏蔽体材料和厚度。其孔洞缝隙除需按磁屏蔽原理加以补偿处理外，还要按高频校验空腔谐振和按高频最短波长计算其容许度。

21.1.3　计算步骤

（1）按甚低频屏蔽公式计算 100 Hz、40 dB 的指标

由于屏蔽室尺寸较大，又属磁屏蔽类型，根据现场已有材料选用一种厚度 $t = 4$ mm 的低碳钢板作屏蔽层材料，并取试件测定其磁滞回线或 μ-H 曲线，得钢板的相对导磁率 $\mu_r = 268$，现将计算参数列于下面：

真空导磁率

$$\mu_0 = 4\pi \times 10^{-7} \text{ H/m}$$

增量导磁率

$$\Delta\mu = \mu_r \times \mu_0 = 268 \times 4\pi \times 10^{-7} \text{ H/m}$$

$$= 3.38 \text{ } \mu\text{H/cm}$$

此处 $\Delta\mu$ 取的是近似值。

材料电阻率

$$P = \frac{1}{r} = \frac{1}{7 \times 10^6} \text{ } \Omega \cdot \text{m} = 14.3 \text{ } \mu\Omega \cdot \text{cm}$$

钢板厚度

$$t = 4 \text{ mm} = 0.16 \text{ in}$$

等效半径

$$R = 0.62 \sqrt[3]{6.2 \times 5 \times 3.8} = 3.04 \text{ m}$$

计算频率

$$f = 100 \text{ Hz}$$

效能指标

$$B = 40 \text{ dB}$$

求得

$$x = 0.505t \sqrt{\frac{\Delta\mu f}{P}} = 0.505 \times 0.16 \times \sqrt{\frac{3.38 \times 100}{14.3}}$$

$$= 0.081 \times 4.85 = 0.394$$

$$y = 6.05R \sqrt{\frac{f}{\Delta\mu P}} = 6.05 \times 10 \times \sqrt{\frac{100}{3.38 \times 14.3}}$$

$$= 60.5 \times 1.44 = 87$$

则

$$\text{ch}(x + \text{j}x) = \text{ch}x \cdot \cos x + \text{jch}x \cdot \sin x$$

$$= \text{ch}0.394 \times \cos 0.394(57.3°) + \text{jsh}0.394 \times \sin 0.394(57.3°)$$

$$= 1.077 \times 0.922 + \text{j}0.404 \times 0.384$$

$$= 0.992 + \text{j}0.155 = 1 \angle 8°54'$$

$$\text{sh}(x+jx) = \text{sh}x \cdot \cos x + j\text{ch}x \cdot \sin x$$

$$= \text{sh}0.394 \times \cos 0.394(57.3°) + j\text{ch}0.394 \times \sin 0.394(57.3°)$$

$$= 0.404 \times 0.922 + j1.077 \times 0.384 = 0.372 + j0.413$$

$$= 0.56\angle 48°$$

$$y + jy = 87 + j87 = 123\angle 45°$$

以模代入球状屏蔽室的计算式

$$S = |\ \text{ch}(x+jx) + \left[\frac{2}{3} \cdot \frac{1}{y+jy} + \frac{1}{3}(y+jy)\right]\text{sh}(x+jx)\ |$$

$$= 1 + \left(\frac{2}{3} \times \frac{1}{123} + \frac{1}{3} \times 123\right) \times 0.56 = 1 + 22.3$$

$$= 23.3$$

以 dB 表示的屏蔽效能值为

$$B = 20\ \text{lg}S = 20 \times \text{lg}23.3 = 27\ \text{dB} < 40\ \text{dB}$$

由计算可见，单层屏蔽体不能满足 100 Hz、40 dB 的要求，为此需另增加一层屏蔽层，且采用与内层相同的材料。

（2）采用双层屏蔽体的效能计算

内外两层的层间间距，仅当外层等效半径等于内层的 1.26 倍时为最佳，效能最好。此时取间距为 60 cm，上下底间距取 25 cm，避免最短波长 10 m 的空腔谐振问题。为便于区别内外层的计算参数，故各加角标"内"和"外"

$$R_{外} = 0.62 \times \sqrt[3]{7.4 \times 6.2 \times 4.3} = 3.7\ \text{m} \approx 12\ \text{ft（呎）}$$

$$t_{外} = t_{内} = 0.16\ \text{吋}$$

$$P_{外} = P_{内} = 14.3\ \mu\Omega \cdot \text{cm}$$

$$\Delta\mu = 3.38\ \mu\text{H/cm}$$

$$f = 100\ \text{Hz}$$

求得

$$x_{外} = 0.505 \times 0.16 \times \sqrt{\frac{3.38 \times 100}{14.3}} = 0.394 = x_{内}$$

$$y_{外} = 6.05 \times 12 \times \sqrt{\frac{100}{3.38 \times 14.3}} = 72.5 \times 1.44 = 104$$

$$\mathrm{ch}(x_外 + \mathrm{j}x_外) = \mathrm{ch}x_外 \cdot \cos x_外 + \mathrm{jsh}x_外 \cdot \sin x_外$$
$$= \mathrm{ch}0.394 \times \cos0.394 + \mathrm{jsh}0.394 \times \sin0.394$$
$$= 1\angle 8°54'$$
$$\mathrm{sh}(x_外 + \mathrm{j}x_外) = 0.56\angle 48°$$
$$y_外 + \mathrm{j}y_外 = 104 + \mathrm{j}104 = 147\angle 45°$$

以模代入球状计算方式，则

$$S_外 = 1 + \left(\frac{2}{3} \times \frac{1}{147} + \frac{1}{3} \times 147\right) \times 0.56 = 1 + 27.4 = 28.4 \text{ 倍}$$

以 dB 表示的屏蔽效能值为

$$B_外 = 20 \ \mathrm{lg}S_外 = 20\mathrm{lg}28.4 = 29 \text{ dB}$$

求内外双层屏蔽体的总屏蔽效能

$$S_1 = S_内 - 1 = 23.3 - 1 = 22.3$$
$$S_2 = S_外 - 1 = 28.4 - 1 = 27.4$$
$$V_1 = V_内 = 6.2 \times 5 \times 3.8 = 118 \text{ m}^3$$
$$V_2 = V_外 = 7.4 \times 6.2 \times 4.3 = 198 \text{ m}^3$$

代入第 9 章公式（9-6）得

$$S_总 = 1 + S_1 + S_2 + S_1 \cdot S_2 \cdot \left(1 - \frac{V_1}{V_2}\right)$$
$$= 1 + 22.3 + 27.4 + 22.3 \times 27.4 \times \left(1 - \frac{118}{198}\right)$$
$$= 50.7 + 248 = 298.7$$

以分贝数表示的总屏蔽效能值为

$$B_总 = 20 \ \mathrm{lg}S_总 = 20 \ \mathrm{lg}298.7 \approx 50 \text{ dB} > 40 \text{ dB}$$

可知，用上述两层 4 mm 厚的低碳钢板作屏蔽层，便可以满足 100 Hz、40 dB 的指标要求。

（3）按高频电磁屏蔽公式计算 30 MHz、120 dB 的效能指标

①理想的全封闭屏蔽层的双层屏蔽效能

已知计算参数：钢板厚度

$$t_内 = t_外 = 4 \text{ mm}$$

等效半径

$$R_内 = 3 \text{ m}$$
$$R_外 = 3.6 \text{ m}$$

计算频率

$$f = 30 \times 10^6 \text{ Hz}$$

钢板电导率

$$r_内 = r_外 = 7 \times 10^6 \frac{1}{\Omega \cdot \text{m}}$$

钢板磁导率

$$\mu_内 = \mu_外 = \mu_r \cdot \mu_0 = 100 \times 4\pi \times 10^{-7}$$
$$= 1.26 \times 10^{-4} \text{ H/m}$$

钢板波阻抗

$$Z_{M内} = Z_{M外} = \sqrt{\frac{\omega\mu}{r}} = \sqrt{\frac{2\pi f \times 1.26 \times 10^{-4}}{7 \times 10^6}}$$
$$= 5.82 \times 10^{-4} \text{ } \Omega$$

空气波阻抗

$$Z_{c内} = \omega\mu_0 R_内 = 2\pi \times 30 \times 10^6 \times 4\pi \times 10^{-7} \times 3$$
$$= 712 \text{ } \Omega$$
$$Z_{c外} = \omega\mu_0 R_外 = 2\pi \times 30 \times 10^6 \times 4\pi \times 10^{-7} \times 3.6$$
$$= 852 \text{ } \Omega$$

钢的涡流系数

$$\sigma_内 = \sigma_外 = \sqrt{j\omega\mu r} = \sqrt{j}\sqrt{2\pi f \cdot \mu \cdot r}$$
$$= \sqrt{j}\sqrt{2 \times 3.14 \times 30 \times 10^6 \times 1.26 \times 10^{-4} \times 7 \times 10^6}$$
$$= \sqrt{j}\,407 \times 10^3 \text{ m}^{-1} = \sqrt{j}\,407 \text{ mm}^{-1}$$

求得

$$\text{ch}\sigma_内\, t_内 = \text{ch}\sqrt{j}\,407 \times 4 = \text{ch}\left(\frac{17}{24} + j\frac{17}{24}\right) \times 1\,628$$
$$= \text{ch}(1\,153 + j1\,153)$$
$$= \text{ch}1\,153 \times \cos 1\,153 \times 57.3° + j\text{sh}1\,153 \times \sin 1\,153 \times 57.3°$$
$$= \frac{e^{1\,153}}{2} \times \cos 72° + j\frac{e^{1\,153}}{2} \times \sin 72°$$

$$= 5 \times 10^{499} \times 0.309 + j5 \times 10^{499} \times 0.95$$

$$= 5 \times 10^{499} \angle 72°$$

$$\mathrm{sh}\sigma_{内} \, t_{内} = \mathrm{sh}1 \, 153 \times \cos1 \, 153 \times 57.3° + \mathrm{jch}1 \, 153 \times \sin1 \, 153 \times 57.3°$$

$$= 5 \times 10^{499} \angle 72°$$

$$\mathrm{th}\sigma_{内} \, t_{内} = \frac{\mathrm{sh}\sigma_{内} \, t_{内}}{\mathrm{ch}\sigma_{内} \, t_{内}} = 1 \angle 45°$$

同理

$$\mathrm{ch}\sigma_{外} \, t_{外} = \mathrm{ch}\sigma_{内} \, t_{内} = 5 \times 100^{499} \angle 120°$$

$$\mathrm{sh}\sigma_{外} \, t_{外} = \mathrm{sh}\sigma_{内} \, t_{内} = 5 \times 100^{499} \angle 120°$$

$$\mathrm{th}\sigma_{外} \, t_{外} = 1 \angle 45°$$

以模代入球状的双层屏蔽计算公式得

$$S_{闭} = \frac{3}{2} \mathrm{ch}\sigma_{内} \, t_{内} \cdot \mathrm{ch}\sigma_{外} \, t_{外} \left[1 + \frac{1}{2} \left(\frac{Z_{c内}}{Z_{M内}} + \frac{Z_{M内}}{Z_{c内}} \right) \mathrm{th}\sigma_{内} \, t_{内} + \right.$$

$$\left. \frac{1}{2} \left(\frac{Z_{c外}}{Z_{M外}} + \frac{Z_{M外}}{Z_{c外}} \right) \mathrm{th}\sigma_{外} \, t_{外} + \frac{1}{2} \left(\frac{Z_{M内}}{Z_{M外}} + \frac{Z_{M外}}{Z_{M内}} \right) \mathrm{th}\sigma_{内} \, t_{内} \cdot \mathrm{th}\sigma_{外} \, t_{外} \right]$$

$$= \frac{3}{2} \times 5 \times 10^{499} \times 5 \times 10^{499} \times \left[1 + \frac{1}{2} \left(\frac{712}{5.82 \times 10^{-4}} + \frac{5.82 \times 10^{-4}}{712} \right) \times 1 + \right.$$

$$\frac{1}{2} \left(\frac{852}{5.82 \times 10^{-4}} + \frac{5.82 \times 10^{-4}}{852} \right) \times 1 +$$

$$\left. \frac{1}{2} \left(\frac{5.82 \times 10^{-4}}{5.82 \times 10^{-4}} + \frac{5.82 \times 10^{-4}}{5.82 \times 10^{-4}} \right) \times 1 \times 1 \right]$$

$$= 37.5 \times 10^{998} \times \left[1 + \frac{1}{2} (1.22 \times 10^4 + 0.82 \times 10^{-4}) + \right.$$

$$\left. \frac{1}{2} (1.51 \times 10^4 + 0.66 \times 10^{-4}) + 1 \right]$$

$$= 37.5 \times 10^{998} \times (1 + 1.36 \times 10^4 + 1)$$

$$= 51 \times 10^{1\,002} \text{ 倍}$$

则以分贝表示的效能值为

$$B_{闭} = 20 \, \mathrm{lg}51 \times 10^{1\,002} = 20 \times 1\,003.7 = 20\,074 \text{ dB}$$

②各种缝隙孔洞的效能计算

1) 门缝效能：门高 $h = 2\,120$ mm、门缝宽度取 $a = 5$ mm。电

气接触点间距 $b=12.5$ mm。门缝隙数

$$n = 2\frac{h}{b} = 2 \times \frac{2\,120}{12.5} \times 2 \times 170 = 340 \text{ 个}$$

由于平行于表面涡电流方向的缝与屏蔽效能无关，计算中仅计及垂直于表面涡电流方向的缝长，即门的高度。屏蔽室表面积：

1) 内层

$$\Sigma_内 = 6.2 \times 5 \times 2 + 6.2 \times 3.7 \times 2 + 5 \times 3.7 \times 2 = 145 \text{ m}^2$$

2) 外层

$$\Sigma_内 = 7.4 \times 6.2 \times 2 + 6.2 \times 4.3 \times 2 + 7.4 \times 4.3 \times 2$$
$$= 91.7 + 53.3 + 63.6 \approx 208.6 \text{ m}^2$$

每个门缝隙面积

$$F = 12.5 \times 5 = 62.5 \text{ mm}^2 = 0.625 \times 10^{-4} \text{ m}^2$$

由于

$$\frac{b}{a} = \frac{12.5}{5} = 2.5$$

根据第 12 章图 12-3 中 k 与 $\frac{b}{a}$ 的关系曲线查得 $k=1.2$，则内层门缝的效能为

$$S_{门内} = \frac{1}{n} \times 0.25 \left(\frac{\Sigma_内}{kF} \right)^{\frac{3}{2}}$$

$$= \frac{1}{340} \times 0.25 \left(\frac{145}{1.2 \times 0.625 \times 10^{-4}} \right)^{\frac{3}{2}} = \frac{0.25}{340} \times (193 \times 10^4)^{\frac{3}{2}}$$

$$= 1.97 \times 10^6 \text{ 倍}$$

以分贝表示为

$$B_{门内} = 20 \lg 1.97 \times 10^6 = 20 \times 6.295 = 126 \text{ dB}$$

外层门缝的效能为

$$S_{门外} = S_{门外} = 1.97 \times 10^6 \text{ 倍}$$

$$B_{门外} = 126 \text{ dB}$$

2) 内层通风圆孔效能：圆孔数目 $n=13\,300$ 个（与通风工种研究计算确定），圆孔直径 $d=12$ mm（与通风工种研究计算确定），

圆孔面积

$$F = \frac{nd^2}{4} = \frac{3.14 \times 12^2}{4} = 113 \text{ mm}^2 = 1.13 \times 10^{-4} \text{ m}^2$$

内层表面积 $\Sigma_{内} = 145 \text{ m}^2$

$$S_{孔} = \frac{1}{\sqrt{n}} \times 0.25 \left(\frac{\Sigma_{内}}{F}\right)^{\frac{3}{2}} = \frac{1}{\sqrt{13\ 300}} \times 0.25 \times \left(\frac{145}{1.13 \times 10^{-4}}\right)^{\frac{3}{2}}$$

$$= \frac{0.25}{115} \times (128 \times 10^4)^{\frac{3}{2}} = 3.14 \times 10^6 \text{ 倍}$$

$$B_{孔} = 20 \text{ lg} 3.14 \times 10^6 = 20 \times 6.5 = 130 \text{ dB}$$

3) 外层通风用截止波导管组效能：先根据最高频率 30 MHz 时要求的效能值 120 dB 及通风工种提出的两个面积，一个为面积 300×450 的进风口、另一个为面积 500×500 的出风口的资料计算确定，采用由面积 50×50、长 320 mm 的角钢焊成单根截止波导管，再将 n 根单管连接拼焊成截止波导管组。其效能计算如下：

截止波导管根数

$$n = 2 \times \frac{300 \times 450}{50 \times 50} + 2 \times \frac{500 \times 500}{50 \times 50} = 308 \text{ 个}$$

截止波导管截面积

$$F = 50 \times 50 = 2\ 500 \text{ mm}^2 = 25 \times 10^{-4} \text{ m}^2$$

截止波导管长度

$$l = 32 \text{ cm}$$

截止波导管宽度

$$b = 5 \text{ cm}$$

截止波长

$$\lambda_c = \frac{3 \times 10^8}{30 \times 10^6} = 10 \text{ m} = 1\ 000 \text{ cm}$$

外层表面积

$$\Sigma_{外} = 208 \text{ m}^2$$

由于 $\frac{b}{a} = \frac{50}{50} = 1$，得 $a = 1$，$K = 1$。

短形波导管增益系数

$$\psi = e^{\left(\pi\frac{1}{b}\right)} = e^{\left(3.14\times\frac{32}{5}\right)}$$
$$= e^{20.1} = 5.5\times10^8 \text{ 倍}$$

则截止波导管组效能

$$S_波 = \frac{1}{n}\times0.25\times\left(\frac{\Sigma_外}{KF}\right)^{\frac{3}{2}}\times\psi$$

$$= \frac{1}{308}\times0.25\times\left(\frac{208.6}{1\times25\times10^{-4}}\right)^{\frac{3}{2}}\times5.5\times10^8$$

$$= 11.5\times10^{12} \text{ 倍}$$

用分贝表示为

$$B_波 = 20\times1g11.5\times10^{12} = 20\times13.6 = 272 \text{ dB}$$

③全部孔洞缝隙屏蔽总效能的计算

$$S_{孔缝波} = \cfrac{1}{\cfrac{1}{S_{门内}}+\cfrac{1}{S_{门外}}+\cfrac{1}{S_孔}+\cfrac{1}{S_波}}$$

$$= \cfrac{1}{\cfrac{1}{1.37\times10^6}+\cfrac{1}{1.37\times10^6}+\cfrac{1}{3.14\times10^6}+\cfrac{1}{11.5\times10^{12}}}$$

$$= 5.62\times10^5 \text{ 倍}$$

④考虑了孔洞缝隙影响的双层屏蔽层的总屏蔽效能

$$S_总 = \frac{S_闭 \cdot S_{孔缝波}}{S_闭 + S_{孔缝波}} = \frac{51\times10^{1\,002}\times5.62\times10^5}{51\times10^{1\,002}+5.62\times10^5}$$

$$= 5.62\times10^5 \text{ 倍}$$

$$B_总 = 20\,1g5.62\times10^5 = 20\times5.75 = 115 \text{ dB} < 120 \text{ dB}$$

以上示例计算可知，尽管钢板屏蔽层的屏蔽效能高达两万 dB，而结果由于孔缝的低效能大大降低了屏蔽效果，可见孔洞缝隙的处理特别对于高频是多么重要。因此，本例中对孔洞、缝隙尚需做适当处理，以达到设计指标。

21.2　高频屏蔽室屏蔽效能计算示例

某厂屏蔽室，尺寸为 $4.9\,\mathrm{m}\times4.1\,\mathrm{m}\times3.5\,\mathrm{m}$（高），屏蔽材料为 $0.5\,\mathrm{mm}$ 厚薄钢板，工作频率为 $f=15\times10^4\,\mathrm{Hz}$。产品要求 $E=2\,\mu\mathrm{V/m}$，外界干扰场强 E 测得为 $2\times10^5\,\mu\mathrm{V/m}$。

21.2.1　计算必须的屏蔽效能

$$SE=\frac{E_0}{E}=\frac{2\times10^5}{2}=10^5\ \text{倍}$$

$$B_{SE}=20\ \lg SE=20\ \lg10^5=100\ \mathrm{dB}$$

21.2.2　计算屏蔽室的效能

屏蔽室为封闭时，采用非平面电磁波的屏蔽效能计算公式如下

$$B_{SE}=20\lg(1.32\times10^{-6}\frac{f}{Z_\mathrm{M}}R_{SE})+8.7\beta d$$

$$=20\lg(1.32\times10^{-6}\times\frac{15\times10^4}{40.5\times10^{-4}}\times2.57)+$$

$$8.7\times54.5\sqrt{15\times10^4}\times0.000\,5=20\lg126+92=134\ \mathrm{dB}$$

$$SE_3=1\mathrm{g}^{-1}\frac{134}{20}=5.01\times10^6\ \text{倍}$$

其中

$$R_{SE}=0.62\sqrt[3]{V}=0.62\sqrt{4.9\times4.1\times3.5}=2.57\ \mathrm{m}$$

$$Z_\mathrm{M}=10.44\times10^{-6}\sqrt{f}=10.44\times10^{-6}\sqrt{15\times10^4}=40.5\times10^{-4}$$

$$\beta=54.5\sqrt{f}=54.5\sqrt{15\times10^4}$$

21.2.3　洞孔与缝隙泄漏的影响

（1）窗户的影响

窗户面积为 $3.9\,\mathrm{m}\times2.4\,\mathrm{m}$，铜线网网孔距为 $2\,\mathrm{mm}\times2\,\mathrm{mm}$

$$SE_{01} = \sqrt{n_1}\, 0.25 \left(\frac{\Sigma}{C'}\right)^{\frac{3}{2}}$$

$$\Sigma = 4.9 \times 4.1 \times 2 + 4.9 \times 3.5 \times 2 + 4.1 \times 3.5 \times 2 = 103.1 \text{ m}^2$$

$$C = 3.9 \times 2.4 = 9.36 \text{ m}^2$$

$$\frac{b}{a} = \frac{3.9}{2.4} = 1.62$$

查计算曲线 $K = 1.5$

$$C' = KC = 1.5 \times 9.36 = 14.05 \text{ m}^2$$

$$n_1 = \frac{C}{\text{一个网孔面积}} = \frac{9.36}{2 \times 2 \times 10^{-6}} = 2.34 \times 10^6 \text{ 个}$$

$$SE_{01} = \sqrt{2.34 \times 10^6} \times 0.25 \times \left(\frac{103.1}{14.05}\right)^{\frac{3}{2}}$$

$$= 7.6 \times 10^3 \text{ 倍}$$

（2）门的影响

门为 2 m×1 m，缝隙 $b = 10$ mm、$a = 1$ mm

$$SE_{02} = \frac{1}{n_2}\, 0.25 \left(\frac{\Sigma}{C'}\right)^{\frac{3}{2}}$$

$$\frac{b}{a} = \frac{10}{1} = 10$$

查计算曲线 $K = 4.7$

$$C' = KC = 4.7 \times (10 \times 1) = 4.7 \times 10^{-5} \text{ m}$$

$$n_2 = \frac{\text{垂直于平面涡流方向的缝长}}{\text{一个缝隙长度}} = \frac{2L\,(\text{门高})}{b} = \frac{2 \times 2\,000}{10} = 400$$

$$SE_{02} = \frac{1}{400} \times 0.25 \left(\frac{103.1}{4.7 \times 10^{-5}}\right)^{\frac{3}{2}} = 2\,260 \times 10^3 \text{ 倍}$$

（3）通风孔影响

通风孔两个面积 $a = 0.3$ m，$b = 0.6$ m，蒙以 2 mm×2 mm 的铜丝网

$$SE_{03} = \sqrt{n_3} \times \frac{1}{2} \times 0.25 \left(\frac{\Sigma}{C}\right)^{\frac{3}{2}}$$

$$\frac{b}{a} = \frac{0.6}{0.3} = 2$$

查计算曲线 $K = 1.7$

$$C' = KC = 1.7 \times (0.3 \times 0.6) = 0.306 \text{ m}^2$$

$$n_3 = \frac{0.3 \times 0.6 \times 10^6}{2 \times 2} = 4.5 \times 10^4 \text{个}$$

$$SE_{03} = \sqrt{4.5 \times 10^4} \times \frac{1}{2} \times 0.25 \left(\frac{103.1}{0.306}\right)^{\frac{3}{2}} = 165 \times 10^3 \text{ 倍}$$

（4）钢板焊缝的影响

每块钢板尺寸 $A = 0.8$ m，$B = 1.6$ m，焊缝 $d = 0.1$ mm，$b = 1$ mm

$$SE_{04} = \frac{1}{n_4} 0.25 \left(\frac{\Sigma}{C}\right)^{\frac{3}{2}}$$

$$n_4 = \frac{(A+B)\Sigma}{2bAB} = \frac{(0.8 + 1.6) \times 103.1}{2 \times 0.001 \times 0.8 \times 1.6} = 9\,700 \text{ 个}$$

$$\frac{b}{a} = \frac{1}{0.1} = 10$$

查计算曲线 $K = 4.7$

$$C' = KC = 4.7 \times (0.001 \times 0.000\,1) = 4.7 \times 10^{-7}$$

$$SE_{04} = \frac{1}{9\,700} \times 0.25 \left(\frac{103.1}{4.7 \times 10^{-7}}\right)^{\frac{3}{2}} = 8.45 \times 10^6 \text{ 倍}$$

（5）总的洞孔与缝隙的效率漏泄

$$SE_0 = \frac{1}{\dfrac{1}{SE_{01}} + \dfrac{1}{SE_{02}} + \dfrac{1}{SE_{03}} + \dfrac{1}{SE_{04}}}$$

$$= \frac{1}{\dfrac{1}{7.6 \times 10^3} + \dfrac{1}{2\,260 \times 10^3} + \dfrac{1}{165 \times 10^3} + \dfrac{1}{8.45 \times 10^6}}$$

$$= 75 \times 10^3 \text{ 倍}$$

总的屏蔽效能

$$SE = \frac{SE_3 \cdot SE_0}{SE_3 + SE_0} = \frac{5.01 \times 10^6 \times 75 \times 10^3}{5.01 \times 10^6 + 75 \times 10^3} = 75 \times 10^3 \text{ 倍}$$

$$B_{SE} = 20 \lg 75 \times 10^3 = 97.5 \text{ dB} \approx 100 \text{ dB}$$

21.3　微波屏蔽室屏蔽效能计算示例

微波屏蔽室尺寸为 18 m×12 m×4 m（高），工作频率为 3 000～8 000 MHz。要求屏蔽效能不小于 85 dB，设计采用 0.5 mm 薄钢板，试计算屏蔽效能。

21.3.1　屏蔽室效能计算

当屏蔽室为密封时，采用第 7 章 7.2 节所述公式计算（计算方法之一）

$$A = 1.314t \sqrt{f\sigma_r\mu_r}$$

$$= 1.314 \times 0.05 \sqrt{3\,000 \times 10^6 \times 0.17 \times 1} = 146 \text{ dB}$$

$$R = 108.2 + 10 \lg \frac{\sigma_r \times 10^6}{f\mu_r}$$

$$= 108.2 + 10 \lg \frac{0.17 \times 10^6}{3\,000 \times 10^6 \times 1}$$

$$= 108.2 + (-42.5) = 65.7 \text{ dB}$$

$$S = A + R = 146 + 65.7 = 211.7 \text{ dB}$$

或

$$SE_3 = 398 \times 10^8 \text{ 倍}$$

下面再以计算方法之二进行计算

$$B_{SE} = 20 \lg \left(1.32 \times 10^{-6} \frac{f}{Z_m} R_{SE} \right) + 8.7\beta d$$

其中

$$R_{SE} = 0.62 \sqrt[3]{V} = 0.62 \sqrt[3]{864} = 6 \text{ m}$$

$$V = 18 \times 12 \times 4 = 864 \text{ m}^3$$

$$Z_M = 10.44 \times 10^{-6} \sqrt{f}$$

$$\beta = 54.5 \sqrt{f}$$

$$SE_3 = 20 \lg\left(1.32 \times 10^{-6} \times \frac{3\ 000 \times 10^6}{10.44 \times 10^{-6} \sqrt{3\ 000 \times 10^6}} \times 6\right) +$$

$$8.7 \times 54.5 \sqrt{3\ 000 \times 10^6} \times 0.000\ 5$$

$$= 93 + 130 = 223 \text{ dB}$$

或

$$SE_3 = 199.6 \times 10^9 \text{ 倍}$$

用计算方法之一，计算结果为 211.7 dB。用计算方法之二，计算结果为 223 dB。两种计算结果基本相同。

21.3.2　洞孔缝隙泄漏损耗的屏蔽效能计算

（1）门的漏损计算

设门的尺寸为 1.5 m×2 m（高），门的缝隙 $b = 20$ mm，$a = 1$ mm

$$SE_{01} = \frac{1}{n_1} 0.25 \left(\frac{\Sigma}{C_{SE}}\right)^{\frac{3}{2}}$$

其中

$$n_1 = \frac{2L}{b} = \frac{2 \times 2 \times 10^3}{20} = 200 \text{ 个}$$

$$C_{SE} = 6.8 \times 20 \times 1 \times 10^{-6} = 136 \times 10^{-6}$$

$$C_{SE} = KC, \ C = a \times b = 1 \times 20 \times 10^{-6}$$

由于 $\dfrac{b}{a} = \dfrac{20}{1} = 20$，再根据计算曲线表查得 $K = 6.8$（7.5）

$$\Sigma = 2 \times (12 \times 4 + 18 \times 4 + 12 \times 18) = 672 \text{ m}^2$$

所以

$$SE_{01} = \frac{1}{200} 0.25 \left(\frac{672}{136 \times 10^{-6}}\right)^{\frac{3}{2}} = 138 \times 10^5 \text{ 倍}$$

（2）钢板的焊接缝隙漏损计算

每块钢板尺寸 $A \times B = 0.9 \text{ m} \times 1.8 \text{ m}$，缝隙长 $b = 50 \text{ mm}$，宽 $a = 1 \text{ mm}$

$$SE_{02} = \frac{1}{n_2} 0.25 \left(\frac{\Sigma}{C_{SE}} \right)^{\frac{3}{2}}$$

$$n_2 = \frac{(A+B)\Sigma}{2bAB} = \frac{(0.9+1.8) \times 672}{2 \times 0.05 \times 0.9 \times 1.8} = 12\ 700 \text{ 个}$$

$$C_{SE} = KC, \quad C = a \times b = 1 \times 50 \times 10^{-6} = 50 \times 10^{-6} \text{ m}^2$$

由于 $\dfrac{b}{a} = \dfrac{50}{1} = 50$，根据第 12 章图 12-2 计算曲线表查表 $K = 16.2$，$C_{SE} = 16.2 \times 50 \times 1 \times 10^{-6} = 810 \times 10^{-6} \text{ m}^2$，所以

$$SE_{02} = \frac{1}{12\ 700} 0.25 \left(\frac{672}{810 \times 10^{-6}} \right) = 1.5 \times 10^4$$

（3）通风波导管的效能计算

通风两个面积 $A = 400 \text{ mm}$，$B = 400 \text{ mm}$ 波导管计算波长

$$\lambda = \frac{v}{f} = \frac{3 \times 10^8}{8\ 000 \times 10^6} = 0.037 \text{ m}$$

波导管尺寸

$$b \leqslant \frac{\lambda}{2} = \frac{0.037}{2} = 0.018\ 7 \text{ m}, \text{ 取 } 0.015 \text{ m}$$

$$L \geqslant (3 \sim 5) \times b = 45 \sim 75 \text{ mm}, \text{ 取 } 50 \text{ mm}$$

同时，L 应满足（3～5）$\times 10 = 30 \sim 50 \text{ mm}$，但不能超过 b 为 10 mm 的长度，即不超过 50 mm。上述选择考虑发展到最高工作频率达 10 GHz。

效能计算

$$SE_{03} = SE_{03}\beta L = S\ SE'_{03}$$

其中

$$SE'_{03} = \frac{1}{n_3} 0.25 \left(\frac{\Sigma}{F_3} \right)^{\frac{3}{2}}$$

$$n_3 = \frac{A \times B}{b^2} = \frac{400 \times 400}{10 \times 10} = 1\ 600 \text{ 个}$$

$$F_3 = (b \times b)K$$

因 $K = 1$，所以 $F_3 = 10 \times 10 \times 10^{-6}$。

单位长度内的衰减

$$\beta = \frac{27.3}{b} \sqrt{1 - \left(\frac{2b}{\lambda}\right)^2} = 20.5 \text{ dB}$$

一根管的衰减量

$$S = L\beta = 5 \times 20.5 = 102.5 \text{ dB} = 1 \times 10^5 \text{ 倍}$$

将值代入上式

$$SE'_{03} = \frac{1}{1\,600} 0.25 \left(\frac{672}{10 \times 10 \times 10^{-6}}\right)^{\frac{3}{2}} = 27 \times 10^5$$

$$SE_{03} = SE'_{03}\beta L = S \, SE'_{03} = 1 \times 10^5 \times 27 \times 10^5 = 27 \times 10^{10}$$

（4）洞孔缝隙总数效能计算

$$SE_0 = \frac{1}{\dfrac{1}{SE_{01}} + \dfrac{1}{SE_{02}} + \dfrac{1}{SE_{03}}}$$

$$= \frac{1}{\dfrac{1}{138 \times 10^5} + \dfrac{1}{1.5 \times 10^5} + \dfrac{1}{27 \times 10^{10}}} = 27.01 \times 10^{10}$$

（5）屏蔽室的总效能计算

$$SE = \frac{SE_3 \times SE_0}{SE_3 + SE_0}$$

$$= \frac{398 \times 10^8 \times 27.01 \times 10^{10}}{398 \times 10^8 + 27.01 \times 10^{10}} = 3.47 \times 10^{10} \text{ 倍}$$

$$B_{SE} = 20 \lg SE = 20 \times \lg 3.47 \times 10^{10} = 211 \text{ dB}$$

21.4　网状屏蔽室屏蔽效能计算示例

某厂网状屏蔽室尺寸为 $11 \text{ mm} \times 7.2 \text{ mm} \times 3.3 \text{ mm}$，网孔为 $2 \text{ mm} \times 2 \text{ mm}$，纲丝半径 $r_0 = 0.1 \text{ mm}$，截止频率为 $f = 200 \text{ kHz}$，利用第 7 章式（7-53）试计算屏蔽效能。由于频率在 $0.1 \sim 30 \text{ MHz}$

内，故用下式计算

$$SE = \frac{2\pi R_{SE}}{3S} \times \frac{1}{\ln\dfrac{S}{r_0} - 1.5}$$

$$= \frac{2 \times 3.14 \times 4 \times 10^3}{3 \times 2} \times \frac{1}{\ln\dfrac{2}{0.1} - 1.5} = 20\,800\,倍$$

$$B_{SE} = 20\,\lg SE = 20\,\lg 20\,800 = 86.4\,dB$$

21.5　常用的数学公式

21.5.1　指数

1）$a^m \cdot a^n = a^{m+n}$

2）$a^m \div a^n = a^{m-n}$

3）$(a^m)^n = a^{mn}$

4）$(ab)^m = a^m b^m$

5）$(\dfrac{a}{b})^m = \dfrac{a^m}{b^m}$

6）$a^{\frac{m}{n}} = \sqrt[n]{a^m} = (\sqrt[n]{a})^m$ ；$a^{-\frac{m}{n}} = \dfrac{1}{\sqrt[n]{a^m}}$

7）$a^0 = 1$

8）$a^{-m} = \dfrac{1}{a^m}$

9）同底幂与指数

$$r_1 e^{x_1} \cdot r_2 e^{x_2} = r_1 r_2 e^{(x_1 + x_2)}$$

$$\frac{r_1 e^{x_1}}{r_2 e^{x_2}} = \frac{r_1}{r_2} e^{(x_1 - x_2)}$$

21.5.2　对数

已知 $a > 0$，$a \neq 1$，那么：

1）若 $a^x = M$，则 $\log_a M = x$

2）$a^{\log_a M} = M$

3）$\log_a 1 = 0$

4）$\log_a a = 1$

5）$\log_a (MN) = \log_a M + \log_a N$

6）$\log a \dfrac{M}{N} = \log_a M - \log_a N$

7）$\log_a (M^n) = n \log_a M$

8）$\log_a \sqrt[n]{M} = \dfrac{1}{n} \log_a M$

9）$\log_a M = \dfrac{\log_b M}{\log_b a}$

10）$\log_a b \cdot \log_b a = 1$

11）$\lg M \approx 0.434\,3 \ln M$

12）$\ln M \approx 2.302\,6 \lg M$

常用对数首位的求法（尾数由对数表查出）：

1）大于 1 的真数，对数的首数为正，其值比整数位数少 1，如 3 809 首位数为 3；

2）小于 1 的真数，对数的首数为负，其绝对值等于真数首位有效数字左面零的个数（包括小数点前的一个零），如 0.027 8 首位数为 -2；

3）正数 $b = 10^n \cdot N$，（n 为整数，$1 \leqslant N < 10$），则 $\lg b = n + \lg N$，n 叫做首数，$\lg N$ 叫做尾数，尾数可以从对数表查得或计算得到。

21.5.3　虚数及复数

（1）虚数单位的乘方

$$j = \sqrt{-1}, \ j^2 = -1, \ j^3 = -j, \ j^4 = 1, \ j^{4n+1} = j, \ j^{4n+2} = -1,$$
$$j^{4n+3} = -j, \ j^{4n} = 1$$

（2）复数的三角函数式与代数式的关系

$$\begin{cases} a = r\cos\varphi \\ b = r\sin\varphi \end{cases}$$

$$\begin{cases} r = \sqrt{a^2 + b^2} \\ \mathrm{tg}\varphi = \dfrac{b}{a} \end{cases}$$

$$a + jb = r(\cos\varphi + j\sin\varphi)$$

（3）复数的三角函数与极坐极形式的关系

$$r\,\mathrm{e}^{j\varphi} = r(\cos\varphi + j\sin\varphi)$$

$$r\,\mathrm{e}^{-j\varphi} = r(\cos\varphi - j\sin\varphi)$$

（4）复数的运算

1）$(a+jb) \pm (c+jd) = (a \pm c) + j(b \pm d)$

2）$(a+jb)(c+jd) = (ac-bd) + j(bc+ad)$

3）$\dfrac{a+jb}{c+jd} = \dfrac{ac+bd}{c^2+d^2} + j\dfrac{bc-ad}{c^2+d^2}$

21.5.4　径与度

1）$180° = \pi$ 径 ≈ 3.1416 径

　　$1° = 0.01745$ 径

　　$1' = 0.0002909$ 径

　　$1'' = 0.00000485$ 径

2）1 径 $= \dfrac{180°}{\pi} = 57.2958° = 57°17'44''8$

21.5.5　几个常用的近似公式

已知 $|x| < 1$，则：

1）$\sqrt[n]{1+x} \approx 1 + \dfrac{x}{n}$

2）$\dfrac{1}{\sqrt[n]{1+x}} \approx 1 - \dfrac{x}{3}$

3) $\dfrac{1}{1-x} \approx 1+x$

4) $\dfrac{1}{1+x} \approx 1-x$

5) $\sin x \approx x - \dfrac{x^3}{6}$

6) $\cos x \approx 1 - \dfrac{x^2}{2}$

7) $\operatorname{tg} x \approx x + \dfrac{x^3}{3}$

8) $\ln(1+x) \approx x - \dfrac{x^2}{2}$

9) $a^x \approx 1 + x \ln a$

10) $\ln' x + \sqrt{1+x^2} \approx x - \dfrac{x^3}{6}$

参 考 文 献

［1］ GB/T 50719—2011. 电磁屏蔽室工程技术规范［S］. 北京：中国规划出版社，2012.

［2］ GJB/Z 25—91. 电子设备和设施的接地、搭接和屏蔽设计指南［S］. 北京：国防科工委军标出版社，1992.

［3］ GJB 5792—2006. 军用涉密信息系统电磁屏蔽体等级划分和测量方法［S］. 北京：总装备部军标出版社，2007.

［4］ GJB 5313—2004. 电磁辐射暴露限值和测量方法［S］. 北京：总装备部军标出版社，2005.

［5］ GB 4824—2013. 工业、科学和医疗（ISM）射频设备电磁骚扰特性限制和测量方法［S］. 北京：中国标准出版社，2013.

［6］ Donald R. J. White. 屏蔽设计的方法和步骤［M］. 航空航天部第七设计研究院，译. 北京：航空航天部第七设计研究院，1989.

［7］ Xiaozhe Wang, Hsiao‐Dong Chiang. Analytical Studies of Quasi Steady‐State Model in Power System Long‐term Stability Analysis［M］. IEEE Transactions on Circuits and System I，2013（2284171）.

［8］ Xiaozhe Wang, Hsiao‐Dong Chiang. Numerical Investigations on Quasi Steady‐State Model for Voltage Stability：Limitations and Nonlinear Analysis［M］. International Transactions on Electrical Energy Systems，2012.

［9］ Xiaozhe Wang, Hsiao‐Dong Chiang. Some Issues with Quasi‐Steady State Model in Long‐term Stability［M］. IEEE PES General meeting，2013.

［10］ 上海交通大学电工原理教研组. 电工理论基础［M］. 北京：人民教育出版社，1962.

［11］ 吴忠智. 工业与民用建筑电磁兼容设计［M］. 北京：中国建筑工业出版社，1993.

[12]　林福昌，李化. 电磁兼容原理与应用 [M]. 北京：机械工业出版社，2009.

[13]　薛颂石，郭锡坤. 工业企业通信（综合）电信工程设计手册 [M]. 北京：人民邮电出版社，1993.

[14]　何为，杨帆，姚德贵，等. 电磁兼容原理和应用 [M]. 北京：清华大学出版社，北京交通大学出版社，2009.

[15]　王庆斌，刘萍，等. 电磁干扰与电磁兼容技术 [M]. 北京：机械工业出版社，1999.

[16]　赵玉峰，等. 现代环境中的电磁污染 [M]. 北京：电子工业出版社，2003.

[17]　射频电磁干扰滤波器. 北京：中国航天科工集团公司二院 706 所，2007.

[18]　电磁屏蔽视窗. 河北：秦皇岛波盾电子有限公司，2013.

[19]　电磁兼容产品应用手册. 北京：北京泰派斯特电子技术有限公司，2013.

[20]　电磁环境技术（滤波器、屏蔽材料）. 江苏：常州市多极电磁环境技术有限公司，2013.

[21]　钱效伯. 电磁屏蔽和屏蔽接地 [C]. 核工业部第五设计研究院（会议交流资料），1986.

[22]　电磁屏蔽室设计 [C]. 北京：四机部第十设计研究院（会议交流资料），1980.

[23]　电磁屏蔽室的波导通风孔及缝隙的屏蔽效能计算 [C]. 北京：四机部第十设计研究院（会议交流资料），1980.

[24]　X 电磁脉冲模拟站及甚低频段屏蔽室设计 [C]. 北京：航天部第七设计研究院（技术交流资料）.

[25]　建筑设计资料集编委会. 建筑设计资料集 [M]. 第二版. 北京：中国建筑工业出版社，1996.

附录　屏蔽设计名词解释及术语清单

序号	名称	解释
1	屏蔽	为保护电路、设备和设备组免受干扰,利用屏蔽与其他的基本干扰控制措施,来获得系统内和系统间的电磁兼容性。屏蔽的程度由该系统的工程分析、预测决定,以满足标准和系统的要求
2	屏蔽室 (Shielded Enclosure)	采用电磁屏蔽技术设计建造,能对内外电磁环境隔离的封闭空间
3	静电屏蔽室 (Electrostatic Shielded Enclosure)	通过导电材料屏蔽体的良好接地抑制空间电容对静电场的耦合作用而建造的封闭空间
4	电磁屏蔽室 (Electromagnetic Shielded Enclosure)	用高导电材料作为屏蔽体的封闭空间
5	磁屏蔽室 (Magnetic Shielded Enclosure)	用高磁导率材料作屏蔽体建造的对低频磁场进行有效屏蔽的封闭空间
6	屏蔽体 (Shield)	为抑制电磁能量传输而对装置进行封闭或遮蔽的一种阻挡层,可以是导电的、导磁的等
7	屏蔽效能 (Shielding Effectiveness)	在特定频率下的屏蔽体的屏蔽性能指标的定量描述,通常以分贝表示
8	电磁环境 (Electromagnetic Environment)	存在于给定场所的所有电磁现象的总和
9	电磁兼容性 (Electromagnetic Compatibility)	设备或系统在其电磁环境中能正常工作,且不对该环境中的其他设备和系统构成不能承受的电磁骚扰的能力
10	电磁干扰 (Electromagnetic Interference)	由电磁骚扰引起的设备、传输通道或系统性能的下降。电磁干扰是由电磁骚扰引起的后果
11	电磁骚扰 (Electromagnetic Disturbance)	任何可能引起装置、设备或系统性能降级或对有生命或无生命物质产生损害作用的电磁现象。电磁骚扰可能是电磁噪声、无用信号或传播媒介自身的变化。电磁骚扰仅仅是电磁现象,即客观存在的一种物理现象。它可能引起设备性能的降级或损害,但不一定已经形成后果

续表

序号	名称	解释
12	电磁辐射 （Electromagnetic Radiation）	由不同于传导机理所产生的有用信号的发射或电磁骚扰的发射。电磁辐射是将能量以电磁波形式由源发射到空间，并且以电磁波形式在空间传播。 　　发射与辐射的区别在于：发射指向空间以辐射形式和沿导线以传导形式发出的电磁能量，而辐射指脱离场源向空间传播的电磁能量，两者不可混淆
13	电磁发射 （Electromagnetic Emission）	从源向外发出电磁能的现象，即以辐射或传导形式从源发出的电磁能量，此处发射与通信工程中常用的发射含义并不完全相同。电磁兼容中的发射既包含传导发射，也包含辐射发射；而通信工程中的发射主要指辐射发射。电磁兼容中的发射常常是无意的，其发射的部件是一些配套部件，如线缆等。而通信的发射部件是为传播无线电波专门制造的，如天线等，并有专门的无线电发射台（站）发出有用的无线电波
14	单点接地 （Alone Ground）	指整个电路系统中，只有一个点被定义为接地参考点，其他各个需接地的点通过公共地线串联（或并联）到该点。屏蔽室的单点接地在建筑上将屏蔽室地面及四周采用绝缘和防潮措施，只在电源引入处进行电气一点连接
15	多点接地 （Multipoint Grounding）	其是电路和屏蔽体接地的一种方法，为高频信号提供到等电位平面多条低阻抗的通路。等电位平面用作高频信号和信号传输电路的参考地。多点接地要求有一个接地的等电位平面（见16）。对于高频电路，用路径最短、阻抗最低的方法多处与等电位平面连接。高频电路采用多点接地的方法接到接地极分系统上
16	等电位平面 （Equipotential Plane）	一块足够大的金属板或栅网，其阻抗可以忽略不计，当电流流过时，其电位差最小。对信号参考分系统，把等电位平面视为大地，并与实际的海拔高度无关。等电位平面多处与结构钢和接地极分系统连接
17	低频接地 （Lower Frequency Ground）	指一种预定用作信号、控制或电源电压和电流的参考面的专用单点网络，这种电压和电流频率从直流至 30 kHz，在某些情况下至 300 kHz。上升和下降时间大于 1 μs 的脉冲和数字信号被认为是低频信号

续表

序号	名称	解释
18	高频接地 （Higher Frequency Ground）	指预定用作频率超过 300 kHz（在某些情况下超过 30 kHz）的电流和电压公共参考的金属互连网络。上升和下降时间小于 1 μs 的脉冲和数字信号被定为高频信号
19	浮地（悬浮接地）	对电子设备而言，浮地是指设备地线系统在电气上与大地绝缘（隔离），这样可以减小由入地电流引起的电磁干扰
20	滤波器 （Line Filter）	对电磁能量传输具有频率选择能力的传导部件。在电源线、控制线和信号线需要控制干扰保持屏蔽体完整性的地方，应安装滤波器
21	截止波导滤波器 （Cut - off Waveguide Filter）	利用截止波导的高通原理，阻止特定频率以下的电磁能量传输的金属管，如光纤波导、截止波导管、截止波导窗等
22	插入损耗 （Insertion Loss）	电源或信号传输线中插入的滤波器引起的传输功率衰减指标，通常以分贝（dB）表示
23	干扰限值 （Limit of Interference）	也称允许值，是电磁骚扰使装置、设备系统最大允许的性能降低
24	非电离性	微波的量子能量不够大，因而不会改变物质分子的内部结构或破坏其分子的化学键，所以微波和物体之间的作用是非电离的。而由物理学可知，分子、原子和原子核在外加电磁场的周期力作用下所呈现的许多共振现象都发生在微波范围，因此微波为探索物质的内部结构和基本特性提供了有效的研究手段。此外，利用这一特性和原理可研制出许多适用于微波波段的器件
25	屏蔽测量 （Shielding Measurement）	发射天线和接收天线之间有屏蔽体时，为获取规定距离处透射波强度所进行的测量
26	检漏 （Preliminary Shielding Check）	在屏蔽效能测量前，对屏蔽体电磁泄漏进行的检查
27	外部辐射法 （Radiant - outside Method）	在被测屏蔽体外部产生一个辐射场，测量屏蔽体屏蔽效能的方法
28	内部辐射法 （Radiant - inside Method）	在被测屏蔽体内部产生一个辐射场，测量屏蔽体屏蔽效能的方法